广东省精品课程教材

化工单元操作过程与设备

（上册）

李功祥　陈兰英　余　林　编著

华南理工大学出版社
·广州·

内 容 提 要

本书主要介绍化工生产过程中常用单元操作的基本原理、典型设备的结构及其选用(或设计)计算。全书分上、下两册。上册内容包括:绪论、流体流动、流体输送机械、沉降与过滤及其流态化、传热、蒸发及附录;下册内容包括:蒸馏、吸收、气液传质设备、干燥和膜分离。每章均配有一定的例题和习题。

全书内容循序渐进、深入浅出,强调工程观点与实际运用能力;文字简洁、语言通俗,便于自学。

本书可作为高等院校化工及相关专业的“化工原理”课程教材,并与已出版的《常用化工单元设备设计》一书配套使用;也可作为化工、医药、食品、环保等部门从事科研、设计和生产的技术人员的参考书。

图书在版编目(CIP)数据

化工单元操作过程与设备. 上册/李功样,陈兰英,余林编著. —广州:华南理工大学出版社,2010.6(2013.1重印)
广东省精品课程教材
ISBN 978-7-5623-3298-5

Ⅰ.①化… Ⅱ.①李… ②陈… ③余… Ⅲ.①化工单元操作 ②化工设备
Ⅳ.①TQ02 ②TQ05

中国版本图书馆CIP数据核字(2010)第085906号

总 发 行:华南理工大学出版社(广州五山华南理工大学17号楼 邮编510640)
营销部电话:020-87113487 87110964 87111048(传真)
E-mail:scutc13@scut.edu.cn http://www.scutpress.com.cn
责任编辑:胡 元 张 颖
印 刷 者:广州市穗彩彩印厂
开 本:787mm×1092mm 1/16 印张:20.5 字数:538千
版 次:2010年6月第1版 2013年1月第2次印刷
印 数:3001~5000册
定 价:35.00元

目录

0 绪论

0.1 本书的内容与任务

在化学工业生产中，每一种产品的生产，由原料变成产品，大都经历若干种方式、在若干个设备内进行。例如，从油井开采出的原油，经加工精制成不同使用目的的汽油、煤油、柴油等，其主要的精制方法是精馏。石油加工精制流程示意图如图 0-1 所示。

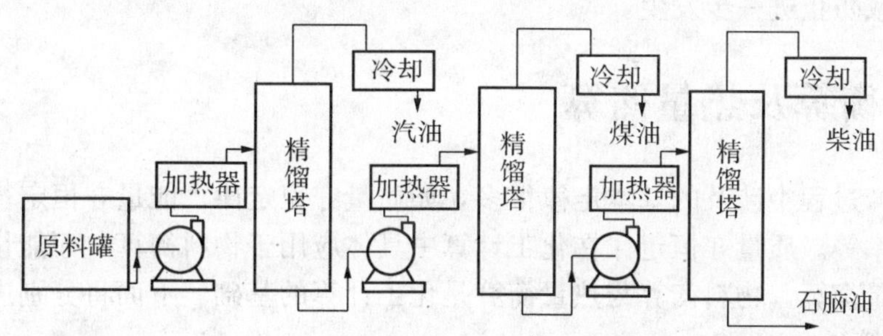

图 0-1 石油加工精制流程示意图

由图可见，除精馏外，还必须辅助有加热、冷却、保温和原料液的输送(流体流动)等，才能保证生产顺利、连续地进行。

在生产实践中，人们逐渐认识到化工、食品等工业，尽管其物料不同，但都有着共同的基础。例如，酿酒工业也是通过蒸馏方法生产出酒。正确的认识来源于实践，人们注意到在千变万化的化工产品的生产中，可将它们分解为若干种单元操作过程。研究各种单元操作过程的基础理论和典型设备的构造及工艺计算(或选型)，这一学科就是俗称的化工原理。

本书所讨论的单元操作过程，仅限于化工及其有关各行业通用物理过程的共同原则和设备。这些单元操作过程的特点为：

(1)它们都是物理操作。这些操作仅改变物料的状态或物理性质，并不改变其化学性质。对于改变其化学性质的操作过程，属化学反应工程学领域，本书不作讨论。

(2)它们都是化工生产中的共同操作。例如，干燥操作过程，既可在造纸、制皂、染料和制药等有机工业中采用，也可在陶瓷、制碱和制盐等无机工业中采用。

(3)某单元操作过程用于不同的化工过程，其基本原理相同，进行操作的设备往往也可通用。例如，不同行业对流体进行输送，其操作原理相同，均使用泵或风机来实现。泵与风机均可作为各生产行业的通用设备。

鉴于上述单元操作过程的特点，本书主要内容包括：

(1)流体动力过程　讨论流体流动所遵循的自然法则，以及流体流动时与之相接触的固体表面间的关系和流体力学中各法则的应用。所包括的内容有流体力学基础、流体输送、过滤和沉降、固体流态化与气力输送等。

(2)热量传递过程　讨论热量传递的基本规律及其应用，解决化工设备或管道的保温与绝热，及其热交换设备的设计或选用等问题。所包括的主要内容有传热、结晶与蒸发等。

(3)质量传递过程　讨论物质通过相界面的扩散分离原理及如何实现对混合物料的分离。所包括的内容有蒸馏、吸收、气液传质设备和干燥等。

单元操作过程是化工生产的基础。通过对本书内容的学习，我们的目的立足于：

(1)根据各单元操作过程在技术和经济上的特点，进行过程和设备的选择，以适用于指定的物料特性，经济而有效地满足工艺上的要求。

(2)进行过程的计算和设备的设计。在缺乏数据的情况下，组织相应的实验，以获取必要的设计数据。

(3)进行操作和调节以适应生产的不同要求。在操作发生故障时及时找出故障原因，以便尽快解决或防止进一步发生。

0.2　物料衡算及热量衡算

在化工生产过程中涉及的基本定律很多，如质量守恒定律、能量守恒定律、过程平衡关系及过程速率等。质量守恒定律在化工计算中具体应用于物料衡算，而能量守恒定律则具体应用于热量衡算。物料衡算与热量衡算是化工计算的基础，下面将分别进行说明。

1. 物料衡算

利用物料衡算，可以计算出生产过程中原料的消耗量、所获得的产品量及过程中物料的损耗量，也可计算出物料由一相转移到另一相的数量。

根据质量守恒定律，向系统(某一特定范围、生产过程或设备)输入物料的总质量减去由系统输出物料的总质量必等于累积在系统中的物料质量，可写成

$$\sum m_i - \sum m_o = m_A \tag{0-1}$$

式中，$\sum m_i$ ——向系统输入物料质量的总和，kg；

$\sum m_o$ ——由系统输出物料质量的总和，kg；

m_A ——累积在系统内的物料质量，kg。

式(0-1)为物料衡算的通式，既适用于连续操作过程，也适用于分批操作(间歇操作)过程。

对于稳定连续操作过程，由于常以单位时间为基准，故可按质量流量及物料质量累积速率将式(0-1)改写为

$$\sum w_i - \sum w_o = \frac{dm_A}{d\theta} \tag{0-2}$$

式中，w_i，w_o ——分别为输入与输出物料中每一股物料的质量流量，kg/s；

$\frac{dm_A}{d\theta}$ ——物料的质量累积速率，kg/s。

由于是连续稳定过程，系统内没有任何物料累积，即 $\frac{dm_A}{d\theta}=0$，所以

$$\sum w_i - \sum w_o = 0 \tag{0-3}$$

也就是说，总输入质量流量等于总输出质量流量。

物料衡算在化工计算中占有相当重要的地位，其计算方法和步骤简述如下：

(1) 根据题意画出过程的简单示意图，用箭头表示物料的进、出路线，并注明各股物料的状态和数量。

(2) 选定衡算范围(常用虚线圈出)。衡算范围可取一个设备、一组设备或设备的某一部分，在化工计算中往往以一个生产过程作为基准。所选定的范围可认为与外界无关且独立，凡跨越虚线的箭头都是参与衡算的流股。

(3) 规定衡算基准。对于间歇操作，通常取一个操作循环作为基准；对于连续操作，通常以单位时间为基准。

(4) 列出若干个有用的独立方程。注意：所列出的方程数目应与未知数数目相等，对于所缺少的物性常数(如密度、粘度等)可从附录或有关手册中查出。

(5) 联立方程求解。

下面举例说明。

【例 0-1】 如本例附图所示，在两个蒸发器中，每小时将 5 400 kg 的 NaOH 水溶液从 9.8%(质量分数，下同)浓缩到 30%。已知经第一蒸发器流出的溶液质量分数为 14.6%，试求：(1)各蒸发器的蒸发水分量；(2)各蒸发器流出的浓缩液量。

解 根据题意画出流程示意图，如例 0-1 附图所示。以符号 W_1,F_1 和 W_2,F_2 分别表示经第一蒸发器与第二蒸发器的蒸发水分量和浓缩液量。如图虚线方框所示选取衡算范围 A 和 B，衡算基准为 1h。那么，

对于衡算范围 A，依 NaOH 组分写出：$F_0x_0 = F_2x_2 \longrightarrow 5\,400 \times 0.098 = F_2 \times 0.3$

依总物料写出：$F_0 = W_1 + W_2 + F_2 \longrightarrow 5\,400 = W_1 + W_2 + F_2$

对于衡算范围 B，依 NaOH 组分写出：

$$F_0x_0 = F_1x_1 \longrightarrow 5\,400 \times 0.098 = F_1 \times 0.146$$

依总物料写出：$F_0 = W_1 + F_1 \longrightarrow 5\,400 = W_1 + F_1$

将上述方程联立求解得：

$F_1 = 3\,624.7\ \mathrm{kg/h}$ $\quad\quad$ $W_1 = 1\,775.3\ \mathrm{kg/h}$

$F_2 = 1\,764\ \mathrm{kg/h}$ $\quad\quad$ $W_2 = 1\,860.7\ \mathrm{kg/h}$

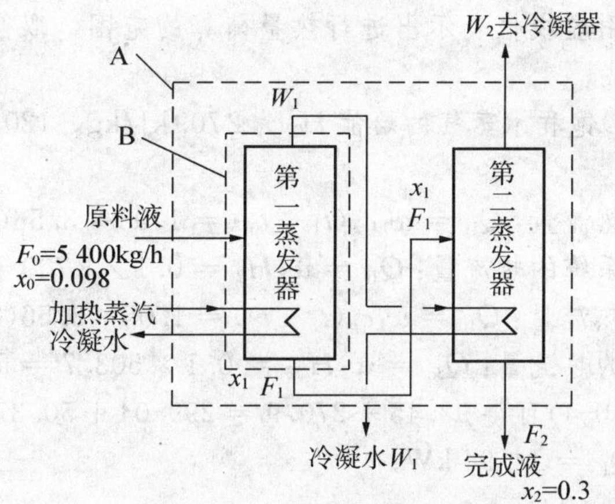

例 0-1 附图　物料衡算计算方法和步骤示意

2. 热量衡算

热量衡算的依据是能量守恒定律。热量衡算的方法和步骤与物料衡算大体相同，但应注意：

(1) 进行热量衡算时除必须明确规定参与衡算的范围和基准外，为了确定物料的焓值，还必须规定基准温度。此外，在有相变发生时，还要规定基准状态(通常以0℃液态为基准)。这是因为物料的焓值包括显热和潜热两部分，它与状态有关，因此是个相对值。

(2) 热量不仅由进、出系统的物料带入、带出，还可透过设备、管道的壁面向外界散失或由外界传入。因此，只要系统温度与外界环境温度有差异，就会有热量从外界输入或散失。

所以，根据能量守恒定律，对于稳定的连续过程，可写出其基本关系式为

$$\sum(wH)_{\mathrm{i}}-Q_{\mathrm{L}}=\sum(wH)_{\mathrm{o}}$$

或

$$\sum(wH)_{\mathrm{i}}=\sum(wH)_{\mathrm{o}}+Q_{\mathrm{L}} \tag{0-4}$$

式中，w—— 物料的质量流量，kg/s；

H—— 单位质量物料的焓值，kJ/kg；

$\sum(wH)_{\mathrm{i}}$——进入系统各流股物料的总热流量，kW；

$\sum(wH)_{\mathrm{o}}$——离开系统各流股物料的总热流量，kW；

Q_{L}—— 系统向环境散失(或吸入)的热流量，也称“热损失”，kW。

【例0-2】 在换热器里将平均比热容为3.56kJ/(kg·℃)的某种溶液自25℃加热至80℃，溶液的流量为1.05 kg/s。加热介质为120℃的饱和水蒸气，其消耗量为0.1kg/s，蒸汽冷凝成同温度下的饱和水后排出。试计算此换热器的热损失占水蒸气所提供热量的百分数。

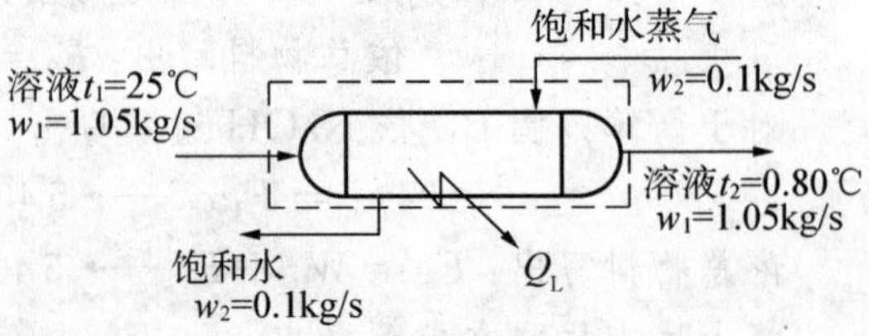

例0-2附图

解 首先根据题意画出过程的示意图(参见本例附图)。图中用虚线框表示出进行热量衡算的范围，取衡算基准为1s，基准温度为0℃。

由附录五查得120℃饱和水蒸气的焓值 H_2 为2709kJ/kg，120℃饱和水的焓值 H'_2 为503.7kJ/kg，那么

随溶液带入系统的热流量：$Q_{1\mathrm{i}}=w_1c_p(t_1-t_0)=1.05\times3.56(25-0)=93.45\ (\mathrm{kW})$

随饱和水蒸气带入系统的热流量：$Q_{2\mathrm{i}}=w_2H_2=0.1\times2709=270.9\ (\mathrm{kW})$

随溶液带出系统的热流量：$Q_{1\mathrm{o}}=w_1c_p(t_2-t_0)=1.05\times3.56(80-0)=299.04\ (\mathrm{kW})$

随饱和水带出系统的热流量：$Q_{2\mathrm{o}}=w_2H'_2=0.1\times503.7=50.37\ (\mathrm{kW})$

将上述数值代入式(0-4)可得 $93.45+270.9=299.04+50.37+Q_{\mathrm{L}}$

所以，热损失为：$Q_{\mathrm{L}}=14.94\ \mathrm{kW}$

热损失百分数为：$\dfrac{14.94}{270.9-50.37}\times100\%=6.77\%$

0.3 物理量的单位换算及经验公式的变换

1. 物理量的单位换算

在进行化工过程计算中，任一公式中的各物理量都规定了所对应的单位。如果所引用的数据单位不符合要求，必须进行换算，使所用物理量的单位完全符合要求后再代入公式。否则，临时才换算，往往容易出现错误和遗漏。

同一个物理量可用不同的“数字×单位”表达。例如，某线段长度可表示为1 m，也可表示为100 cm，可见1 m与100 cm是“等价”的。对于除温度以外的物理量，均可将“等价”的两种物理量表达式写成相比的形式，即构成“换算因数”。例如，1 m=100 cm，那么，m与cm之间的换算因数可写成$\frac{1\,\text{m}}{100\,\text{cm}}$或$\frac{100\,\text{cm}}{1\,\text{m}}$。由此可见，任何换算因数(包括其单位部分在内)其本质上都是纯数1，所以可采用引入换算因数的方法对物理量进行单位换算。

对于温度的单位换算不能采用换算因数的方法，须遵循其特殊规律。例如，原温度t的单位为℃，若采用T(K)表示时，那么T与t的换算关系为：$T=(t+273.16)$。

【例0-3】 试将通用气体常数$R=82.06\ \text{atm}\cdot\text{cm}^3/(\text{mol}\cdot\text{K})$*，换算为国家法定单位表示。

解 先列出各有关物理量不同单位间的换算关系，即

$$1\,\text{atm}=101\,330\,\text{N/m}^2,\quad 1\,\text{m}^3=10^6\,\text{cm}^3,\quad 1\,\text{kmol}=1\,000\,\text{mol}$$

引入换算因数，那么，

$$R=82.06\times\left\{\frac{[\text{atm}]\times\frac{101\,330[\text{N/m}^2]}{1[\text{atm}]}\times[\text{cm}^3]\times\frac{1[\text{m}^3]}{10^6[\text{cm}^3]}}{[\text{mol}]\times\frac{1[\text{kmol}]}{1\,000[\text{mol}]}\cdot[\text{K}]}\right\}$$

$$=8\,315\,\text{J/(kmol}\cdot\text{K)}$$

2. 经验公式的变换

在化工计算中会大量运用经验公式。所谓经验公式，是根据实验数据整理出来的式子，它仅适用于某种特定条件、范围(与实验相吻合的场合)。经验公式中各符号只代表物理量的数字部分，而它们的单位必须采用指定的单位，故经验公式又称为数字公式。当已知数据的单位与公式所规定的单位不同而这一公式又需经常使用时，可将整个公式进行变换。其具体的方法和步骤举例说明。

【例0-4】 试将泡核沸腾下对流传热分系数的经验公式$\alpha=39p^{0.5}\Delta t^{2.33}$，其中$p$的单位为atm，由原所适用的工程单位kcal/(m²·h·℃)改为现常用的国家法定单位W/(m²·K)。

解 首先将经验公式中每个符号写成物理量与所规定的单位之比形式，即

$$\frac{\alpha'}{[\text{kcal/m}^2\cdot\text{h}\cdot℃]}=39\left(\frac{p'}{[\text{atm}]}\right)^{0.5}\left(\frac{\Delta t'}{[℃]}\right)^{2.33}$$

然后，列出各物理量不同单位间的换算关系及相应的换算因数：

---

* 注：本书考虑到实际工程应用的需要，采用了一些非法定单位，其具体换算见附录。

$$1\,\text{kcal}=4\,187\,\text{J}\quad 写出换算因数为\frac{4\,187[\text{J}]}{1[\text{kcal}]}$$

$$1\,\text{atm}=101\,330\,\text{Pa}\quad 写出换算因数为\frac{101\,330[\text{Pa}]}{1[\text{atm}]}$$

$$1\,\text{h}=3\,600\,\text{s}\quad 写出换算因数为\frac{3\,600[\text{s}]}{1[\text{h}]}$$

$$温度差\ 1[℃]=1[\text{K}]$$

引入各换算因数进行单位变换，写出为

$$\frac{\dfrac{\alpha'}{[\text{kcal}]\times\dfrac{4\,187[\text{J}]}{1[\text{kcal}]}}}{[\text{m}^2]\times[\text{h}]\times\dfrac{3\,600[\text{s}]}{1[\text{h}]}\times[\text{K}]}=39\times\left(\frac{p'}{[\text{atm}]\times\dfrac{101\,330[\text{Pa}]}{1[\text{atm}]}}\right)^{0.5}\times\left(\frac{\Delta t'}{[\text{K}]}\right)^{2.33}$$

$$\frac{\dfrac{\alpha'}{[\text{J}]}}{[\text{m}^2]\cdot[\text{s}]\cdot[\text{K}]}=\left(\frac{39\times4\,187}{3\,600}\right)\times\left(\frac{1}{101\,330}\right)^{0.5}\times\left(\frac{p'}{[\text{Pa}]}\right)^{0.5}\times\left(\frac{\Delta t'}{[\text{K}]}\right)^{2.33}$$

整理后得

$$\frac{\dfrac{\alpha'}{[\text{W}]}}{[\text{m}^2]\cdot[\text{K}]}=0.143\left(\frac{p'}{[\text{Pa}]}\right)^{0.5}\left(\frac{\Delta t'}{[\text{K}]}\right)^{2.33}$$

最后，写出经变换后的经验公式为

$$\alpha=0.143p^{0.5}\Delta t^{2.33}$$

变换后对流传热分系数经验公式的单位为 $\text{W}/(\text{m}^2\cdot\text{K})$，而压强的单位为 Pa。

习 题

1. 某湿物料在干燥器内由原来含水量为 18%(质量分数)干燥到 0.8%。试求每吨物料干燥后的含水量。

2. 1 大气压下苯的饱和蒸气(80.1℃)在热交换器中冷凝并冷却为 70℃的液体。冷却水在 30℃下进入，在 60℃下排出。试求每千克苯蒸气需多少冷却水。1 大气压下苯的汽化热为 393.9 kJ/kg，在 70～80℃范围苯的平均比热容为 1.924kJ/(kg·℃)。

3. 试从基本单位入手，将下列物理量的单位换算为法定单位：

(1)40℃时水的粘度 $\mu=0.006\,56\,\text{g}/(\text{cm}\cdot\text{s})$

(2)某液体的密度 $\rho=1\,386(\text{kgf}\cdot\text{s}^2)/\text{m}^4$

(3)导热系数 $\lambda=1\text{kcal}/(\text{m}\cdot\text{h}\cdot℃)$

4. 甲烷的饱和蒸气压与温度的关系符合下面经验公式：

$$\lg p=6.421-\frac{352}{t+261}$$

式中，p——饱和蒸气压，mmHg；

t——温度，℃。

试对该式进行换算，将式中 p 的单位换为 Pa，温度的单位换为 K。

1 流体流动

在化工厂可以看到输送流体的管道非常多，这是因为从原料到产品的整个生产过程，物料需不断地从一个设备输送到另一个设备，而这些物料又大多数是流体。因此，人们把输送管路所起的作用比作人体内的血管所起的作用是恰如其分的。那么，对于如此大量的流体输送管路，包括各种管件和调节阀门、输送机械(泵与压缩机)以及计量流量、压强等的测量仪表，能否进行正确的设计和选用，是关系到整个生产过程增产节约的大问题。下面以从贮罐到某精馏塔输送料液为例(如图 1-1 所示)，分析一般管路设计所遇到的主要问题。

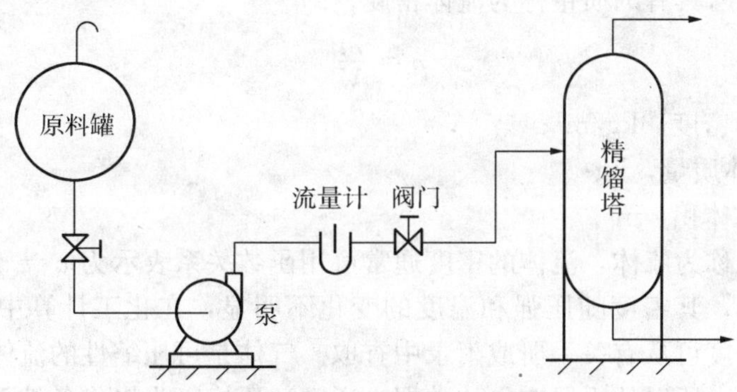

图 1-1　精馏塔原料液输送系统示意图

这是一段比较简单的管路，但设计起来也必然会遇到：

(1) 管道直径需多大？这是一个应如何选择适宜流动速度的问题。根据一定的输送任务(每小时要求输送料液若干 m^3)：管道细，则流速大；管道粗，则流速小。但流动时所消耗的能量一般与流速的平方成正比，因此管细流速大，所消耗能量大，反之则小。那么，应选择多大直径的管道？这是一个首先需要合理解决的问题。

(2) 计算在一定管路中完成工艺要求输送任务所需的能量，及其应外加多少能量。这是选择输送机械的基础数据。

(3) 选择什么样的输送机械？除需考虑能提供足够的能量而又不会过大(即效率高)外，还要根据物料的性质采用合适的类型。

(4) 在合适的位置配置流量、压强等测量仪表与调节阀门，这也是需要考虑的问题。

要解决上述问题，必须了解与流体流动有关的规律。学习与流体流动有关的规律及运用这些规律计算流体输送所需能量的方法等，就是本章的任务。至于上述第(3)项的内容将在第 2 章讨论。

值得一提的是，流体有液体和气体之分，它们都具有流动性，受力作用后容易变形，内部会产生相对运动等共同点。至于压缩性(密度随压强或温度变化而变化的特性)则有明显差别。在研究流体流动时，认为液体都是不可压缩的，气体都是可压缩的。但在输送过程中，若气体密度变化不大时，也可按不可压缩流体处理。本章主要讨论的流体是不可压缩的流体。

1.1 流体静力学方程式

流体静力学是研究流体在外力(重力和压力)作用下达到平衡的规律。流体的静止只不过是流体流动的一种特殊形式(这在后面的学习中将会说明)，两者既有区别又有联系；讨论前者，主要为讨论后者服务。

为了讨论上的方便，先介绍密度和压强这两个物理概念。

1.1.1 有关物理概念

1. 密度

单位体积流体所具有的质量称为流体密度。即

$$\rho = \frac{m}{V} \tag{1-1}$$

式中，ρ—— 流体密度，kg/m^3；

m—— 流体质量，kg；

V—— 流体体积，m^3。

气体和液体统称为流体，流体的密度通常可用函数关系表示为 $\rho = f(p,T)$ 。液体是不可压缩性的流体，其密度随压强和温度的变化不明显，在化工计算中一般可忽略其影响。各种液体的密度可从有关手册或附录中查取。气体是可压缩性的流体，其密度随压强和温度的变化明显，所以从手册查得的数据，通常还要换算为操作条件下的密度后才可使用。

对于气体，当压强不太高、温度不太低时，一般可按理想气体来处理。其体积、压强和温度之间的变化关系为

$$\frac{pV}{T} = \frac{p'V'}{T'}$$

将式(1-1)代入并整理可得

$$\rho = \rho' \frac{T'p}{Tp'} \tag{1-2}$$

式中，p，T—— 分别为操作条件下气体的绝对压强(Pa)和绝对温度(K)；

p'，T'——分别表示手册中指定条件下气体的绝对压强(Pa)和绝对温度(K)。

某种状态下理想气体的密度也可用下式计算，即

$$\rho = \frac{pM}{RT} \tag{1-2a}$$

或

$$\rho = \frac{MT_0 p}{22.4 T p_0} \tag{1-2b}$$

式中，M——气体的摩尔质量，kg/mol；

R——气体常数，其值为 8.315J/(mol·K)；

p_0，T_0——标准状态下气体的绝对压强(Pa)和绝对温度(K)。

化工生产中的流体往往为含有几个组分的混合物。通常利用手册仅能查出纯物质的密度，所以混合物的平均密度 ρ_m 还要通过下述公式进行计算。

对于液体混合物，各组分的浓度用质量分率表示，其平均密度换算式为

$$\frac{1}{\rho_m}=\frac{x_{LA}}{\rho_A}+\frac{x_{LB}}{\rho_B}+\cdots+\frac{x_{Ln}}{\rho_n} \tag{1-3}$$

式中，ρ_A，ρ_B，…，ρ_n——液体混合物中各纯组分的密度，kg/m^3；

x_{LA}，x_{LB}，…，x_{Ln}——液体混合物中各纯组分的质量分率。

对于气体混合物，各组分的浓度用体积分率表示，其平均密度换算式为

$$\rho_m=\rho_A x_{GA}+\rho_B x_{GB}+\cdots+\rho_n x_{Gn} \tag{1-4}$$

式中，x_{GA}，x_{GB}，…，x_{Gn}——气体混合物中各组分的体积分率；

ρ_A，ρ_B，…，ρ_n——气体混合物中各纯组分的密度，kg/m^3。

气体混合物的平均密度 ρ_m 也可按式(1-2a)或式(1-2b)计算。这时，式中的气体摩尔质量 M 应以气体混合物的平均摩尔质量 M_m 代替。气体混合物的平均摩尔质量 M_m 可依下式求算，即

$$M_m=M_A y_A+M_B y_B+\cdots+M_n y_n \tag{1-5}$$

式中，m_A，m_B，…，m_n——气体混合物中各组分的摩尔质量，kg/kmol；

y_A，y_B，…，y_n——气体混合物中各组分的摩尔分率。

2. 流体的静压强

流体的静压强是指单位面积上所受到流体垂直方向上的压力，即

$$p=\frac{\Delta P}{\Delta A} \tag{1-6}$$

流体静压强的单位为 Pa，常用单位有 mmHg、atm、kg/cm^2 及 m 流体柱等。现将它们之间的换算关系说明如下。

取一根截面积为 Am^2 的管子，将其上端封闭，管口插入一盛水银的开口容器中，如图 1-2 所示。若管内抽真空，那么水银在大气压力的作用下被压入管中并上升至 zm。由于流体静止时，同一水平液面上各点的压强相等，若 p_2 表示管内液面压强，p_3 表示管外液面压强，那么，$p_2=p_3=p_0$（大气压），由于管内上端是真空（$p_1=0$），所以，$p_0=p_2=p_{静}$。

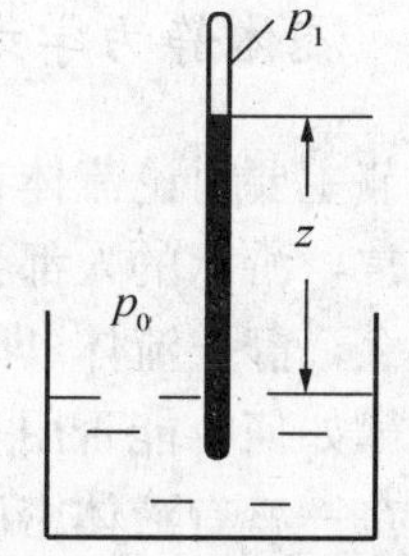

图 1-2　大气压强的测定

设流体的密度为 $\rho\ kg/m^3$，那么流体本身的重量为（$\rho gz\cdot A$），它作用于管内液面处的 Am^2 截面上，故

$$p_0=p_{静}=\frac{\rho gz\cdot A}{A}=\rho gz$$

已知一个物理大气压等于 760 mmHg，水银的密度为 13 600 kg/m^3，因此，

$$p_0=13\,600\times 9.8\times 0.76=1.013\times 10^5(N/m^2)=1.013\times 10^5(Pa)$$

各常用单位的换算关系如下：

$$1atm=760\,mmHg柱=10.33\,m水柱=1.033\,kgf/cm^2=1.0133\times10^5\ Pa$$

工程上为了使用和换算方便，常将 $1\,kgf/cm^2$ 近似地作为 1 个大气压，称为 1 个工程大气压(1at)。于是

$$1at=1\,kgf/cm^2=735.6\,mmHg=10\,mH_2O=9.807\times10^4\ Pa$$

流体的压强除用不同的单位计量外，还可以用绝对压强、表压强和真空度来表示。以绝对零压为起点计算的压强称为绝对压强，它反映了系统内压强的实际数值。

流体的压强可用测量仪表来测量。若所测系统内的压强高于当地大气压强，其压强测量需用压力表。由压力表所读得的数值称为表压强。它不是所测系统内的实际数值，而是这个实际数值高于大气压强的数值。表压强与绝对压强的关系可表示为

表压强＝绝对压强－大气压强

若所测系统内的压强低于当地大气压强，则流体压强的测量需用真空表。由真空表所读得的数值称为真空度。同样，真空度只表示所测系统压强的实际数值低于大气压强的数值。真空度与绝对压强间的关系可表示为

真空度＝大气压强－绝对压强

或　真空度＝－(绝对压强 －大气压强)

＝－表压强

可见，真空度用表压强表示时在其前面应加上负号。

绝对压强、表压强与真空度之间的关系可用图 1-3 直观地描述。

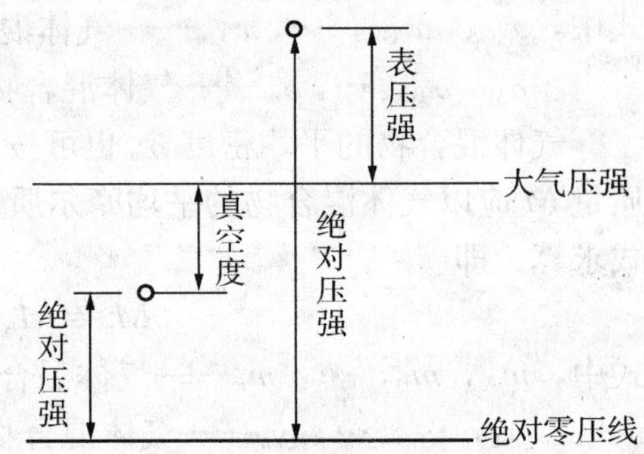

图 1-3　绝对压强、表压强与真空度之间的关系

1.1.2　流体静力学方程式

本节主要讨论流体在重力和压力作用下达到平衡的规律，以及反映这一规律的方程式。通常，游泳的人都会感到水中有压力，潜水员更能体会到，水中越深的地方，压力越大。那么，静止流体(即重力作用下达到平衡的流体)中不同高度的水面，其压强随高度变化的规律如何？能否用一个公式表示出来呢？

设在一盛有液体密度为 ρ 的容器中，取一底面积为 $dxdy$ 的垂直液柱，其上底面距容器底面距离为 z_1，其下底面距容器底面距离为 z_2。若 Z 轴方向垂直向上，沿 z 方向的 z 位置选取一厚度为 dz 的微元体，如图 1-4 所示。

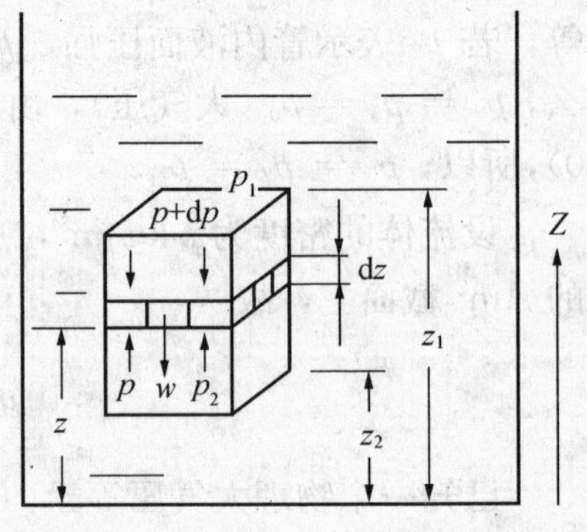

图 1-4　静力学基本方程式推导示意图

对于 Z 轴，作用于该微元体上的力有：

①向上作用于下底面的压力：$p\,dxdy$；

②向下作用于上底面的压力：$-(p+\frac{\partial p}{\partial z}dz)dxdy$；

③向下作用于整个立方体的重力：$-\rho g\,dxdydz$。

由于流体处于静止，作用于 Z 轴上各力的代数和应等于零。因此，Z 方向上力的平衡式可写成

$$p\mathrm{d}x\mathrm{d}y-(p+\frac{\partial p}{\partial z}\mathrm{d}z)\mathrm{d}x\mathrm{d}y-\rho g\,\mathrm{d}x\mathrm{d}y\mathrm{d}z=0$$

即

$$-\frac{\partial p}{\partial z}\mathrm{d}x\mathrm{d}y\mathrm{d}z-\rho g\,\mathrm{d}x\mathrm{d}y\mathrm{d}z=0$$

两边同除以 $\mathrm{d}x\mathrm{d}y\mathrm{d}z$ 可得

$$Z\text{轴}\qquad -\frac{\partial p}{\partial z}-\rho g=0 \tag{a}$$

同理，因为作用于 X、Y 轴仅有压力，故相应可将 X、Y 方向力的平衡式写为

$$X\text{轴}\qquad -\frac{\partial p}{\partial x}=0 \tag{b}$$

$$Y\text{轴}\qquad -\frac{\partial p}{\partial y}=0 \tag{c}$$

将式(a)、(b)、(c)分别乘以 $\mathrm{d}z$ 、$\mathrm{d}x$ 、$\mathrm{d}y$ ，然后相加可得

$$\frac{\partial p}{\partial x}\mathrm{d}x+\frac{\partial p}{\partial y}\mathrm{d}y+\frac{\partial p}{\partial z}\mathrm{d}z=-\rho g\,\mathrm{d}z$$

上式等号的左侧为压强的全微分 $\mathrm{d}p$ ，所以

$$\mathrm{d}p+\rho g\,\mathrm{d}z=0$$

对于不可压缩流体，ρ =常数，上式积分得

$$\frac{p}{\rho}+gz=\text{常数}$$

对于所选取的垂直液柱上、下底面而言，可写出

$$\frac{p_1}{\rho}+gz_1=\frac{p_2}{\rho}+gz_2 \tag{1-7}$$

或

$$p_2=p_1+\rho g(z_1-z_2) \tag{1-7a}$$

若垂直液柱上底面与容器的液面平齐，液面上方的压强为 p_0 ，垂直液柱下底面距液面高度 h 处的压强为 p ，可将式 (1－7 a)改写成

$$p=p_0+\rho gh \tag{1-7b}$$

式(1－7)、式(1－7a)和式(1－7b)称为流体静力学方程式。它表示在静力场下，静止流体内部压强的变化规律。

由式(1-7b)可见，在静止流体内部，在液面下任一点的压强是深度 h 的函数，距液面愈深，压强越大。若 p_0 有变化，那么液面下任一点的压强也将发生变化。所以，液面上所受的压强能以同样大小传递到液体内部(巴斯噶定律)。水压机就是利用这一原理制成的。

若将式(1-7b)改写成 $\frac{p-p_0}{\rho g}=h$，由于 h 的单位为 m，$\frac{p-p_0}{\rho g}$ 的单位也应为 m，它说明流体的压强可用相应流体的液柱高度来表示。压强的测量仪表就是根据这一原理设计的。

由式(1-7a)可知，当 ρ 相同(同一液体)，$z_1=z_2$ 时，$p_1=p_2$ 。它说明同一种流体在同

一水平面上各点的静压强相等。

值得注意的是，上述方程式是根据静止的连通着的同一种连续流体导出的，因此仅能应用于静止的连通着的同一种流体内部。如图1－5所示，$p_2 = p'_2$，这是因为同一水平面上连通的为同一种流体；但 $p_1 \neq p'_1$，这是因为虽在同一水平面上但连通的不是同一种流体。

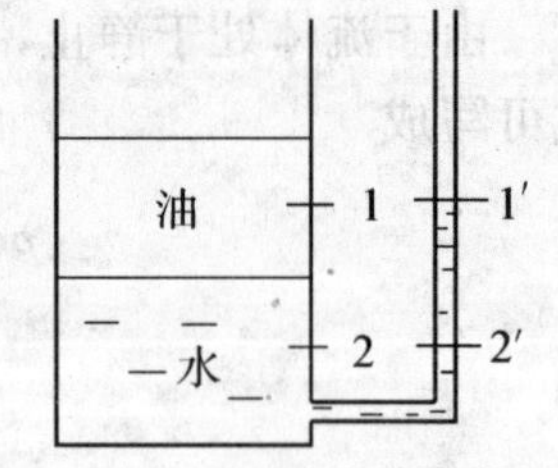

图1－5 不同液体内的静压强

1.1.3 流体静力学方程式的应用

流体静力学方程式在化工生产中应用非常广泛。依据这一方程式所设计的测量压强与压强差的仪表，如U管压差计、微差压差计，可对流体的压强或压强差进行测量；利用静止流体内部压强的变化规律，可对贮罐(槽)的液位进行测量，以随时了解其内部的贮存量；此外，可用来确定液封高度，以使设备能在所要求的压力下稳定、连续地操作。

1. 压强与压强差的测量

(1)U管压差计

U管压差计的结构如图1－6所示。它是一根U形玻璃管，内装有液体指示液。指示液要与被测流体不互溶，不起化学作用，且其密度应大于被测流体的密度。

在图1－6的U形管底部装有指示液A，其密度为ρ_A，U形管两臂上部及连接管内均充满待测流体，其密度为ρ。图中a、a'两点都在连通着的同一种静止流体内，并且在同一水平面上，所以这两点的静压强相等，即$p_a = p_{a'}$，根据流体静力学方程式可得：

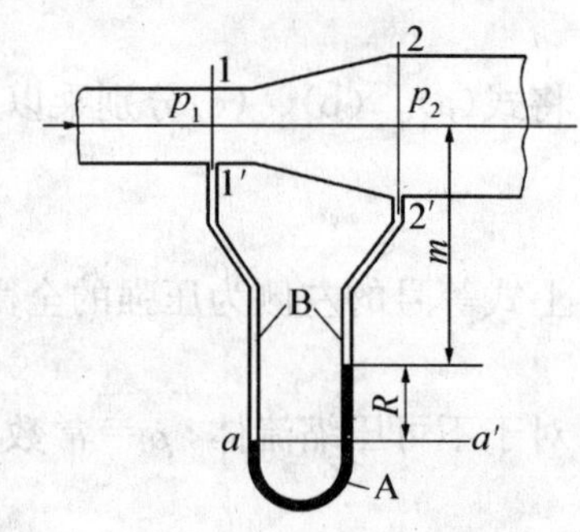

图1－6 U管压差计

$$p_a = p_1 + \rho g(m+R)$$
$$p_{a'} = p_2 + \rho g m + \rho_A g R$$

于是，压强差（$p_1 - p_2$）的计算式可写成

$$p_1 - p_2 = (\rho_A - \rho) g R \tag{1-8}$$

若被测量的流体为气体，由于指示液的密度远大于气体密度，ρ可忽略，故上式可写为

$$p_1 - p_2 = \rho_A g R \tag{1-8a}$$

U管压差计不但可用于测量流体的压强差，也能用于测量流体的压强。当U形管一端与设备或管道某一截面连接，另一端与大气相通，这时读数R反映该管道截面的绝对压强与大气压强之差，即为表压强。

(2)双液U管微压差计

若所测量的压强差很小，U管压差计的读数R也就很小，很难准确读出R的值。为了把读数放大，除选用指示液的密度ρ_A与被测流体的密度ρ相接近外，还可采用图1－7所示的双液U管微压差计。

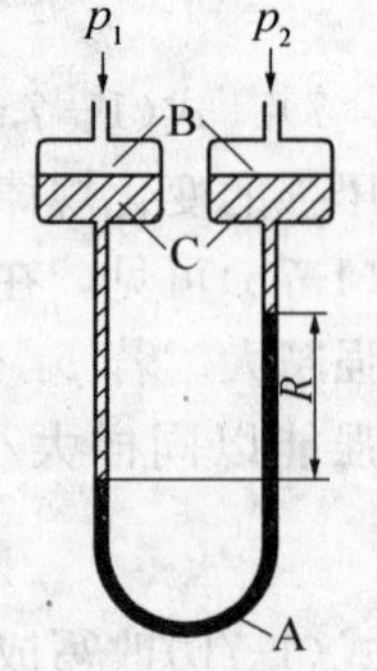

图1－7 双液U管微压差计

双液U管微压差计内装有两种密度相近且不互溶的指示液A和C。此外，为读数方便，U管两侧臂顶端各装有扩大室，俗称“水库”。扩

大室的截面积比U管的截面积大很多，使U管内指示液A的液面差R很大，但两扩大室内的指示液C的液面变化很小，可视为维持等高。

这样一来，压强差(p_1-p_2)的计算式可近似写成

$$p_1-p_2=(\rho_A-\rho_C)gR \tag{1-8b}$$

式中，$(\rho_A-\rho_C)$为两种指示液的密度差。其差值越小，读数R的准确度越高。

【例1-1】 蒸汽锅炉上装有一复式U管压差计，如本例附图所示。两U管管间的连接管内充满水，U管压差计的指示液为水银。已知水银面与基准面的垂直距离分别为：$h_1=2.3\,\text{m}$，$h_2=1.2\,\text{m}$，$h_3=2.5\,\text{m}$，$h_4=1.4\,\text{m}$。锅炉中水面与基准面间的垂直距离$h_5=3\,\text{m}$。大气压强$p_a=99.3\times10^3\,\text{Pa}$，试求锅炉上方水蒸气的压强$p_0$（分别以表压强和绝对压强表示）。

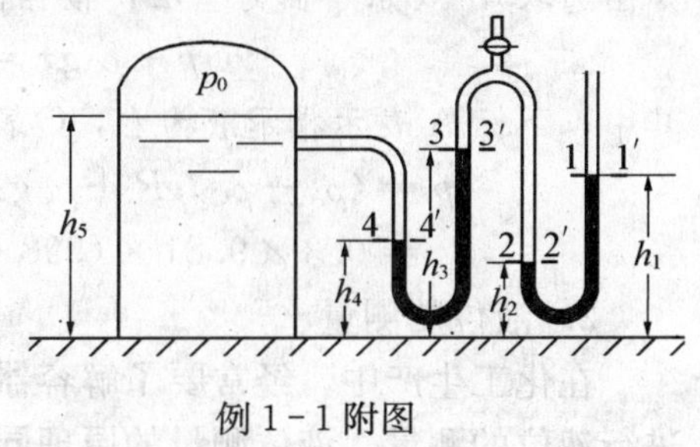

例1-1附图

解 在图中选取1-1′、2-2′、3-3′和4-4′水平面，如例1-1附图所示。选取地平面为基准水平面，根据静力学原理，在同一种静止流体的连通器内、同一水平面上的压强相等，故有

$$p_1=p_{1'} \quad p_2=p_{2'}$$
$$p_3=p_{3'} \quad p_4=p_{4'}$$

若以表压强表示，那么，

对于水平面1-1′而言， $p_1=0$（表压）

对于水平面2-2′而言， $p_2=\rho_{Hg}g(h_1-h_2)$

对于水平面3-3′而言， $p_3=p_2-\rho g(h_3-h_2)$

对于水平面4-4′而言，

$$p_{4'}=p_3+\rho_{Hg}g(h_3-h_4)$$

或
$$p_4=p_0+\rho g(h_5-h_4)$$

因此，锅炉蒸汽压强为

$$\begin{aligned}p_0&=\rho_{Hg}g(h_1-h_2+h_3-h_4)-\rho g(h_5-h_4+h_3-h_2)\\&=13\,600\times9.81(2.3-1.2+2.5-1.4)-1\,000\times9.81(3-1.4+2.5-1.2)\\&=2.65\times10^5(\text{Pa})(\text{表压})\end{aligned}$$

相应的绝对压强为

$$p=p_0+2.65\times10^5=(0.993+2.65)\times10^5=3.643\times10^5\,(\text{Pa})(\text{绝压})$$

【例1-2】 如本例附图所示，微差压差计中以油和水为指示液，其密度分别为920 kg/m³和998 kg/m³，U管中油水交界面高度差$R=300\,\text{mm}$。已知微差压差计两扩大室的内径D均为60 mm，U管内径d为6 mm。试求设备内气体的表压强。

解 由于$R=0$时两扩大室液面相平，所以可写出当读数为R时两扩大室液面差Δh与R的关系为

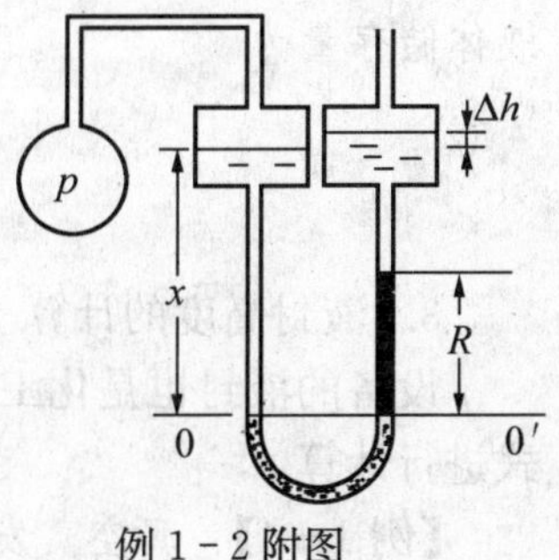

例1-2附图

$$\frac{\pi}{4}D^2\Delta h=\frac{\pi}{4}d^2R\longrightarrow\Delta h=R\left(\frac{d}{D}\right)^2$$

将 $D=60\,\text{mm}$，$d=6\,\text{mm}$，$R=300\,\text{mm}$ 代入得

$$\Delta h=0.3\times\left(\frac{6}{60}\right)^2=0.003(\text{m})$$

如图选取 0－0′水平面为基准，根据静力学方程式 $p_0=p_{0'}$，写出

$$p+\rho_C gx=\rho_A gR+\rho_C g(x-R+\Delta h)$$

其中，下标 A 表示指示液为水，C 表示指示液为油，上式化简得

$$\begin{aligned}p&=(\rho_A-\rho_C)gR+\rho_C g\Delta h\\&=0.3\times9.81\times(998-920)+0.003\times9.81\times920\approx257\ (\text{Pa})(\text{表压})\end{aligned}$$

2. 液位的测量

在化工生产中，经常要了解容器内物料的贮存量或要控制设备内液体的液面，因此需进行液位的测量。液位测量的原理同样是依据静止液体内部压强变化的规律。

【例 1－3】 为测量某腐蚀性液体在贮槽中的存液量，采用如本例题附图所示装置。控制调节阀使压缩氮气缓慢地鼓泡通过观察器，因此气体通过吹气管的流动阻力可以忽略。吹气管内某截面的压强可用 U 管压差计来测量。今测得 U 管压差计读数为 $R=140\,\text{mmHg}$，通气管出口距贮槽底面为 20 cm，贮槽直径为 2 m，液体的密度为 $1\,250\,\text{kg/m}^3$。试求贮槽内液体的储存量为多少吨。

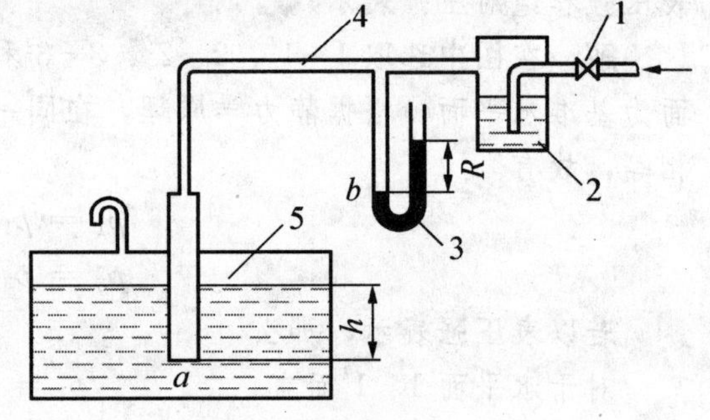

例 1－3 附图

1—调节阀；2—鼓泡观察器；3—U 管压差计；4—吹气管；5—贮槽

解 由于吹气管内氮气流动速度缓慢，且管内不能存有液体，故可视为管出口 a 处与 U 管压差计 b 处的压强近似相等，即 $p_a\approx p_b$。

若 p_a 与 p_b 均用表压强表示，贮槽液面离吹气管出口的距离为 h(m)，那么依静力学方程式得

$$\rho gh=\rho_{Hg}gR$$

所以

$$h=R\cdot\frac{\rho_{Hg}}{\rho}=0.14\times\frac{13\,600}{1\,250}=1.523\ (\text{m})$$

液体储存量为

$$\begin{aligned}G&=\frac{\pi}{4}D^2(h+0.2)\rho=0.785\times2^2\times(1.523+0.2)\times1\,250\\&=6.76\times10^3\ (\text{kg})\end{aligned}$$

3. 液封高度的计算

设备的液封也是化工生产中常遇到的问题，其液封高度的确定可根据流体静力学方程式进行计算。

【例 1－4】 真空蒸发操作中产生的水蒸气，通常送入如本例题附图所示的混合冷凝

器中与冷水直接接触而冷凝。为了维持操作的真空度，冷凝器上方与真空泵相通，不时将器内的不凝性气体(空气)抽走。同时，为了防止外界空气由气压管4漏入，致使设备内真空度降低，气压管4必须插入液封槽5中，水即在管中上升一定的高度 h，这种措施称为液封。若真空表的读数为 60×10^3 Pa，试求气压管中水上升的高度 h。

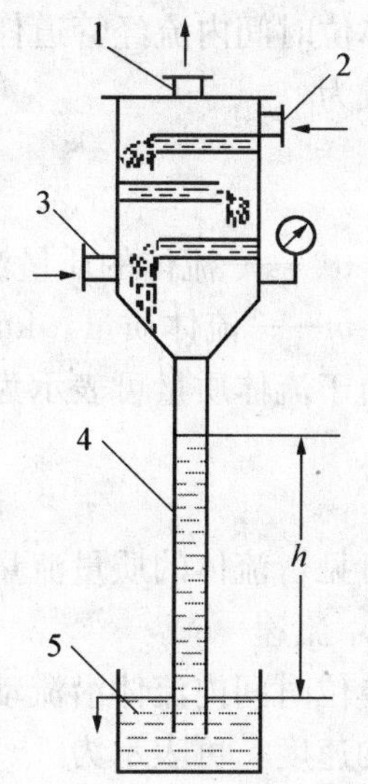

例1-4附图

1—与真空泵相通的不凝性气体出口；2—冷水进口；3—水蒸气进口；4—气压管；5—液封槽

解 设气压管内水面上方的绝对压强为 p，作用于液封槽内水面的压强为大气压强 p_0，根据流体静力学方程式得

$$p_0 = p + \rho g h$$

故

$$h = \frac{p_0 - p}{\rho g}$$

已知 $p_0 - p =$ 真空度 $= 60\times10^3$ Pa，代入得

$$h = \frac{60\times10^3}{1000\times9.81} = 6.12\ (\mathrm{m})$$

1.2 流体在管内的流动

在日常生活中，我们都知道水往低处流，那是因为位压能的差异所致。然而，水能否往高处流呢？答案是肯定的。譬如，地面上的水(水管内的水)在一定压力作用下能送到楼顶。而要获得一定压力作用，需要用泵来实现。那么，流体流动过程中具有哪些形式的能量？各种能量之间又如何进行相互转换？它们遵循什么样的规律？这就是本节所要讨论的内容。

在进行讨论之前，首先介绍一些有关流体流动的基本概念。

1.2.1 有关物理概念

本节所涉及的主要物理概念如下：

1. 流量

单位时间流过管道内任一截面的流体量，称为流量。流量可以用体积流量和质量流量来表示。

(1) 体积流量

单位时间内流经管道任一截面的流体的体积称为体积流量，记为 V_s，单位为 $\mathrm{m^3/s}$。写出公式为

$$V_s = \frac{V}{\theta} \tag{1-9}$$

式中，V_s —— 流体的体积流量，$\mathrm{m^3/s}$；

V —— 流体体积，$\mathrm{m^3}$；

θ —— 时间，s。

(2) 质量流量

单位时间内流经管道任一截面的流体质量称为质量流量，记为 w_s，单位为 kg/s。写出公式为

$$w_s = \frac{m}{\theta} \tag{1-9a}$$

式中，w_s——流体的质量流量，kg/s；

m——流体质量，kg。

由于流体质量可表示为 $m = V\rho$，所以

$$w_s = \frac{m}{\theta} = \frac{V\rho}{\theta} = V_s\rho \tag{1-9b}$$

可见，流体的质量流量为体积流量与其密度的乘积。

2. 流速

单位时间内流体沿流动方向所流过的距离称为流速。一般来说，流速指的是整个截面的平均速度，可表示为

$$u = \frac{V_s}{A} \tag{1-10}$$

式中 u——流体的流速，m/s；

A——与流动方向垂直的流通截面积，m^2。

对于流体在圆管内流动，由于 $A = \frac{\pi d^2}{4}$，所以

$$u = \frac{V_s}{\frac{\pi}{4}d^2} = \frac{4V_s}{\pi d^2} \tag{1-10a}$$

值得一提的是，实际流体在管内的流动，由于受粘性摩擦的作用，同一截面上各点的流体速度并不相同：管壁处流速为零，管中心处流速为最大。此外，平均流速又因流动的型态不同而不同，这在后面的学习中再作分析讨论。

由于气体的体积流量随温度和压强变化，显然其流速也随之而变。因此，采用质量流速较为方便。质量流速的定义为单位时间内流过管道单位截面上的流体质量，可写出公式为

$$G = \frac{w_s}{A} = \frac{V_s\rho}{A} = u\rho \tag{1-11}$$

式中，G——流体的质量流速，kg/(m^2 · s)。

3. 稳态流动和非稳态流动

如图 1-8 所示为一储水槽，槽底排水管路由几段直径不等的管子连接而成。阀门开启后槽内的水不断流出，槽上方不断加水且加入量超过流出量，超过水量由溢流管流出，使得槽内液面维持稳定。在这种情况下，截面 1-1′和截面 2-2′处的流速虽不同，但不随时间变化。其他参数(如压力、密度和粘度等)也不随时间变化。可见，其流速仅为空间位置的函数而与时间无关，可表示为

$$u = f(x, y, z)$$

因此，所谓稳态流动，就是流体在管道流动过程中，任一截面处的流速、流量和压力等有关物理参数均不随时间变化的流动。

但图 1-8 所示的储水槽，开启阀门放水时，若槽上方无水补充，水槽液面随水流出

不断降低，截面 1－1′和截面 2－2′处的流速、压力等随时间不断变化。这种情况下，流速不仅是空间位置的函数，也是时间的函数，可表示为：

$$u=f(x,y,z,\theta)$$

因此，所谓非稳态流动，就是流体在流动过程中，任一截面处的流速、流量和压力等有关的物理参数，其中任一参数随时间变化的流动。

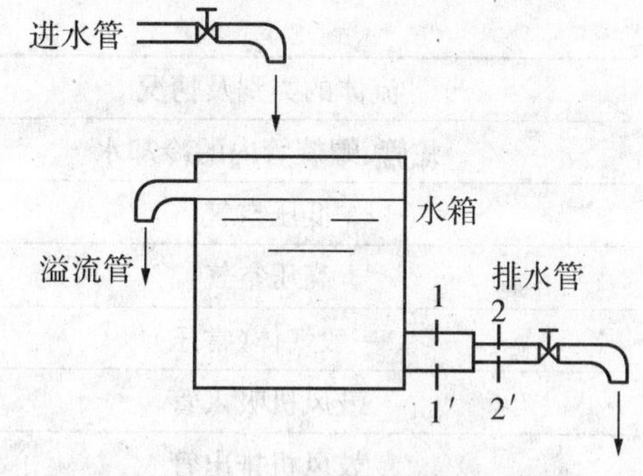

图 1－8　稳态流动系统

一般来说，连续生产过程中的流体流动，在正常操作条件下，大多数属稳态流动；而开工或停工阶段则可认为是非稳态流动。本章主要讨论稳态流动。

1.2.2　流体输送管道直径的确定

将式(1-10a)改写，可得到流体流过圆管道的直径的表达式，即

$$d=\sqrt{\frac{4V_s}{\pi u}} \tag{1-12}$$

在化工生产过程中，流体通过某一系统的流量通常由生产任务所决定。因此，关键在于如何选择合适的流速，以确定流体输送管道的直径。由上式可见，V_s 一定，流速大，管径小；但流速大，流体流过管道的阻力增大，消耗的动力就大，操作费用相应增加。反之，流速小，管径大，操作费用可相应减小；但管径增大，管路的基建费用(即投资费用)随之增加。所以，为兼顾上述矛盾，应选择一合适流速，使得操作费用与投资费用的总和为最少，这就涉及优化设计的问题。表 1－1 列出某些流体在管道中常用的流速范围，这是经实践总结出来的经验数据，可供管道设计时参考选用。

从表 1－1 可看出，流体在管道中的适宜流速的大小与流体的性质及操作条件有关。此外，由于生产厂家生产出的管子有一定的系列规格标准，利用式(1-12)计算出管径后，还必须进行圆整，选择出符合系列规格标准的管径。其后，再用式(1-12)重新计算出流速，以验算是否在原选定的合适流速范围内。

表 1－1　某些流体在管道中的常用流速范围

流体的类别及情况	流速范围，m/s
自来水(3×10^5 Pa 左右)	1～1.5
水及低粘度液体(1×10^5～1×10^6 Pa)	1.5～3.0
高粘度液体	0.5～1.0
工业供水(8×10^5 Pa 以下)	1.5～3.0
锅炉供水(8×10^5 Pa 以下)	＞3.0
饱和蒸汽	20～40
过热蒸汽	30～50

续表 1-1

流体的类别及情况	流速范围,m/s
蛇管、螺旋管内的冷却水	<1.0
低压空气	12~15
高压空气	15~25
一般气体(常压)	10~20
鼓风机吸入管	10~15
鼓风机排出管	15~20
离心泵吸入管(水一类液体)	1.5~2.0
离心泵排出管(水一类液体)	2.5~3.0
往复泵吸入管(水一类液体)	0.75~1.0
往复泵排出管(水一类液体)	1.0~2.0
液体自流速度(冷凝水等)	0.5
真空操作下气体流速	<10

【例 1-5】 要输送密度为 1.62 kg/m³，$p_{绝对}=3\text{atm}$ 的饱和蒸汽 600 kg/h，试选择输送钢管的管径。

解 根据式(1-12)计算输送钢管管径，即

$$d=\sqrt{\frac{4V_s}{\pi u}}$$

已知
$$V_s=\frac{600}{3\,600\times 1.62}=0.103(\text{m}^3/\text{s})$$

参考表 1-1，选取 $u=25\ \text{m/s}$，那么

$$d=\sqrt{\frac{4\times 0.103}{3.14\times 25}}=7.25\times 10^{-2}\ (\text{m})=72.5(\text{mm})$$

根据附录十二的管子规格，选用的 ϕ76 mm×3.5 mm 无缝钢管，其内径为

$$d=76-3.5\times 2=69(\text{mm})=0.069(\text{m})$$

重新核算流速，即

$$u=\frac{4\times 0.103}{3.14\times 0.069^2}=27.6\ (\text{m/s})$$

可见，流速在 20~40 m/s 的合适流速范围内，选用 ϕ76 mm×3.5 mm 规格的钢管合适。

1.2.3 流体流动的连续性方程式

流体流动的连续性方程式可通过物料衡算推导出。如图 1-9 所示，流体在管道中作稳态流动，其间流体充满全管。今取 1-1′和 2-2′两截面及管壁所包围的流体作衡算范围，并取 1s 作为衡算基准，那么，由物料衡算可得

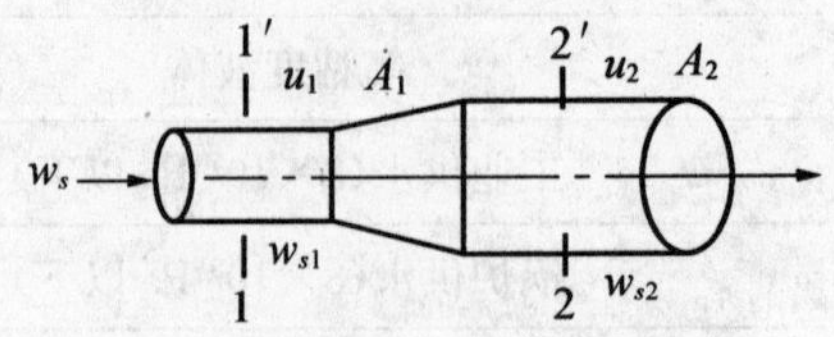

图 1-9 连续性方程式推导示意图

$$w_{s1} = w_{s2}$$

或
$$u_1 A_1 \rho_1 = u_2 A_2 \rho_2 \tag{1-13}$$

对于任一截面 $w_s = uA\rho$，可写出

$$w_s = u_1 A_1 \rho_1 = u_2 A_2 \rho_2 = \cdots = uA\rho = 常数 \tag{1-13a}$$

式(1-13)和式(1-13a)称为流体流动的连续性方程式，它适用于气体和液体。

连续性方程式表明在稳态流动系统中，流量一定时，管路各截面上流速的变化规律。对于不可压缩流体(液体)，因为 ρ=常数，故上式可写为

$$w_s = u_1 A_1 = u_2 A_2 = \cdots = uA = V_s = 常数 \tag{1-13b}$$

可见，不可压缩流体流经各截面时，不仅质量流量相等，而且体积流量也相等。式(1-13b)又可改写为

$$\frac{u_1}{u_2} = \frac{A_2}{A_1} \tag{1-14}$$

所以，不可压缩流体流经管道时，各截面的流速与其截面积成反比。

对于不可压缩流体流过圆管时，由于 $A = \frac{\pi}{4}d^2$，式(1-14)又可写为

$$\frac{u_1}{u_2} = \left(\frac{d_2}{d_1}\right)^2 \tag{1-14a}$$

也就是说，流体流过不同圆管道截面时的流速与相应圆管道直径的平方成反比。

值得注意的是，连续性方程仅适用于稳态的连续性流体。所谓连续性，就是流体必须充满全管，其间不能有间断。

【例 1-6】 消防用的水枪都要有一收缩段，使射出的水有较大的速度，如本例附图所示。若 $d_1/d_2 = 4, u_1 = 2\,\text{m/s}$，试问 u_2 的速度有多大？

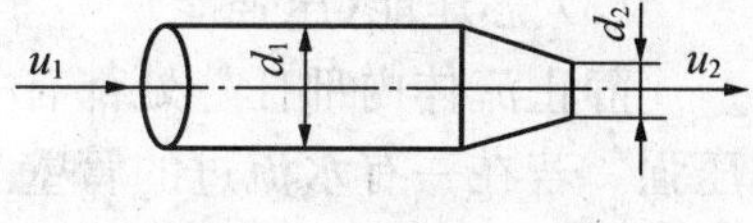

例 1-6 附图

解 式(1-14a)可写为

$$u_2 = u_1\left(\frac{d_1}{d_2}\right)^2$$

已知 $d_1/d_2 = 4, u_1 = 2\,\text{m/s}$，故

$$u_2 = u_1\left(\frac{d_1}{d_2}\right)^2 = 2 \times 4^2 = 32(\text{m/s})$$

1.2.4 能量衡算方程式——柏努利方程式

流体流动的能量衡算方程式有两种推导方法。一种是以牛顿第二定律为依据，在无摩擦作用下，对流动系统中一个微分体积单元体(简称微元体)进行力的分析，列出运动微分方程，然后，在一定的边界条件下进行积分推导；另一种是以热力学定律为依据，通过对流动系统进行总能量衡算得到。本书采用第二种方法。

1. 流动系统的总能量衡算方程式

设有一质量为 m kg 的流体稳定地流过如图 1-10 所示的系统。

今取管内壁面、1-1′截面和 2-2′截面所包围的范围作能量衡算范围，并以 1kg 流体为基准，0—0′平面为基准水平面，那么它所具有的能量形式有：

(1) 位能

物体受重力作用在不同高度上具有不同的位能。管内流体同样具有这种能量，它相当于质量为 m kg 的流体自基准水平面升举至某高度 z 所做的功。写出为

$$位能 = mgz$$

位能的单位为

$$[mgz] = \mathrm{kg} \cdot \frac{\mathrm{m}}{\mathrm{s}^2} \cdot \mathrm{m} = \mathrm{N} \cdot \mathrm{m} = \mathrm{J}$$

因此，1 kg 流体从 1－1′截面输入的位能 $= gz_1$，而从 2－2′截面输出的位能 $= gz_2$，其单位为 J/kg。

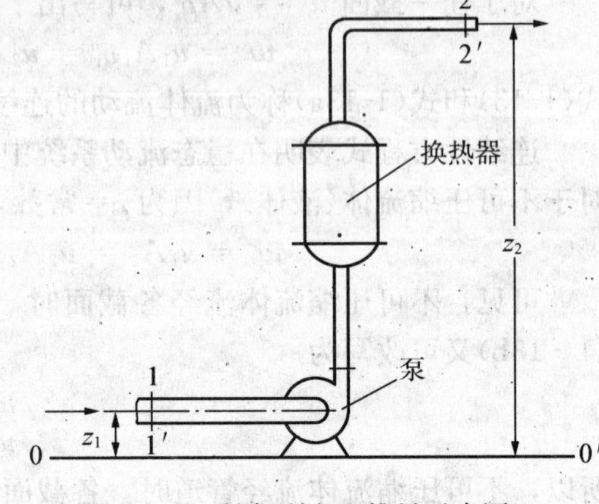

图 1－10　柏努利方程推导示意图

(2) 动能

流体以一定的速度运动时，便具有一定的动能。质量为 m、流速为 u 的流体所具有的动能可写成

$$动能 = \frac{1}{2}mu^2$$

动能的单位为

$$\left[\frac{1}{2}mu^2\right] = \mathrm{kg} \cdot \left(\frac{\mathrm{m}}{\mathrm{s}}\right)^2 = \mathrm{N} \cdot \mathrm{m} = \mathrm{J}$$

因此，1 kg 流体从 1－1′截面输入的动能 $= \frac{1}{2}u_1^2$，而从 2－2′截面输出的动能 $= \frac{1}{2}u_2^2$，其单位为 J/kg。

(3) 静压能(压强能)

静止流体内部任一处都有一定的静压强。流动流体内部任何位置同样也具有一定的静压强。若在一有水流过的管壁上开一小孔，就会看见到有水在克服外界压力作用下从小孔流出。若在开孔处接一根玻璃管，就会看到水在玻璃管内上升至一定的高度，这是流动流体内部具有静压强所致。因此，对于图 1－10 所示流动系统，流体要越过 1－1′截面进入，势必受到该截面上的流体压力作用。于是，越过 1－1′截面的流体便带着与这个功相当的能量进入系统。我们就把与这个功相当的能量称为静压能。同理，流体要越过 2－2′截面流出，也要克服该截面上流体压力作用，越过 2－2′截面的流体也就带着与这个功相当的能量离开系统。

设流体在截面 1－1′和截面 2－2′处所受到的压强分别为 p_1 和 p_2，截面积分别为 A_1 和 A_2。那么，作用在 1－1′截面上流体的作用力为 p_1A_1（力的方向与流动方向相同）；而作用在 2－2′截面上流体的作用力为 p_2A_2（力的方向与流动方向相反）。

若 m kg 流体所占有的体积为 V，那么，流体通过 1－1′截面和 2－2′截面所移动的距离则分别为 $\frac{V}{A_1}$ 和 $\frac{V}{A_2}$，所以

$$从 1－1′截面输入的静压能 = (p_1A_1) \cdot \frac{V}{A_1} = p_1V = m\frac{p_1}{\rho}$$

$$从 2－2′截面输出的静压能 = (p_2A_2) \cdot \frac{V}{A_2} = p_2V = m\frac{p_2}{\rho}$$

$$流体静压能的单位为 \left[m\frac{p}{\rho}\right] = \mathrm{kg} \cdot \frac{\mathrm{N}}{\mathrm{m}^2} \cdot \frac{\mathrm{m}^3}{\mathrm{kg}} = \mathrm{N} \cdot \mathrm{m} = \mathrm{J}$$

因此，1 kg 流体从 1－1′截面输入的静压能$=p_1v_1$，而从 2－2′截面输出的静压能$=p_2v_2$，其单位为 J/kg。

(4)内能

物质内部能量的总和称为内能。1 kg 流体从 1－1′截面输入的内能为 U_1，而从 2－2′截面输出的内能为 U_2，其单位为 J/kg。

上述四项能量中，位能、动能和静压能又称为机械能，三者之和则称为总机械能或总能量。此外，在图 1－10 所示系统中还安装有换热器和泵，因此进、出该系统的能量还有：

① 热。设换热器向 1 kg 流体供给的或从 1 kg 流体取出的热量为 Q_e，其单位为 J/kg。其中，若换热器对衡算的流体加热，那么 Q_e 为从外界向系统输入的能量；若换热器对衡算的流体冷却，那么 Q_e 为系统向外界输出的能量。

② 外功(净功)。1 kg 流体通过泵(或其他输送设备)所获得的能量称为外功或净功，俗称有效功，以 W_e 表示，其单位为 J/kg。

根据能量守恒定律(输入系统的总能量应等于输出系统的总能量)，那么，就图1－10所示系统，以 1 kg 流体为基准的能量衡算式可写为

$$U_1+gz_1+\frac{u_1^2}{2}+p_1v_1+Q_e+W_e=U_2+gz_2+\frac{u_2^2}{2}+p_2v_2 \tag{1-15}$$

或写成

$$\Delta U+g\Delta z+\Delta\frac{u^2}{2}+\Delta(pv)=Q_e+W_e \tag{1-15a}$$

其中，$\Delta U=U_2-U_1, g\Delta z=gz_2-gz_1, \Delta\frac{u^2}{2}=\frac{u_2^2}{2}-\frac{u_1^2}{2}, \Delta(pv)=p_2v_2-p_1v_1$。

式(1-15)和式(1-15a)称为稳态流动系统的总能量衡算方程式，也是流动系统中热力学第一定律的表达式。方程式中所包括的能量项目较多，可根据具体情况进行简化。

2. 机械能衡算式

为了便于使用式(1-15)和式(1-15a)，可将 ΔU 和 Q_e 从式中消去。若图1－10中的换热器按加热来考虑，根据热力学第一定律可写出

$$\Delta U=Q'_e-\int_{v_1}^{v_2}p\,dv \tag{1-16}$$

式中，$\int_{v_1}^{v_2}p\,dv$——1 kg 流体从 1－1′截面流到 2－2′截面的过程中，因被加热而引起体积膨胀所做的功，J/kg；

Q'_e——1 kg 流体在 1－1′截面和 2－2′截面间所获得的能量，J/kg。

实际上，Q'_e应由两部分组成：一部分是流体与环境所交换的热，也就是图 1－10 中换热器所提供的热量 Q_e；另一部分是由于流体在 1－1′截面与 2－2′截面间流动，为克服流动阻力而损失的一部分机械能转变成热，致使流体温度略微升高而不能直接用于流体的输送。这一部分常称为能量损失。设 1 kg 流体在流动系统中流动，为克服流动阻力而损失的能量为 $\sum h_f$，其单位为 J/kg，因此

$$Q'_e=Q_e+\sum h_f$$

于是，式(1-16)可写成

$$\Delta U = Q_e + \sum h_f - \int_{v_1}^{v_2} p\mathrm{d}v \tag{1-16a}$$

将式(1-16a)代入式(1-15a)，注意到 $\Delta(pv) = \int_1^2 \mathrm{d}(pv) = \int_{v_1}^{v_2} p\mathrm{d}v + \int_{p_1}^{p_2} v\mathrm{d}p$，化简得

$$g\Delta z + \Delta \frac{u^2}{2} + \int_{p_1}^{p_2} v\mathrm{d}p = W_e - \sum h_f \tag{1-17}$$

则式(1-17)称为稳态流动系统的机械能衡算方程式，既适用于不可压缩流体，又适用于可压缩流体。

3. 柏努利方程式

对于不可压缩流体，比体积 v 或密度 ρ 为常数，式(1-17)中的积分项可表示为

$$\int_{p_1}^{p_2} v\,\mathrm{d}p = v(p_2 - p_1) = \frac{\Delta p}{\rho}$$

所以，式(1-17)可改写为

$$g\Delta z + \Delta \frac{u^2}{2} + \frac{\Delta p}{\rho} = W_e - \sum h_f$$

或写成

$$gz_1 + \frac{u_1^2}{2} + \frac{p_1}{\rho} + W_e = gz_2 + \frac{u_2^2}{2} + \frac{p_2}{\rho} + \sum h_f \tag{1-18}$$

式(1-18)则称为以单位质量流体为基准的柏努利方程式，各项的单位为 J/kg。

若以单位重量(1N)流体为基准，可将式(1-18)中各项除以 g，那么

$$z_1 + \frac{u_1^2}{2g} + \frac{p_1}{\rho g} + H_e = z_2 + \frac{u_2^2}{2g} + \frac{p_2}{\rho g} + H_f \tag{1-18a}$$

式中，$H_e = W_e/g$，$H_f = \sum h_f/g$，各项的单位为 m，其物理意义可表示为单位重量流体所具有的机械能把自身从基准水平面升举的高度。常把 z、$\frac{u^2}{2g}$、$\frac{p}{\rho g}$ 和 H_f 分别称作位压头、动压头、静压头和压头损失，H_e 则称为输送机械对流体所提供的有效压头。

若以单位体积($1m^3$)流体为基准，可将式(1-18)中各项乘以流体密度 ρ，那么

$$\rho gz_1 + \frac{\rho u_1^2}{2} + p_1 + \rho W_e = \rho gz_2 + \frac{\rho u_2^2}{2} + p_2 + \rho\sum h_f \tag{1-18b}$$

式中各项的单位为 Pa，其物理意义可表示为单位体积流体所具有的能量。

需要指出的是，式(1-18)、式(1-18a)和式(1-18b)原则上仅适用于不可压缩流体的流动系统。对于可压缩流体的流动系统，若所取两截面间的绝对压强变化小于原来绝对压强的20%(即 $\frac{p_1 - p_2}{p_1} < 20\%$)，则式(1-18b)中的密度取两截面间流体的平均密度 ρ_m 代替。这种处理方法所产生的误差，在工程计算中是允许的。此外，对于非稳态流动系统的任一瞬间，柏努利方程仍成立。

4. 理想流体的柏努利方程式

所谓理想流体，指的是假定为没有粘度的流体，也就是说这种流体在流动过程中不产生摩擦阻力损失，即 $\sum h_f = 0$。但这种流体在实际中并不存在。

对于理想流体及没有外功加入的流动系统，因 $\sum h_f = 0$，$W_e = 0$，式(1-18)可简化为

$$gz_1 + \frac{u_1^2}{2} + \frac{p_1}{\rho} = gz_2 + \frac{u_2^2}{2} + \frac{p_2}{\rho} \tag{1-19}$$

式(1-19)称为理想流体的柏努利方程式。

由式(1-19)可以看出，理想流体稳定流过管内，而又没有外功加入时，在任一截面上单位质量流体所具有的位能、动能和静压能为一常数，称为总机械能。以 E 表示可写为

$$E = gz + \frac{u^2}{2} + \frac{p}{\rho} = \text{常数} \tag{1-20}$$

这意味着 1kg 理想流体在各截面上所具有的总机械能相等，但每一种形式的机械能不一定相等，且各种形式的机械能之间可以相互转换。例如，某种理想流体在水平管道中稳态流动，若在某处管道的截面积减小，则流速增大，因总机械能为常数，静压能就要相应降低，即一部分静压能转变为动能；反之，当另一处管道的截面积增大时，流速减小，动能减小，则静压能增大。

柏努利方程式除表示流体流动规律外，还表示流体静止状态的规律，流体静止状态只不过是流动状态的一种特殊形式。因为流体静止时，即流速 $u=0$，式(1-19)可写为

$$gz_1 + \frac{p_1}{\rho} = gz_2 + \frac{p_2}{\rho} \tag{1-19a}$$

显然，与前面所述静力学基本方程式完全一样。

5. 输送机械的有效功率与效率

单位时间输送机械对流体所做的有效功称为输送机械的有效功率。据定义，可写出

$$N_e = w_s W_e = w_s H_e g = V_s \rho W_e = V_s \rho H_e g \tag{1-21}$$

式中，N_e——输送机械的有效功率，W 或 kW；

w_s——流体的质量流量，kg/s；

V_s——流体的体积流量，m^3/s；

W_e——输送机械外加的有效能量，J/kg；

H_e——输送机械外加的有效压头，m；

ρ——流体的密度，kg/m^3；

g——重力加速度，$g=9.81\,m/s^2$。

所谓效率，指的是输送机械的有效功率 N_e 与轴功率(泵轴消耗的功率)之比值，写为

$$\eta = \frac{N_e}{N} \tag{1-22}$$

式中，η——效率；

N_e——输送机械的有效功率，W 或 kW；

N——轴功率，W 或 kW。

1.2.5 能量衡算方程式的应用

能量衡算方程式的应用范围相当广泛。可利用能量转换原理设计出各种测量流量的仪表，如孔板流量计、文丘里流量计、转子流量计等。此外，有关容器间相对位置的确定、管路中的流体流量和压强及输送机械的有效功率等，均可利用能量衡算方程式进行计算。

下面就如何利用能量衡算方程式进行解题的方法和步骤扼要说明如下。

① 根据题意画出流动系统示意图，并指明流动方向。

② 定出上游截面1-1′和下游截面2-2′，指明流动系统的衡算范围，并规定衡算基准。截面选取的原则是所选两截面间的流体必须是连续的，且所选截面应与流动方向相垂直；此外，要求选取的截面除为所求未知数所在截面外，已知量应最多或可通过其他关系计算出。需要注意的是，所选截面处不允许有急变流流动(如弯管的转弯处)，但两截面间则允许有急变流存在。

③ 定出基准水平面。一般取已选定的一个截面作为基准，使得有一个 z 值为零，可简化计算。若所选截面与基准水平面相垂直，则应取该截面的中心(如管道中心线所处平面)到基准水平面的垂直距离以确定 z 值。

④ 在所选取的两截面间列出柏努利方程式。

⑤ 列出已知数据，并将各物理量的单位统一。注意方程中压强可用绝对压强或表压强表示，使用中应统一一致。

⑥ 将已知数据代入方程求解。

【例1-7】 20℃的水以2.5m/s的速度流经 ϕ38mm×2.5mm的水平管，此管以锥形管与另一 ϕ53mm×3mm的水平管相连，如本例附图所示。在锥形管两侧A、B处各插入一垂直玻璃管以观察两截面的压强。若水流经A、B两截面间的能量损失为1.5J/kg，求两玻璃管的水面差(以mm计)，并在图中画出两玻璃管中水面的相对位置。

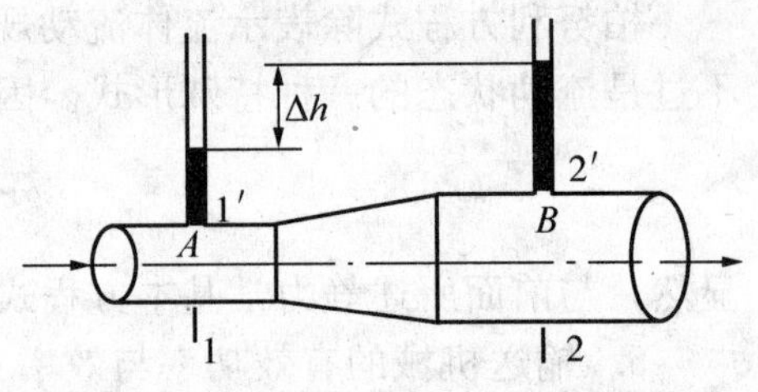

例1-7附图

解 如图所示选取截面1-1′和截面2-2′，并以管中心线所处平面为基准水平面，在1-1′和2-2′两截面间列出柏努利方程为

$$z_1 g+\frac{p_1}{\rho}+\frac{u_1^2}{2}=z_2 g+\frac{p_2}{\rho}+\frac{u_2^2}{2}+\sum h_f$$

已知 $z_1=z_2=0$(基准)，$u_1=2.5\,\text{m/s}$，根据连续性方程可得

$$u_2=u_1\left(\frac{d_1}{d_2}\right)^2=2.5\times\left(\frac{0.038-0.0025\times 2}{0.053-0.003\times 2}\right)^2=1.23(\text{m/s})$$

因 $\sum h_f=1.5\,\text{J/kg}$，则

$$\frac{p_1-p_2}{\rho}=\frac{u_2^2-u_1^2}{2}+\sum h_f=\frac{1.23^2-2.5^2}{2}+1.5=-0.867$$

可见，$p_1-p_2=-0.867\rho$，其中负号表示2-2′截面处流体的静压强大于1-1′截面处流体的静压强。两玻璃管的水面差为：

$$\Delta h=\frac{p_2-p_1}{\rho g}=\frac{0.867\rho}{\rho g}=\frac{0.867}{9.81}=0.0884\,(\text{m})=88.4(\text{mm})$$

两玻璃管中水面的相对位置见附图所示。

【例1-8】 用离心泵将20℃的水从水池输送到水洗塔的顶部，水池液面维持恒定。各部分相对位置如本例附图所示。已知吸入和排出管路的直径均为 ϕ76mm×3.5mm，在操作条件下，泵入口处真空表的读数为 24.7×10^3 Pa，排出管与喷头连接处的压力为 98.1×10^3 Pa(表压)，吸入管路(包括进口阻力)与排出管路(不包括喷头阻力)的阻力损失可分别按 $\sum h_{f,1}=2u^2$ 与 $\sum h_{f,2}=10u^2$ 计算。由于管径相同，式中 u 为吸入或排出管内水的平均流速。试求泵的有效功率。

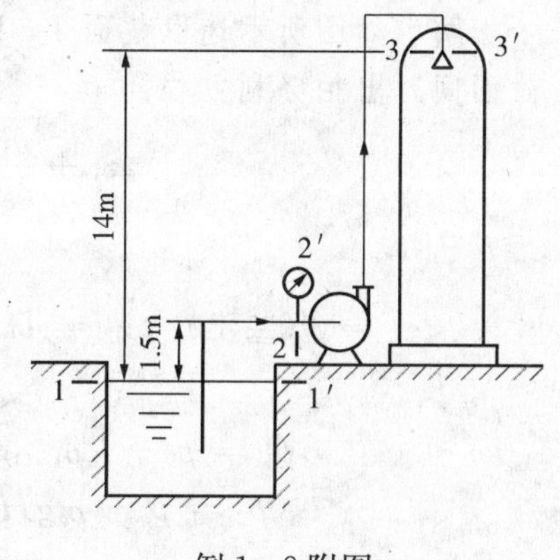

例 1-8 附图

解 取池内水面为截面 1-1′，泵入口真空表位置处为截面 2-2′，排出管与喷头连接处截面 3-3′（如本例附图所示），并以 1-1′截面为基准水平面。先在 1-1′截面和 2-2′截面间列出柏努利方程：

$$z_1 g+\frac{u_1^2}{2}+\frac{p_1}{\rho}+W_e=z_2 g+\frac{u_2^2}{2}+\frac{p_2}{\rho}+\sum h_f$$

已知

$z_1=0$（基准），　$z_2=1.5\,m$，

$W_e=0$（无外功加入），　$p_1=0$（表压）

$p_2=-24.7\times10^3\,Pa$（表压），

$u_1=0$（水池液面维持恒定），　$u_2=u$

20 ℃水的密度 $\rho=998.2\,kg/m^3$（由附录五查得）　$\sum h_f=\sum h_{f,1}=2u^2$

将上述已知数值代入方程得

$$0+0+0+0=1.5\times9.81+\frac{u^2}{2}+\frac{-24\,700}{998.2}+2u^2$$

$$u\approx2(m/s)$$

再在 1-1′截面和 3-3′截面间列出柏努利方程：

$$z_1 g+\frac{u_1^2}{2}+\frac{p_1}{\rho}+W_e=z_3 g+\frac{u_3^2}{2}+\frac{p_3}{\rho}+\sum h_f$$

已知

$z_1=0$（基准），　$z_2=14\,m$，　$p_1=0$（表压）

$p_2=98.1\times10^3\,Pa$（表压），　$u=u_2=u_3$（管径相同）

$$\sum h_f=\sum h_{f,1}+\sum h_{f,2}=2u^2+10u^2=12u^2=12\times2^2=48\ (J/kg)$$

将上述已知数值代入方程得

$$0+0+0+W_e=14\times9.81+\frac{2^2}{2}+\frac{98\,100}{998.2}+48$$

$$W_e=285.6(J/kg)$$

水的质量流量为

$$w_s=\frac{\pi}{4}d^2u\rho=\frac{\pi}{4}\times(0.076-2\times0.0035)^2\times2\times998.2=7.46\ (kg/s)$$

所以，泵的有效功率为

$$N_e=w_sW_e=7.46\times285.6=2\,131\ (W)=2.131(kW)$$

【例 1-9】 若烟囱的直径为 $D=1\,m$，烟道气的质量流量 $w_s=18\,000\,kg/h$，烟道气的密度为 $\rho=0.7\,kg/m^3$，周围空气的密度 $\rho_a=1.2\,kg/m^3$，在 1-1′截面处安装有一个 U 管压差计，并测得 $R=10\,mmH_2O$，烟道气经此烟囱的压头损失可表示为 $H_f=0.06(\frac{H}{D})\frac{u^2}{2g}$，$u$ 为烟囱内烟气平均流速。试求此烟囱的高度 H 为多少米。

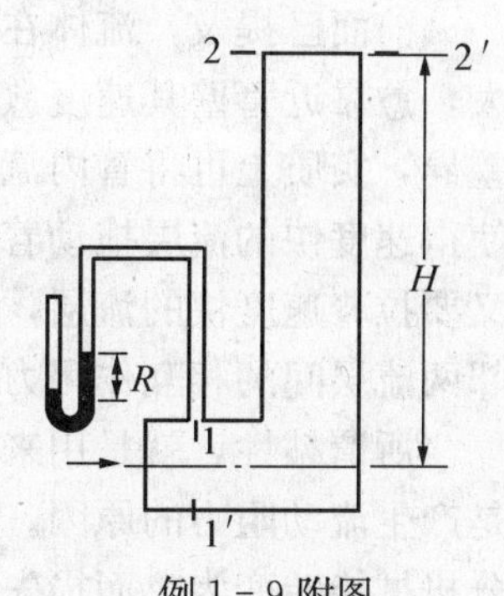

例 1-9 附图

解 如图所示选取截面1-1′和2-2′，并以截面1-1′中心位置为基准水平面，在两截面间列出柏努利方程：

$$z_1+\frac{u_1^2}{2g}+\frac{p_1}{\rho g}=z_2+\frac{u_2^2}{2g}+\frac{p_2}{\rho g}+\sum H_f$$

已知

$$z_1=0\text{（基准）}\quad z_2=H\,\text{m}\quad u=\frac{w_s}{\frac{\pi}{4}D^2\rho}=\frac{18\,000/3\,600}{0.785\times1^2\times0.7}=9.1\ (\text{m/s})$$

$$p_1=p_a-R\rho_{H_2O}g=p_a-0.01\times1\,000\times9.81=p_a-98.1$$

$$p_2=p_a-\rho_a gH,\qquad u_1=u_2=u=9.1\ \text{m/s(管径相同)}$$

$$H_f=0.06\left(\frac{H}{D}\right)\frac{u^2}{2g}=0.06\times\frac{H}{1}\times\frac{9.1^2}{2\times9.81}=0.253H$$

将上述已知数值代入方程得

$$0+\frac{9.1^2}{2g}+\frac{p_a-98.1}{0.7\,g}=H+\frac{9.1^2}{2g}+\frac{p_a-1.2gH}{0.7\,g}+0.253H$$

$$H=31(\text{m})$$

1.3 流动阻力的产生及其影响因素

前面讲过，实际流体流动过程中需要克服一定的摩擦阻力作用而消耗一部分能量。摩擦阻力主要来源于流体与固体壁面间的相对运动，其次就是流体内部分子间的相互作用及其内摩擦力的影响等。在上节柏努利方程的应用例题中，对于能量损失 $\sum h_f$ 一项，不是给定数值就是忽略不计，因为至今尚缺乏有关流动阻力的计算方法。本节主要分析讨论流体流动阻力的产生及其影响因素，为后面学习流动阻力的计算打下基础。

1.3.1 牛顿粘性定律与流体的粘度

1. 牛顿粘性定律

流体流动时通常呈现出粘性。流体的种类不同，其粘稠的程度也不同。如将水和油分别装入同一容器中，计算从容器底孔中全部排出的时间，可知排油的时间比排水的时间长。产生这种差异的原因，除油和水的密度不同而引起的压强差异外，主要是由于油和水的粘稠程度不同，在流动时所表现出来的粘性大小不同。

前面已提及，流体在管内流动，管内任一截面上各点的速度不同。管中心处速度最大，愈靠近管壁其速度愈小，以至于粘贴在管壁面上的质点流体，其速度为零。由于这一差异，实质上可将管内流动流体分割为若干极薄的圆筒流层。层与层之间产生相对运动，使得速度快的流层拖动着速度慢的流层而产生向流动方向运动的推动力；而速度慢的流层又要拉着速度快的流层，产生阻碍使其向流动方向运动的阻力。习惯上将流动流体内部相邻两流层间的相互作用力称为内摩擦力，也称为粘性摩擦力，如图1-11所示。

所谓粘性，就是用来确定流动流体内摩擦力大小的物理性质。流体在流动时的内摩擦是产生流动阻力的原因。因为流体流动时必须克服内摩擦力做功，从而将流动流体的一部分机械能转变为热而损失掉。那么，内摩擦力的大小与哪些因素有关呢？

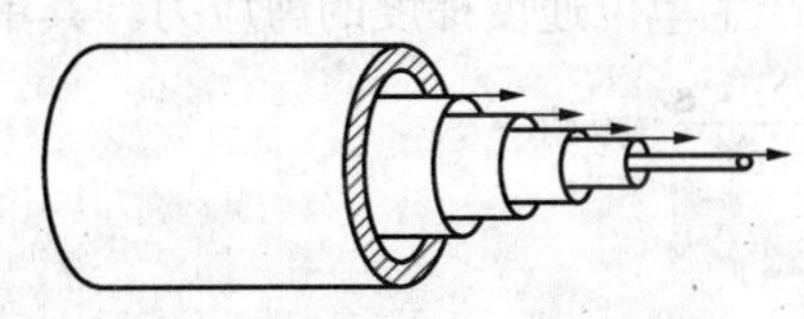

图 1－11　流体在圆管内分层流动示意图

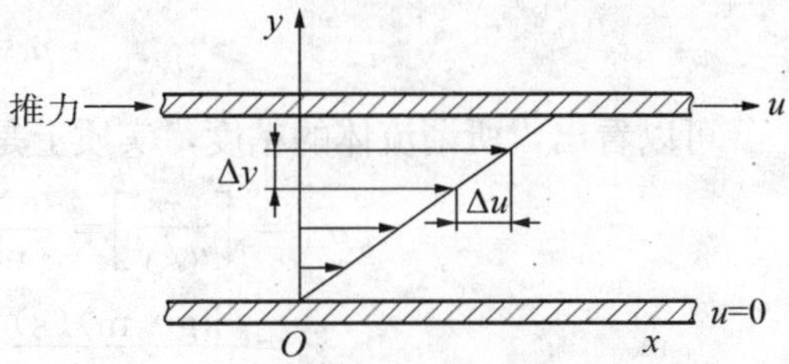

图 1－12　平板间粘稠液体的速度变化

设有两块面积很大而相距很近的平板，中间夹着一种粘稠液体，如图 1－12 所示。若下板保持不动，而以一恒定的力 F 推动上板，使它以速度 u 沿 x 方向运动。这样一来，两板之间的液体将分成无数层平行薄层而运动。粘附于上板底面的一薄层液体以速度 u 随上板运动，以下各层速度逐渐降低，到下板上面的一薄层液体的速度为零。

实验证明，所施加的力 F 与层间的接触面积 S 和相对速度差 Δu 成正比，而与层间的距离 Δy 成反比，可表示为

$$F \propto S\frac{\Delta u}{\Delta y}$$

引入比例系数 μ(称粘度系数或粘度)，可将上式写成

$$F = \mu S\frac{\Delta u}{\Delta y}$$

式中，内摩擦力 F 的方向与作用面 S 平行。单位面积上的内摩擦力称为内摩擦应力或剪应力。按剪应力 τ 可将上式写成

$$\tau = \frac{F}{S} = \mu\frac{\Delta u}{\Delta y} \qquad (1-23)$$

式(1-23)仅适用于 u 与 y 呈直线关系的场合。流体在圆管内流动时，u 与 y 的关系并非直线，如图 1-13 所示。此时，可将变化率 $\Delta u/\Delta y$ 写成 $\mathrm{d}u/\mathrm{d}y$，称为速度梯度。因此，式(1-23)的一般形式为

$$\tau = \mu\frac{\mathrm{d}u}{\mathrm{d}y} \qquad (1-24)$$

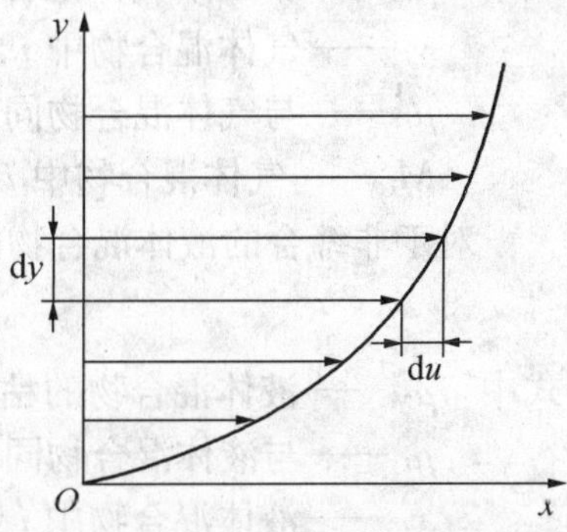

图 1－13　一般速度分布示意图

式中，τ——内摩擦应力或剪应力；

μ——比例系数，其值随流体的不同而不同，流体的粘性愈大，其值愈大，称为流体的动力粘度，简称粘度；

$\frac{\mathrm{d}u}{\mathrm{d}y}$——速度梯度，即在与流动方向相垂直的 y 方向上流体速度的变化率。

式(1－24)所表示的关系称为牛顿粘性定律。由此可见，流体的粘性愈大，则流动时产生一定速度梯度的剪应力愈大。凡符合这一关系的流体称为牛顿型流体；反之，则称为非牛顿型流体。所有气体和大多数液体均属于牛顿型流体；而某些高分子溶液，包括油漆、血液等则属于非牛顿型流体。本书主要讨论牛顿型流体。

2. 流体的粘度

若将式(1-24)改写成

$$\mu = \frac{\tau}{du/dy}$$

可以看出，所谓流体的粘度，实质上是促使流体产生单位速度梯度的剪应力。其单位为

$$[\mu] = \left[\frac{\tau}{u/y}\right] = \frac{N/m^2}{(m/s)/m} = \frac{N \cdot s}{m^2} = Pa \cdot s$$

$$= \frac{(kg \cdot m)(s)}{m^2} = kg/(m \cdot s)$$

其与物理单位制的换算关系可写为

$$1\,Pa \cdot s = 1\,\frac{kg}{m \cdot s} = \frac{1\,kg\left(\frac{1\,000\,g}{1\,kg}\right)}{1\,m\left(\frac{100\,cm}{1\,m}\right) \cdot s} = 10\,\frac{g}{cm \cdot s} = 10P = 1\,000\,cP$$

可见，由物理单位 cP 换为法定单位 Pa·s 时应除以1000。

由于粘度总是与速度梯度相联系，因此流体的粘度只有在运动时才表现出来。流体的粘度随温度而变化：温度升高，液体的粘度减小，气体的粘度增大。压力变化时液体的粘度可视为基本不变。而气体的粘度随压力的增大而增大，但增大得很小，在工程计算中一般可忽略其影响；只有在高压(如大于 40atm 以上)或极低压下才需考虑其变化。

某些液体和气体的粘度可根据它们的温度从本书附录或有关手册查得。对于混合物的粘度，如缺乏实验数据，可参阅有关资料，选用适当的经验公式进行计算。如对于常压气体混合物的粘度，可采用下式计算，即

$$\mu_M = \frac{\sum y_i \mu_i \sqrt{M_i}}{\sum y_i \sqrt{M_i}} \tag{1-25}$$

式中，μ_M——常压下气体混合物的粘度，Pa·s；

y_i——气体混合物中 i 组分的摩尔分数；

μ_i——与气体混合物同温下 i 组分的粘度，Pa·s；

M_i——气体混合物中 i 组分的摩尔质量，kg/kmol。

对于非缔合的液体混合物的粘度，可采用下式进行计算，即

$$\lg \mu_M = \sum x_i \lg \mu_i \tag{1-26}$$

式中 μ_M——液体混合物的粘度，Pa·s；

μ_i——与液体混合物同温下 i 组分的粘度，Pa·s；

x_i——液体混合物中 i 组分的摩尔分数。

1.3.2 流动的类型与雷诺数

1. 流动类型

一般来说，流体流动有两种截然不同的流动型态：一种是层流流动，另一种是湍流流动。

流动过程中各流层间没有任何宏观的混合，流体内各质点只沿着与管轴平行的流动方向作直线运动，这种流动称为层流流动，如图 1-14a 所示。这种流动主要受到流体内粘性摩擦力的作用，它服从牛顿粘性定律：

$$\tau = \mu \frac{du}{dy} \tag{1-27}$$

流体在流动过程中各流层相互混合，流体内各质点除了沿管道流动方向运动外，还作不规则的杂乱运动，这种流动称为湍流流动，如图 1－14b 所示。流体处于这种流动状态下，除需克服流体粘性而引起的内摩擦阻力外，还应克服由于质点不规则运动、脉动和碰撞等所产生的附加阻力。

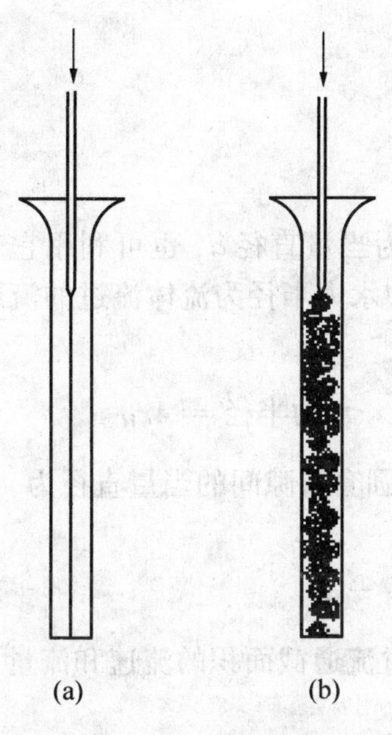

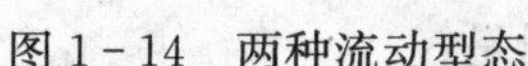

图 1－14　两种流动型态

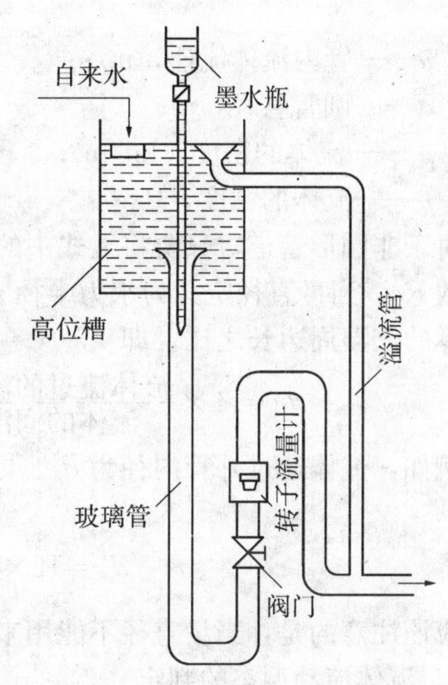

图 1－15　雷诺实验装置

湍流下的剪应力 τ_r 由两部分合成：一部分是由于分子运动而引起的 τ，另一部分是由于质点脉动而引起的 τ_e，故可仿照式(1-27)写出：

$$\tau_r=\tau+\tau_e=(\mu+\varepsilon)\frac{\mathrm{d}u}{\mathrm{d}y} \tag{1-28}$$

式(1-28)中的 ε 称为涡流粘度。它不像粘度 μ 那样可以视为常数，而要随流动状况而变化。

流体运动时各质点的运动情况及各种因素对流动型态的影响可通过著名的雷诺实验观察。

实验装置如图 1－15 所示。图中大槽为高位槽，实验时水即由此进入玻璃管。槽内之水由自来水管供应，槽内设有进水稳流装置及溢流装置，用来维持平稳而又恒定的液面，多余的水由溢流管排入水沟。试验时打开调节阀门，水即由高位槽进入玻璃管，经转子流量计后流向排水管，流量由转子流量计测出。高位墨水瓶供贮藏墨水用，墨水经位于管内的细管孔流入玻璃管。

当水的流速较小时，玻璃管水流中将出现一丝稳定而明显的墨水色直线。随着流速的增加，起初色线仍然保持平直光滑；当流量增大到某临界值时，着色线开始抖动、弯曲，继而断裂。最后，完全与水流主体混在一起，无法分辨，而整个水流也就染上墨水颜色。

实验表明，除通过改变流速(调节输出流量)可改变流动状态外，还可通过改变玻璃管管径及液体种类来改变流动型态。

2. 雷诺数

科学工作者雷诺发现，可以将影响流动型态改变的所有因素组成一个量纲为 1 的数群 $\frac{du\rho}{\mu}$，此数群就称为雷诺数或雷诺准数，以符号 Re 表示，写为

$$Re = \frac{du\rho}{\mu} \tag{1-29}$$

式中，u——管内流体流速，m/s；

d——圆管直径，m；

ρ——流体的密度，kg/m^3；

μ——流体的粘度，Pa·s。

对于非圆形管道，只要将上式中的圆管直径 d 换为当量直径 d_e 也可利用它来计算出雷诺数 Re。当量直径定义为水力半径 r_H 的四倍。其中水力半径为流体流过的流通截面积与流体的润湿周边长之比。即

$$d_e = 4 \times \frac{\text{流体流过的流通截面积}}{\text{流体的润湿周边长}} = 4 \times \text{水力半径} = 4r_H \tag{1-30}$$

例如，流体通过外管内径为 d_i、内管外径为 d_o 的圆套管隙间的当量直径为

$$d_e = 4 \times \frac{\frac{\pi d_i^2}{4} - \frac{\pi d_o^2}{4}}{\pi d_i + \pi d_o} = d_i - d_o$$

应该注意的是，当量直径不能用来计算流体所通过流通截面积的流速和流量。

3. 流体流动型态的判定

流体流动的型态可通过雷诺数进行判定。判定的依据是：

(1) 当 $Re \leqslant 2\,000$ 时，流体的流动类型属层流流动；

(2) 当 $Re \leqslant 4\,000$ 时，流体的流动类型属湍流流动。

应当指出，在 $2\,000 < Re < 4\,000$ 范围，流体的流动类型可能是层流流动，也可能是湍流流动。究竟是何种流动类型，需视外界条件与环境影响而定。如管道的方向改变，或外来的轻微震动等都易促成湍流的发生，因此，常将这一范围称为不稳定的过渡区。生产操作条件下，一般在 $Re > 3\,000$ 时就按湍流流动考虑。

此外，通常还将 $Re = 2\,000$ 作为层流稳定状态的临界点，与此值相应的流速又称为临界流速。

1.3.3 流体在圆直管内流动的速度分布

无论是层流或湍流，在管道任一截面上，流体质点的速度沿管径而变化。管壁处速度为零，离开管壁速度渐增，到管中心处速度最大。流体质点的速度在管截面上的分布规律因流动的型态不同而不同。

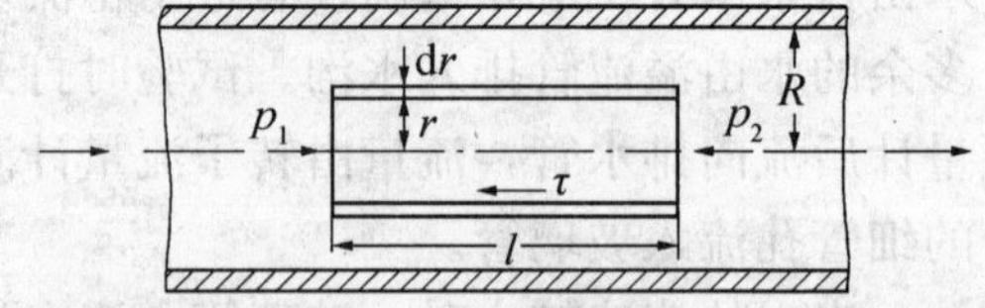

图 1-16 流体柱上的受力分析

1. 层流时的速度分布及平均流速

如图 1-16 所示，假定流体稳定地在内径为 d_i（半径为 R）的水平直管段内作层流流动。设在距管中心 r 处取长度为 l 的一段流体柱为研究对象。作用于流体柱两端面的压强分别为 p_1 和 p_2，而流体柱侧面的剪应力为 τ，那么，根据力的平衡关系可写出

$$p_1\pi r^2 - p_2\pi r^2 = (2\pi rl)\tau$$

整理后得

$$\Delta p = p_1 - p_2 = \frac{2l\tau}{r}$$

层流时流体服从牛顿粘性定律，可写成

$$\tau = -\mu\frac{\mathrm{d}u_r}{\mathrm{d}r}\quad（负号表示 u 与 r 大小变化相反）$$

代入上式可得

$$\frac{\mathrm{d}u_r}{\mathrm{d}r} = \left(-\frac{\Delta p}{2\mu l}\right)r$$

在一定的操作条件下，$\frac{\Delta p}{2\mu l}$=常数，则上式积分可得

$$u_r = \left(\frac{-\Delta p}{l}\right)\left(\frac{r^2}{4\mu}\right)+c$$

利用边界条件，$r=R$，$u_r=0$，代入上式可求得积分常数 c 为

$$c = \frac{1}{4\mu}\left(\frac{\Delta p}{l}\right)R^2$$

所以

$$u_r = \frac{1}{4\mu}\left(\frac{\Delta p}{l}\right)R^2\left[1-\left(\frac{r}{R}\right)^2\right] \tag{1-31}$$

又由边界条件，$r=0$，$u_r=u_{\max}$，利用式(1-31)可解得

$$u_{\max} = \frac{1}{4\mu}\left(\frac{\Delta p}{l}\right)R^2$$

于是，式(1-31)可写成

$$u_r = u_{\max}\left[1-\left(\frac{r}{R}\right)^2\right] \tag{1-31a}$$

可见，层流流动时圆管内任一截面的速度分布方程是一条抛物线方程，其形状如图1-17所示。

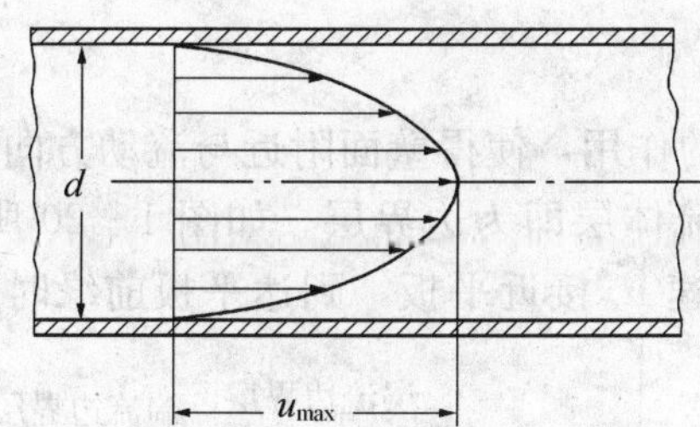

图 1-17　层流流动的速度分布示意

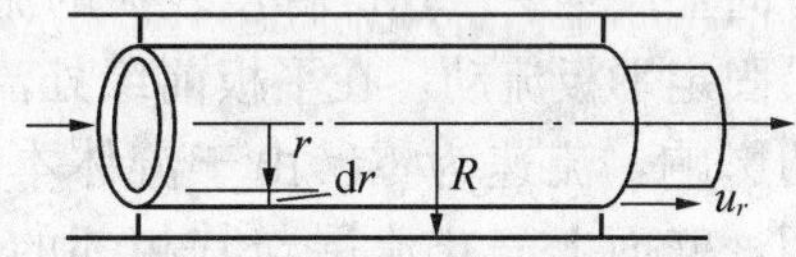

图 1-18　圆管内层流流动的平均速度推导

层流时流体流过圆管任一截面的平均流速可通过下述方法导出。如图 1-18 所示，若在管内流体中取一环形单元体，其半径为 r，宽度为 $\mathrm{d}r$。设通过此环隙的流体以速度 u_r 向前运动，则其体积流量可写为

$$\mathrm{d}V_s = 2\pi r\,\mathrm{d}r\,u_r$$

将式(1-31a)代入并积分，则可得到通过整个截面的体积流量为

$$V_s = 2\pi u_{max}\int_{r=0}^{r=R} r\left[1-\left(\frac{r}{R}\right)^2\right]dr = \frac{1}{2}\pi R^2 u_{max}$$

所以，管内任一截面的平均流速为

$$u = \frac{V_s}{A} = \frac{\frac{1}{2}\pi R^2 u_{max}}{\pi R^2} = \frac{1}{2}u_{max} \tag{1-32}$$

由此可见，层流时圆管内任一截面上的平均流速为管中心处最大流速的1/2。

2. 湍流时的速度分布及平均流速

当流体作湍流流动时，由于涡流系数 ε 是一个随 Re 和离壁面距离而变的变量，因此，至今仍无法从理论上推导出其速度分布方程，而通常以下列经验公式来表达，写为

$$\frac{u_r}{u_{max}} = \left(1-\frac{r}{R}\right)^{\frac{1}{n}} \tag{1-33}$$

式中，n 为与 Re 有关的指数，在下列不同的 Re 范围内具有不同的值，即

$4\times10^4<Re<1.1\times10^5$ 时，$n=6$；

$1.1\times10^5<Re<3.2\times10^6$ 时，$n=7$；

$Re>3.2\times10^6$ 时，$n=10$。

其速度分布曲线形似抛物线，但顶部较平坦，靠近管壁面的速度大大下降，曲线较陡，如图1-19所示。

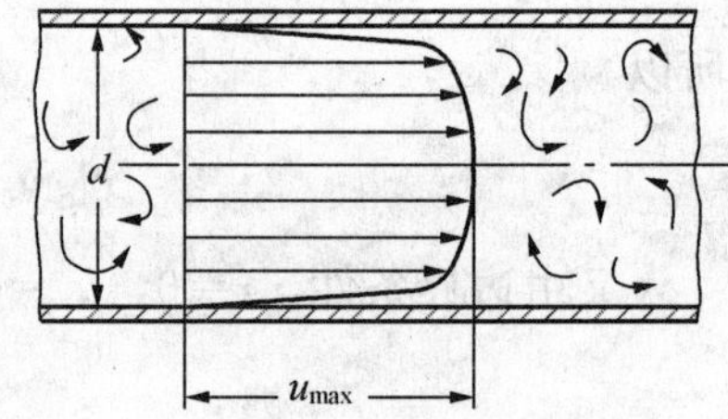

图1-19　湍流流动的速度分布示意

湍流时流体流过任一截面的平均速度可表示为

$$u = \frac{1}{\pi R^2}\int_0^R 2\pi r u_r dr$$

将式(1-33)代入上式再进行积分，经整理可得

$$\frac{u}{u_{max}} = \frac{2n^2}{(n+1)(2n+1)} \tag{1-34}$$

在高度湍流的情况下，其平均流速约为管中心处最大流速的80%，即

$$u \approx 0.8u_{max} \tag{1-35}$$

1.3.4　边界层的概念

当流体流过固体壁面时，由于流体内部粘性力的作用，使得壁面附近与流动方向相垂直的方向上产生一层速度梯度较大的流体层，这一流体层即为边界层。如图1-20所示，流体沿固定平板流动。在平板前缘处流体以均一流速 u_s 接近平板，到达平板前缘时受到壁面的影响，流速为零。由于流体本身的粘性作用，壁面上静止流层与其相邻的流体层间产生一摩擦应力(剪应力 $\tau=\mu\frac{du}{dy}$)，使得相邻流体层的速度减慢，这种减慢作用随离壁面的距离的增加而减小，流体层的厚度则随距平板前缘距离 x 的增加而增厚，形成厚度为 δ 的边界层。与平板相似，当流体进入圆管时，因受壁面影响开始形成边界层，并

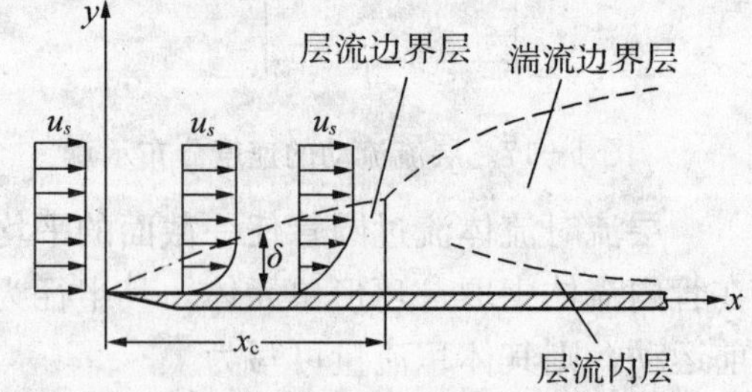

图1-20　平板面上的流动边界层

在粘性力的作用下边界层厚度 δ 随管长 l 的增加而增厚，直到边界层汇合，δ 增至最大值。其发展过程如图 1-20 所示。

应该指出，边界层随离入口(或平板前缘)的距离 x 的增大而增厚，当 x 增大到某一临界值 $x=x_c$ 时，边界层流动由层流转变为湍流。这一临界点前的边界层称为层流边界层，其后则称为湍流边界层。但即使在湍流边界层中，在靠近壁面附近一极薄层流体仍维持层流流动，这一薄层称为层流内层或层流底层。而在层流内层与湍流层间则存有一过渡层或称缓冲层，与管内湍流流动的现象一样。

此外，各截面的速度分布曲线不随 x 而变的流动称为完全发展了的流动，距进口的距离 x_0 就称为进口段长度或稳定段长度，如图 1-21 所示。

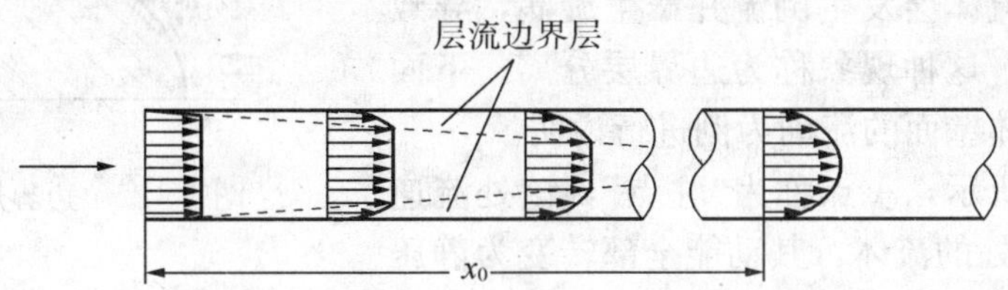

图 1-21　圆管进口段流动边界层内速度分布侧形的发展

边界层的厚度 δ 定义为当边界层外缘流速达到 $u=0.99u_s$ 时，边界层外缘与壁面间的垂直距离。对于平板上边界层的厚度可利用下列式子计算：

(1)层流边界层

$$\frac{\delta}{x}=4.64Re_x^{-\frac{1}{2}} \tag{1-36}$$

式中，Re_x——以平板前缘距离 x 作为几何尺寸的雷诺准数，即 $Re_x=\frac{u_s\rho x}{\mu}$；

u_s——主流区流体的速度，m/s。

(2)湍流边界层

$$\frac{\delta}{x}=0.376Re_x^{-0.2} \tag{1-37}$$

边界层内流体的流型可通过 Re_x 之值进行判定：

当 $Re_x\leqslant 2\times10^5$ 时，边界层内的流动属层流；

当 $Re_x\geqslant 3\times10^6$ 时，边界层内的流动属湍流；

在 $2\times10^5<Re_x<3\times10^6$ 范围内，可能是层流，也可能是湍流。

湍流时，光滑圆管内湍流边界层中层流内层厚度 δ_b 可按下式估算

$$\frac{\delta_b}{d}=61.5Re^{-\frac{7}{8}} \tag{1-38}$$

利用边界层概念，可把壁面流动简化为边界层区和主流区两个区域(以边界层外缘速度 $u=0.99u_s$ 划分)，使得问题简化，便于分析。即

边界层区：速度梯度 $\mathrm{d}u/\mathrm{d}y$ 很大，即使粘度 μ 很小，摩擦应力 $\tau=\mu\frac{\mathrm{d}u}{\mathrm{d}y}$ 仍相当大；

主流区：速度梯度 $\mathrm{d}u/\mathrm{d}y\approx 0$，摩擦应力的影响可忽略，可按理想流体流动处理。

由式(1-38)可知，在圆管内的湍流边界层中，层流内层厚度 δ_b 随 Re 的增大而显著下降。如在内径为 100 mm 的导管中，$Re=1\times10^4$ 时，$\delta_b=1.95$ mm；$Re=1\times10^5$ 时，$\delta_b=0.26$ mm。因层流内层为层流流动，其厚度虽然很薄，但对传质和传热过程均有很大的影响，不可忽视。层流内层对强化传质和传热过程有着重要的指导意义。

在流动系统中通常需要安装测量压强、流速及流量等的仪表，这时务必注意将它们安装在充分发展了的稳定段上。层流时，一般应取 $x_0=(50\sim100)d$；湍流时，其稳定段长度可比层流的短些。

还需指出，边界层有一个重要的特点，即在某些情况下会出现边界层与固体壁面脱离的现象。这时，边界层内的流体会发生倒流并产生旋涡，导致流体的能量损失。这种现象称为边界层分离。下面以流体流过圆柱体壁面的流动为例进行说明。

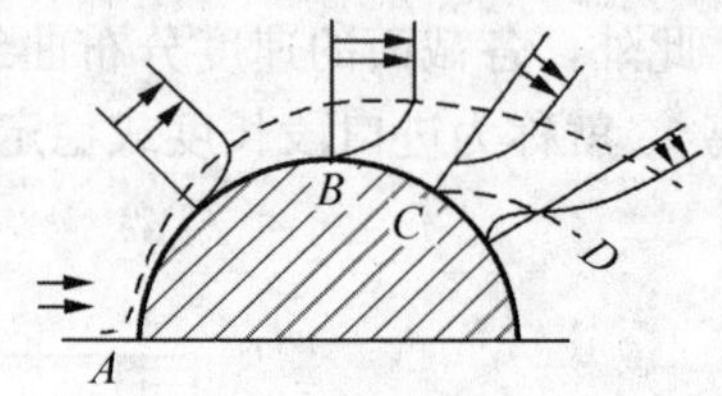

图 1-22　边界层分离示意图

如图 1-22 所示，A 点称为“驻点”，该处流速为零。到达 A 点处的流体，其动能全部转变为静压能，故这点的压强最高。停滞的压强高的流体迫使其后来流体分开，而绕圆柱表面流动。在 A 点流至 B 点的过程中，由于圆柱体占据了流道部分空间，边界层流动处于加速减压的状态，所减小的静压能，一部分转变为动能，另一部分则消耗于克服流体内摩擦引起的流动阻力(摩擦阻力)。在 B 点处，流速最大而压强降至最低。流过 B 点后，因流道截面逐渐扩大，这时流动处于减速加压的状态，所减少的动能，一部分转变为静压能，另一部分则消耗于克服摩擦阻力。直至到达 C 点处，其动能完全耗尽，C 点处速度为零，而压强为最高，出现新的停滞点，后继流体在高压作用下被迫离开壁面，沿新的流动方向流动。所以 C 点称为分离点。这种边界层脱离壁面的现象称为边界层分离。

由于边界层自 C 点开始脱离壁面，故 C 点的下游形成流体的空白区，后面的流体必有倒流回来以填充这一空白区。此时，C 点下游壁面附近产生逆向相反的两股流体。两股流体交界面称为分离面，如图 1-22 中曲面 CD 所示。分离面与壁面间有流体倒流而产生旋涡，成为涡流区。其中，流体质点互相碰撞与混合而白白消耗能量。这部分消耗是固体表面形状而引起边界层分离的，故又称为形体阻力。

因此，流体绕过固体表面的阻力为摩擦阻力与形体阻力之和。两者之和称为局部阻力。流体流经管件、阀门和管道有弯曲、突然扩大或缩小等地方，由于流道截面和流动方向的突然改变，均会发生边界层分离现象。

1.3.5　流动阻力的影响因素

综上所述，流体在管内流动时，由于流动型态不同，其流动阻力所遵循的规律亦不同。层流时，流动阻力来自流体本身所具有的粘性而引起的内摩擦，对于牛顿型流体，内摩擦应力的大小服从牛顿粘性定律。湍流时，流动阻力除来自流体的粘性而引起的内摩擦外，还由于流体内部充满了大大小小的旋涡。流体质点的不规则迁移、脉动和碰撞，产生附加阻力，使得湍流中的总摩擦应力急剧增大。此外，固定的管壁或其他形状固体壁面，则促使流动的流体内部发生相对运动，为流动阻力的产生提供了条件。故可将流动阻力产生的影响因素归纳为：

①流体的物理性质，如粘度 μ、密度 ρ 等；

②流体的流动型态，层流或湍流；

③管子的大小，如管径 d 和管长 l；

④管壁面的表面形状，如管壁面的粗糙度 ε 等；

⑤管道的方向及安装，包括管径突然扩大或缩小、进口或出口、管件和阀门等。

1.4 流动阻力的计算

化工管路主要由两部分组成：一部分是直管，另一部分是弯头、三通、阀门等各种管件。流体在管道中的流动阻力通常又可分为直管段阻力和局部阻力两部分。

流体流经直管段时，由于克服流体的粘滞性及与管内壁面间的摩擦所产生的阻力称为直管段阻力。它存在于沿流动方向的整段管长上，故又称为沿程直管段阻力，记为 h_{fZ}。

流体流经异径管或管件(如阀门、弯头、三通等)，由于流动发生骤然变化而引起旋涡所产生的阻力，称为局部阻力。它仅发生在流体流动的某一局部范围内，记为 h_{fJ}。例如，流体在弯管中流动，流体转弯时产生两个旋涡区而损失能量。

所以，总能量衡算方程中的能量损失(阻力损失) $\sum h_f$ 项可写为

$$\sum h_f = h_{fZ} + h_{fJ} \tag{1-39}$$

式中各项可采用不同的形式表示，例如：

$\sum h_f$ ——单位质量流体流动时所损失的机械能，单位为 J/kg；

$H_f = \dfrac{\sum h_f}{g}$ ——单位重量流体流动时所损失的压头，即压头损失，单位为 m；

$\Delta p_f = \rho \sum h_f$ ——单位体积流体流动时所损失的压强，即压强降，单位为 Pa。

需要注意的是，压强降 Δp_f 与柏努利方程中的压强差 Δp 是两个截然不同的概念。Δp 为表示流动过程中不同形式机械能相互转换而导致两截面压强的变化量。Δp_f 与 Δp 通常情况下其数值并不相等，只有在无外功加入($W_e=0$)、直径相同的水平管内流动($\Delta z = 0, \Delta \dfrac{u^2}{2} = 0$)，才能得出两截面压强差 Δp 与压强降 Δp_f 在绝对值上相等。

1.4.1 直管段阻力的计算

如图 1-23 所示，假定流体以速度 u 稳定地流过一 l m 长、内径 d m 的水平管段。对于不可压缩流体，在 1-1′和 2-2′两截面间列出柏努利方程

$$gz_1 + \frac{u_1^2}{2} + \frac{p_1}{\rho} = gz_2 + \frac{u_2^2}{2} + \frac{p_2}{\rho} + h_{fZ}$$

由于是直径相同的水平管，故有

$z_1 = z_2$， $u_1 = u_2 = u$，

因此可将上式简化为

$$p_1 - p_2 = \rho h_{fZ}$$

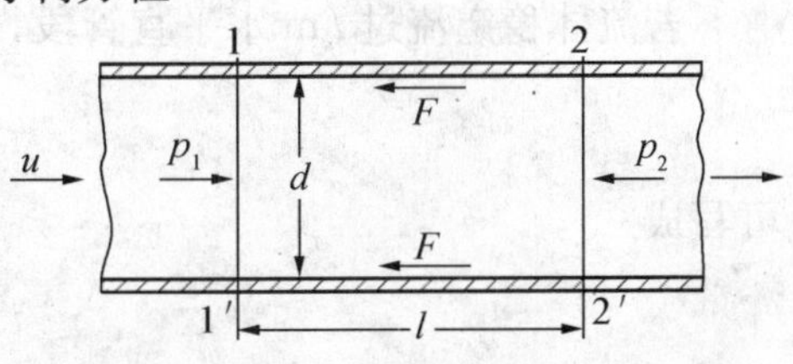

图 1-23 直管段流动阻力的推导

而作用于 l m长管段、直径 d m流体柱上的力有

1－1′截面上的压力 $= p_1A_1 = p_1\dfrac{\pi}{4}d^2$（其方向与流动方向相同）；

2－2′截面上的压力 $= p_2A_2 = p_2\dfrac{\pi}{4}d^2$（其方向与流动方向相反）；

流体柱表面的摩擦力 $F = \tau S = \tau\pi dl$（其方向与流动方向相反）。

由于流动为稳态流动，因此上述三力在水平方向上的代数和应为零，即

$$p_1A_1 - p_2A_2 - F = 0$$

$$(p_1 - p_2)\frac{\pi}{4}d^2 = \tau\pi dl$$

$$p_1 - p_2 = \frac{4l}{d}\tau$$

将 $p_1 - p_2 = \rho h_{fZ}$ 代入上式得

$$h_{fZ} = \frac{4l}{\rho d}\tau = \frac{4\tau}{\rho}\left(\frac{2}{u^2}\right)\frac{l}{d}\left(\frac{u^2}{2}\right) = \frac{8\tau}{\rho u^2}\frac{l}{d}\frac{u^2}{2}$$

令 $\lambda = \dfrac{8\tau}{\rho u^2}$，将上式写成

$$h_{fZ} = \lambda\frac{l}{d}\frac{u^2}{2} \tag{1-40}$$

或

$$H_{fZ} = \frac{h_{fZ}}{g} = \lambda\frac{l}{d}\frac{u^2}{2g} \tag{1-40a}$$

$$\Delta p_{fZ} = \rho h_{fZ} = \lambda\frac{l}{d}\frac{\rho u^2}{2} \tag{1-40b}$$

式(1－40)、式(1-40a)和式(1-40b)即为计算直管段阻力的通式。其中，$\lambda = \dfrac{8\tau}{\rho u^2}$ 称为摩擦阻力系数，它是一组量纲为 1 的数群，即

$$\left[\frac{\tau}{\rho u^2}\right] = \frac{\mathrm{N/m^2}}{(\mathrm{kg/m^3})(\mathrm{m^2/s^2})} = \mathrm{kg^0\ m^0\ s^0} = 1$$

由于内摩擦应力 τ 随流动型态而变化，管壁面的粗糙度 ε 不同，流体的湍动程度也不同，因此摩擦阻力系数 λ 的函数关系可表示为：$\lambda = (Re, \varepsilon)$。因此，只有在先解决 λ 的具体计算方法以后，才能计算出直管段阻力。

1.4.1.1　**层流时摩擦阻力系数的计算**

上节已推导出层流流动圆管道任一截面上流体的平均流速与管中心最大流速的关系为：

$$u = \frac{1}{2}u_{\max} = \frac{1}{2}\frac{1}{4\mu}\left(\frac{\Delta p}{l}\right)R^2 = \frac{1}{8\mu}\left(\frac{\Delta p}{l}\right)R^2$$

若流体稳定流过 l m 水平直管段，那么，$\Delta p = \Delta p_{fZ}$，以 $R = d/2$ 代入上式可得

$$u = \frac{\Delta p_{fZ}d^2}{32\mu l}$$

可写成

$$\Delta p_{fZ} = \frac{32\mu lu}{d^2} \tag{1-41}$$

由于 $\Delta p_{fZ} = \lambda\dfrac{l}{d}\dfrac{\rho u^2}{2}$，所以

$$\lambda \frac{l}{d} \frac{\rho u^2}{2} = \frac{32\mu l u}{d^2}$$

$$\lambda = \frac{64\mu}{du\rho} = \frac{64}{du\rho/\mu} = \frac{64}{Re} \tag{1-42}$$

式(1-42)就是层流时摩擦阻力系数 λ 的理论计算式。

1.4.1.2 **湍流时摩擦阻力系数的计算**

流体作湍流流动时，流体内各质点作杂乱的曲线运动，彼此碰撞与混合十分剧烈，所以，可以预料湍流流动时所产生的内摩擦作用肯定比层流流动时大。由于湍流流动情况过于复杂，到目前为止还不能像层流流动那样，推导出一条适于湍流流动时摩擦阻力系数 λ 的理论计算式。目前，一般通过实验建立的经验公式来解决。

许多科技工作者为此做了许多工作，付出了很大努力。由于进行实验时每次只能改变一个影响因素(变量)，而将其他变量固定，因此，为得到某一影响因素极为复杂的函数表达式，其实验的工作量势必相当大，且难以将实验结果关联为一条方便应用的简单公式。为了减少实验次数及便于整理，往往先利用量纲分析方法，将一些变量组成一个量纲为 1 的数群，然后再利用数群代替变量进行实验。所以，可将湍流时摩擦阻力系数 λ 的解决途径归纳为：

①详细地分析和考虑所有的影响因素，引入有关物理量；

②利用量纲分析法建立量纲为 1 的数群，并找出与数群相关的函数关系式；

③通过实验确定数群的指数和比例系数，从而得到具体的函数表达式。

量纲分析法的基础是量纲一致性原则，即每一个物理方程式的两边不仅数值相等，而且量纲也必须相等。

量纲分析法的基本定理是 π 定理：设该现象所涉及的物理量数为 n 个，这些物理量的基本量纲数为 m 个，则该物理现象可用 $N=(n-m)$ 个独立的量纲为 1 的量之间的关系式表示。下面就量纲分析法求取湍流时流动阻力损失计算式的方法作介绍。

由前面讨论可知，克服流动阻力所引起的能量损失 Δp_{fZ} 与流体流过管道的直径 d、管长 l、流体的速度 u、流体的粘度 μ 和密度 ρ 及壁的粗糙度 ε 等有关，其函数表达式可写为

$$\Delta p_{fZ} = f(d, l, u, \rho, \mu, \varepsilon) \tag{1-43}$$

式中共有 7 个物理量，各物理量的量纲分别写为

$$\dim d = L \qquad \dim l = L \qquad \dim u = L\theta^{-1}$$

$$\dim \varepsilon = L \qquad \dim \rho = ML^{-3} \qquad \dim \mu = ML^{-1}\theta^{-1}$$

$$\dim p = ML^{-1}\theta^{-2}$$

其中，M、T、L 3 个为基本量纲。根据 π 定理，量纲为 1 的量有 $N=7-3=4$。将式(1-43)写成下列幂函数形式，即

$$\Delta p_{fZ} = Kd^a l^b u^c \rho^j \mu^k \varepsilon^q \tag{1-43a}$$

式中的常数 K 和指数 a、b、c 待定。将各物理量的量纲代入上式得

$$ML^{-1}\theta^{-2} = (L)^a (L)^b (L\theta^{-1})^c (ML^{-3})^j (ML^{-1}\theta^{-1})^k (L)^q$$

或

$$ML^{-1}\theta^{-2} = M^{j+k} L^{a+b+c-3j-k+q} \theta^{-c-k}$$

利用量纲一致性原则，即等号两边各基本量量纲的指数相等，即

对于 M $\qquad j+k=1$

对于 L $\qquad a+b+c-3j-k+q=-1$

对于 θ $\qquad -c-k=-2$

以 b、k、q 表示为 a、c、j 的函数可解得

$$a=-b-k-q,\quad c=2-k,\quad j=1-k$$

将 a、c、j 值代入式(1-43a)得

$$\Delta p_{fZ}=Kd^{-b-k-q}l^{b}u^{2-k}\rho^{1-k}\mu^{k}\varepsilon^{q}$$

将指数相同的物理量合并，经整理可得

$$\frac{\Delta p_{fZ}}{\rho u^{2}}=K\left(\frac{l}{d}\right)^{b}\left(\frac{du\rho}{\mu}\right)^{-k}\left(\frac{\varepsilon}{d}\right)^{q} \tag{1-44}$$

与式(1-40b)相比，然后整理可得

$$(2K)\left(\frac{l}{d}\right)^{b}(Re)^{-k}\left(\frac{\varepsilon}{d}\right)^{q}\left(\frac{\rho u^{2}}{2}\right)=\lambda\left(\frac{l}{d}\right)\left(\frac{\rho u^{2}}{2}\right)$$

$$\lambda=K\left(\frac{l}{d}\right)^{b-1}(Re)^{-k}\left(\frac{\varepsilon}{d}\right)^{q} \tag{1-45}$$

式(1-45)表示出摩擦阻力系数 λ 与 4 个量纲为 1 数群的关系。然而，要具体确定其表达式，还需实验以确定表达式中各数群的指数 b、k、q 和比例系数 K。但应用这一关系进行实验，由于变量减少，从而可大大地减少实验次数。例如，要改变 $\frac{du\rho}{\mu}$，只需改变流速；要改变 $\frac{l}{d}$，只需改变测量段的距离，即两测压点的距离。

采用不同的实验条件，应用不同的归纳方法，可得到不同的数学表达式。下面列举几种常用的经验关联式。

1. 光滑管

(1)布拉修斯(Blasius)公式

$$\lambda=\frac{0.3164}{Re^{0.25}} \tag{1-46}$$

式(1－46)适用范围 $Re=3\times10^{3}\sim1\times10^{5}$。

(2)顾毓珍公式

$$\lambda=0.0056+\frac{0.5000}{Re^{0.32}} \tag{1-47}$$

式(1－47)适用范围 $Re=3\times10^{3}\sim3\times10^{6}$。

2. 粗糙管

(1)柯尔布鲁克(Colbrook)公式

$$\frac{1}{\sqrt{\lambda}}=2\lg\frac{d}{\varepsilon}+1.14-2\lg\left(1+9.35\frac{d/\varepsilon}{Re\sqrt{\lambda}}\right) \tag{1-48}$$

式(1－48)适用于 $\frac{d/\varepsilon}{Re\sqrt{\lambda}}>0.005$。

(2)尼库拉则(Nikurades)公式

$$\frac{1}{\sqrt{\lambda}}=2\lg\frac{d}{\varepsilon}+1.14 \tag{1-49}$$

式(1－49)适用于 $\frac{d/\varepsilon}{Re\sqrt{\lambda}}>0.005$。

1.4.1.3 摩擦阻力系数图

为了使用上的方便，莫狄(Moody)将摩擦阻力系数 λ 对 Re 和 ε/d 的关系在双对数坐标图中标绘出，此图也称为莫狄摩擦阻力系数图，如图 1-24 所示。

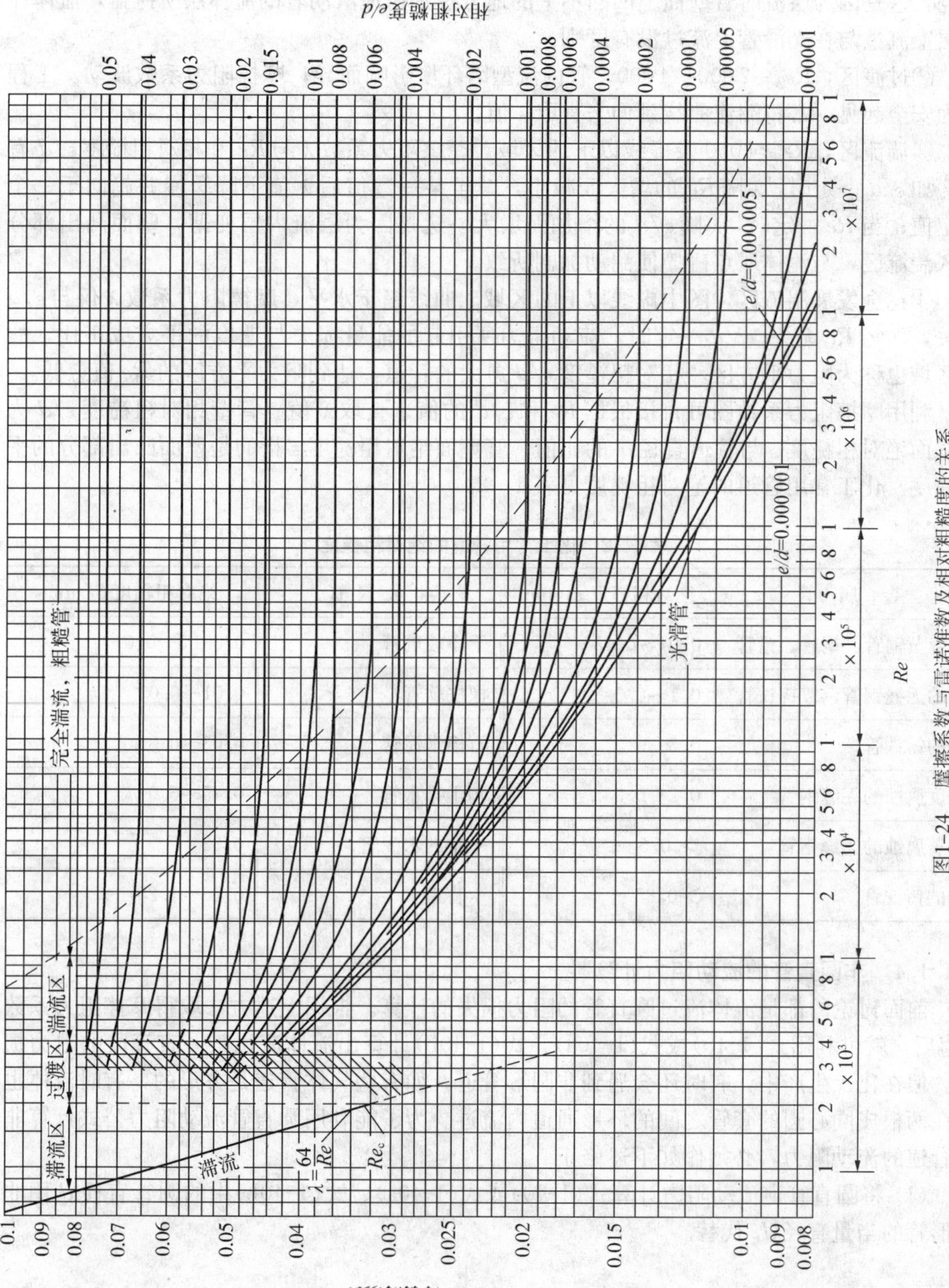

图1-24 摩擦系数与雷诺准数及相对粗糙度的关系

从图中可看到四个不同的区域：

①层流区，$Re \leqslant 2000$。此区域内 λ 与 Re 呈线性关系，其斜率为 -1。它由层流时摩擦阻力系数的理论表达式 $\lambda = 64/Re$ 绘出。层流情况下，管壁粗糙度对摩擦阻力系数没有影响，这是因为层流时管壁面上凹凸不平的地方被平稳地滑动着的流体层所掩盖，流体在此层上流过与在光滑管上流过没有区别。

②过渡区，$Re = 2000 \sim 4000$。管内流型因环境影响而异，摩擦阻力系数波动。工程上为安全起见，常将湍流曲线延伸来查取 λ 值。

③湍流区，$Re \geqslant 4000$ 及虚线以下的区域。摩擦阻力系数 λ 与 Re 和相对粗糙度 ε/d 有关。如 ε/d 一定时，λ 随 Re 的增大而减小，减至某一数值后 λ 值下降缓慢并趋向于一个恒定值；当 Re 一定时，λ 随 ε/d 的增加而增大，这是因为层流内层变薄，壁面凸出部分伸入湍流区，与流体质点碰撞使湍动加剧所致。

④完全发展湍流区，图中虚线以上的区域。曲线趋于水平，摩擦阻力系数 λ 仅与 ε/d 有关，而与 Re 无关。l/d 一定时，流动阻力所引起的能量损失与速度的平方成正比，故此区域也称为阻力平方区。相对粗糙度 ε/d 愈大的管道，达到阻力平方区的 Re 值愈低。

利用摩擦阻力系数图可直接根据 Re 和 ε/d 的值来查取 λ 值。管壁相对粗糙度 ε/d 为管壁面绝对粗糙度 ε 与管道直径 d 的比值。管壁面绝对粗糙度 ε 指的是壁面凸出部分的平均高度。化工常用管道的绝对粗糙度见表 1-2。

表 1-2　化工常用管道的绝对粗糙度

金属管	绝对粗糙度 ε，mm	非金属管	绝对粗糙度 ε，mm
无缝黄铜管、铜管、铅管	0.01～0.05	干净玻璃管	0.0015～0.01
新的无缝钢管、镀锌铁管	0.1～0.2	橡皮软管	0.01～0.03
新的铸铁管	0.3	石棉水泥管	0.03～0.8
轻度腐蚀的无缝钢管	0.2～0.3	陶土排水管	0.45～6.0
显著腐蚀的无缝钢管	>0.5	平整的水泥管	0.33
旧的铸铁管	>0.85	木管道	0.25～1.25

1.4.1.4　非圆直管的流动阻力计算

前面讨论的都是流体流过圆直管的阻力损失的计算。根据上述方法取得摩擦阻力系数 λ 值后，就可利用式(1-40)或式(1-40a)、式(1-40b)计算出流体流过某一直管段的阻力损失。但在化工生产中，有时还会遇到非圆形管道，如有些气体管道是方形的，有时流体也会在两根成同心圆的套管之间的环形通道内流过。为了能利用圆直管流动阻力公式计算非圆管道的流动阻力，必须作如下述修正。

(1) 将圆直管道流动阻力计算式(1-40)或式(1-40a)、式(1-40b)中的圆管直径 d 用非圆形管的当量直径 d_e 代替。

(2) 利用经验公式或摩擦阻力系数图计算或查取摩擦阻力系数时，雷诺准数 Re 计算式中的圆管直径 d，也要用当量直径 d_e 替代。此外，层流流动时，摩擦阻力系数 λ 的计算式(1-42)需修正为

$$\lambda=\frac{C}{Re} \tag{1-50}$$

式中 C 为量纲为1的系数，一些非圆形管的常数 C 值见表1-3。

表1-3　某些非圆形管的常数 C 值

非圆形管的截面形状	正方形	等边三角形	环形	长方形 长：宽=2：1	长方形 长：宽=4：1
常数 C	57	53	96	62	73

【例1-10】 20℃的水以0.03 kg/s的质量流量流过内径为20 mm的水平管道。试求水流过每米管长的压力降。

解　由附录五查得20℃水的物性：$\mu=1.005\times10^{-3}$ Pa·s，$\rho=998.2\ \mathrm{kg/m^3}$。

水在管内的流速为　$u=\dfrac{w_s/\rho}{0.785d^2}=\dfrac{0.03/998.2}{0.785\times0.02^2}=0.0957\ (\mathrm{m/s})$

由于　$$Re=\frac{du\rho}{\mu}=\frac{0.02\times0.0957\times998.2}{1.005\times10^{-3}}=1901<2000\ (\text{层流})$$

故　$$\lambda=\frac{64}{Re}=\frac{64}{1901}=0.0337$$

水流过每米管长的压力降

$$\Delta p_{fZ}=\lambda\frac{l}{d}\frac{\rho u^2}{2}=0.0337\times\frac{1}{0.02}\times\frac{998.2\times0.0957^2}{2}=7.7\ (\mathrm{Pa})$$

1.4.2　局部阻力损失的计算

流体流经流通截面变化的管道位置(如进口、出口或异径管等)、管件(如弯头、三通等)和阀门时，由于流动速度的大小与方向均发生变化，并受到阻碍和干扰，出现涡流，使得在这些局部位置处内摩擦增加，形成局部阻力损失。局部阻力损失的计算通常可采用阻力系数法和当量长度法。

1. 阻力系数法

阻力系数法就是将克服局部阻力所产生的能量损失表示为其动能若干倍的方法。即

$$h_{fJ}=\zeta\frac{u^2}{2} \tag{1-51}$$

或　$$H_{fJ}=\zeta\frac{u^2}{2g} \tag{1-51a}$$

及　$$\Delta p_{fJ}=\zeta\frac{\rho u^2}{2} \tag{1-51b}$$

上列各式中的 ζ 称为局部阻力系数，将式(1-51)与式(1-40)对比，可得到直管的阻力系数为

$$\zeta=\lambda\frac{l}{d} \tag{1-52}$$

局部阻力系数 ζ 由实验测定。下面介绍几种常见的局部阻力系数的求法。

(1) 管路突然扩大或突然缩小

管路由于直径改变而突然扩大或缩小，局部阻力系数可根据小管与大管的截面积之比，从图 1－25 的曲线上查得。

(2) 进口与出口

流体自容器进入管内，可看作从很大的截面 A_1 突然进入到很小的截面 A_2，即 $A_2/A_1 \approx 0$。由图 1－25 的曲线(b)可查出进口阻力系数 $\zeta_c = 0.5$。若管口圆滑或呈喇叭状，则局部阻力系数应相应减小，在 0.25～0.5 范围内。

流体自管子进入容器或从管子直接排放到管外空间，可看作自很小的截面 A_1 突然扩大到很大的截面 A_2，即 $A_1/A_2 \approx 0$，由图 1－25 的曲线(a)可查出出口阻力系数 $\zeta_e = 1$。

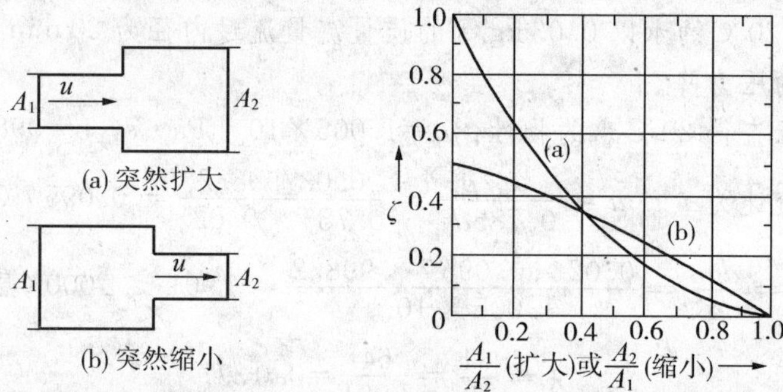

图 1－25　突然扩大和突然缩小的局部阻力系数

应该指出，流体从管子排放到管外空间时，管出口内侧截面上的压强可取为与管外空间相同，而出现出口截面上的动能与出口阻力损失数值相同。为避免混淆，在列柏努利方程解题时，应规定所选出口截面是内侧还是外侧。如所选出口截面为管出口的内侧，流体连续，出口截面具有动能，不必考虑出口阻力损失；如所选出口截面为管出口的外侧，流体不连续，动能为零，这时应考虑出口阻力损失。

(3) 管件与阀门

管道上的配件如弯头、三通、活接头等总称为管件。不同管件或阀门的局部阻力系数可从有关手册中查得。

2. 当量长度法

流体流经某一管件或阀门等所产生的局部阻力损失折算成与其直径相同的一定长度的直管段阻力，这种方法称为当量长度法。即

$$h_{fJ} = \lambda \frac{l_e}{d} \frac{u^2}{2} \tag{1-53}$$

或

$$H_{fJ} = \lambda \frac{l_e}{d} \frac{u^2}{2g} \tag{1-53a}$$

及

$$\Delta p_{fJ} = \lambda \frac{l_e}{d} \frac{\rho u^2}{2} \tag{1-53b}$$

式中 l_e 称为管件或阀门的当量长度，其单位为 m。管件或阀门的当量长度数值均由实验测定。在湍流情况下某些管件与阀门的当量长度可从图 1－26 的共线图查得。具体做法

是：先在图左侧的垂直线上找出与所求管件或阀门相应的点，又在图右侧的标尺上定出与管内径相当的一点，通过两点连一直线，在中间标尺相交点上便可读得所求的当量长度数值。

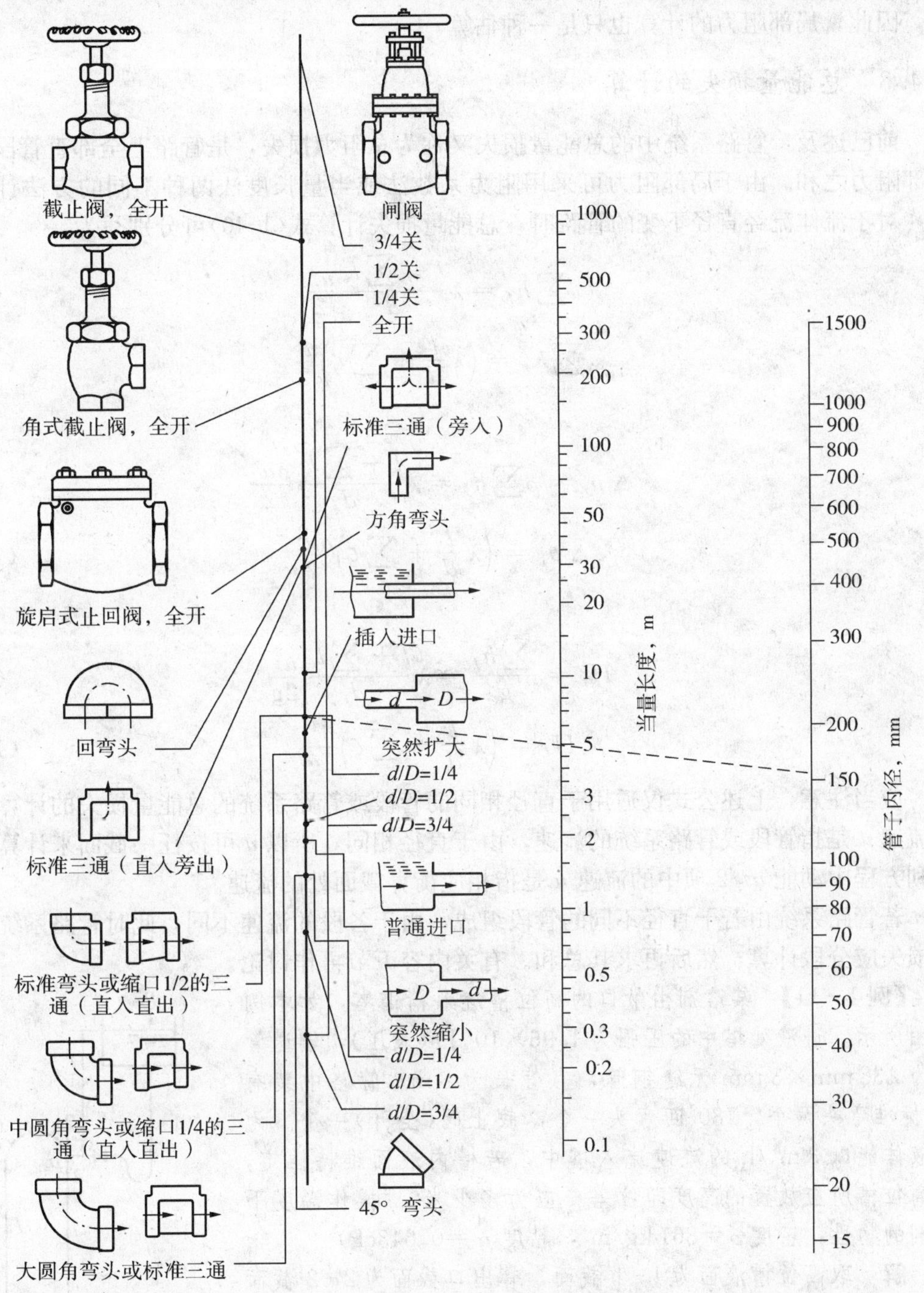

图 1-26　管件与阀门的当量长度共线图

有时，用管道直径的倍数来表示局部阻力的当量长度，如对直径 9.5～63.5 mm 的 90° 弯头，l_e/d 的值约为 30，由此对一定直径的弯头，即可求出其相应的当量长度。l_e/d

值由实验测出，各管件的 l_e/d 值可以从化工手册查到。

管件、阀门等构造细节与加工精度往往差别很大，从手册查得的 l_e 或 ζ 值只是约略值，因此，局部阻力的计算也只是一种估算。

1.4.3 总能量损失的计算

前已述及，管路系统中的总能量损失又称为总阻力损失，是管路上全部直管段阻力与局部阻力之和。由于局部阻力可采用阻力系数法或当量长度法两种不同的方法计算，因此，对于流体流经直径不变的管路时，总能量损失计算式(1-40)可分别写为

$$\sum h_f = \lambda \frac{l + \sum l_e}{d} \frac{u^2}{2} \tag{1-54}$$

$$\sum h_f = \left(\lambda \frac{l}{d} + \sum \zeta\right) \frac{u^2}{2} \tag{1-54a}$$

或

$$\Delta p_f = \rho \sum h_f = \lambda \frac{l + \sum l_e}{d} \frac{\rho u^2}{2} \tag{1-55}$$

$$\Delta p_f = \left(\lambda \frac{l}{d} + \sum \zeta\right) \frac{\rho u^2}{2} \tag{1-55a}$$

及

$$H_f = \frac{\sum h_f}{g} = \lambda \frac{l + \sum l_e}{d} \frac{u^2}{2g} \tag{1-56}$$

$$H_f = \left(\lambda \frac{l}{d} + \sum \zeta\right) \frac{u^2}{2g} \tag{1-56a}$$

应当注意，上述公式仅适用于直径相同的管段或管路系统的总能量损失的计算。式中的流速 u 是指管段或管路系统的流速，由于直径相同，所以 u 可按任一截面来计算。而柏努利方程中动能 $u^2/2$ 项中的流速 u 是指相应衡算截面处的流速。

若管路系统由若干直径不同的管段组成，由于各段的流速不同，此时管路系统的总能量损失应分段计算，然后再求其总和。有关内容下节再作讨论。

【例 1-11】 某溶剂由敞口的高位槽流入精馏塔，如本例附图所示。进液处塔中的压强为 1.96×10^4 Pa(表压)，输送管道为 $\phi38\,\text{mm}\times3\,\text{mm}$ 无缝钢管，直管长为 8 m。管路中装有 90°标准弯头两个，180°回弯头一个，截止阀(全开)一个。为使液体能以 3 m³/h 的流速流入塔中，若槽内液面维持恒定，问高位槽所应放置的高度即位差 z 应为多少米？(操作温度下溶剂的物性：密度 $\rho=861\,\text{kg/m}^3$，粘度 $\mu=0.643\text{cP}$)

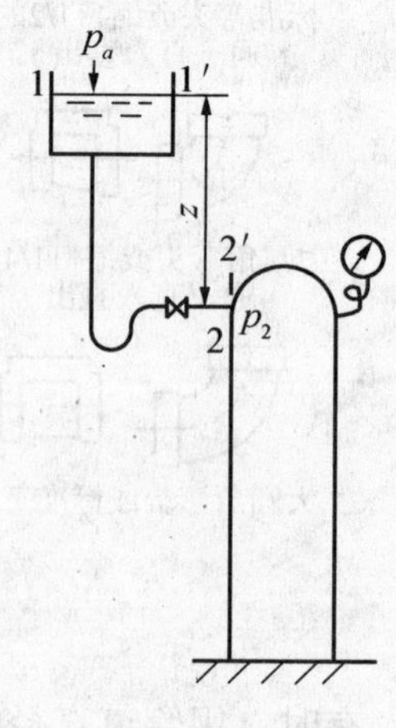

例 1-11 附图

解 取高位槽液面为 1-1′截面，管出口截面为 2-2′截面(内侧)，并以管出口截面中心位置为基准水平面，在两截面间列柏努利方程：

$$z_1 + \frac{p_1}{\rho g} + \frac{u_1^2}{2g} = z_2 + \frac{p_2}{\rho g} + \frac{u_2^2}{2g} + H_f$$

已知

$u_1=0$（槽内液面恒定），　$u_2=\dfrac{V_s}{\pi d^2/4}=\dfrac{3/3\,600}{0.785\times0.032^2}=1.04\ (\mathrm{m/s})$

$p_1=0$（表压），　$p_2=1.96\times10^4\ \mathrm{Pa}$（表压），　$z_1=z\ \mathrm{m}$，　$z_2=0$（基准）

因

$$H_f=\frac{\sum h_f}{g}=\left(\lambda\frac{l+\sum l_e}{d}+\sum\zeta\right)\frac{u_2^2}{2g}$$

从表 1-2 中取无缝钢管绝对粗糙度 $\varepsilon=0.3\ \mathrm{mm}$，$\varepsilon/d=0.000\,3/0.032=0.009\,38$。

$$Re=\frac{du\rho}{\mu}=\frac{0.032\times1.04\times861}{0.643\times10^{-3}}=4.45\times10^4\ (\text{湍流})$$

由图 1-24 查得 $\lambda=0.039$，由图 1-26 共线图查得

90°标准弯头的当量长度　　$l_e=1\ \mathrm{m}$

180°回弯头的当量长度　　$l_e=2.2\ \mathrm{m}$

截止阀（全开）的当量长度　　$l_e=11\ \mathrm{m}$

进口局部阻力系数 $\zeta_c=0.5$，故

$$H_f=\left(0.039\times\frac{8+1\times2+2.2+11}{0.032}+0.5\right)\times\frac{1.04^2}{2\times9.81}=1.59\ (\mathrm{m})$$

将上述各数值代入方程得

$$z+0+0=0+\frac{1.96\times10^4}{861\times9.81}+\frac{1.04^2}{2\times9.81}+1.59$$

$$z=3.97\ (\mathrm{m})$$

本题也可将截面 2-2′取在管出口外侧。此时，流体流入大空间后速度为零，不计动能，但应计算出口阻力。因 $\zeta_e=1$，两种方法的结果应相同。

工程上计算阻力时，若能估计管路在使用中的腐蚀情况，就应按此估计 ε 值以查取 λ，而不能用新管的 ε 值。更常用的办法是采用安全系数，即用新管的 ε 值查出 λ 后，按使用情况将 λ 乘上一个大于 1 的安全系数。如平均使用 5～10 年的钢管，其安全系数取 1.2～1.3，以适应粗糙度的变化。

【例 1-12】 密度 $\rho=900\ \mathrm{kg/m^3}$ 的某液体由敞口高位槽 A 经内径为 50 mm 的管道流入敞口贮槽 B 中，如本例附图所示。K 点的真空度为 $6\times10^3\ \mathrm{N/m^2}$，K 点至管路出口处之管长 20 m，有 3 个 90°标准弯头和一个阀门。已知标准弯头的局部阻力系数 $\zeta_{弯}=0.75$，阻力摩擦系数 $\lambda=0.025$。试求阀门 M 的局部阻力系数。

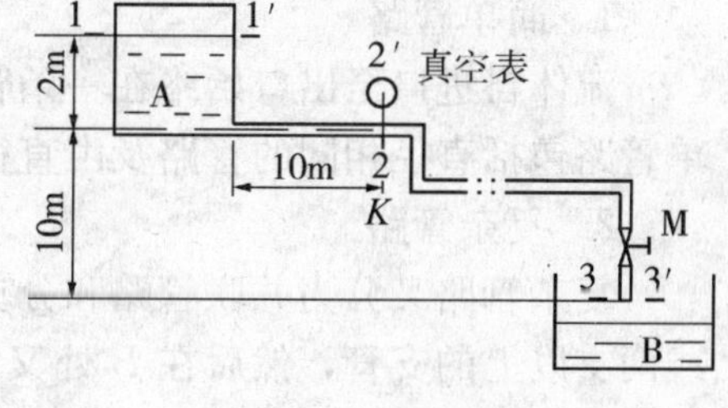

例 1-12 附图

解　如图所示选取 1-1′截面、2-2′截面和 3-3′截面。以 2-2′截面为基准，在 1-1′和 2-2′两截面间列柏努利方程：

$$z_1+\frac{p_1}{\rho g}+\frac{u_1^2}{2g}=z_2+\frac{p_2}{\rho g}+\frac{u_2^2}{2g}+H_{f\,1\text{-}2}$$

已知

$z_1=2\ \mathrm{m}$，　$z_2=0$（基准），　$u_1=0$（截面恒定），　$u_2=u=?$

$p_1=0$（表压），　$p_2=-6\times10^3\ \mathrm{Pa}$（表压）

$$H_{f1\text{-}2}=\left(\lambda\frac{l}{d}+\zeta_c\right)\frac{u^2}{2g}=\left(0.025\times\frac{10}{0.05}+0.5\right)\times\frac{u^2}{2g}=\frac{5.5u^2}{2g}$$

将上述数值代入方程得

$$2+0+0=0+\frac{-6\times10^3}{900\times9.81}+\frac{u^2}{2g}+\frac{5.5u^2}{2g}$$

则

$$u=2.84(\text{m/s})$$

再以 3-3′截面为基准，在 2-2′和 3-3′两截面间列柏努利方程：

$$z_2+\frac{p_2}{\rho g}+\frac{u_2^2}{2g}=z_3+\frac{p_3}{\rho g}+\frac{u_3^2}{2g}+H_{f2\text{-}3}$$

已知

$z_2=10\,\text{m}$， $z_3=0$（基准）， $u_2=u=2.84\,\text{m/s}$， $u_3=0$（截面外侧）

$p_2=-6\times10^3\ \text{Pa}$（表压）， $p_3=0$（表压）

$$H_{f2\text{-}3}=\left[\lambda\frac{l}{d}+(\zeta_{弯}+\zeta_{阀}+\zeta_e)\right]\frac{u^2}{2g}$$

$$=\left[0.025\times\frac{20}{0.05}+(3\times0.75+\zeta_{阀}+1)\right]\times\frac{2.84^2}{2\times9.81}=5.447+0.411\zeta_{阀}$$

将上述数值代入得

$$10+\frac{-6\times10^3}{900\times9.81}+\frac{2.84^2}{2\times9.81}=0+0+0+5.447+0.411\zeta_{阀}$$

$$\zeta_{阀}=10.42$$

1.5　管路的计算和布置

在化工生产中，流体是通过管道进行输送的。基于生产上不同目的要求及操作上的便利等方面考虑，管道的形式有多种多样。一般根据管路的连接和铺设形式，可将管道分为简单管路和复杂管路两大类。

1. 简单管路

流体自进口至出口始终在一条管路中流动，其间并无分支的管路，称为简单管路。简单管路包括直径相同的管路及由直径不同的管子所组成的串联管路。

2. 复杂管路

复杂管路又分为并联管路和分支管路两种。如图 1-27a 所示，在主管 A 处分有两支或两支以上的支管，然后在 B 处又汇合为一的管路，称为并联管路。如图 1-27b 所示，在主管 C 处有两条或两条以上的支管而最终不再汇合的管路，称为分支管路。

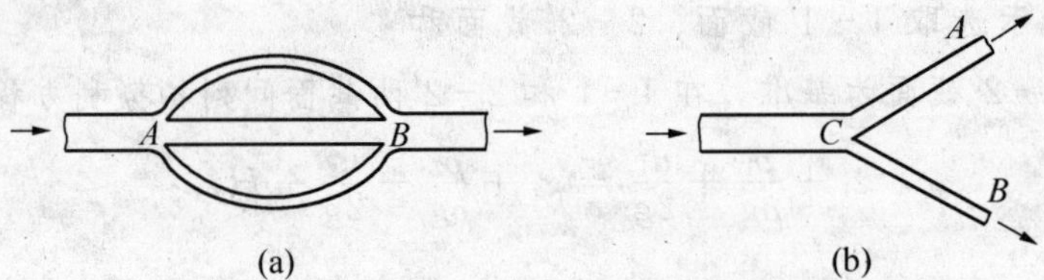

图 1-27　并联管路与分支管路示意图

虽然组成管路的类型不同，但设计和有关管路计算的方法却基本相同。实质上，都是连续性方程式、柏努利方程式和能量损失计算式的具体运用。管路计算的目的是为选用流体输送机械、确定设备的布置及估算某一产品的生产能力等提供依据。有关管路计算的内容，通常可归纳为下述三种情况：

①已知ρ、μ、l、d和V_s，求$\sum h_f$。主要确定输送机械功率及设备内的压强或设备间的相对位置等。

②已知ρ、μ、l、d和$\sum h_f$，求u或V_s。主要确定已知管路所能达到的最大输送量。

③已知ρ、μ、l、V_s和$\sum h_f$，求d。主要确定需采用多大管径的管子才能完成所要求的输送任务。

管路的类型不同，计算所依据的连续性方程及能量损失计算式的形式则有所不同。下面就这两方面情况分别作归纳说明。

1.5.1 管路计算基础(对于不可压缩流体而言)

1. 简单管路

连续性方程式可写为

$$V_s = \frac{\pi}{4}d^2 u \text{（直径相同的管路）} \tag{1-57}$$

或

$$V_{s1} = V_{s2} = V_{s3} = \cdots \text{（串联管路）} \tag{1-57a}$$

能量损失计算式可写为

$$\sum h_f = \left(\lambda \frac{l+\sum l_e}{d} + \sum \zeta\right)\frac{u^2}{2} \quad \text{（直径相同的管路）} \tag{1-58}$$

或

$$\sum h_f = \sum h_{f1} + \sum h_{f2} + \cdots \quad \text{（串联管路）} \tag{1-58a}$$

2. 并联管路

如图1-28所示，在主管A与B处并联有两根支管路。连续性方程式可写为

$$V_s = V_{s1} + V_{s2} + \cdots \tag{1-59}$$

能量损失计算式可按下述方法导出：在A、B两截面间列出柏努利方程为

$$z_A g + \frac{p_A}{\rho} + \frac{u_A^2}{2} = z_B g + \frac{p_B}{\rho} + \frac{u_B^2}{2} + \sum h_{fA\text{-}B}$$

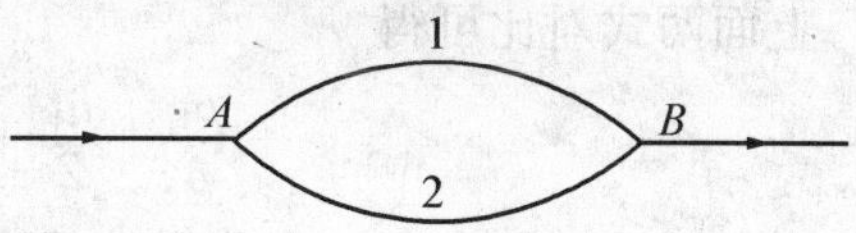

图1-28 并联管路

对于支管路1，其柏努利方程式可写为

$$z_A g + \frac{p_A}{\rho} + \frac{u_A^2}{2} = z_B g + \frac{p_B}{\rho} + \frac{u_B^2}{2} + \sum h_{f1}$$

对于支管路2，其柏努利方程式又可写为

$$z_A g + \frac{p_A}{\rho} + \frac{u_A^2}{2} = z_B g + \frac{p_B}{\rho} + \frac{u_B^2}{2} + \sum h_{f2}$$

由上述三式对比可知：

$$\sum h_{fA\text{-}B} = \sum h_{f1} = \sum h_{f2} \tag{1-60}$$

可见，并联管路各支管路能量损失相等。计算时只需计算一根支管路的能量损失，再

加上分支点 A 与汇合点 B 外的管路能量损失，就可求出全管路的能量损失。

一般情况下，各支管的长度、直径、粗糙度情况均不同，故各支管的流速 u_i 也不同。各支管段的能量损失可依下式计算，即

$$\sum h_{fi}=\lambda_i\frac{l_i}{d_i}\frac{u_i^2}{2}$$

将 $u_i=\dfrac{4V_i}{\pi d^2}$ 代入上式并整理得

$$V_{si}=\frac{\pi\sqrt{2}}{4}\sqrt{\frac{d_i^5\sum h_{fi}}{\lambda_i l_i}} \tag{1-61}$$

由此式即可求出各支管的流量分配。对于图 1-28 所示两根支管可写出

$$V_{s1}:V_{s2}=\sqrt{\frac{d_1^5}{\lambda_1 l_1}}:\sqrt{\frac{d_2^5}{\lambda_2 l_2}} \tag{1-62}$$

如总流量 V_s 和各支管的 l、d、λ 均已知，由式(1-62)和式(1-60)就可联立求解各支管路流过的流体流量。

并联管路中各支管的流量可通过调节各支管所受到的阻力来调整。在生产操作过程中，若将某一支管的阀门开度调节(如由全开调节为半开)，会使得其他支管的流量改变。而流体阻力较大的支管，所通过的流量较小。

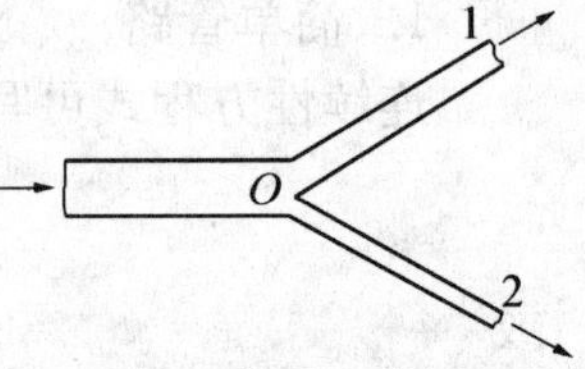

图 1-29 分支管路

3. 分支管路

如图 1-29 所示，在主管点 O 处分为两条支管，则连续性方程式可写为

$$V_s=V_{s1}+V_{s2}+\cdots \tag{1-63}$$

能量损失方程式可按下述方法导出：

在点 O 处截面 $0-0'$ 与支管 1 的出口截面 $1-1'$ 间列柏努利方程，即

$$z_0g+\frac{p_0}{\rho}+\frac{u_0^2}{2}=z_1g+\frac{p_1}{\rho}+\frac{u_1^2}{2}+\sum h_{f0\text{-}1}$$

在点 O 处截面 $0-0'$ 与支管 2 的出口截面 $2-2'$ 间列柏努利方程，即

$$z_0g+\frac{p_0}{\rho}+\frac{u_0^2}{2}=z_2g+\frac{p_2}{\rho}+\frac{u_2^2}{2}+\sum h_{f0\text{-}2}$$

上面两式对比可得

$$z_1g+\frac{p_1}{\rho}+\frac{u_1^2}{2}+\sum h_{f0\text{-}1}=z_2g+\frac{p_2}{\rho}+\frac{u_2^2}{2}+\sum h_{f0\text{-}2} \tag{1-64}$$

式(1-64)表明，在分支管路中，单位质量流体在各支管流动终了时的总机械能与能量损失之和必相等。

1.5.2 管路计算举例

【例 1-13】 粘度为 30cP、密度为 900 kg/m^3 的液体，自槽 A 经 ϕ47 mm×3.5 mm 的管路进入槽 B，两槽均为敞口，液面维持恒定。管路中有一阀门，当阀门全关时，阀前后压力表的读数分别为 0.9at 和 0.45at。现将阀门打开至 1/4 开度，阀门阻力的当量长度为 30 m，阀前管长 50 m，阀后管长 20 m(均包括局部阻力系数的当量长度)。试求：(1)管路

的流量(m³/h)。(2)阀门前后压力表的读数有无变化？

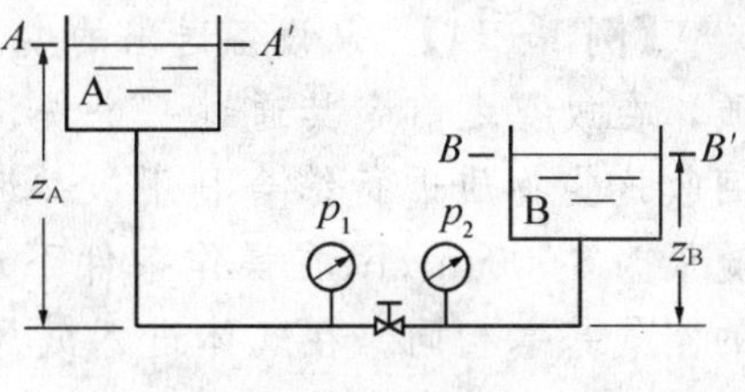

例 1-13 附图

解 (1)阀门全关时

由附录一查得 1at=9.81×10⁴ Pa，故

$$z_A=\frac{p_1}{\rho g}=\frac{0.9\times9.81\times10^4}{900\times9.81}=10\,(\text{m})$$

$$z_B=\frac{p_2}{\rho g}=\frac{0.45\times9.81\times10^4}{900\times9.81}=5\,(\text{m})$$

阀门打开 1/4 时，如本例附图所示，选取槽 A 液面为 $A-A'$截面，槽 B 液面为 $B-B'$截面，并以连接阀门的管中心位置为基准水平面，在两截面间列柏努利方程，即

$$z_A g+\frac{p_A}{\rho}+\frac{u_A^2}{2}=z_B g+\frac{p_B}{\rho}+\frac{u_B^2}{2}+\sum h_f$$

已知

$p_A=p_B=0$（表压） $u_A=u_B=0$（截面恒定） $d=47-3.5\times2=40(\text{mm})=0.4(\text{m})$

$$\sum h_f=\lambda\frac{\sum l_e}{d}\left(\frac{u^2}{2}\right)=\lambda\left(\frac{50+30+20}{0.04}\right)\frac{u^2}{2}=1\,250\lambda u^2$$

将上述数值代入方程得

$$(z_A-z_B)g=1\,250\lambda u^2 \tag{a}$$

假定流动为层流流动，那么 $\lambda=\frac{64}{Re}=\frac{64\mu}{du\rho}$，代入式(a)解得

$$u=\frac{(z_A-z_B)gd\rho}{1\,250\times64\mu}=\frac{(10-5)\times9.81\times0.04\times900}{1\,250\times64\times30\times10^{-3}}=0.736\,(\text{m/s})$$

相应的雷诺准数 Re 为

$$Re=\frac{du\rho}{\mu}=\frac{0.04\times0.736\times900}{30\times10^{-3}}=883<2\,000\,(\text{层流})$$

可见，假定流动为层流流动合适。因此，阀门打开 1/4 时管路的体积流量为

$$V_s=\frac{\pi d^2}{4}(3\,600u)=0.785\times0.04^2\times3\,600\times0.736=3.33\,(\text{m}^3/\text{h})$$

(2) 阀门打开时，阀前后压力表的读数的变化

设阀门前压力表连接处为 $1-1'$截面，阀门后压力表连接处为 $2-2'$截面，阀门打开时，在 $A-A'$和 $1-1'$两截面间列柏努利方程，即

$$z_A g=\frac{p_1}{\rho}+\frac{u_1^2}{2}+\left(\lambda\frac{l_e}{d}+\zeta_c\right)\frac{u_2^2}{2}$$

因为阀门关闭时，由静力学方程可知 $\frac{p_1}{\rho}=z_A g$，所以与上式对比可见，阀门打开时阀门前压力表读数应减小。

再在 $2-2'\sim B-B'$两截面间列柏努利方程，即

$$\frac{p_2}{\rho}=z_B g+\left(\lambda\frac{l_e}{d}+\zeta_e\right)\frac{u_2^2}{2}$$

同理，当阀门关闭时，由静力学方程可知 $\frac{p_2}{\rho}=z_B g$，与上式对比可见，阀门打开时

阀门后压力表的读数应增大。

【例 1-14】 从设备送出的废气中含有少量的可溶物质，在放空之前令其通过一个洗涤塔(见本例附图)，以回收这些物质进行综合利用，并避免环境污染。气体的流量为 $3600\,m^3/h$(在操作条件下)，其物理性质与 50 ℃ 的空气基本相同。在气体进入鼓风机前的管路上安装有一指示液为水的 U 管压差计，其读数为 30 mm。输气管与放空管的内径均为 250 mm，管长与管件、阀门的当量长度之和为 50 m(不包括进、出塔及管出口阻力)，放空管与鼓风机进口的垂直距离为 20 m。已测定出气体通过塔内填料层的压力降为 1.96×10^3 Pa。管壁的绝对粗糙度可取为 0.15 mm，大气压强为 101.33×10^3 Pa。试求鼓风机的有效功率。

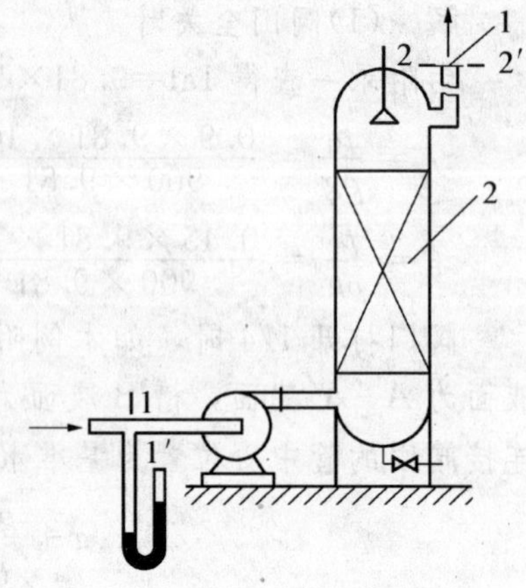

例 1-14 附图

1—放空管；2—填料层

解 如图所示选取截面 1-1′和 2-2′，并以 1-1′截面中心为基准面，衡算基准为 1h，在两截面间列出柏努利方程：

$$z_1 g+\frac{u_1^2}{2}+\frac{p_1}{\rho}+W_e=z_2 g+\frac{u_2^2}{2}+\frac{p_2}{\rho}+\sum h_f$$

已知

$$z_1=0(\text{基准}),\qquad z_2=20\,\text{m},\qquad u_1=u_2=u(\text{管截面不变})$$

$$p_1=\rho_{H_2O}gR=1000\times9.81\times0.03=294.3\,(\text{Pa})(\text{表压}),\qquad p_2=0(\text{表压})$$

$$\sum h_f=\sum h_{fZ}+\sum h'_{fJ}+\sum h_{\text{填料}}$$

空气在管内流速为 $u=\dfrac{3600/3600}{0.785\times0.25^2}=20.4\,(\text{m/s})$

查得 50 ℃空气的物性数据 $\rho=1.093\,\text{kg/m}^3$，$\mu=1.96\times10^{-5}$ Pa·s，因为

$$Re=\frac{du\rho}{\mu}=\frac{0.25\times20.4\times1.093}{1.96\times10^{-5}}=2.84\times10^5$$

$$\varepsilon/d=0.15/250=0.0006$$

由图 1-24 查得 $\lambda=0.019$，那么

直管段的能量损失 $h_{fZ}=\lambda\dfrac{l+l_e}{d}\dfrac{u^2}{2}=0.019\times\dfrac{50}{0.25}\times\dfrac{20.4^2}{2}=791\,(\text{J/kg})$

塔进、出口局部能量损失 $h_{fJ}=(\zeta_c+\zeta_e)\dfrac{u^2}{2}=1.5\times\dfrac{20.4^2}{2}=312\,(\text{J/kg})$

通过塔内填料层的能量损失 $h_{\text{填料}}=\dfrac{\Delta p_f}{\rho}=\dfrac{1.96\times10^3}{1.093}=1793\,(\text{J/kg})$

所以，总能量损失 $\sum h_f=791+312+1793=2896\,(\text{J/kg})$

将上述已知数据代入方程

$$W_e=z_2 g+\sum h_f-\frac{p_1}{\rho}=9.81\times20+2896-\frac{294.3}{1.093}$$

$$=2823(\text{J/kg})$$

鼓风机的有效功率为

$$N_e = V_s \rho W_e = \frac{3\,600}{3\,600} \times 1.093 \times 2\,823 = 3.086\ (\text{kW})$$

【例 1-15】 如本例附图所示输水系统，水池的液面维持恒定，水分别从 BC 与 BD 两支管流出，水池液面与两支管间的距离均为 11 m。AB 管段内径 38 mm、长为 58 m；BC 支管的内径 32 mm、长 12.5 m；BD 支管的内径为 26 mm、长 14 m。各段管长均包括管件及阀门全开时的当量长度。AB 与 BC 管段的阻力摩擦系数 λ 均可取为 0.03。试求：(1) 当 BD 支管的阀门关闭时，BC 支管的最大排水量为多少 m^3/h。(2) 当所有阀门全开时，两支管的排水量各为多少 m^3/h。BD 支管的管壁绝对粗糙度可取为 0.15 mm，水的密度为 1 000 kg/m³，粘度为 0.001 Pa·s。

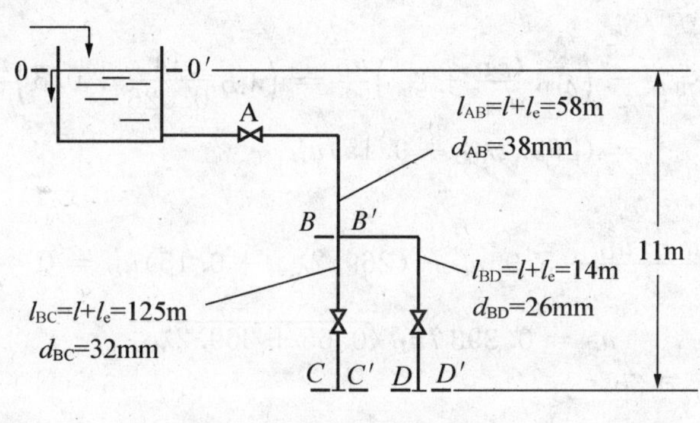

例 1-15 附图

解 选取水池液面为 $0-0'$ 面，BC 支管的出口截面为 $C-C'$ 截面，BD 支管的出口截面为 $D-D'$ 截面，并以两支管的出口截面为基准水平面。

(1) BD 支管的阀门关闭时，管路为简单管路。在 $0-0'$ 与 $C-C'$ 两截面间列柏努利方程：

$$z_0 g + \frac{p_0}{\rho} + \frac{u_0^2}{2} = z_C g + \frac{p_C}{\rho} + \frac{u_C^2}{2} + \sum h_{f0\text{-}C}$$

已知 $z_0 = 11\,\text{m}$，$z_C = 0$，$p_0 = p_C = 0$（表压），$u_0 = 0$（液面恒定）

$$\sum h_{f0\text{-}C} = \sum h_{f0\text{-}B} + \sum h_{fB\text{-}C}$$

$$= \left(\lambda \frac{l_{0\text{-}B}}{d_{AB}} + \zeta_c\right)\frac{u^2}{2} + \left(\lambda \frac{l_{BC}}{d_{BC}} + \zeta_{缩}\right)\frac{u_C^2}{2}$$

因为 $\dfrac{u}{u_C} = \left(\dfrac{d_{BC}}{d_{AB}}\right)^2 = \left(\dfrac{32}{38}\right)^2 = 0.71$，故 $u = 0.71u_C$；根据 $\dfrac{A_2}{A_1} = \left(\dfrac{32}{38}\right)^2 = 0.71$，由图 1-25 查得 $\zeta_{缩} = 0.18$，将题给的各已知数值代入可得

$$\sum h_{f0\text{-}C} = \left(0.03 \times \frac{58}{0.038} + 0.5\right)\frac{(0.71u_C)^2}{2} + \left(0.03 \times \frac{12.5}{0.032} + 0.18\right)\frac{u_C^2}{2}$$

$$= 17.62u_C^2$$

将上述数值代入方程得

$$11 \times 9.81 = \frac{u_C^2}{2} + 17.62u_C^2 \quad 得\ u_C = 2.44\ \text{m/s}$$

所以，BD 支管阀门关闭时，BC 支管的最大流量为

$$V_s = V_{s1} = \frac{\pi}{4} d_{BC}^2 u_C \times 3\,600 = 0.785 \times 0.032^2 \times 2.44 \times 3\,600 = 7.06\ (\mathrm{m^3/h})$$

(2) 这种情况下，管路系统为分支管路，其阻力损失方程为

$$z_C g + \frac{p_C}{\rho} + \frac{u_C^2}{2} + \sum h_{f0\text{-}C} = z_D g + \frac{p_D}{\rho} + \frac{u_D^2}{2} + \sum h_{f0\text{-}D}$$

由于 $z_C = z_D$（同一水平面），$p_C = p_D$（表压），上式可简化为

$$\frac{u_C^2 - u_D^2}{2} + \sum h_{fB\text{-}C} - \sum h_{fB\text{-}D} = 0$$

$$\sum h_{fB\text{-}C} = \left(\lambda \frac{l_{B\text{-}C}}{d_{BC}} + \zeta_{缩}\right)\frac{u_C^2}{2} = \left(0.03 \times \frac{12.5}{0.032} + 0.18\right)\frac{u_C^2}{2} = 5.95 u_C^2$$

根据 $A_2/A_1 = (26/38)^2 = 0.468$，从图 1-25 可查得流体经分支点 B 流入 BD 管的局部阻力系数 $\zeta_{缩} = 0.3$，故

$$\sum h_{fB\text{-}D} = \left(\lambda_{BD} \frac{l_{B\text{-}D}}{d_{BD}} + \zeta_{缩}\right)\frac{u_D^2}{2} = \left(\lambda_{BD} \frac{14}{0.026} + 0.3\right)\frac{u_D^2}{2}$$

$$= (269.2\lambda_{BD} + 0.15) u_D^2$$

所以

$$\frac{u_C^2 - u_D^2}{2} + 5.95 u_C^2 - (269.2\lambda_{BD} + 0.15) u_D^2 = 0$$

$$u_C = 0.393\,7 u_D \sqrt{0.65 + 269.2\lambda_{BD}} \tag{a}$$

由 $V_s = V_{sC} + V_{sD}$ 可得

$$\frac{7.06}{3\,600} = 0.785 \times 0.032^2 \times u_C + 0.785 \times 0.026^2 \times u_D$$

$$u_D = 3.69 - 1.60 u_C \tag{b}$$

因为 λ_{BD} 与 u_D 有关，式(a)、式(b)中有三个未知数，可采用试差法求解。

试差法的求解步骤与过程及其计算结果列于下表：

先假定 u'_D，m/s	1.3	1.32
计算 $Re = \frac{d_{BD} u_2 \rho}{\mu}$	26 000	26 400
ε/d	0.005 77	0.005 77
由图 1-24 查出 λ_{BD}	0.0341	0.034
由式(a)求 u_C，m/s	1.6	1.63
由式(b)求 u_D，m/s	1.352	1.313
结论 $u_D \approx u'_D$	偏低	可以接受

所以 $u_D = 1.32$ m/s，BD 支管的流量为

$$V_{s2} = 0.785 \times 0.026^2 \times 1.32 \times 3\,600 = 2.52\ (\mathrm{m^3/h})$$

BC 支管的流量为 $v_{s1} = 7.06 - 2.52 = 4.54(\mathrm{m^3/h})$

【例 1-16】 如本例附图所示的输水管路中，已知水的总流量为 14 400 m³/h，水温为 20 ℃，各支管长度分别为 $l_1 = 1200$ m，$l_2 = 1\,500$ m，$l_3 = 800$ m，管径 $d_1 = 600$ mm，$d_2 = 500$ mm，$d_3 = 800$ mm，求 AB 间的阻力损失及各管的流量。已知输水管为铸铁管，$\varepsilon = 0.3$ mm。

解 此管路系统为并联管路，各支管的流量分配可写为

$$V_{s1} : V_{s2} : V_{s3} = \sqrt{\frac{d_1^5}{\lambda_1 l_1}} : \sqrt{\frac{d_2^5}{\lambda_2 l_2}} : \sqrt{\frac{d_3^5}{\lambda_3 l_3}} \quad \text{(a)}$$

连续性方程式为

$$V_s = V_{s1} + V_{s2} + V_{s3} = 14\,400 \quad \text{(b)}$$

因为λ_1、λ_2、λ_3 均为未知，故需用试差法求解。

设各支管的流动均进入阻力平方区，由于

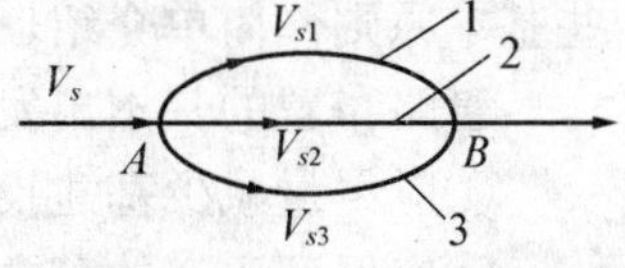

例 1-16 附图

$$\frac{\varepsilon}{d_1} = \frac{0.3}{600} = 0.000\,5$$

$$\frac{\varepsilon}{d_2} = \frac{0.3}{500} = 0.000\,6$$

$$\frac{\varepsilon}{d_3} = \frac{0.3}{800} = 0.000\,375$$

从图 1-24 查得摩擦阻力系数分别为

$$\lambda_1 = 0.017 \qquad \lambda_2 = 0.0177 \qquad \lambda_3 = 0.015\,6$$

将已知数值代入式(a)得

$$V_{s1} : V_{s2} : V_{s3} = \sqrt{\frac{0.6^5}{0.017 \times 1\,200}} : \sqrt{\frac{0.5^5}{0.017\,7 \times 1\,500}} : \sqrt{\frac{0.8^5}{0.015\,6 \times 800}}$$

$$= 0.061\,7 : 0.034\,3 : 0.162 \quad \text{(c)}$$

由(b)、(c)两式联立求解可得

$$V_{s1} = \frac{0.061\,7 \times 14\,400}{(0.061\,7 + 0.034\,3 + 0.162)} = 3\,444\ (\text{m}^3/\text{h})$$

$$V_{s2} = \frac{0.034\,3 \times 14\,400}{(0.061\,7 + 0.034\,3 + 0.162)} = 1\,914\ (\text{m}^3/\text{h})$$

$$V_{s3} = \frac{0.162 \times 14\,400}{(0.061\,7 + 0.034\,3 + 0.162)} = 9\,042 (\text{m}^3/\text{h})$$

下面校核λ值。由于

$$Re = \frac{du\rho}{\mu} = d \cdot \frac{4V_s}{\pi d^2} \cdot \frac{\rho}{\mu} = \frac{4V_s\rho}{\pi d\mu}$$

由附录五查得 20 ℃水的物性：$\mu = 1.005 \times 10^{-3}$ Pa · s，$\rho = 998.2\text{kg/m}^3$，那么

$$Re = \frac{4 \times 998.2V_s}{3.14 \times 1.005 \times 10^{-3} d} = 1.265 \times 10^6\ \frac{V_s}{d}$$

所以

$$Re_1 - 1.265 \times 10^6\ \frac{3\,444/3\,600}{0.6} = 2.02 \times 10^6$$

$$Re_2 = 1.265 \times 10^6\ \frac{1914/3600}{0.5} = 1.35 \times 10^6$$

$$Re_3 = 1.265 \times 10^6\ \frac{9042/3600}{0.8} = 3.98 \times 10^6$$

由图 1-24 可见，各支管十分接近阻力平方区，原假设成立，以上计算结果正确。A、B 间的阻力损失可由任一支管求出

$$\sum h_{fA\text{-}B} = \lambda_1\ \frac{l_1}{d_1}\ \frac{(4V_{s1}/\pi d_1^2)^2}{2} = \frac{8\lambda_1 l_1 V_{s1}^2}{\pi^2 d_1^5}$$

$$= \frac{8 \times 0.017 \times 1\,200 \times (3\,444/3\,600)^2}{\pi^2 \times 0.6^5} = 195\ (\text{J/kg})$$

1.5.3 管路的布置

管路的布置一般是随设备的布置而定。要达到正确的布置和安装，必须清楚地了解生产特点及操作上的要求。化工厂中管路多种多样，输送的流体有易燃、易爆及有毒性和腐蚀性等；输送流体条件有高温、高压及低温和真空等。下面就管路布置的基本出发点和一些基本原则作简单介绍，可供管路布置和安装时参考。

管路布置的基本出发点：

①应尽量减少基建投资费用；

②应保证生产的正常进行且保证操作上的安全；

③安装和检修应力求容易和方便；

④尽量节省动力消耗以降低操作费用。

管路布置的一般原则：

①管路的敷设尽可能采用明线布置(除下水道、上水总管和煤气总管外)，且用不同颜色加以标识。

②尽量成列平行布置，少走弯路和交叉，以达到节省管材、减少动力消耗及整齐美观的目的。

③管件、阀门应错开布置，以方便安装与检修。

④车间内管道应尽量沿墙、平台、天花板，管路之间、管与墙之间应有一定的间隔，以便管件或法兰的安装和检修。

⑤管道通过人行道不得低于 2 m，通过公路不得低于 4.5 m，管道与铁轨的净距离不得少于 6 m。

⑥埋管深度应在冰冻线以下。

⑦易燃、易爆(如醇类、醚类、液体烃类等)的管路应接地，以防止流动过程中产生静电积聚。

⑧蒸汽管路每隔一定距离应设置冷凝水排除器。

⑨输送冷、热流体(如冷冻盐水、蒸汽)的管路应相互避开。若在同一管架上时，因热管四周热空气上升而受影响，故热流体管路要设置在最上面。同样，塑料管路也要与热流体管道相互避开。

⑩管路的跨距应按规范或计算决定；管道的倾斜度，若输送气体和易燃物料可为 3/1 000～5/1 000；若输送含固体颗粒较大的物料可大于 1/100。

1.6 流量测量

流量是化工设备操作所必需的重要参数之一。为了控制生产过程能稳定进行，必须经常了解操作条件，如压强、流量等，并加以调节与控制。进行科学实验时，也往往需要准确测定流体的流量。流量测量装置的种类有很多，下面仅介绍几种根据流体流动时各种机械能相互转换关系而设计的流速计和流量计。

1. 测速管

测速管又称毕托(Pitot)管，它是测定点流速的装置。其构造及操作情况如图 1-30 所示。该装置由两根弯成直角的同心套管组成，外管的管口是封闭的，在外管前端壁面四周开有若干测压小孔，为减小误差，毕托管的前端通常做成半球形以减少涡流。测量时，毕托管可以放在管截面的任一位置上，并使其管口正对流体的流动方向，外管与内管的末端分别与液柱压差计的两臂相连接。

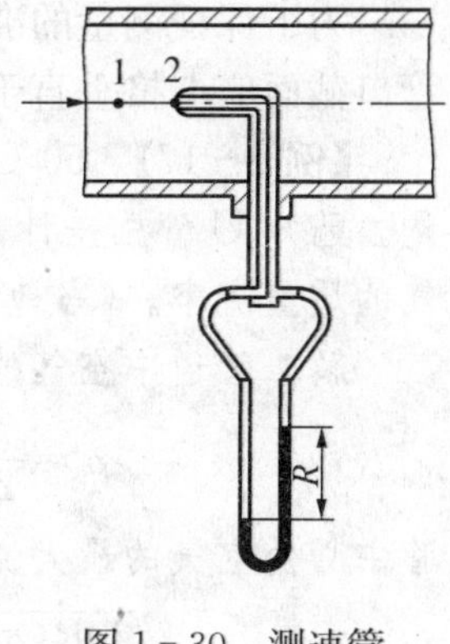

图 1-30　测速管

根据上述情况，测速管的内管所测得的为管口所在位置的局部流体动能 $u_r^2/2$ 与静压能 p/ρ 之和，合称为冲压能。而外管前端壁面四周的测压孔口与管道中流体的流动方向相平行，故所测得的是流体的静压能 p/ρ。因此，测量点处的冲压能与静压能之差 Δh 为

$$\Delta h = \frac{u_r^2}{2} + \frac{p}{\rho} - \frac{p}{\rho} = \frac{u_r^2}{2}$$

所以，测量点处局部流速 u_r 可写为

$$u_r = \sqrt{2\Delta h} \tag{1-65}$$

式中，Δh 值由所采用压差计的读数 R 确定。若采用 U 管压差计，那么可写为

$$u_r = \sqrt{\frac{2gR(\rho_A - \rho)}{\rho}} \tag{1-65a}$$

测速管的测量准确度与其制造精度有关。一般情况下，式(1-65a)右侧需引入一安全系数 C，即

$$u_r = C\sqrt{\frac{2gR(\rho_A - \rho)}{\rho}} \tag{1-66}$$

通常 $C=0.98\sim1.00$，但有时为了提高测量的准确度，C 值应在仪表标定时测定。

若要求用毕托管测点速度后确定管截面上的平均流速，可采用两种方法。一种方法是测量径向上若干点的速度，然后按平均流速 u 的定义用数值法或图解法积分求出。另一种方法是对于直径为 d 的圆管，只需测出圆管中心处的点速度 u_{max}，然后计算出 $Re_{max} = du_{max}\rho/\mu$ 的值，并由图 1-31 查得平均流速 u 与最大流速 u_{max} 之比值便可求出。

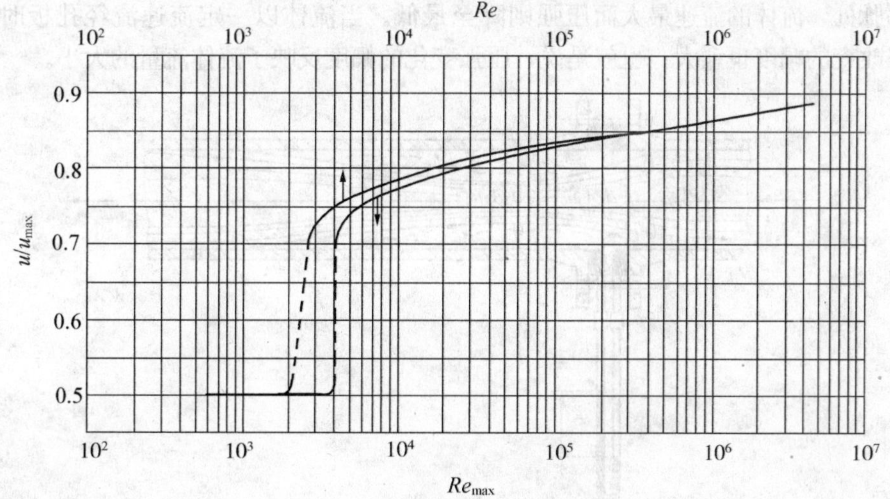

图 1-31　圆管中 u 与 u_{max} 的关系图

为了保证测量的准确度，毕托管必须置于充分发展了的流动段内（$50d$ 以上长度），且管口截面应严格垂直于流动方向。此外，毕托管直径 d_0 也应小于管径 d 的 1/50。

【例 1-17】 50 ℃的空气流经内径为 300 mm 的管道，管中心放置毕托管以测量其流量。已知 U 管压差计读数为 15 mm（指示液为水），测压点的表压为 4 kPa。试求管道中空气的质量流率。（当地大气压强为 1.013×10^5 Pa）

解 管道中空气的密度为

$$\rho=\frac{29}{22.4}\times\frac{273}{273+50}\times\frac{101\,300+4\,000}{101\,300}=1.14\ (\mathrm{kg/m^3})$$

管中心处空气的最大流速为

$$u_{\max}=\sqrt{\frac{2gR(\rho_A-\rho)}{\rho}}=\sqrt{\frac{2\times9.81\times0.015\times(1\,000-1.14)}{1.14}}=16.1\ (\mathrm{m/s})$$

由附录二查得 50 ℃的空气粘度 $\mu=1.96\times10^{-5}$ Pa·s，故

$$Re_{\max}=\frac{du_{\max}\rho}{\mu}=\frac{0.3\times16.1\times1.14}{1.96\times10^{-5}}=2.8\times10^5$$

由图 1-31 查得 $$\frac{u}{u_{\max}}=0.84$$

那么 $$u=0.84\times16.1=13.52\ (\mathrm{m/s})$$

所以，管道中空气的质量流率为

$$w_s=\frac{\pi}{4}d^2u\rho=0.785\times0.3^2\times13.52\times1.14=1.09\ (\mathrm{kg/s})$$

2. 孔板流量计

在管道中插入一片与管轴垂直并通常带有圆孔的金属板，圆孔中心位于管道中心线上，如图 1-32 所示，这样构成的装置，称为孔板流量计。该带圆孔的金属板又俗称为孔板。

孔板流量计是利用孔板对流体的节流作用，使流体的流速增大，压强减小，以产生的压强差作为测量的依据。当待测流体流过孔板的孔口时，流动截面收缩至小孔的截面积，流过小孔之后，由于惯性作用继续收缩一段距离，然后逐渐扩大至整个截面。其间最小截面处（图 1-32 中 2-2′截面）称为缩脉。这种由于孔板节流作用而产生的流速变化必然会引起流体压强的变化。在缩脉处，流体的流速最大而压强则降至最低。当流体以一定流速流经孔板时，流量愈大，压强改变的幅度也愈大。也就是说，压强变化的幅度反映了流体流量的大小。

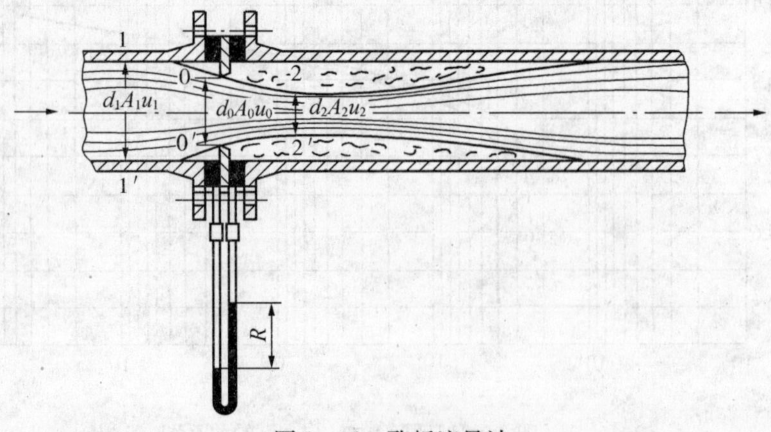

图 1-32 孔板流量计

今取孔板上游流体流动截面尚未收缩处为 1－1′截面，下游截面应取在缩脉处，以便测得最大的压强差读数，但由于缩脉处的位置及其截面积难以确定，故以孔板孔口为下游 0－0′截面，在 1－1′与 0－0′这两截面间列柏努利方程式，并暂时略去能量损失，可得

$$\frac{p_1}{\rho}+\frac{u_1^2}{2}=\frac{p_0}{\rho}+\frac{u_0^2}{2}$$

或写成

$$\sqrt{u_0^2-u_1^2}=\sqrt{\frac{2(p_1-p_0)}{\rho}} \tag{1-67}$$

推导上式时，暂时略去两截面间的能量损失。实际上流体流经孔板的能量损失不能忽略，为此，式(1-67)中引入一校正系数 C_1，用来校正因忽略能量损失所引起的误差，那么式(1-67)变成

$$\sqrt{u_0^2-u_1^2}=C_1\sqrt{\frac{2(p_1-p_0)}{\rho}} \tag{1-67a}$$

此外，由于孔板厚度很小，如标准孔板的厚度≤0.05d_1，而测压孔的直径≤0.08d_1，一般为 6～12 mm，故不能将下游测压口正好放在孔板上，常用的一种方法是将上、下游两个测压口装在紧靠着孔板前后的位置上，如图 1－32 所示。此种测压方法称为角接取压法，由此测出的压强差与式(1-67a)中的 p_1-p_0 有区别。若以 p_a-p_b 表示角接取压法所测定的孔板前后的压强差，以其代替式中的 p_1-p_0，并引入另一校正系数 C_2，以校正上、下游测压口的位置影响，于是式(1-67a)又可写成

$$\sqrt{u_0^2-u_1^2}=C_1C_2\sqrt{\frac{2(p_a-p_b)}{\rho}} \tag{1-67b}$$

以 A_1、A_0 分别代表管道与孔板小孔的截面积，利用不可压缩流体的连续性方程 $u_1A_1=u_0A_0$ 代入上式，可得

$$u_0=\frac{C_1C_2}{\sqrt{1-(A_0/A_1)^2}}\sqrt{\frac{2(p_a-p_b)}{\rho}}$$

令 $C_0=\dfrac{C_1C_2}{\sqrt{1-(A_0/A_1)^2}}$，则上式可变成

$$u_0=C_0\sqrt{\frac{2(p_a-p_b)}{\rho}}$$

将上式两边同乘以孔板小孔的截面积，那么被测流体的体积流量或质量流量为

$$V_s=u_0A_0=C_0A_0\sqrt{\frac{2(p_a-p_b)}{\rho}} \tag{1-68}$$

$$w_s=u_0A_0\rho=C_0A_0\sqrt{2\rho(p_a-p_b)} \tag{1-69}$$

若采用 U 管压差计测量 p_a-p_b，其读数为 R，指示液密度为 ρ_A，那么

$$p_a-p_b=(\rho_A-\rho)gR$$

所以，式(1-68)及式(1-69)又可写成

$$V_s=C_0A_0\sqrt{\frac{2gR(\rho_A-\rho)}{\rho}} \tag{1-70}$$

$$w_s=C_0A_0\sqrt{2gR\rho(\rho_A-\rho)} \tag{1-71}$$

式中，C_0 称为流量系数，其值与 Re、A_0/A_1 以及取压法有关，需由实验测定。采用角接法时，流量系数 C_0 与 Re、A_0/A_1 的关系如图 1-33 所示。图中 $Re=\frac{d_1u_1\rho}{\mu}$ 为流体流经管道的雷诺准数，A_0/A_1 为孔口截面积与管道截面积之比。由图可见，当 Re 数增大到某一临界值 Re_c 后，C_0 不再随 Re 而变，成为一个仅取决于 A_0/A_1 的常数。孔板流量计应尽量设计在此范围内，一般为 $C_0=0.6\sim0.7$。

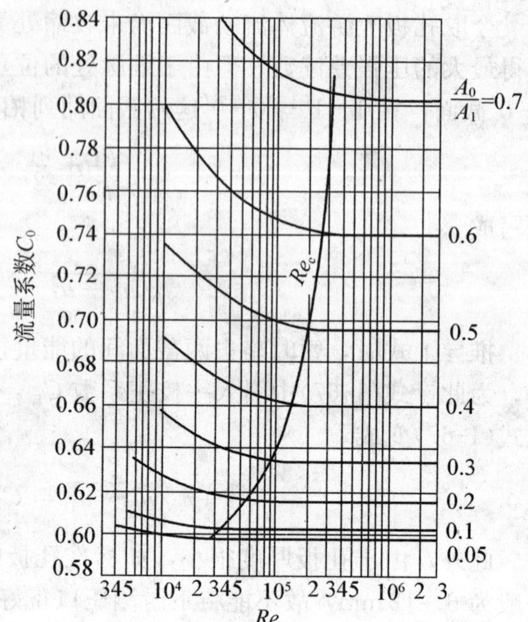

图 1-33　流量系数与 Re 的关系

在应用式(1-70)或式(1-71)时，需预先确定流量系数 C_0 之值。但 C_0 又与 Re、A_0/A_1 有关，故需用试差法，具体步骤参见例 1-18。

孔板流量计制造简单，安装与更换方便。其主要缺点是流体的能量损失大，A_0/A_1 愈小，能量损失愈大。其能量损失(或称永久能量损失)可依下式估算：

$$h'_f=\frac{(p_a-p_b)}{\rho}\left(1-\frac{1.1A_0}{A_1}\right) \tag{1-72}$$

值得一提的是，孔板流量计安装位置的上、下游都要有一段内径不变的直管，以保证流体通过孔板之前的速度分布稳定。若孔板上游不远处装有弯头、阀门等，流量计的精确性和重现性都会受到影响。通常要求上游直管长度为 $50d_1$，下游直管长度为 $10d_1$。若 A_0/A_1 较小，则这段长度可缩短一些。

【例 1-18】　密度为 1 600 kg/m³，粘度为 1.5×10^{-3} Pa·s 的溶液在 ϕ80 mm×2.5 mm 的钢管内流动。为了测定流量，拟在管路中装一标准孔板流量计，以 U 管水银压差计测量孔板前、后的压强差。溶液最大流量为 36 m³/h，并希望在最大流速下压差计的读数不超过 600 mm，采用角接取压法。试求孔板孔径。

解　采用试差法求解，先假设 $Re>Re_c$，并取 $C_0=0.65$，根据式(1-70)求得

$$A_0=\frac{V_s}{C_0}\sqrt{\frac{\rho}{2gR(\rho_A-\rho)}}=\frac{36}{0.65\times3600}\sqrt{\frac{1600}{2\times9.81\times0.6\times(13600-1600)}}=0.00164\ (\text{m}^2)$$

所以，相应的孔板孔径为

$$d_0=\sqrt{\frac{4A_0}{\pi}}=\sqrt{\frac{4\times0.00164}{\pi}}=0.0457\ (\text{m})$$

于是

$$\frac{A_0}{A_1}=\left(\frac{d_0}{d_1}\right)^2=\left(\frac{45.7}{75}\right)^2=0.371$$

然后，再校核 Re 是否大于 Re_c，其过程如下：

$$u_1=\frac{V_s}{A_1}=\frac{36}{3600\times0.785\times0.075^2}=2.26(\text{m/s})$$

$$Re=\frac{d_1u_1\rho}{\mu}=\frac{0.075\times2.26\times1\,600}{1.5\times10^{-3}}=1.81\times10^5$$

由图 1-33 可知，当 $A_0/A_1=0.36$ 时，上述 $Re>Re_c$，即 C_0 确为常数，其值仅由 A_0/A_1 决定，从图上亦可查得 $C_0=0.65$，与原假设相符。所以，孔板孔径为 45.7 mm。

3. 文丘里流量计

为了尽可能减少能量损失，可用一段渐缩、渐扩管代替孔板，这样构成的流量计称为文丘里流量计，如图 1-34 所示。

当流体在渐缩渐扩段流动时，流速改变平缓，涡流较少，在喉颈处(即最小流通截面处)流体的动能达到最大。其后，在渐扩的过程中，流体的速度又平缓减小，相应的流体压强逐渐得到恢复。如此过程避免了涡流的形成，可大大降低能量的损失。

需要指出，当进行流量测量时，文丘里流量计上游的测压点距管径开始收缩处的距离至少应为管径的 1/2 长度，而下游测压口则设在喉颈处。

文丘里流量计的工作原理与孔板流量计相类似，其流量计算式可写为

$$V_s=C_VA_0\sqrt{\frac{2(p_1-p_0)}{\rho}}\tag{1-73}$$

式中，C_V——文丘里流量计的流量系数，其值由实验确定，一般为 0.98～0.99；

A_0——喉颈处截面积，m^2；

p_1-p_0——上游截面 1-1′与喉颈处截面 0-0′的压力差，其大小由压差计的读数 R 来确定，Pa；

ρ——被测流体的密度，kg/m^3。

用文丘里流量计测量流量，能量损失小，精确度高；但各部分尺寸要求严格，需要精细加工，所以价格较高。

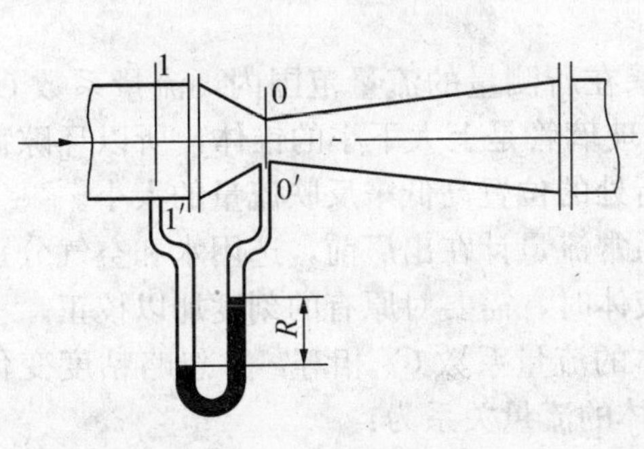

图 1-34 文丘里流量计

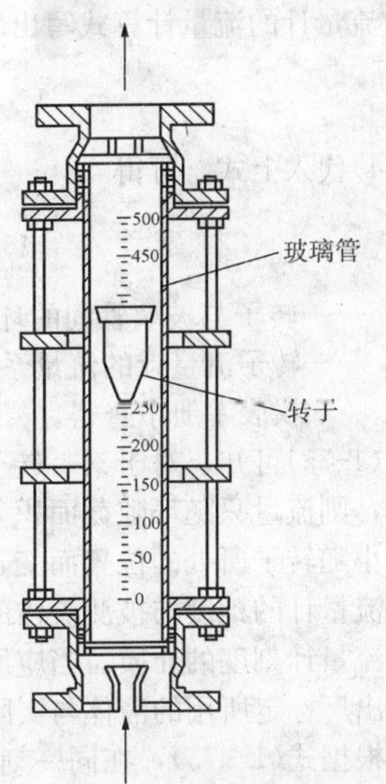

图 1-35 转子流量计

4. 转子流量计

转子流量计的结构如图 1-35 所示。其主体是一微带锥形的玻璃管，锥角为 4°左右，下端截面积略小于上端，在玻璃管上刻有刻度。管内有一直径略小于玻璃管内径的转子（或称浮子），形成一个截面积较小的环隙。转子流量计必须垂直安装，流体只能自下向上流过。当被测流体以一定的流量流过转子流量计时，流体在环隙中的速度较大，压强减小，因而在转子的上、下端面形成一个压差，转子将“浮起”。随转子的上浮，环隙面积逐渐增大，环隙中的流速将减小，转子两端的压差随之降低。当转子上浮至某一高度，转子上、下端压差造成的升力恰等于转子的重量时，转子不再上升而稳定在某一刻度上。当流量增大，转子两端的压差也随之增大，转子在原来位置的力平衡被破坏，转子将上升至另一刻度位置上达到新的力平衡。根据转子的停留位置，便可读出被测流体的流量。

转子流量计流量 V_s 的计算式可由转子的受力平衡导出。在被测密度为 ρ kg/m³ 的流体中，设体积为 V_f m³、密度为 ρ_f kg/m³ 的转子处于某一平衡位置。若上游环形截面为 1-1′，下游环形截面为 2-2′，那么流体经环形截面所产生的压强差为 p_1-p_2。当转子在流体中处于平衡状态时，可写出

$$(p_1-p_2)A_f=V_f\rho_f g-V_f\rho g$$

或写成

$$p_1-p_2=\frac{(\rho_f-\rho)V_f g}{A_f} \qquad (1-74)$$

由上式可见，当用固定的转子流量计测量某流体流量时，式中 V_f、A_f、ρ_f、ρ 均为定值，所以 p_1-p_2 亦为恒定，而与流量无关。

当转子停留在某固定位置时，转子与玻璃管之间的环隙截面积便为某固定值。此时，流体流经该环隙截面的流量和压强差的关系相当于流体流经孔板流量计孔口的情况，故可仿照孔板流量计的流量计算式写出转子流量计的流量计算式为

$$V_s=C_R A_R\sqrt{\frac{2(p_1-p_2)}{\rho}}$$

将式(1-74)代入上式，可得

$$V_s=C_R A_R\sqrt{\frac{2V_f(\rho_f-\rho)g}{\rho A_f}} \qquad (1-75)$$

式中，A_R ——转子与玻璃管间的环隙面积，m²；

C_R ——转子流量计的流量系数，其值与 Re 及转子形状有关，由实验测定或从有关仪表手册中查得。

由式(1-75)可知，对于某一转子流量计，如果在所测量的流量范围内，流量系数 C_R 为常数时，则流量只随环隙截面积 A_R 而变。由于玻璃管是上大下小的锥体，所以环隙截面积的大小随转子所处的位置而变，故可用转子所处的位置高低来反映流量的大小。

转子流量计的刻度与被测流体的密度有关。通常流量计在出厂前，选用水和空气分别作为标定流量计刻度的介质。当应用于测量其他液体时，需要对原有的刻度加以校正。

假定出厂标定所用的液体与实际工作时的液体的流量系数 C_R 相等，并忽略粘度变化的影响，根据式(1-75)，在同一刻度下，两种液体的流量关系为：

$$\frac{V_{s1}}{V_{s2}}=\sqrt{\frac{\rho_1(\rho_f-\rho_2)}{\rho_2(\rho_f-\rho_1)}} \qquad (1-76)$$

式中，下标 1 表示出厂标定时所用的液体；下标 2 表示实际工作时的液体。

同理，对于气体的流量计，在同一刻度下，两种气体的流量关系为：

$$\frac{V_{sg1}}{V_{sg2}}=\sqrt{\frac{\rho_{g1}(\rho_f-\rho_{g2})}{\rho_{g2}(\rho_f-\rho_{g1})}}$$

因转子材质的密度 ρ_f 远大于任何气体的密度，故上式可简化为：

$$\frac{V_{sg1}}{V_{sg2}}=\sqrt{\frac{\rho_{g1}}{\rho_{g2}}} \tag{1-77}$$

式中，下标 g1 表示出厂标定时所用的气体；下标 g2 表示实际工作时的气体。

值得一提的是，本节所介绍的孔板流量计、文丘里流量计与转子流量计，它们之间的主要区别是：前者的节流口面积不变，流体流经节流口所产生的压强差随流量不同而变化，因此可通过流量的压差计读数来反映流量的大小，这类流量计统称为差压流量计。而后者是使流体流经节流口所产生的压强差保持恒定，而节流口的面积随流量而变化，由变动的截面积来反映流量的大小，即根据转子所处位置的高低来读取流量，故此类流量计又称为截面流量计。

习　题

1. 用本题附图所示的 U 管压差计测量管道 A 点的压强，U 管压差计与管道的连接导管中充满水，指示液为汞，读数 $R=100\,\text{mm}$，当地大气压强 $p_0=101.3\,\text{kPa}$。试求 A 点处的压强(分别用绝对压强和表压强表示)。

2. 已知氮氢混合气体中 N_2 与 H_2 的体积比为 1∶3，试求氮氢混合气体在 25 ℃、常压下的密度。

3. 已知硫酸与水的密度分别为 1 830 kg/m³ 与 998.2 kg/m³，试求硫酸质量分数为 60％的溶液密度。

4. 如本题附图所示为一油水分离器。油与水的混合物连续进入该分离器，利用密度不同使油和水分层。油由上部溢出，水由底部经一倒 U 形管连续排出。该管顶部用一管道与分离器上方相通，使两处压强相等。已知观察镜的中心离溢油口的垂直距离 $z_0=500$ mm，油的密度为 780 kg/m³，水的密度为 1 000 kg/m³。今欲使油水分界面维持在观察镜中心处，问倒 U 形管顶部距分界面的垂直距离 z 应为多少？

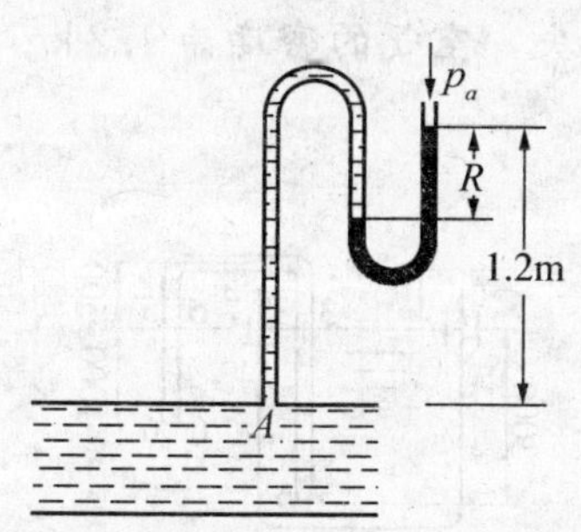

习题 1 附图

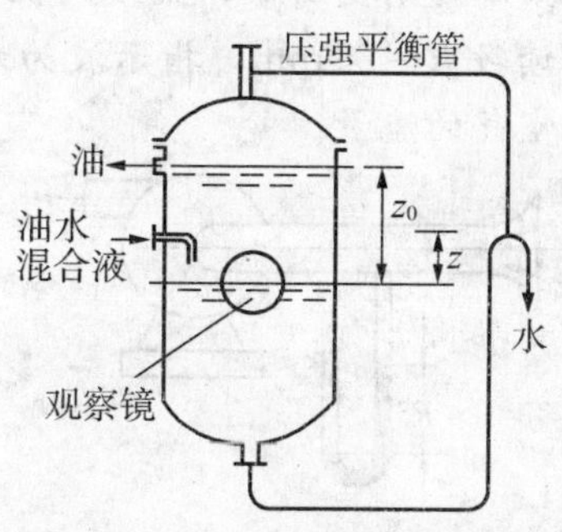

习题 4 附图

因液体在器内及管内流动缓慢，本题可按静力学处理。

5. 如本题附图所示为一气柜，其内径为 9 m，钟罩及其附件共重 10 吨，忽略其浸在水中部分所受之浮力，进入气柜的气速很低，动能及阻力均可忽略。求钟罩上浮时，气柜内气体的压强和钟罩内外水位差 Δh(即“水封高”)为多少？

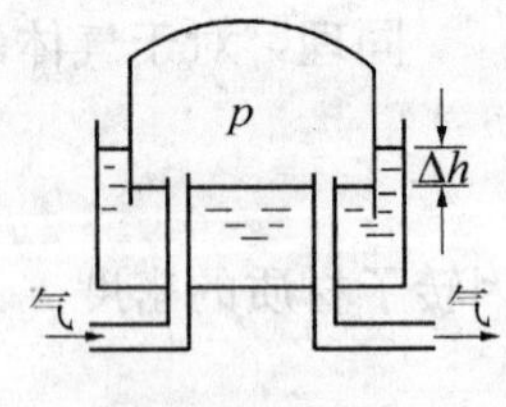

习题 5 附图

6. 某厂用 ϕ114 mm×4.5 mm 的钢管输送压强 p=2MPa(绝压)、温度为 20 ℃的空气。已知标准状态下(0 ℃，101.3 kPa)空气流量为 6 300 m^3/h，试求空气在管道中的流速、质量流量和质量流速。

7. 某厂要求安装一根输水量为 30 m^3/h 的管道，试选择合适的管径。

8. 有一内径为 25 mm 的水管，如管中水的流速为 1.0 m/s，水温为 20 ℃，求：

(1)管道中水的流动类型；

(2)管道中水保持层流状态的最大流速。

9. 试求流体流过下列换热器管隙空间的当量直径：

(1)如本题附图(a)所示，套管换热器的外管尺寸为 ϕ219 mm×9 mm，内管尺寸为 ϕ114 mm×4 mm；

(2)如本题附图(b)所示，列管式换热器外壳内径为 500 mm，由内装有 174 根 ϕ25 mm×2.5 mm 的管子组成。

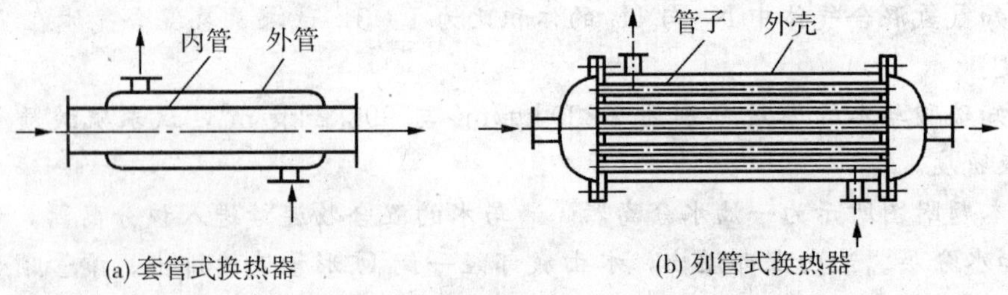

(a) 套管式换热器　　(b) 列管式换热器

习题 9 附图

10. 如本题附图所示，某鼓风机吸入管路内直径为 200 mm，在喇叭形进口处测得 U 管压差计读数 R=25 mm，指示液为水。若不计阻力损失，空气的密度为 1.2 kg/m^3，试求管道内空气的流量。

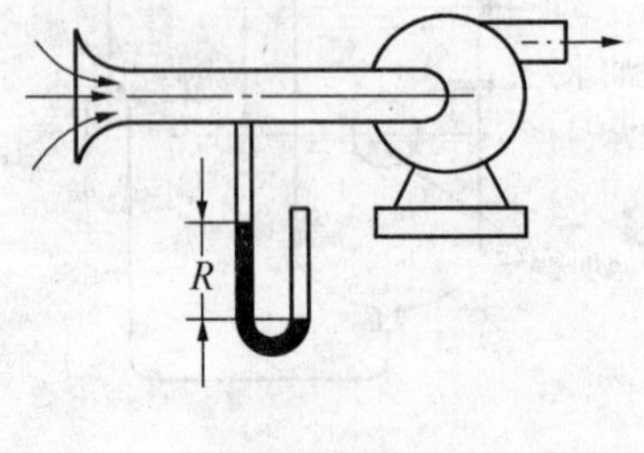

习题 10 附图

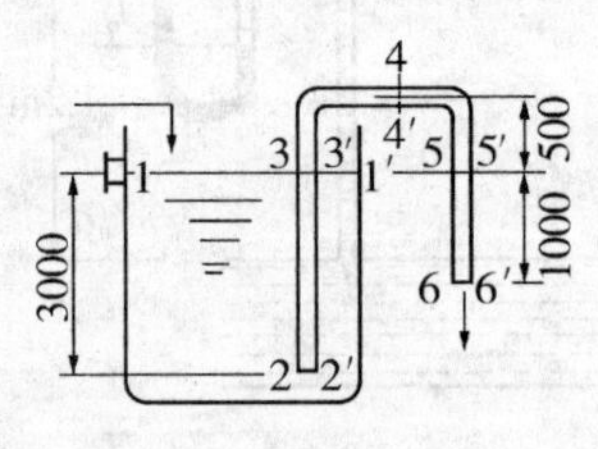

习题 11 附图

11. 如本题附图所示，槽中的水通过虹吸管流出。试求管内水的流速，以及管内截面 2-2′、3-3′、4-4′和 5-5′处的流体静压强。管径均一不变，流动阻力可忽略不计。(注：图中所注尺寸单位均为 mm)

12. 如本题附图所示为冷冻盐水循环系统。盐水的密度为 1 100 kg/m^3，循环水量为 36 m^3/h。管路的直径相同，盐水由 A 流经两个换热器到达 B 的能量损失为 98.1 J/kg，由 B 流至 A 的能量损失为 49 J/kg。试求：

(1)若泵的效率为 70%时泵的轴功率(kW)；

(2)若 A 处的压强表读数为 245.2×10^3 Pa 时，B 处的压强表读数。

13. 如本题附图所示，高位槽内的水面高于地面 7 m，水从 ϕ108 mm×4 mm 的管道中流出，管路高于地面 1.5 m。在本题条件下，水流经系统的能量损失可按 $\sum h_f = 5.5u^2$ 计算，其中 u 为水在管内的平均流速，m/s。槽内液面维持恒定，试计算：

(1)$A-A'$截面处水的平均流速；

(2)水的流量，以 m^3/h 计。

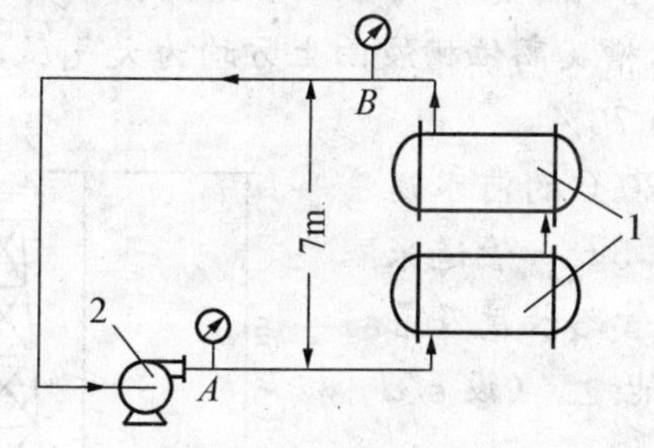

习题 12 附图

1—换热器；2—泵

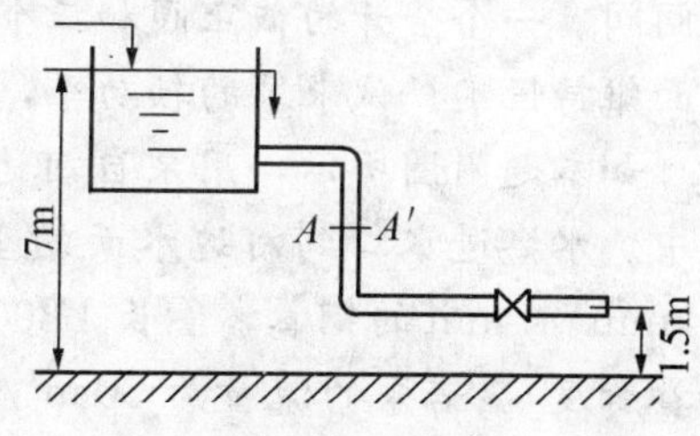

习题 13 附图

14. 密度为 850 kg/m^3、粘度为 8×10^{-3} Pa·s 的液体在内径为 14 mm 的钢管内流动，液体的流速为 1 m/s。试计算：

(1)雷诺准数，并指出属于何种流型；

(2)局部速度等于平均速度处与管轴的距离；

(3)该管路为水平管，若上游压强为 147×10^3 Pa，液体流经多长的管子，其压强才下降到 127.5×10^3 Pa?

15. 一定量的液体在圆形直管内作层流流动。若管长及液体的物性不变，而管径减至原有的一半，问因流动阻力而产生的能量损失为原来的多少倍?

16. 如本题附图所示，水以 3.78×10^{-3} m^3/s 的流量流经一扩大管段。已知 d = 40 mm，D=80 mm，倒 U 管压差计中水位差 R=170 mm。试求：

(1)水流经扩大管段的摩擦损失 h_f；

(2)如将粗管一端抬高，使管段成倾斜放置，问此时 R 的读数有何变化?

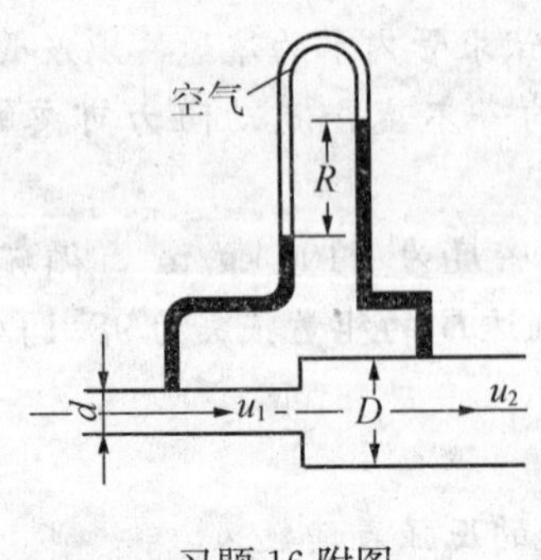

习题 16 附图

习题 17 附图

17. 如本题附图所示，用泵将 20℃的甲苯从地下贮槽输送到高位槽，体积流量为 $5\times10^{-3}\,m^3/s$。高位槽高出贮槽液面 10 m。泵吸入管用 ϕ89 mm×4 mm 的无缝钢管，其直管部分总长为 10 m，管路上装有一个底阀(可粗略地按旋启式止回阀全开计)，一个标准弯头；泵排出管用 ϕ57 mm×3.5 mm 的无缝钢管，其直管部分总长为 20 m，管路上装有一个全开的闸阀、一个全开的截止阀和三个标准弯头。贮槽及高位槽液面上方均为大气压，且贮槽液面维持恒定。试求泵的轴功率，设泵的效率为 70%。

18. 如本题附图所示，用泵自河边的抽水站将 20 ℃的河水送至水塔中。水塔进水口到河边水面的垂直高度为 34.5 m，管道采用 ϕ114 mm×4 mm 的钢管，管长 1 800 m(包括全部管路长度及管件的当量长度)。若泵的流量为 30 m^3/h，试求外加能量。(设 $\varepsilon/d=0.002$)

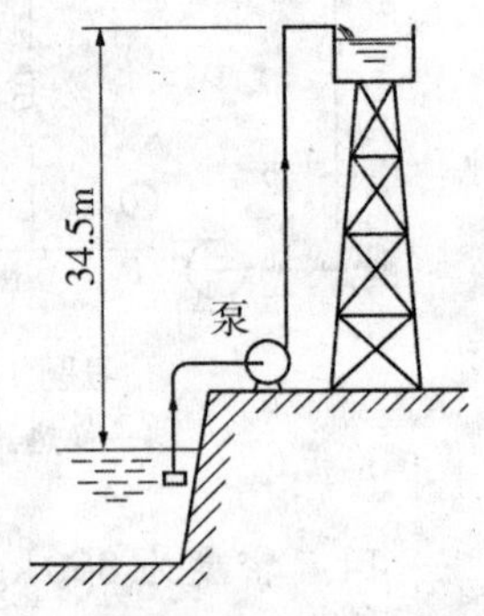

习题 18 附图

19. 用 ϕ168 mm × 9 mm 的钢管输送原油，管线总长为 100km，输油量为 60 000 kg/h，油管的最大抗压能力为 15.7MPa。已知 50 ℃时油的密度为 890 kg/m^3，油的粘度为 181 mPa·s。假定输油管水平放置，其局部阻力忽略不计，试问为完成上述输送任务，中间需几个加压站?

20. 每小时将 2×10^4 kg 的溶液用泵从反应器输送到高位槽(见本题附图)。反应器上方保持 25.9×10^3 Pa 的真空度，高位槽液面上方为大气压强。管道为 ϕ76 mm×4 mm 的钢管，总长 35 m，管线上有两个全开的闸阀，1 个孔板流量计(局部阻力系数为 4)，5 个标准弯头。反应器内液面与管路出口的距离为 17 m。若泵的效率为 0.7，求泵的轴功率。已知溶液的密度为 1 073 kg/m^3，粘度为 6.3×10^{-4} Pa·s。管壁绝对粗糙度可取 0.3 mm。

21. 如本题附图所示，自水塔将水送至车间，输送管路采用 ϕ114 mm×4 mm 的钢管，管路总长为 190 m(包括管件与阀门的当量长度，但不包括进、出口损失)。水塔内水面维持恒定，并高于出水口 15 m。设水温为 12 ℃，试求管路的输水量(m^3/h)。

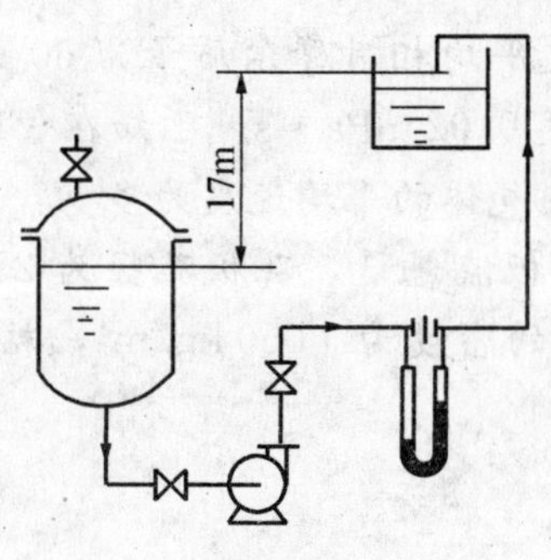

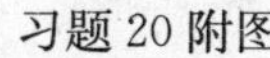
习题 20 附图

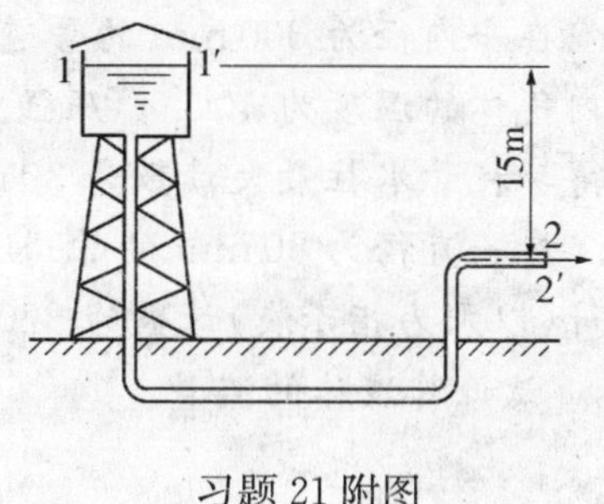

习题 21 附图

22. 如本题附图所示，贮槽内液面维持恒定。槽的底部与内径为 100 mm 的钢质放水管相连，管路上装有一个闸阀，距管路入口端 15 m 处安装有一以水银为指示液的 U 管压差计，其一臂与管道相连，另一臂通大气。压差计连接管内充满了水，测压点与管路出口端之间的直管长度为 20 m。

(1)当闸阀关闭时，测得 $R=600$ mm，$h=1\,500$ mm；当闸阀部分开启时，测得 $R=400$ mm，$h=1\,400$ mm。摩擦系数 λ 可取 0.025，管路入口处的局部阻力系数取为 0.5。问每小时从管中流出多少 m^3 水？

(2)当闸阀全开时，U 管压差计处的压强为多少 Pa(表压)？闸阀全开时 $l_e/d\approx15$，摩擦系数 λ 仍可取 0.025。

23. 用泵将地面敞口贮槽中的溶液送往 10 m 高的容器中(见本题附图)，容器的表压强为 50×10^3 Pa。经选定，泵的吸入管路为 $\phi57$ mm×3.5 mm 的无缝钢管，管长 6 m，管路中设有一个止逆底阀，一个 90°弯头；泵的压出管路为 $\phi48$ mm×4 mm 的无缝钢管，管长 25 m，其中装有闸阀(全开)一个，90°弯头 10 个。操作温度下溶液的物性：$\rho=900\ kg/m^3$，$\mu=1.5$ mPa·s。试求输送量为 $4.5\times10^{-3}\ m^3/s$ 时，需对单位重量溶液外加的能量。

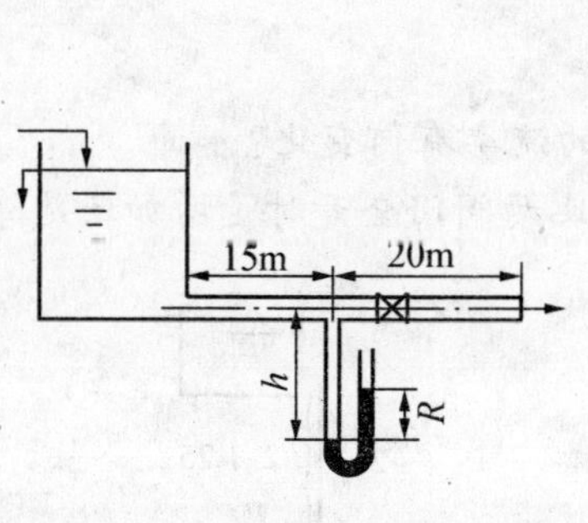

习题 22 附图

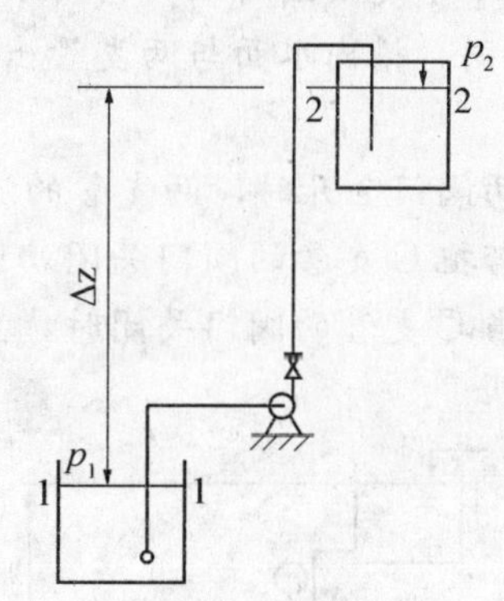

习题 23 附图

24. 在一内径为300 mm的管道中，用毕托管测定平均相对摩尔质量为60的气体流速。管内气体的温度为40℃，压强为101.3 kPa，粘度0.02 mPa·s。已知在管道同一截面上测得毕托管水柱最大读数为30 mm。问此时管道内气体的平均速度为多少？

25. 在一直径为50 mm的管道上装有一标准的孔板流量计，孔板孔径为25 mm，U管压差计（以汞为指示液）读数为220 mm。若管内液体的密度为1 050 kg/m^3，粘度为0.6 mPa·s。试计算液体的流量。

思 考 题

1. 何谓牛顿流体与非牛顿流体？其本质区别是什么？

2. 什么是稳态流动与非稳态流动？

3. 流体静力学方程式有几种表达形式？应用静力学方程式分析问题时需如何确定等压面？

4. 流体压强有几种表示法？它们之间关系如何？

5. 输送管道的直径应如何确定？

6. 柏努利方程的应用条件有哪些？

7. 当量直径与水力半径的定义如何？

8. 摩擦阻力系数的影响因素有哪些？

9. 量纲分析法的基础是量纲的一致性原则，何谓量纲的一致性？量纲分析的基本定理是π定理，何谓π定理？

10. 摩擦阻力系数λ与Re及相对粗糙度ε/d的关联图分为四个区域。各个区域有何特点？

11. 边界层的定义是什么？流体沿壁面的流动可分为几个区域？

12. 流体在管内流动有哪几种类型？其本质区别是什么？应如何判定？

13. 如本题附图所示，槽内水面维持恒定，水从B、C两支管流出，各管段的直径、粗糙度相同，槽内水面与两支管出口的距离均相等，水在管内已达到完全湍流状态。试分析：

(1)两阀门全开时，两支管的流率是否相等？

(2)若把C支管的阀门关闭，这时B支管内的水的流率有何变化？

(3)当C支管的阀门关闭时，主管路A处的压强比两阀门全开时是增加还是降低？

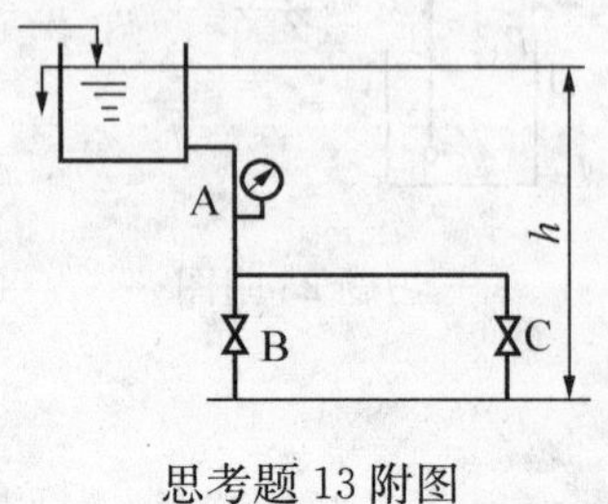

思考题13附图

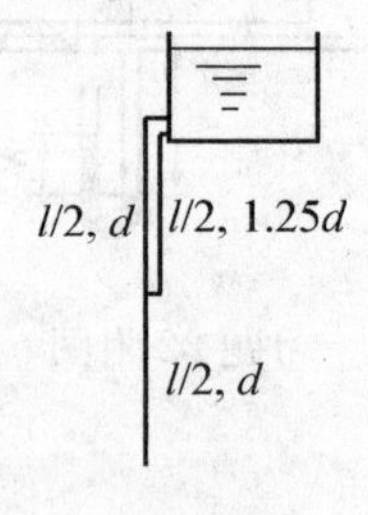

思考题14附图

14. 从高位水塔引水至车间。水塔的水位可视为不变，水管内径为 d，管路总长为 l。现要求送水量增加50%，故需对管路进行改装。已知库存有直径为 d 和 $1.25d$ 的两种管子，于是有人提出如下两种方案：

(1)将原管换成 $1.25d$ 的管子；

(2)如本题附图所示，从水塔开始，在原管的一半处并联一条长为 l、内径为 $1.25d$ 的管子。

试分析这两种方案是否可行。假设摩擦阻力系数变化不大，局部阻力可以忽略。

15. U管压差计、孔板流量计和转子流量计的测量原理是什么？各有什么特点？

2 流体输送机械

在化工生产过程中，流体的输送设备多种多样。一般可按流体的种类不同，分为液体输送设备和气体输送设备。由于流体输送设备是化工或其他行业常用的设备，所以又俗称之为通用设备(机械)。

在各种流体输送设备中，若按其工作原理分类，可分为

① 离心式(如离心泵、离心通风机等)；

② 往复式(如往复泵、往复压缩机等)；

③ 旋转式(如齿轮泵、罗茨鼓风机等)；

④ 流体力作用式(喷射泵)。

在第一章讨论柏努利方程时已提到，为了保证生产稳定安全地进行，通常需利用输送设备对所输送物料(流体)施加一定的能量，但需施加多大的能量(外功)，可根据不同的操作条件、输送量等要求，利用柏努利方程进行计算确定。然而，所有输送设备一般均由电动机带动，电动机输出的功率并不能100%被输送设备所利用，而会在传动过程中产生能量损失，这就要涉及传动效率问题。另一方面，由于输送设备的种类、性能和结构不同，其所输出的功率(轴功率)也不可能100%被输送流体所利用，因此输送设备本身也将产生一个效率问题。

由于动力的消耗与生产成本密切相关，生产的目的是力求使得输送设备在较高的效率下运转，以减少动力消耗，降低成本。为此，对于输送设备的主要结构、工作原理和特性需了解与掌握，这样才能做到合理地选择和使用。也就是说，根据生产要求的输送任务，正确地选出输送机械的类型和规格，合理确定其在管路中的位置，计算所需功率等，以保证输送机械在高效率下可靠地运行。

应当指出，由于气体具有压缩性，且气体的密度和粘度都比液体低，因此液体输送机械与气体输送机械在结构和特性上有较大差别，本章将分别进行讨论。

2.1 液体输送机械

顾名思义，液体输送机械就是为所输送液体提供能量的设备。在化工生产中应用最多的液体输送机械为离心泵，为此，本节将重点讨论离心泵的工作原理、主要结构和特性参数。

2.1.1 离心泵的主要部件及其工作原理

1. 离心泵的主要部件

如图2-1所示为离心泵装置简图，离心泵的主要部件包括叶轮、泵壳、轴封、底阀和滤网等。

(1)叶轮

叶轮的作用是将原动机的机械能传给液体，以提高通过离心泵的液体静压能和动能，它是离心泵的关键部件。

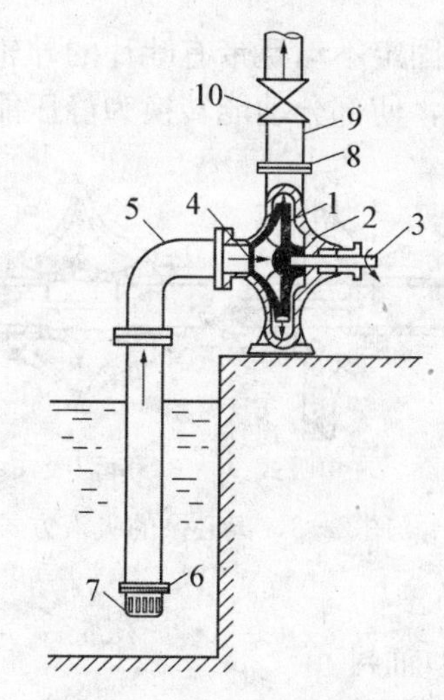

图 2-1　离心泵的装置简图

1—叶轮；2—泵壳；3—泵轴；4—吸入口；5—吸入管；6—单向底阀；7—滤网；8—排出口；9—排出管；10—调节阀

叶轮的结构可分为闭式、半闭式和开式三种，如图 2-2 所示。叶片两侧带有前、后盖板的叶轮称为闭式叶轮，它仅适用于输送清洁液体。没有前、后盖板的叶轮称为开式叶轮。只有后盖板的叶轮称为半闭式叶轮。由于开式和半闭式叶轮的流道不易堵塞，适用于输送含有固体颗粒的液体悬浮液。但由于没有盖板，液体在叶片间流动时易产生倒流，故这类泵的效率较低。

闭式或半闭式叶轮在运转时，离开叶轮的一部分高压液体可漏入叶轮与泵壳之间的两侧空腔中，由于叶轮前侧液体入口处为低压，故液体作用于叶轮前、后两侧的压力不等，便产生指向叶轮入口侧的轴向推力，使得叶轮向吸入口侧窜动而引起叶轮和泵壳接触处的磨损，严重时造成泵的振动，破坏泵的正常工作。因此，为了平衡轴向推力，通常在叶轮后盖板上钻一些小孔(也称为平衡孔)，其作用是使后盖板与泵壳之间的空腔中的一部分高压液体漏到前侧的低压区，以减少叶轮两侧的压力差，达到平衡部分轴向推力的目的。但同时也会降低泵的效率。

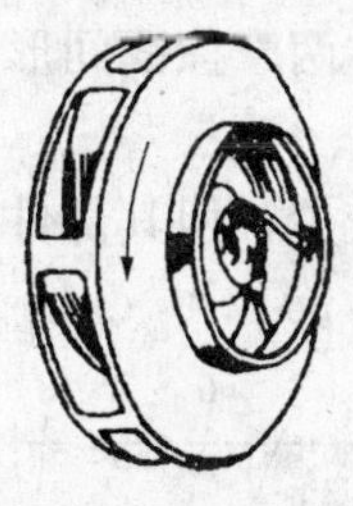
(a) 闭式

(b) 半闭式

(c) 开式

图 2-2　离心泵的叶轮结构

叶轮按吸液方式的不同，分为单吸式和双吸式两种，如图 2-3 所示。单吸式叶轮的结构简单，液体只能从叶轮的一侧吸入。双吸式叶轮可同时从叶轮两侧对称地吸入液体。显然，双吸式叶轮不仅具有较大的吸液能力，而且可基本消除轴向推力。

(2)泵壳与导轮

离心泵的泵壳通常制成蜗牛形，故又称为蜗壳，如图 2-4 所示。叶轮在泵壳内沿着蜗形通道逐渐扩大的方向旋转。由于液体流道截面积逐渐增大，液流从叶轮外周高速流出后其流速将逐渐降低，因此可减少流动的能量损失，且使部分动能转换为静压能。可见，泵壳不仅是汇集由叶轮流出的液体的部件，而且又是一个能量的转换构件。

为了减少液体直接进入泵壳时因碰撞所引起的能量损失，有时在叶轮与泵壳之间还装有一个固定不动且带有叶片的导轮，如图 2-4 所示。由于导轮具有若干逐渐转向和扩大的流道，使部分动能转换为静压能，且可减少能量损失。

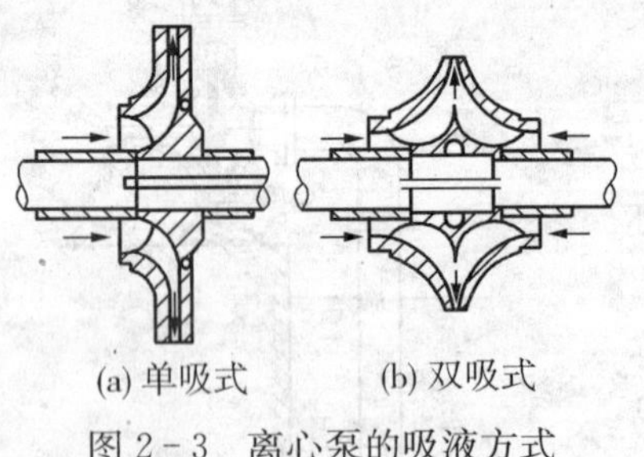

图 2-3 离心泵的吸液方式

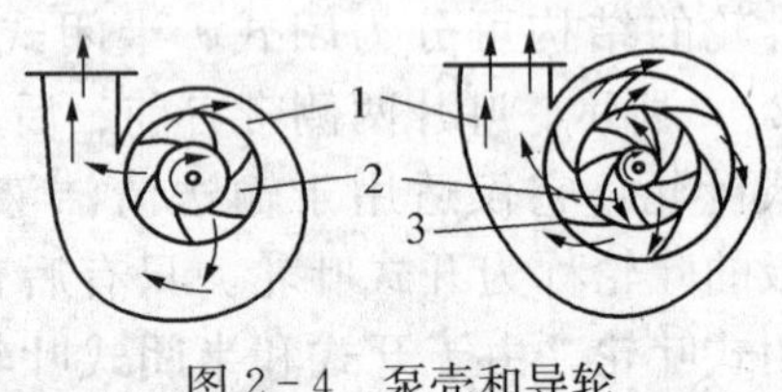

图 2-4 泵壳和导轮

1—泵壳；2—叶轮；3—导轮

(3)轴封

由于泵轴转动而泵壳固定不动，泵轴穿过泵壳处必定会存有间隙。为了防止高压液体沿间隙漏出或外界空气漏入泵内，必须设置轴封装置。常用的轴封装置有填料函密封和机械密封两种方式。

①填料函密封。这是一种常用的结构简单的密封方式。它主要由填料函壳、软填料和填料压盖等组成，如图 2-5 所示。一般将用浸油或涂石墨的石棉绳等软填料，在填料函壳和泵轴之间缠绕 2～3 圈，然后用压盖压紧，以达到密封的作用。但这种装置不能完全避免泄漏，故不宜用于输送易燃、易爆和有毒的液体。此外，需经常维修，且消耗功率较大。

②机械密封。机械密封装置如图 2-6 所示，它主要由一个装在泵轴上的动环和另一个固定在泵壳上的静环组成。两环的端面借弹簧力互相贴紧而起到密封作用。机械密封安装时，要求环间摩擦面要很好地研合，并通过调整弹簧压力，在两摩擦面间形成一薄层液膜，以达到较好的润滑和密封的作用。

机械密封装置的特点是性能优良，使用寿命长，功率消耗较少，但其部件加工、安装要求高。机械密封适用于输送酸、碱及易燃、易爆和有毒的液体。

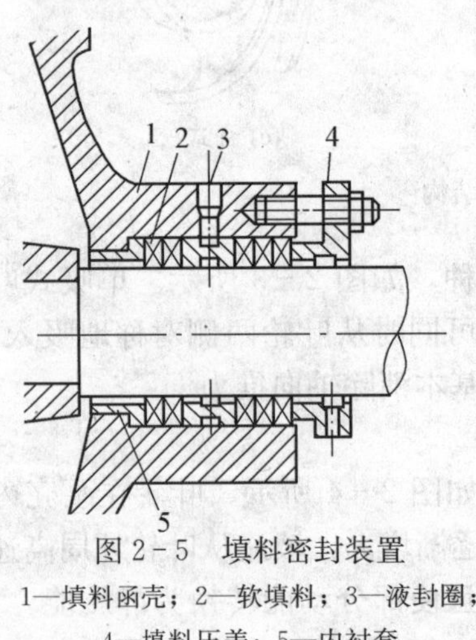

图 2-5 填料密封装置

1—填料函壳；2—软填料；3—液封圈；4—填料压盖；5—内衬套

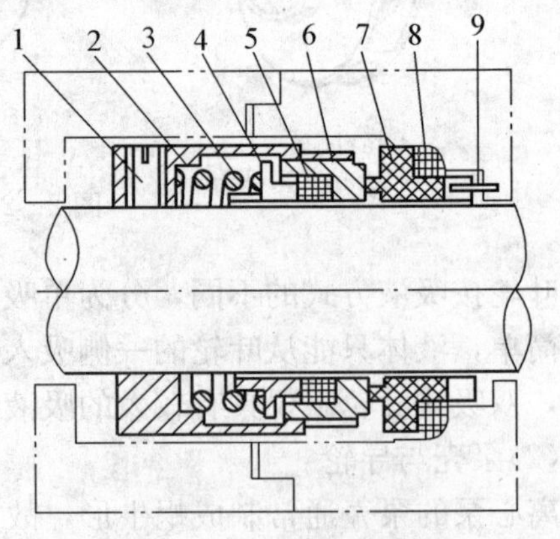

图 2-6 机械密封装置

1—螺钉；2—传动座；3—弹簧；4—椎环；5—动环密封圈；6—动环；7—静环；8—静环密封圈；9—防转销

(4)底阀

离心泵启动前需灌满所输送的液体。底阀的作用是防止灌液时液体从泵内漏出。

(5)滤网

滤网的主要作用是防止固体物质被吸入而堵塞管道和泵壳。

2. 离心泵的工作原理

离心泵一般由电动机带动，在启动前先向壳内灌满被输送的液体。电动机启动后，泵轴带动叶轮高速旋转，充满叶片之间的液体也随之转动。在离心力作用下液体从叶轮中心被抛向外缘的过程中获得能量，使得叶轮外缘的液体静压强提高，同时流速也得到增大，一般可达 15～25m/s，也就是说液体的动能也获得增大。液体离开叶轮进入泵壳后，由于泵壳流道逐渐变宽，液体流速逐渐降低，又将一部分动能转换为静压能，使泵的出口处液体压强进一步提高。于是，具有较高压强的液体能从泵的排出口进入排出管路，而被输送到经管路连接所需的场所。另一方面，当泵内液体从叶轮中心被抛向外缘时，在中心处形成低压区。由于贮槽液面上方的压强大于泵吸入口处的压强，在压强差的作用下液体流经吸入管路而进入叶轮中心，以补充被排出液体留出的空间。因此，只要叶轮不断地旋转，液体便能连续地吸入和排出。

显而易见，离心泵是利用高速旋转的叶轮作用于液体，使液体获得离心力并转化为静压能和动能，从而液体能克服流动时的摩擦阻力及外压而被输送。

3. 离心泵工作时的不正常现象

离心泵若操作或安装不当，可能会产生气缚和气蚀两种工作不正常的现象。

(1) 气缚现象

这是由于在泵启动前没有灌满输送液体所造成。这种情况下，泵壳内存有空气。由于空气的密度远小于液体的密度，其所产生的离心力很小，不足以使叶轮中心处形成低压。因此，液面与叶轮中心处的压强差很小，液面位于泵下面的液体不能在压强差的作用下被吸入到泵内，这时泵启动后只有空转而不能吸液。所以，为防止气缚现象的发生，在启动离心泵前必须灌满所输液体。

(2) 气蚀现象

前已提及，离心泵是靠大气压力与泵吸入口的压力差作用吸入液体至泵内。换言之，即使泵吸入口处完全真空(绝对零压)时，在大气压力的作用下其吸上高度也不能大于 10.33m 水柱。但实际上吸入口的绝对压力不能低于在输送液体温度下的饱和蒸气压，否则液体就会汽化而产生大量的气泡，随同液体从叶轮中心低压区流向外缘的高压区。气泡在高压作用下迅速凝结或破裂，瞬间周围的液体以极高的速度冲向原气泡所占据的空间，在冲击点处形成高达几百个大气压的压强，冲击频率高达每秒几万次之多，从而引起泵的强烈震动和噪音。在这种巨大冲击力的反复作用下，叶轮与泵壳材料表面从开始出现点蚀到形成严重的蜂窝状空洞，使泵不能正常工作或导致叶轮与泵壳被破坏，这种现象称为气蚀现象。

由此可见，发生气蚀的原因是叶片入口附近液体静压强低于某值所致。造成该处压强过低的原因，除泵的安装高度超过允许值外，还有输送液体温度过高与泵吸入管路阻力过大等影响。为避免气蚀现象的发生，其有效措施是泵应按允许安装高度进行安装。

2.1.2 离心泵的基本方程式

1. 离心泵基本方程式的推导

离心泵是利用高速旋转的叶轮使得液体的静压强得以提高而被输送，因此，叶轮本身的大小及其形状与离心泵的输液能力密切相关。其具体关系如何，可从离心泵工作的基本方程式得到明确的结论。

离心泵工作时，液体一方面随叶轮作旋转运动，同时又经叶轮流道向外运动，因此液体在叶轮内的流动情况是十分复杂的。为了便于分析液体在叶轮内的运动情况，导出离心泵的基本方程式，先做出如下假定：

① 叶轮内叶片数目无限多，且其厚度无限薄。基于这一假定，可以认为液体质点能完全沿叶片的形状(即液体质点的运动轨迹与叶片的外形曲线相重合)流动，而不会发生任何环流现象。

② 被输送的液体是理想液体，故液体在叶轮内流动时不存在流动阻力。

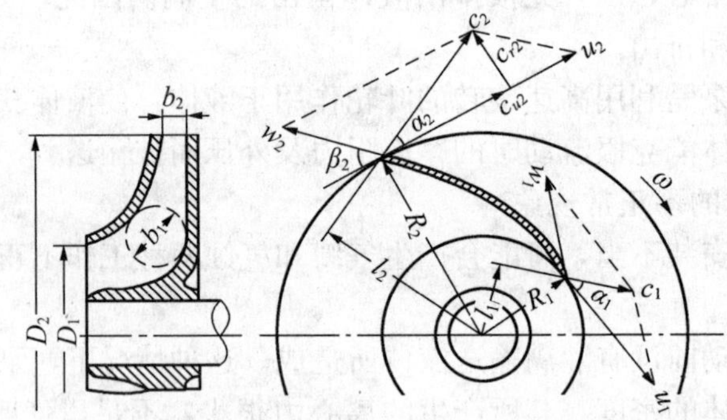

图 2-7 液体在叶轮上流动的速度三角形

如图 2-7 所示，随叶轮转动，叶片根部(叶片与轮毂相连之处)液体质点的运动速度(绝对速度)c_1 由两个分速度合成。其一为沿着叶片运动的相对速度 w_1，另一个为与所在位置处圆周的切线方向相一致的圆周速度 u_1。同理，在叶片外缘处，液体质点的相对速度为 w_2，圆周速度为 u_2，二者的合成速度 c_2 为叶片外缘处的绝对速度。此外，如图中叶片外缘处的速度三角形所示，α 表示绝对速度与圆周速度之间的夹角；β 表示相对速度与圆周速度反方向延长线的夹角，一般称为流动角。根据速度三角形，利用余弦定律可得

$$w_1^2=c_1^2+u_1^2-2c_1u_1\cos\alpha_1 \tag{2-1}$$

$$w_2^2=c_2^2+u_2^2-2c_2u_2\cos\alpha_2 \tag{2-2}$$

根据柏努利方程，以叶轮中心为基准，单位重量的理想液体通过离心泵叶片入口截面 1-1′到叶片出口截面 2-2′所获得的机械能为：

$$H_{T\infty}=\frac{p_2-p_1}{\rho g}+(z_2-z_1)+\frac{c_2^2-c_1^2}{2g} \tag{2-3}$$

式中，$H_{T\infty}$——具有无限多叶片的离心泵对理想液体所提供的理论压头，m；

z_2-z_1——截面 1-1′和截面 2-2′的位能差，由于叶轮每转一周截面 1-1′和截面 2-2′的位置互换一次，故可视为零；

$\frac{c_2^2-c_1^2}{2g}$ —— 理想液体通过理想叶轮后的动压头增量，m；

$\frac{p_2-p_1}{\rho g}$ —— 理想液体通过理想叶轮后的静压头增量，m。

理想液体经理想叶轮后的静压头增量，主要来源于以下两方面：

① 离心力做功。单位重量液体所获得的这部分功可表示为

$$\int_{R_1}^{R_2}\frac{F_C\mathrm{d}R}{g}=\int_{R_1}^{R_2}\frac{R\omega^2}{g}\mathrm{d}R=\frac{\omega^2}{2g}(R_2^2-R_1^2)=\frac{u_2^2-u_1^2}{2g} \tag{2-4}$$

式中，ω 为叶轮旋转角速度，单位为 s^{-1}。

② 由于叶轮中相邻两叶片构成的流道自内向外逐渐扩大，流体通过时部分动能转换为静压能，这部分静压能的增量可表示为$\frac{w_1^2-w_2^2}{2g}$。

因此，单位重量液体通过理想叶轮后的静压头增量可写为

$$\frac{p_2-p_1}{\rho g}=\frac{u_2^2-u_1^2}{2g}+\frac{w_1^2-w_2^2}{2g} \tag{2-5}$$

所以，式(2-3)可写成为

$$H_{\mathrm{T}\infty}=\frac{u_2^2-u_1^2}{2g}+\frac{w_1^2-w_2^2}{2g}+\frac{c_2^2-c_1^2}{2g} \tag{2-6}$$

将式(2-1)和式(2-2)代入式(2-6)并整理化简，可得

$$H_{\mathrm{T}\infty}=\frac{u_2c_2\cos\alpha_2-u_1c_1\cos\alpha_1}{g} \tag{2-7}$$

在离心泵的设计中，为提高理论压头，一般取 $\alpha_1=90°$，则 $\cos\alpha_1=0$，那么

$$H_{\mathrm{T}\infty}=\frac{u_2c_2\cos\alpha_2}{g} \tag{2-8}$$

式(2-7)和式(2-8)称为离心泵的基本方程式。

2. 离心泵基本方程式的讨论

为了更好地了解离心泵理论压头的影响因素，先对式(2-8)作进一步变换。参照图2-7所示，离心泵的理论流量可表示为在叶轮出口处的液体径向速度和叶片末端圆周出口截面积之乘积，即

$$Q_{\mathrm{T}}=\pi D_2b_2c_{r2}\longrightarrow c_{r2}=\frac{Q_{\mathrm{T}}}{\pi D_2b_2}$$

由于
$$c_2\cos\alpha_2=u_2-c_{r2}\cot\beta_2=u_2-\frac{Q_{\mathrm{T}}\cot\beta_2}{\pi D_2b_2}$$

所以，式(2-8)可改写为

$$H_{\mathrm{T}\infty}=\frac{u_2^2}{g}-\frac{u_2\cot\beta_2}{g\pi D_2b_2}Q_{\mathrm{T}} \tag{2-9}$$

式中，Q_{T}——离心泵的理论流量，$\mathrm{m^3/s}$；

D_2——叶轮外径，m；

b_2——叶轮叶片间出口处宽度，m；

c_{2r}——液体在叶片出口处的绝对速度的径向分量，m/s；

β_2——表示相对速度与圆周速度反向延长线的夹角，称流动角；

u_2——叶片出口处的圆周速度，$u_2=\dfrac{\pi D_2 n}{60}$；

n——叶轮的转速，r/min。

式(2－9)为离心泵基本方程式的另一种表达形式，表示离心泵的理论压头与理论流量、叶轮的转速和直径、叶片的几何形状之间的关系。可以看出：

① 当叶片的几何尺寸一定(b_2，β_2)和理论流量一定时，离心泵的理论压头随叶轮的转速或直径的增大而增大。

② 当叶轮的直径和转速、叶片的宽度与理论流量一定时，离心泵的理论压头随叶片形状(参见图 2－8)而改变。

$\beta_2<90°$，$\cot\beta_2>0$，$H_{T\infty}<u_2^2/g$(后弯叶片)；

$\beta_2=90°$，$\cot\beta_2=0$，$H_{T\infty}=u_2^2/g$(径向叶片)；

$\beta_2>90°$，$\cot\beta_2<0$，$H_{T\infty}>u_2^2/g$(前弯叶片)。

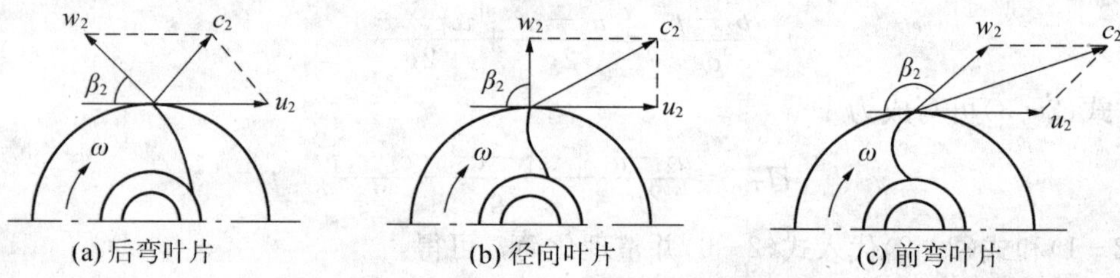

图 2－8　叶片形状及出口速度三角形

可见，前弯叶片所产生的理论压头最大。但由于前弯叶片离心泵液体出口的绝对速度较大，导致液体在泵内产生的涡流较剧烈，能量损失较大。因此，为提高离心泵的经济指标，实际上多采用后弯叶片。

③若离心泵的几何尺寸(D_2、b_2、β_2)和转速一定，则式(2－9)可写为

$$H_{T\infty}=A-BQ_T \tag{2-10}$$

式中，$A=\dfrac{u_2^2}{g}$　$B=\dfrac{u_2\cot\beta_2}{g\pi D_2 b_2}$

式(2－10)表示 $H_{T\infty}$ 与 Q_T 呈线性关系，该直线的斜率由叶片几何形状(β_2)决定。即 $\beta_2>90°$时，$B<0$，$H_{T\infty}$ 随 Q_T 的增加而增大，如图 2－9 中线 a 所示；$\beta_2=90°$时，$B=0$，$H_{T\infty}$ 与 Q_T 无关，如图 2－9 中线 b 所示；$\beta_2<90°$时，$B>0$，$H_{T\infty}$ 随 Q_T 的增加而减少，如图 2－9 中线 c 所示。

④ 在离心泵的基本方程式表明理论压头与液体的密度无关。因此，对于同一台离心泵无论输送何种液体，所能达到的理论压头均相同。但应注意，离心泵出口处的压强(或泵进、出口处的压强差)却与液体的密度成正比。

3. 离心泵的实际压头与流量

应当指出，前面推导出的离心泵的基本方程式是基于理想叶轮(叶片无限多)和输送的是理想液体这两种假定前提下得到的。还需考虑：

①实际上叶轮的叶片是有限的，叶片与叶片间的间隙愈往叶轮外周愈大，液体不可能严格按叶片的轨迹运动，从而产生环流，使得实际的圆周速度 u_2 和绝对速度 c_2 都较理想

叶轮小。

②实际液体均具有粘度，通过叶片间隙及泵内通道时将产生摩擦阻力，造成一部分压头损失。这一压头损失与液体流速成正比，即与流量成正比。

③液体以圆周速度 u_2 和绝对速度 c_2 突然离开叶轮外周，冲击沿蜗壳流动的液体，产生涡流。因此，叶片尖端的弯曲角度 β_2 应根据额定流量 Q 值设计，以使所造成的冲击最小。若操作时流量偏离 Q 之设计值，则相对速度 w_2 改变，引起 c_2 改变，冲击便会加剧。另一方面，c_1 与 u_1 之间夹角的加工误差也会加大冲击。

因此，考虑环流、摩擦损失及冲击损失等之后，离心泵的实际压头与流量关系为一条曲线(如图 2-10 所示)，通常应由实验测定。

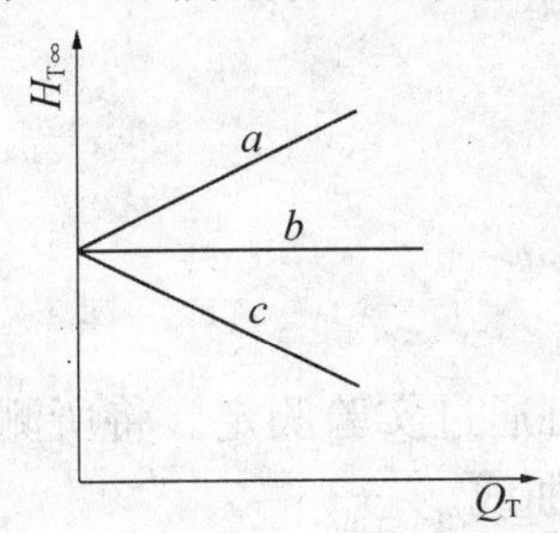

图 2-9　$H_{T\infty}$ 与 Q_T 的关系图

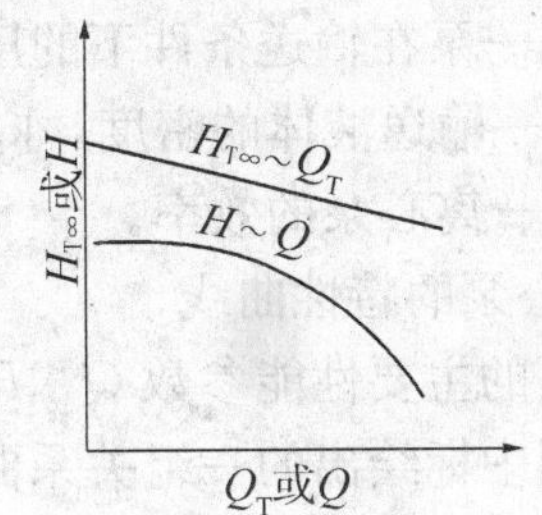

图 2-10　离心泵的 $H_{T\infty}\sim Q_T$ 与 $H\sim Q$ 关系曲线

2.1.3　离心泵的主要性能参数与特性曲线

为了正确地选择和使用离心泵，必须了解和掌握泵的性能和它们之间的相互关系。离心泵的主要性能有流量、压头、轴功率和效率等，其性能间关系通常可用特性曲线表示。

1. 离心泵的主要性能参数

(1) 流量

离心泵的流量(又称输液能力)是指单位时间内输送到管路系统的液体体积，一般用 Q 表示；单位有 L/s 或 m^3/s 或 m^3/h。离心泵的流量与泵的结构、尺寸(主要为叶轮直径和宽度)及转速有关。此外，离心泵通常安装在某特定管路中使用，因此其实际流量还与管路特性有关。

(2)压头

离心泵的压头(又称扬程)是指离心泵对单位重量(1N)的液体所提供的有效能量，一般用 H 表示；单位为 m。离心泵的压头与泵的结构、尺寸(如叶片的弯曲程度、叶轮的直径等)、转速和流量有关。如前所述，液体在泵内的流动情况较复杂，因此目前仍不能从理论上计算泵的实际压头，通常由实验测定。

(3)轴功率

离心泵的轴功率是指泵轴所需的功率，通常用 N 表示；单位有 J/s 或 W 或 kW。

(4) 效率

离心泵的效率是指液体从叶轮所获得的有效功率与轴功率之比值，通常用 η 表示。离心泵在运行过程中，不可避免地会产生容积损失、水力损失和机械损失等，因此由泵轴所输出的轴功率不可能 100％被所输送液体利用，导致被输送液体能获得的有效功率总是小

于轴功率。由于离心泵的有效功率可写为

$$N_e = QH\rho g = \frac{QH\rho}{1000/9.81} = \frac{QH\rho}{102}$$

故

$$\eta = \frac{N_e}{N} \tag{2-11}$$

因此，离心泵的轴功率可写为

$$N = \frac{QH\rho}{102\eta} \tag{2-12}$$

式中，N ——轴功率，kW；

Q ——泵在输送条件下的流量，m^3/s；

H——泵在输送条件下的压头，m；

ρ ——输送液体的密度，kg/m^3；

η ——离心泵的效率。

2. 离心泵的特性曲线

离心泵的主要性能参数 Q、H、N、η 之间的关系可通过实验测定。将所测定的值在同一坐标图中标绘出的一组关系曲线称为离心泵的特性曲线。

如图 2-11 所示为离心水泵的特性曲线，通常由 $H\sim Q$、$N\sim Q$ 和 $\eta\sim Q$ 三条曲线组成。由于特性曲线随转速变化，故特性曲线图上或说明书中一定要标出测定时的转速。各种型号的离心泵各有其独特的特性曲线，但它们都具有下述共同点。

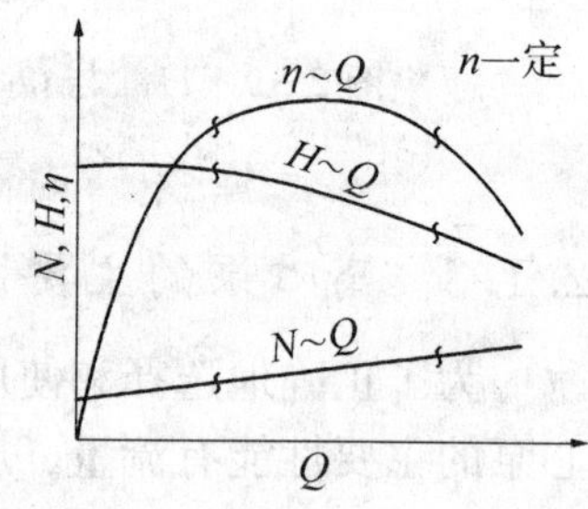

图 2-11 离心水泵的特性曲线

(1)$H\sim Q$ 曲线

$H\sim Q$ 曲线表示泵的压头与流量间的关系。离心泵的压头一般随流量的增大而下降(在流量极小时可能有例外)，这一点与离心泵的基本方程式相吻合。

(2)$N\sim Q$ 曲线

$N\sim Q$ 曲线表示泵的轴功率与流量间的关系。离心泵的轴功率随流量的增大而增高，流量为零时轴功率最小。因此，为了减少启动电流以保护电机，离心泵启动时必须关闭出口阀门。

(3)$\eta\sim Q$ 曲线

$\eta\sim Q$ 曲线表示泵的效率与流量间的关系。由图可见，当 $Q=0$ 时，$\eta=0$；当流量逐渐增大，泵的效率随之上升，当上升到某一最大值后便随流量继续增大而下降。这说明离心泵在一定转速下有一最高效率点，通常称为设计点。泵在与最高效率相对应的流量及压头下工作最为经济，所以与最高效率点对应的 Q、H、N 值称为最佳工况参数。

泵的样本或产品目录中除提供离心泵的特性曲线图外，通常还将离心泵的主要性能以表格的形式列出以便选用，即离心泵的性能表。其构成是在离心泵最高效率点(效率不低于 92%)范围附近，对应所选取效率而读得的 Q、H、N 数值。此外，为了合理确定离心泵的型号，常将同一类型不同型号的离心泵，截取其最高效率区(效率高于 92%)相对应的一段 $H\sim Q$ 曲线绘于同一图中，组成系列特性曲线。如图 2-12 所示，图中各条线上的黑点表示该泵最高效率时的性能。

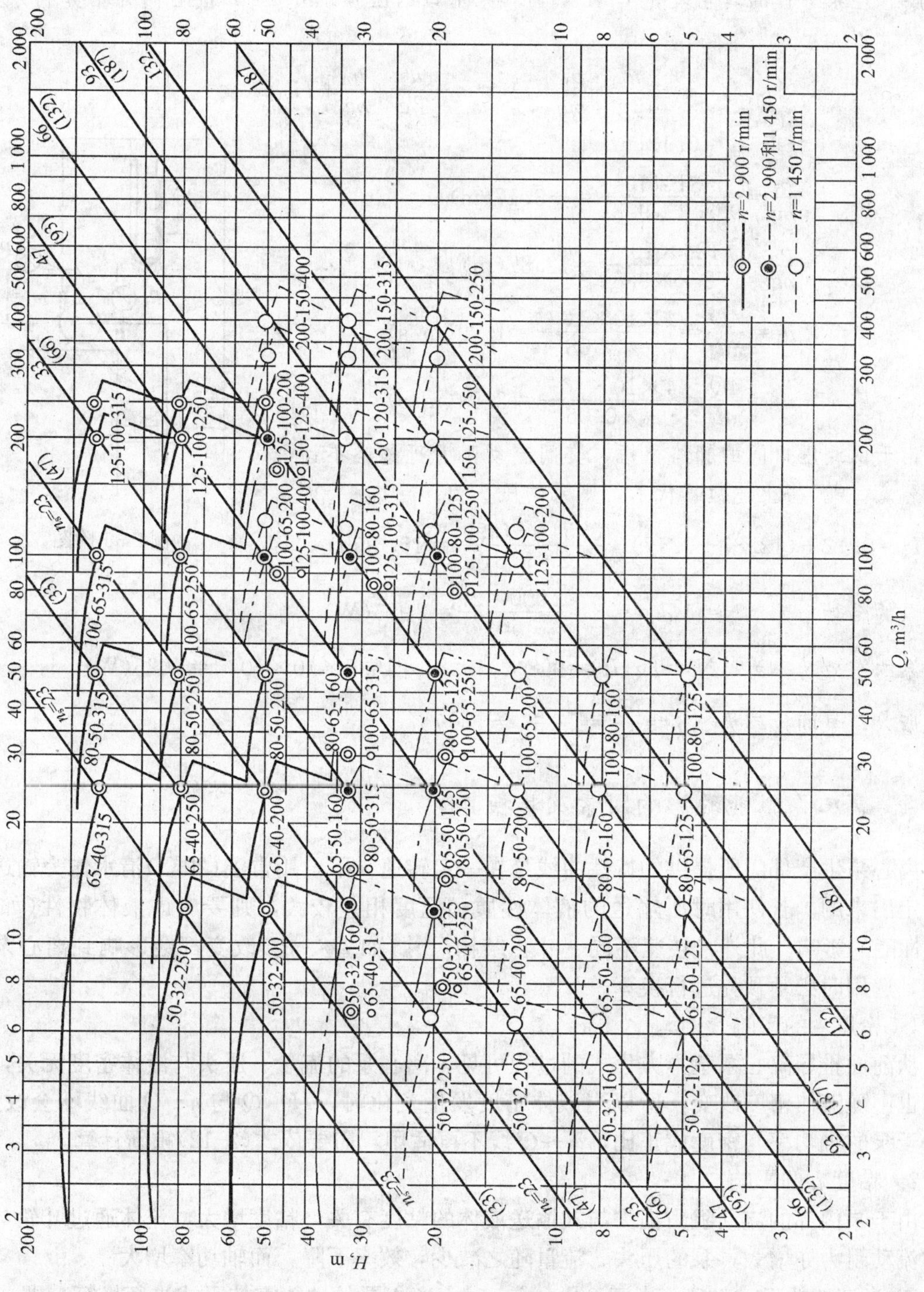

图2-12 IS型水泵系列特性曲线

【例 2-1】 测定离心泵特性曲线的实验装置如例 2-1 附图所示。已知泵的吸入管内径为 80 mm，排出管内径为 60 mm。实验中已测出如下一组数据：泵进口处真空表的读数为 31 kPa，泵出口处压强表的读数为 126 kPa，两测压点之间的垂直距离为 120 mm，泵的流量为 10 L/s，泵轴的扭矩为 9.8 N·m，泵的转速为 2900 r/min，实验介质为 20℃清水。试求在此流量下的压头、轴功率和效率。

解 在泵进口的真空表处 1-1′截面和泵出口的压强表处 2-2′截面间列柏努利方程，写为

$$z_1+\frac{u_1^2}{2g}+\frac{p_1}{\rho g}+H=z_2+\frac{u_2^2}{2g}+\frac{p_2}{\rho g}+H_{f,1\text{-}2}$$

已知 $z_2-z_1=0.12(\text{m})$

$$\frac{p_1}{\rho g}=\frac{-31\times10^3}{998.2\times9.81}=-3.17(\text{m})$$

$$\frac{p_2}{\rho g}=\frac{126\times10^3}{998.2\times9.81}=12.87(\text{m})$$

$$u_1=\frac{4Q}{\pi d_1^2}=\frac{4\times10\times10^{-3}}{\pi\times0.08^2}=1.99(\text{m/s})$$

$$u_2=\frac{4Q}{\pi d_2^2}=\frac{4\times10\times10^{-3}}{\pi\times0.06^2}=3.54(\text{m/s})$$

由于两测压口间的管路很短，其间流动阻力可忽略不计，即 $H_{f,1-2}=0$。将上述数据代入，则泵的压头为

$$H=0.12+(12.87+3.17)+\frac{3.54^2-1.99^2}{2\times9.81}=16.6(\text{m})$$

例 2-1 附图

泵的轴功率为 $N=M\omega=9.8\times\frac{2\,900\times2\pi}{60}=2\,975(\text{W})$

泵的有效功率为 $N_e=\rho gHQ=998.2\times9.81\times16.6\times10\times10^{-3}=1\,626(\text{W})$

所以，泵的效率为 $\eta=\frac{N_e}{N}=\frac{1\,626}{2\,975}=54.7\%$

2.1.4 离心泵性能的影响因素及其换算

离心泵生产部门所提供的特性曲线是在一定转速 n 下，用常温(20℃)清水作为输送介质测定出来的。若使用时所输送的液体性质和温度相差较大，则要考虑液体物性(如 μ、ρ)对性能的影响。此外，转速不同、叶轮结构尺寸(如 D_2、β_2)改变都会影响到离心泵的性能，选用时必须预先进行换算。

1. 密度 ρ 的影响

从前面推导离心泵基本方程式的过程可见，离心泵的流量、压头与液体密度无关，且效率也不随液体密度改变，所以当液体密度发生变化时，$H\sim Q$ 与 $\eta\sim Q$ 曲线不会改变。但由于泵的轴功率与密度成正比，$N\sim Q$ 线不再适用，需要依式(2-12)重新计算。

2. 粘度 μ 的影响

由于泵内部的流动阻力损失与被输送液体的粘度有关，粘度增大，流体通过叶轮与泵壳的流动阻力亦增大，泵的压头、流量随之减少，效率下降，而轴功率增大。

① 当液体的运动粘度 ν 大于 20 mm²/s 时，离心泵的性能需按下式进行换算，即

$$Q'=C_QQ,\quad H'=C_HH,\quad \eta'=C_\eta\eta \tag{2-13}$$

式中，Q，H，η——离心泵输送清水时的流量、压头和效率；

C_Q，C_H，C_η——离心泵流量、压头和效率的换算系数，其值小于 1。

C_Q，C_H，C_η 换算系数可由图 2-13 和图 2-14 查得，其中图 2-13 中的 Q_s 为输送清

水时最高效率下所对应的流量，称为额定流量，单位为 m³/min。查图方法如图中虚线所示：首先根据流量 Q 在横坐标上定出一点，由这一点向上作垂线与压头 H 线相交，再由交点作水平线与运动粘度 ν 线相交，然后从此交点再向上作垂线，分别与 C_η、C_Q 及 $Q=1.0Q_s$ 所对应的 C_H 曲线相交，各交点的纵坐标值便为相应的粘度换算系数值。

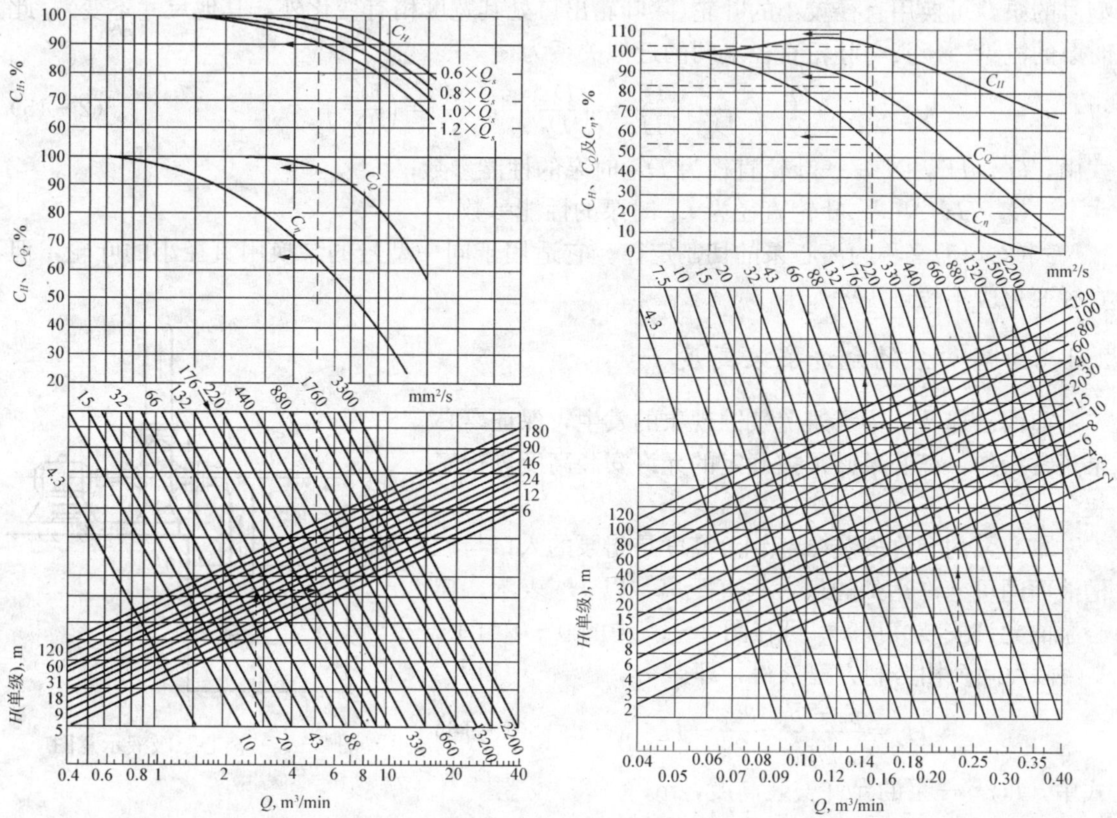

图 2－13　大流量离心泵的粘度换算系数

图 2－14　小流量离心泵的粘度换算系数

需要指出的是，图 2－13 和图 2－14 是根据单级离心泵上进行多次实验的平均值绘制的，用于多级离心泵时，应采用每一级的压头。此外，两图均仅适用于牛顿型液体，且只能在图内刻度范围使用，不得外推。

②当液体的运动粘度 ν 小于 20 mm²/s 时可不作换算。

3. 转速 n 的影响

由离心泵的基本方程式可知，当泵的转速变化时，离心泵的流量、压头将随之发生变化，并引起泵的效率和功率相应改变。其近似关系如下：

$$\frac{Q'}{Q}=\frac{n'}{n},\quad \frac{H'}{H}=\left(\frac{n'}{n}\right)^2,\quad \frac{N'}{N}=\left(\frac{n'}{n}\right)^3 \qquad (2-14)$$

式中，Q'，H'，N'——转速为 n' 时泵的性能参数；

Q，H，N——转速为 n 时泵的性能参数。

若在转速为 n 的特性曲线上选取若干点，利用式(2－14)可计算出 n' 转速下的数据，将结果标绘于坐标图上，就可得到转速为 n' 时离心泵的特性曲线。

式(2-14)又称为离心泵的比例定律。引出这一关系的基本假设是转速改变后，其效率变化不明显，故当转速变化小于20%时，比例定律才接近正确。

4. 叶轮直径 D 的影响

离心泵的转速一定时，泵的基本方程式表明其流量、压头与叶轮直径有关。对于不同型号的泵，可换用直径较小的叶轮(除叶轮出口处其宽度稍有变化外，其他尺寸不变)，此时泵的流量、压头与叶轮直径之间的近似关系为

$$\frac{Q'}{Q}=\frac{D'_2}{D_2},\ \frac{H'}{H}=\left(\frac{D'_2}{D_2}\right)^2,\ \frac{N'}{N}=\left(\frac{D'_2}{D_2}\right)^3 \tag{2-15}$$

式中，Q'，H'，N'——叶轮直径为 D'_2 时泵的性能参数；

Q，H，N——叶轮直径为 D_2 时泵的性能参数。

式(2-15)又称为离心泵的切割定律。它适用于同一型号的泵换用直径小的叶轮，但直径变化应不超过10%。

2.1.5 离心泵的允许安装高度

前面已提及，为了避免气蚀现象的发生，保证离心泵正常操作，离心泵必须按确定的允许安装高度进行安装。

离心泵的允许安装(或吸上)高度是指泵的入口与贮槽液面间可允许达到的最大垂直距离，以 H_g 表示。离心泵的允许安装高度 H_g 可在图2-15中的0-0′与1-1′两截面间列柏努利方程求得，即

$$H_g=\frac{p_0-p_1}{\rho g}-\frac{u_1^2}{2g}-H_{f,0\text{-}1} \tag{2-16}$$

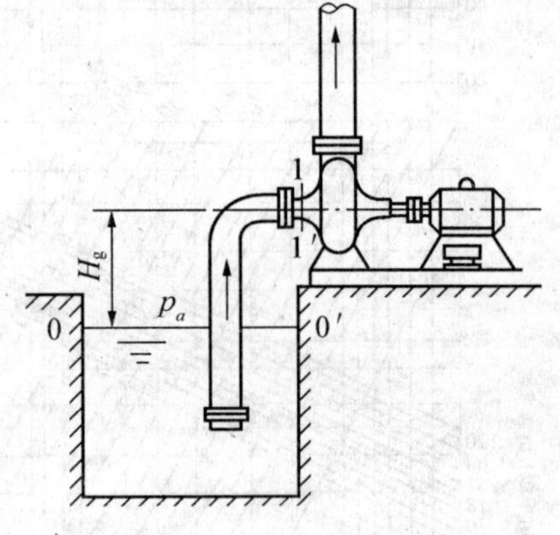

图2-15 离心泵吸液示意图

式中，H_g——泵的允许安装高度，m；

$H_{f,0\text{-}1}$——流体流经吸入管路的压头损失，m；

p_1——泵入口允许的最低压力，可写成 $p_{1,\min}$，Pa；

p_0——贮槽液面上的压力，Pa。

若贮槽上方与大气相通，那么 p_0 即为大气压 p_a，故式(2-16)可表示为

$$H_g=\frac{p_a-p_1}{\rho g}-\frac{u_1^2}{2g}-H_{f,0\text{-}1} \tag{2-17}$$

为了确定离心泵的允许安装高度，在国产离心泵标准中，采用抗气蚀性能指标来限定泵吸入口附近的最低压力。

1. 离心泵的气蚀余量

为了防止气蚀现象的发生，在离心泵入口处液体的静压头($p_1/\rho g$)与动压头($u_1^2/2g$)之和必须大于操作温度下液体的饱和蒸气压头($p_v/\rho g$)某一数值，此数值即为离心泵的气蚀余量。依其定义可写出

$$HPSH=\frac{p_1}{\rho g}+\frac{u_1^2}{2g}-\frac{p_v}{\rho g} \tag{2-18}$$

式中，$HPSH$——离心的气蚀余量，对离心油泵也可用 Δh 表示，m；

p_v——操作温度下液体的饱和蒸气压，Pa。

前已提到，泵内发生气蚀的临界条件是叶轮入口附近(假设截面为 $k-k'$，图 2-15 中未画出)的最低压强 $p_{1,\min}$ 等于液体的饱和蒸气压 p_v，此时泵入口处(截面1-1′)的压强 p_1 必等于确定的最小值。在泵入口 1-1′和叶轮入口 $k-k'$ 两截面间列柏努利方程式，得

$$\frac{p_{1,\min}}{\rho g}+\frac{u_1^2}{2g}=\frac{p_v}{\rho g}+\frac{u_k^2}{2g}+H_{f,1-k} \tag{2-19}$$

比较式(2-18)和式(2-19)可得

$$(HPSH)_c=\frac{p_{1,\min}-p_v}{\rho g}+\frac{u_1^2}{2g}=\frac{u_k^2}{2g}+H_{f,1-k} \tag{2-20}$$

式中，$(HPSH)_c$——临界气蚀余量，m。

$(HPSH)_c$ 由泵制造厂家实验测定。实验方法是，在某一固定流量下，通过关小泵吸入管路的阀门以逐渐降低 p_1，直到泵内刚好发生气蚀(以泵的压头较正常值下降 3%作为发生气蚀的标志)时测得相应的 $p_{1,\min}$，然后依式(2-20)就可计算出该流量下的临界气蚀余量。其值随流量增加而加大。

为确保离心泵正常操作，将所测定的 $(HPSH)_c$ 加上一定的安全量作为必需气蚀余量 $(HPSH)_r$，并列入泵产品样本。也有将 $(HPSH)_r\sim Q$ 关系绘在离心泵特性曲线图上，如图 2-16 所示。由式(2-20)不难看出，当流量一定且流动在阻力平方区时，$(HPSH)_r$ 只与泵的结构尺寸有关，是泵的一个抗气蚀性能参数。

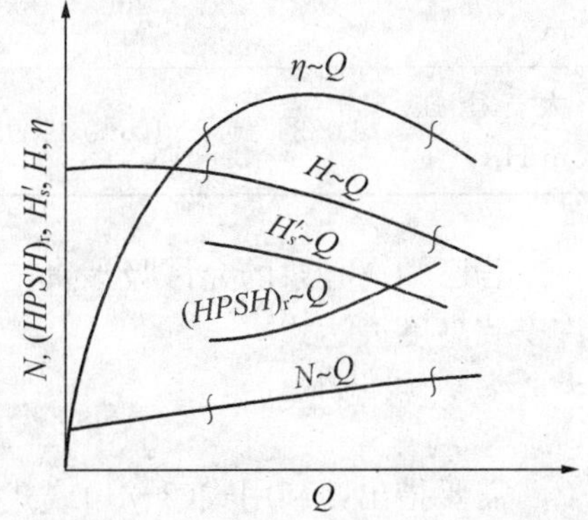

图 2-16 $(HPSH)_r\sim Q$ 及 $H'_s\sim Q$ 曲线示意图

若已知离心泵的必需气蚀余量，将式(2-18)代入式(2-16)，可得到计算离心泵的允许安装高度表达式，即

$$H_g=\frac{p_0-p_v}{\rho g}-(HPSH)_r-H_{f,0-1} \tag{2-21}$$

2. 离心泵的允许吸上真空度

若当地大气压为 p_a 泵入口处允许的最低绝对压强为 p_1，则泵入口处的最高真空度为 (p_a-p_1)，单位为 Pa。通常真空度以所输送液体的液柱高度来计量，则此真空度称为允许吸上真空度，以 H_s' 来表示，单位为 m 液柱，即

$$H'_s=\frac{p_a-p_1}{\rho g} \tag{2-22}$$

H'_s 是离心泵的抗气蚀性能参数，其值越大，泵的安装高度 H_g 越高。H'_s 与泵的结构、流量、被输送液体的性质及当地大气压等因素有关。H'_s 值由泵的制造厂家在 98.1 kPa(10 mH_2O)大气压下，用 20℃清水实验测得。实验值列在 B 型水泵样本或说明书的性能表中。一些泵的特性曲线上也画出有 $H'_s\sim Q$ 曲线，如图 2-16 所示。

若操作条件与上述实验条件不一致或输送其他液体时，可按下式对 H'_s 值进行换算，即

$$H_s=\left[H'_s+(H_a-10)-\left(\frac{p_v}{9.81\times10^3}-0.24\right)\right]\frac{1000}{\rho} \tag{2-23}$$

式中，H_s——操作条件下输送液体的允许吸上真空度，m 液柱；

H'_s——实验条件下输送水时的允许吸上真空度，即水泵性能表上查得的数值，mH_2O；

H_a——泵安装地区的大气压力，mH_2O；不同海拔高度上的 H_a 值可参阅表 2-1；

10——实验条件下的大气压，mH_2O；

0.24——20℃下水的饱和蒸气压，mH_2O；

1000——实验条件下水的密度，kg/m^3；

ρ——操作温度下液体的密度，kg/m^3。

表 2-1 不同海拔高度的大气压强

海拔高度，m	0	100	200	300	400	500	600	700	800	1 000	1 500	2 000	2 500
大气压强，mH_2O	1033	10.2	10.09	9.95	9.85	9.74	9.6	9.5	9.39	9.19	8.64	8.15	7.62

若已知离心泵的允许吸上真空度，将式(2-22)代入式(2-17)，可得到计算离心泵的允许安装高度表达式：

$$H_g = H'_s - \frac{u_1^2}{2g} - H_{f,0\text{-}1} \tag{2-24}$$

需要指出，利用式(2-21)或式(2-24)计算出离心泵的安装高度后，为了安全起见，离心泵的实际安装高度应比允许安装高度低 0.5～1 m。此外，若操作条件与实验条件不一致或输送其他液体时，应将式(2-24)中的 H'_s 换为 H_s 计算。

【例 2-2】 用泵将 20℃水由贮槽输送到某一处，泵前后各装有真空表和压力表，如本例附图所示。已知泵的吸入管路总阻力和速度头之和为 2 mH_2O柱，允许吸上真空度为 4.5 m，当地大气压为 760 mmHg 柱。水在 50 ℃时的饱和蒸气压为 0.1528 kgf/cm^2，槽液面与吸入口位差为 2m。当水温由 20 ℃变为 50 ℃时发现真空表与压力表读数突然改变，流量骤然下降，试问此时出现了什么故障？应怎样排除？

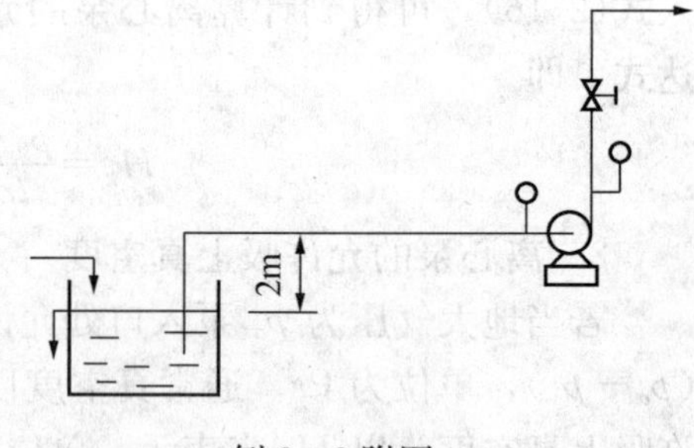

例 2-2 附图

解 可能发生气蚀现象。因为水温为 20 ℃时，利用式(2-23)计算

$$H_g = H'_s - \left(\frac{u_1^2}{2g} + H_{f,0\text{-}1}\right) = 4.5 - 2 = 2.5(\text{m}) > 2(\text{m})$$

可见，此条件下离心泵的安装位置合适。

当水温变为 50℃时，由附录查得水的密度为 $\rho = 988.1 kg/m^3$，则

$$H_s = \left[H'_s + (H_a - 10) - \left(\frac{p_v}{9.81 \times 10^3} - 0.24\right)\right]\frac{1000}{\rho}$$

$$H_s = \left[4.5 + 0.33 - \left(\frac{0.1528 \times 9.81 \times 10^4}{9.81 \times 10^3} - 0.24\right)\right]\frac{1000}{988.1}$$

$$=3.58(\text{m})$$

$$H_g=H_s-\left(\frac{u_1^2}{2g}+H_{f,0-1}\right)=3.58-2=1.58(\text{m})<2(\text{m})$$

可见，此条件下离心泵安装位置不合适，可能发生气蚀现象。可采取如下排除方法：

① 将泵下移至距液面 1.5m 以下。

② 尽量减少吸入管路阻力损失，如加大吸入管路直径，缩短其长度，减少其他管件等。

2.1.6 离心泵的工作点及其流量调节

因为离心泵安装在特定管路系统中工作，实际的工作压头和流量不仅与离心泵本身的性能有关，还与管路的特性有关。

1. 管路特性曲线

离心泵安装在如图 2 - 17 所示的管路系统中操作，且贮槽与受液槽的液面保持恒定。液体流过管路系统所需的压头（即要求泵提供的压头），可通过在 1 - 1′和 2 - 2′两截面间列写出的柏努利方程式求得，即

$$H_e=\Delta z+\frac{\Delta p}{\rho g}+\frac{\Delta u^2}{2g}+H_f \qquad (2-25)$$

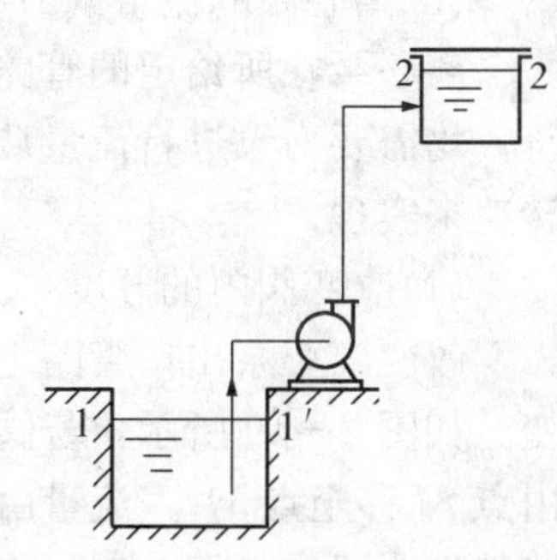

图 2 - 17　管路输送系统示意图

由于管路系统固定，在一定条件下操作，Δz 和 $\Delta p/\rho g$ 均为定值，令

$$\Delta z+\frac{\Delta p}{\rho g}=K$$

又由于贮槽与受液槽的液面保持恒定，$\Delta u^2/2g=0$，故式(2-25)可简化为

$$H_e=K+H_f \qquad (2-26)$$

对于直径均一的管路系统，其压头损失可表达为

$$H_f=\left(\lambda\frac{l+\sum l_e}{d}+\zeta_c+\zeta_e\right)\frac{u^2}{2g}=\left(\lambda\frac{l+\sum l_e}{d}+\zeta_c+\zeta_e\right)\frac{(Q_e/3\,600A)^2}{2g} \qquad (2-27)$$

式中，Q_e——管路系统的输送量，m^3/h；

A——管路截面积，m^2。

对特定管路，上式中 l、$\sum l_e$、ξ_c、ξ_e、$d(A=\pi d^2/4)$均为定值，若流体在该管路中流动已进入阻力平方区，λ 可视为常量，于是可令

$$B=\left(\lambda\frac{l+\sum l_e}{d}+\zeta_c+\zeta_e\right)\frac{8}{\pi^2 d^4 g(3\,600)^2}$$

所以，式(2-27)和式(2-26)可分别写为

$$H_f=BQ_e^2 \qquad (2-28)$$

$$H_e=K+BQ_e^2 \qquad (2-29)$$

式(2-29)表明管路中液体的压头与流量之间的关系，称为管路特性方程式。图 2 - 18 中表示的 H_e 与 Q_e 关系曲线称为管路特性曲线。此曲线的形状由管路布局、操作条件确定，与泵的性能无关。

2. 离心泵的工作点

离心泵的 $H \sim Q$ 关系曲线与管路的 $H_e \sim Q_e$ 关系曲线绘于同一坐标图上，两曲线的交点则称为离心泵的工作点，如图 2-18 中点 M 所示。此时，$Q=Q_e$，$H=H_e$。离心泵的工作点表明，离心泵在管路中正常运行时，这台泵实际所输送的流量和所提供的压头，必须同时满足管路特性方程与泵的特性方程。

$$H_e = K + BQ_e^2$$

$$H = f(Q)$$

因此，联解上述两方程就可求得两特性曲线的交点，从而确定出离心泵的工作点。

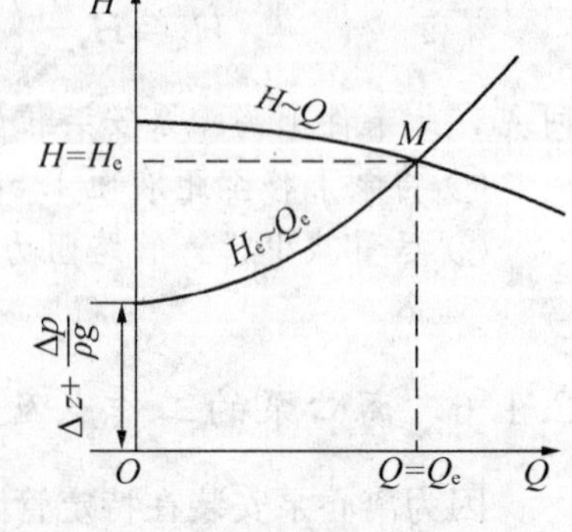

图 2-18 管路特性曲线与泵的工作点

3. 离心泵的流量调节

离心泵在所给定的管路工作时，由于生产任务变化或所提供的流量与输送任务要求不符，均需要对泵进行流量调节。离心泵的流量调节通常可通过改变阀门的开度和改变泵的转速来实现。

(1)改变阀门的开度

改变离心泵出口管路上的阀门开度，便可改变管路特性曲线，使得离心泵的工作点改变。如图 2-19 所示，若阀门关小，由于管路局部阻力增大，管路特性曲线变陡，工作点由点 M 移至点 M_1，流量由 Q_M 减小至 Q_{M_1}；反之，若阀门开大，管路局部阻力减小，管路特性曲线变平坦，工作点由点 M 移至点 M_2，流量由 Q_M 增加至 Q_{M_2}。

采用阀门调节流量简便快速，且流量可连续变化，因而应用广泛。但关小阀门时，由于阻力增大，需要额外多消耗部分动力，且在调节幅度较大时会使得泵的效率下降，故经济性差。

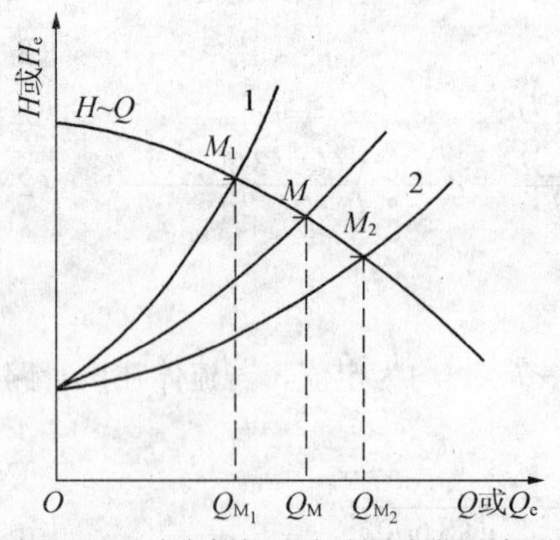

图 2-19 改变阀门开度流量变化示意图

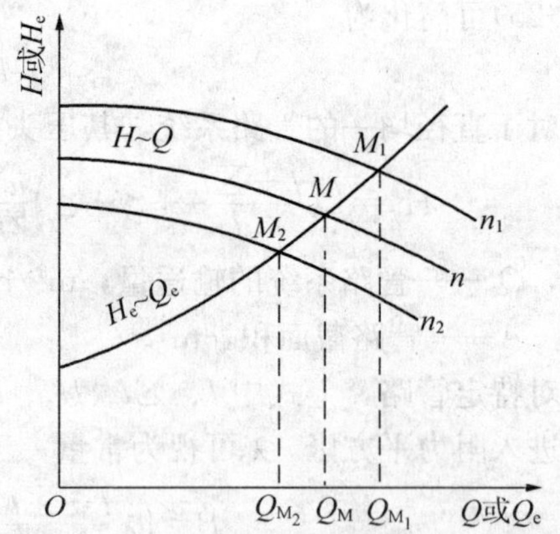

图 2-20 改变泵的转速流量变化示意图

(2)改变泵的转速

改变泵的转速，可使得泵的特性曲线改变。如图 2-20 所示，若泵的转速由原来 n 提高到 n_1，泵的特性曲线 $H \sim Q$ 上移，工作点由点 M 移至点 M_1，流量由 Q_M 增加至 Q_{M_1}；反之，若泵的转速由原来 n 减小到 n_2，工作点由点 M 移至点 M_2，流量由 Q_M 减小至 Q_{M_2}。

采用这种调节方法，流量随转速的降低而减小，动力消耗也相应降低，从能量消耗角度来看较为合理。但实现转速的改变需要价格昂贵的变速机构，且较难做到流量的连续调节，故生产中很少采用。

由此可见，离心泵的流量调节，其实质是改变泵的工作点。由于工作点是由管路特性和泵的特性决定的，因此，只要改变这两条特性曲线之一便能达到目的。

【例 2-3】 用离心泵将池中常温水输送至敞口高位槽中，如本例附图所示。泵的特性曲线方程为 $H=25.7-7.36\times10^{-4}Q^2$（$H$ 的单位为 m，Q 的单位为 m^3/h），管出口距池中水面高度为13m，直管长 90m，管路上有 2 个 $\zeta_1=0.75$ 的 90°标准弯头，一个 $\zeta_2=0.17$ 的全开闸阀，一个 $\zeta_3=8$ 的底阀，管子采用 $\phi114\ mm\times4\ mm$ 的钢管，假定摩擦阻力系数为 0.03。试问：

(1)闸阀全开时管路中的实际流量(m^3/h)？

(2)为使流量为 $60\ m^3/h$，若采用调节闸阀开度的方法，应如何调节才行？此时闸阀的阻力系数为多少？

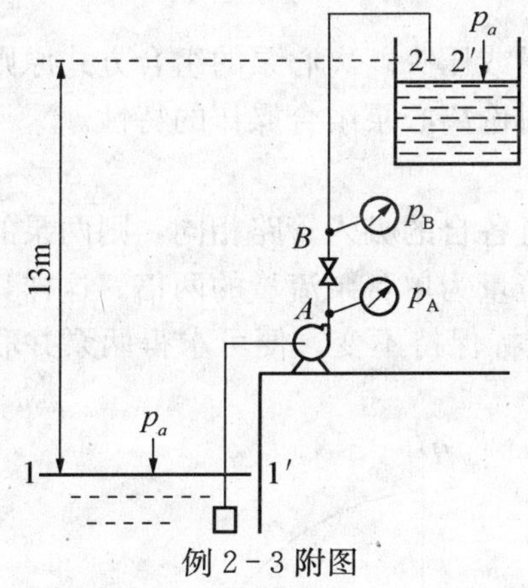

例 2-3 附图

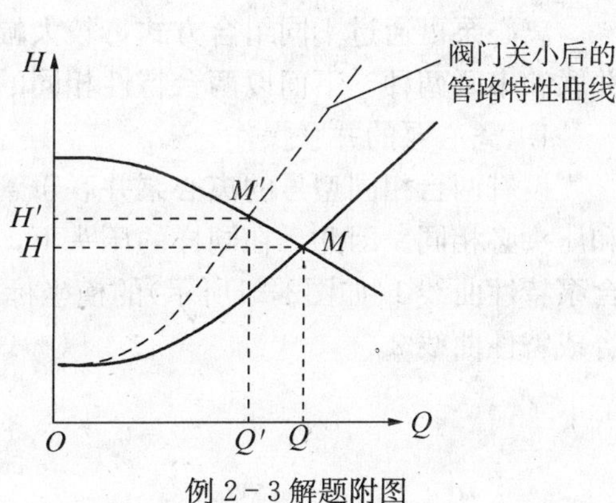

例 2-3 解题附图

解 (1)在水池液面 1-1′与管出口截面 2-2′间写出管路特性曲线方程为

$$H_e=K+BQ_e^2$$

已知，$K=\Delta z+\dfrac{\Delta p}{\rho g}$，其中 $\Delta z=13m$，$\dfrac{\Delta p}{\rho g}=0$，故 $K=13m$，则

$$B=\left(\lambda\frac{l}{d}+\sum\zeta+\zeta_c+\zeta_e\right)\frac{8}{\pi^2d^4g(3\,600)^2}$$

$\lambda=0.03$，　$d=0.106m$，　$l=90\,m$，　$\sum\zeta=2\times0.75+0.17+8=9.67$

故 $$B=\left(0.03\frac{90}{0.106}+9.67+1.5\right)\frac{8}{\pi^2\times0.106^4\times9.81\times3\,600^2}=1.852\times10^{-3}$$

将已知代入，可得管路特性曲线方程为

$$H_e=13+1.852\times10^{-3}Q_e^2 \qquad ①$$

而泵的特性曲线方程为

$$H=25.7-7.36\times10^{-4}Q^2 \qquad ②$$

①、②两式联立求解得

$$Q=70.1m^3/h,\qquad H=H_e=22.08m$$

(2)为使流量由 $70.1\ m^3/h$ 变为 $60\ m^3/h$，需将闸阀开度关小。

闸阀开度关小后，泵的特性曲线方程不变，将 $Q'=60\ m^3/h$ 代入式②可求出新的工作点。

$$H'=25.7-7.36\times10^{-4}\times60^2=23.05(m)$$

$Q'=60\ m^3/h$，$H'=23.05m$ 就是闸阀关小后新的工作点的横、纵坐标(参见例 2-3 解题附图中点 M')，也应满足阀门关小后的管路特性曲线方程。即

$$H_e=K+\left[\lambda\frac{l}{d}+\sum(2\times\zeta_1+\zeta_2+\zeta_3)+1.5\right]\frac{8}{\pi^2d^4g(3\,600)^2}Q_e^2$$

将 $Q'=60\ m^3/h$，$H'=23.05m$，$\lambda=0.03$，$d=0.106m$，$l=90m$，$\sum\zeta=2\times0.75+\zeta'_2+8=9.5+\zeta'_2$ 代入，

$$23.05=13+\left(0.03\times\frac{90}{0.106}+9.5+\zeta'_2+1.5\right)\times\frac{8}{\pi^2 0.106^4\times9.81\times3\,600^2}\times60^2$$

解得 $\zeta'_2=18.75$。

2.1.7 离心泵的串、并联操作

离心泵可通过不同组合方式，较大幅度增加流量或压头。离心泵的组合方式原则上有并联和串联两种。下面以两台特性相同的泵为例，讨论离心泵组合操作的特性。

1. 离心泵的并联操作

设有两台相同型号的离心泵并联于管路系统，且各自的吸入管路相同，则两泵的流量和压头必相同。因此，在同样的压头下，并联泵的流量为单台泵流量的两倍。这样，将单台泵特性曲线 1(如图2-21所示)的横坐标加倍，纵坐标保持不变，便可求得两泵并联后的合成特性曲线 2。

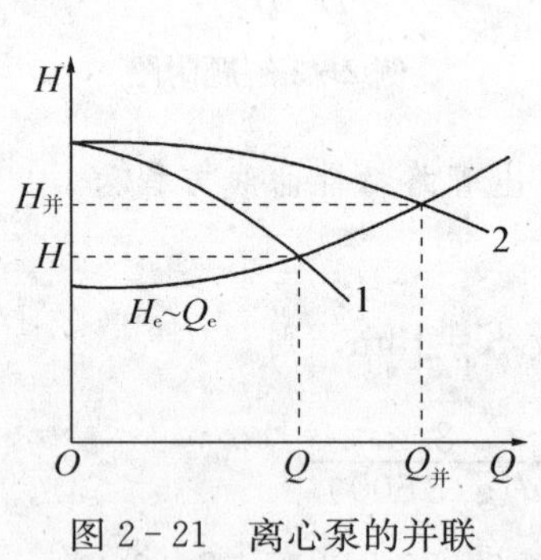

图 2-21 离心泵的并联

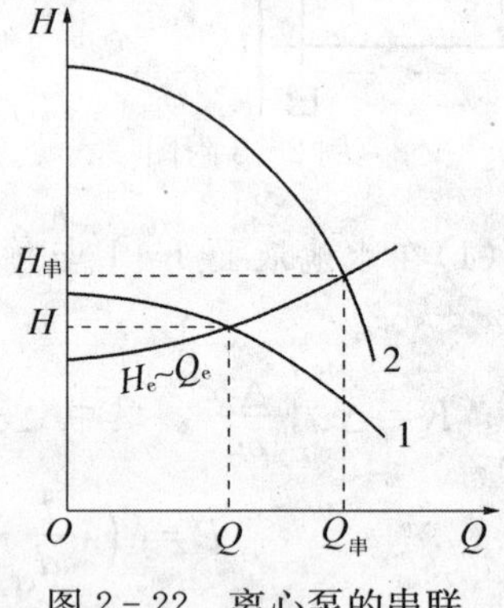

图 2-22 离心泵的串联

并联泵的工作点为并联特性曲线与管路特性曲线的交点。由图可见，由于流量增大使得管路流动阻力增大，所以并联后的总流量必低于单台泵流量的两倍，而并联后的压头略高于单台泵的压头。并联泵的总效率与单台泵的效率相同。

2. 离心泵的串联操作

两台相同型号的离心泵串联工作时，每台泵的流量和压头也各自相同。因此，在相同流量下，串联泵的压头为单台泵压头的两倍。这样，将单台泵特性曲线 1(如图2-22所示)的纵坐标加倍，横坐标保持不变，便可求得两泵串联后的合成特性曲线 2。

同理，串联泵的工作点为串联特性曲线与管路特性曲线的交点。由图可见，两台泵串联后的总压头必低于单台泵压头的两倍，而串联后的流量略高于单台泵的流量。串联泵的

效率 $Q_{串}$ 为单台泵的效率。

3. 组合方式的选择

生产中应采用何种组合方式才能取得最佳经济效果，需视管路系统所要求的压头和特性曲线形状确定。

① 如果单台泵所能提供的最大压头小于管路所要求的($\Delta z+\Delta p/\rho g$)值，则只能采用泵的串联操作。

② 对于管路特性曲线较平坦的低阻管路系统(如图2-23中的曲线1所示)，采用并联组合方式可获得较串联组合方式更高的流量和压头；反之，对于管路特性曲线较陡的高阻管路系统(如图2-23中的曲线2所示)，采用串联组合方式可获得较并联组合方式更高的流量和压头。

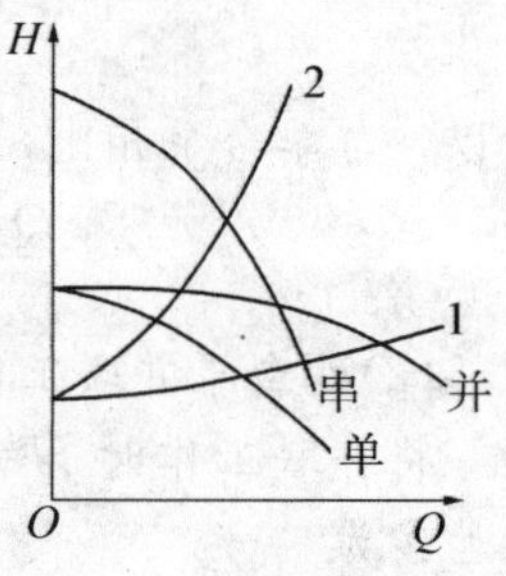

图2-23 管路特性曲线与泵的工作点

【例2-4】 用一离心泵将敞口水池中的常温水送至远处的敞口贮池中，如例2-4附图所示。两池水面高度差可忽略不计，输送管道为内径100 mm的钢管。调节阀全开时管路总长为100 m(包括所有局部阻力的当量长度在内)，估计管路摩擦系数 $\lambda=0.03$。离心泵的特性曲线方程为 $H=20-5.5\times10^{-4}Q^2$(Q 的单位为 m^3/h)。当调节阀全开时，试求：

(1)单独使用此泵，管路中的流量(m^3/h)；

(2)将两台这样的泵串联，管路中的流量增加的百分数；

(3)将两台这样的泵并联，管路中的流量增加的百分数。

解 管路特性曲线方程可写为

$$H_e=K+BQ_e^2$$

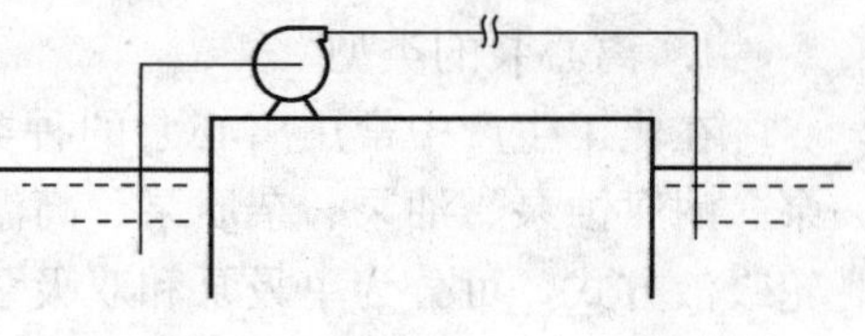

例2-4附图

其中，$K=\Delta z+\dfrac{\Delta p}{\rho g}$。由于 $\Delta z=0$(两池水面高度差可忽略)，$\Delta p=0$，故

$$K=0$$

$$B=\left(\lambda\frac{l+\sum l_e}{d}+\zeta_c+\zeta_e\right)\frac{8}{\pi^2 d^4 g(3\,600)^2}$$

已知($l+\sum l_e+\zeta_c+\zeta_e$)=100 m，代入得

$$B=\left(0.03\times\frac{100}{0.1}\right)\frac{8}{\pi^2\times0.1^4\times g(3\,600)^2}=1.91\times10^{-3}$$

所以，管路特性曲线方程为

$$H_e=1.91\times10^{-3}Q_e^2 \quad ①$$

(1)用单台泵时

令 $H=H_e$，式①与泵的特性曲线方程 $H=20-5.5\times10^{-4}Q^2$ 联立求解可得

$$Q_{单}=90.2\ m^3/h$$

(2)两台泵串联工作时

将串联工作时 $Q=Q_{串}$，$H=H_{串}/2$ 代入单台泵的特性曲线方程，可求得串联组合特性曲线为

$$\frac{H_{串}}{2}=20-5.5\times10^{-4}Q_{串}^2$$

$$H_{串}=40-1.1\times10^{-4}Q_{串}^2 \quad ②$$

令 $H_{串}=H_e$，式①与式②联立求解可得

$$Q_{串}=115.3\,\mathrm{m^3/h}$$

所以，与单台泵相比，流量增加的百分数为

$$\frac{Q_{串}-Q_{单}}{Q_{单}}\times 100\%=\frac{115.3-90.2}{90.2}\times 100\%=27.8\%$$

(2)两台泵并联工作时

将并联工作时 $H=H_{并}$，$Q=Q_{并}/2$ 代入单台泵的特性曲线方程，可求得并联组合特性曲线为

$$H_{并}=20-5.5\times 10^{-4}\left(\frac{Q_{并}}{2}\right)^2=20-1.375\times 10^{-4}Q_{并}^2 \quad ③$$

令 $H_{并}=H_e$，式①与式③联立求解可得

$$Q_{并}=98.8\,\mathrm{m^3/h}$$

所以，与单台泵相比，流量增加的百分数为

$$\frac{Q_{并}-Q_{单}}{Q_{单}}\times 100\%=\frac{98.8-90.2}{90.2}\times 100\%=9.5\%$$

由上述结果可知，在本题情况下泵串联增加流量较泵并联增加流量大，其原因应为管路是高阻管路系统所致。

2.1.8 离心泵的类型与选用

1. 离心泵的类型

在化工生产中常用离心泵的种类很多。如按输送液体性质和使用条件，可分为清水泵、耐腐蚀泵、油泵、杂质泵、高温泵、高温高压泵、低温泵、液下泵、屏蔽泵等；按叶轮吸液方式，可分为单吸泵和双吸泵；按叶轮数目，可分为单级泵和多级泵。各种类型离心泵按其结构特点自成一个系列，同一系列中又有多种规格。泵样本中列有各类离心泵的性能和规格可供选用。下面仅对几种主要类型作简要介绍。

(1)清水泵

清水泵是应用最广泛的离心泵之一。工业生产中用于输送各种工业用水以及物理、化学性质类似于水的其他液体。

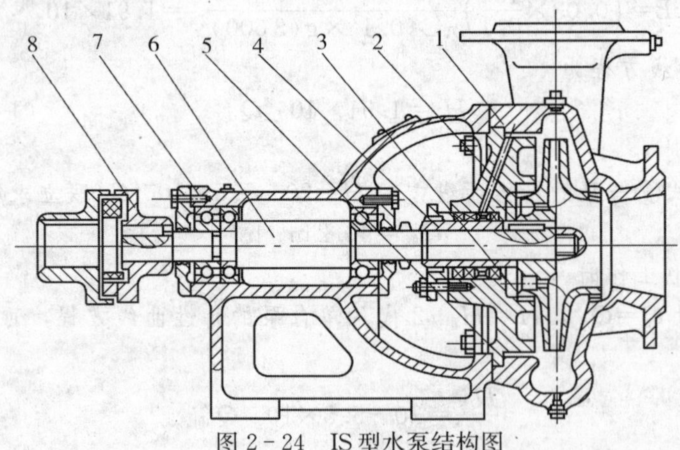

图 2-24 IS 型水泵结构图

1—泵体；2—叶轮；3—密封环；4—护轴；5—后盖；6—泵轴；7—托架；8—联轴器部件

普通的清水泵是单级单吸悬臂式离心泵，其系列代号为“IS”，结构如图 2-24 所示。全系列扬程范围 8～98m，流量 4.5～360 m^3/h。若所要求流量下其扬程高于单级泵所能提供的扬程时，可采用多级离心泵，其系列代号为“D”，结构如图 2-25 所示。全系列扬程范围 14～351 m，流量 10.8～850 m^3/h。若所要求流量较大而所需扬程并不高时，可采用双吸离心泵，其系列代号为“Sh”。全系列扬程范围 9～140 m，流量 120～12 500 m^3/h。

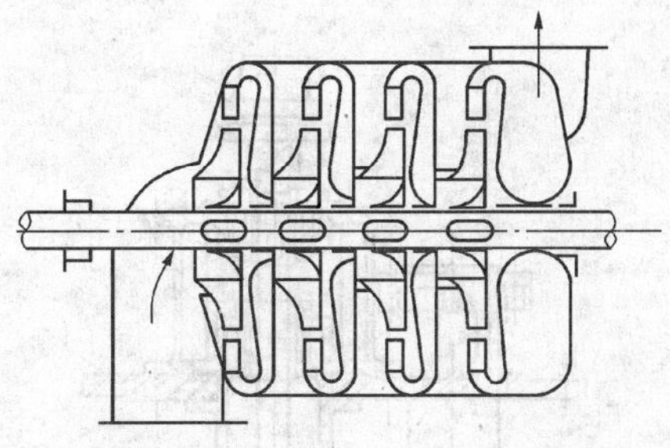

图 2-25　多级离心泵示意图

(2)耐腐蚀泵

输送酸、碱和浓氨水等腐蚀性液体时，必须用耐腐蚀泵。耐腐蚀泵中所有与腐蚀性液体接触的各种部件都需要用耐腐蚀材料制造，其系列代号为“F”。F 型泵多采用机械密封装置，以保证高度密封要求。F 型泵全系列扬程范围 15～105 m，流量 2～400 m^3/h。

F 型泵可采用多种耐腐蚀材料制造，在 F 后面再加一个字母表示材料代号，如 FH 表示由灰口铸铁制造，用于输送浓硫酸。

需要指出的是，用玻璃、陶瓷、橡胶等材料制造的耐腐蚀泵，多为小型泵，不属于系列“F”。

(3)油泵

输送石油产品的泵称为油泵。因油品易燃易爆，因此要求油泵必须有良好的密封性能。当输送高温油品(如 200℃)时，需采用具有良好冷却措施的高温泵，其轴承和轴封装置都带有冷却水夹套，运转时通冷水冷却。

油泵的系列代号为“Y”，双吸式为“YS”。全系列扬程范围 60～603 m，流量 6.25～500 m^3/h。

(4)液下泵

液下泵在化工生产中作为一种化工过程泵或流程泵得到广泛应用。液下泵通常被安装在液体贮槽内，如图 2-26 所示。其对轴封要求不高，适用于输送化工过程中各种腐蚀性液体，既节省空间又可改善操作环境。其缺点是效率不高。液下泵的系列代号为“FY”。

(5)屏蔽泵

屏蔽泵是一种无泄漏泵，其叶轮和电机联为一个整体并密封在同一泵壳内，不需要轴封装置，又称为无密封泵，如图 2-27 所示。

近年来屏蔽泵发展很快，在化工生产中常用来输送易燃、易爆、剧毒以及具有放射性的液体。其缺点是效率不高。

在泵的产品目录或样本中，泵的型号由字母和数字组合而成，以代表泵的类型和规格。举例说明如下：

IS100-80-125

其中，IS——单级单吸离心水泵；

100——泵的吸入管内径，mm；

80——泵的排出管内径，mm；

125——泵的叶轮直径，mm。

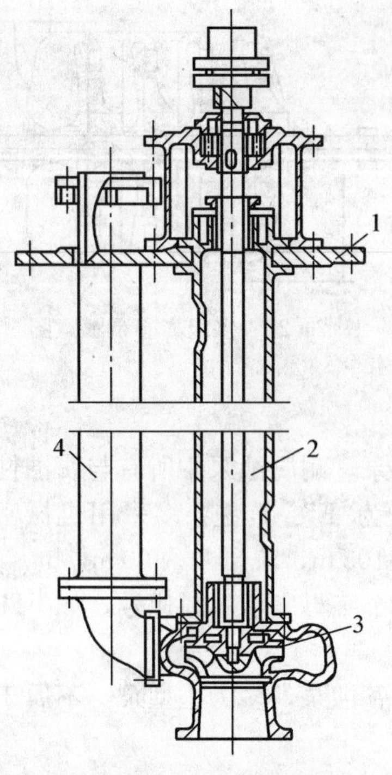

图 2-26　液下泵

1—安装平板；2—轴套管；3—泵体；4—压出导管

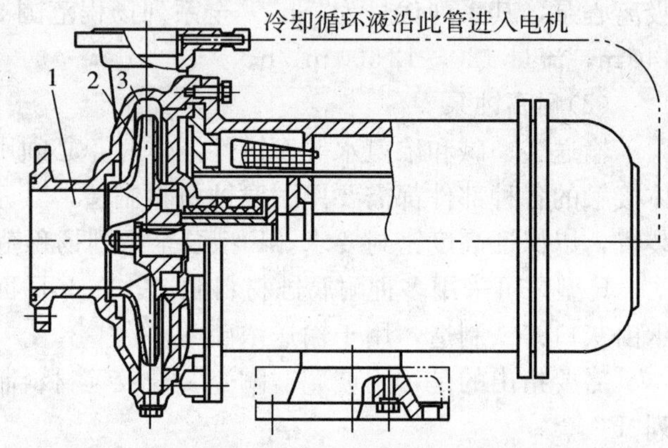

图 2-27　屏蔽泵

1—吸入口；2—叶轮；3—集液室

40FM1-26

其中，40——泵吸入口直径，mm；

F——悬臂式耐腐蚀泵；

M——与液体接触部件的材料代号(M 表示铬镍钼钛合金钢)；

1——轴封类型代号(1 代表单端面密封)；

26——泵的扬程，m。

65Y-100×2A

其中，65——泵吸入口直径，mm；

Y——单吸离心油泵；

100——泵的单级扬程，m；

2——叶轮级数；

A——该型号泵比基本型号 65Y-100×2 离心油泵叶轮直径小一级。

2. 离心泵的选用

离心泵的选用原则上可按下述步骤进行：

①根据被输送液体的性质和操作条件确定泵的类型。

②按生产任务给定的输送量要求 Q_e，根据实际管路布置情况，利用柏努利方程求出所需的压头。

③从泵的样本或产品目录中所列出的性能表或系列特性曲线(如图 2-12 所示)选择合适的型号。在泵的选择过程中，可能会有几种型号的泵同时在最佳工作范围内满足流量和

压头的要求。遇到这种情况，可分别确定泵的工作点，比较各泵在工作点的效率。通常应选择效率最高的，但也要参考泵的价格。

泵的型号选定后，应列出泵的有关性能参数和转速。

④若输送液体的密度大于水的密度，需核算泵的轴功率。

【例 2-5】 常压贮槽内盛有石油产品，其密度为 760 kg/m³，粘度小于 20 mm²/s，在贮存条件下饱和蒸气压为 80 kPa，现需将此油品以 15 m³/h 的流量送往表压强为 177 kPa 的设备内。贮槽液面恒定，设备的油品入口比贮槽液面高 5 m；泵的吸入管和排出管均为内径 65 mm 的钢管；吸入管路和排出管路全部压头损失分别为 1 m 和 4 m。试选择合适型号的离心泵。

解 由于输送的是油品，故需选择 Y 型离心泵。泵的型号可根据所给定的流量及所给条件计算出所需的压头来确定。

在贮槽液面和设备入口处截面间列柏努利方程，并以贮槽液面为基准面，则

$$z_1+\frac{p_1}{\rho g}+\frac{u_1^2}{2g}+H_e=z_2+\frac{p_2}{\rho g}+\frac{u_2^2}{2g}+H_f$$

已知

$$z_2-z_1=5\,\text{m},\ p_1=0(\text{表压}),\ p_2=177\times10^3\ \text{Pa}(\text{表压})$$

$$u_1\approx0(\text{槽液面恒定}),\ d=0.065\,\text{m},\ u_2=\frac{V_s}{A}=\frac{4\times15}{3\,600\times3.14\times0.065^2}=1.26(\text{m/s})$$

$$H_f=H_{f\,吸入}+H_{f\,排出}=1+4=5(\text{m})$$

将上述数据代入柏努利方程：

$$H_e=(z_2-z_1)+\frac{p_2}{\rho g}+\frac{u_2^2}{2g}+H_f$$

$$=5+\frac{177\times10^3}{760\times9.81}+\frac{1.26^2}{2\times9.81}+5=33.82(\text{m})$$

根据 $Q_e=15\,\text{m}^3/\text{h}$ 和 $H_e=33.82\,\text{m}$，从附录十三 Y 型 系列中选取 65Y-60B 型离心泵。在 $n=2\,950\,\text{r/min}$ 下的有关性能参数为

$Q=19.8\,\text{m}^3/\text{h}$，$H=38\,\text{m}$，$N=3.75\,\text{kW}$，$\eta=55\%$，允许气蚀余量 $\Delta h=2.6\,\text{m}$

输送密度为 760 kg/m³ 的油品，泵的轴功率为

$$N=\frac{QH\rho}{102\eta}=\frac{15\times33.82\times760}{3\,600\times102\times0.55}=1.91(\text{kW})$$

结果表明，这种条件下原配泵的电动机功率(5.5kW)可适当减小。

2.2 其他类型液体输送机械

2.2.1 往复泵

往复泵是活塞泵、柱塞泵和隔膜泵的总称，它是应用比较广泛的容积式泵。按驱动方式分，往复泵可分为机动泵(电动机驱动)、直动泵(蒸汽、气体或液体驱动)和手动泵三大类。其中以机动泵最为常见。

1. 往复泵

图 2－28 所示为往复泵的装置简图，它主要由泵缸、活塞、活塞杆、单向开启的吸入阀和排出阀组成。泵缸内活塞与阀门间的空间称为工作室。

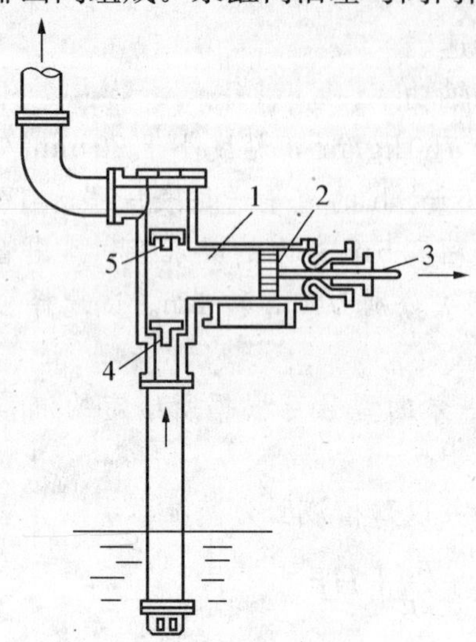

图 2－28 往复泵装置简图
1—泵缸；2—活塞；3—活塞杆；
4—吸入阀；5—排出阀

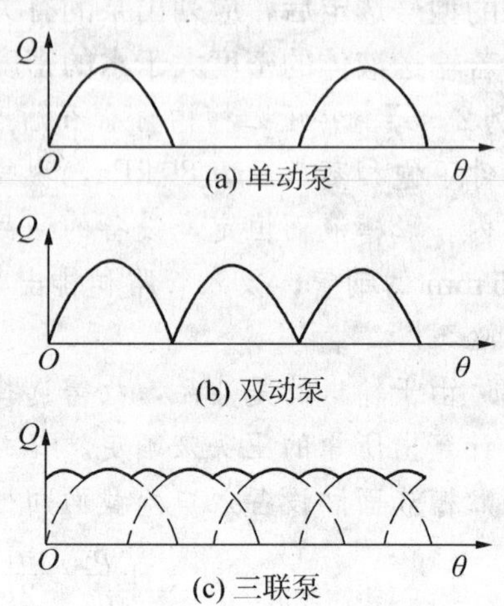

图 2－29 往复泵的流量曲线

(1)工作原理

当活塞自左向右移动时，工作室的容积增大形成低压，贮槽内的液体在大气压力作用下，顶开吸入阀而进入泵内，排出阀在排出管内液体压力的作用下而关闭，活塞移到右端点时完成吸入行程。此时，工作室的容积最大，吸入的液体量也达到最大。其后，活塞改变为自右向左移动，泵体内液体受到挤压使得其压力增高，吸入阀因受压关闭，当压力增大到可以克服排出管内液体压力时，排出阀被推开，泵体内液体压出到排出管。活塞移到左端点时，排液完毕，完成了一个工作循环。活塞如此不断往复运动，液体则间断地被吸入泵缸和压出到管路，达到输液目的。

活塞从左端点到右端点(或相反)的运行距离称为冲程或位移。活塞在一次往复过程中，吸液和排液各一次，这种往复泵叫做单动泵。单动泵由于吸液时不排液，其排液量随活塞移动波动很大，如图 2－29a 所示。

为了改变单动泵流量的不均匀性，设计出双动泵和三联泵。由于在双动泵的活塞两侧的泵体内均装有吸入阀和排出阀，因此，活塞在往复移动一次的过程中，可吸液和排液各两次，其排液量随活塞移动波动较小，如图 2－29b 示出。三联泵也称为三缸单动往复泵，由于各缸曲柄位置相错，使得在一个工作循环中，吸液和排液各有 3 次，其排液量随活塞移动波动更小，如图 2－29c 所示。

(2)性能特点

① 流量(排液能力)。由于往复泵的排液量是依工作室的容积而定的，因此，往复泵的流量仅与泵的几何尺寸和活塞的往复次数有关，而与泵的压头及管路情况无关。

往复泵的理论平均流量可按下式计算，写为

单动泵

$$Q_T = ASn_r \tag{2-30}$$

式中，Q_T——往复泵的理论平均流量，m^3/min；

A——活塞的截面积，m^2；

S——活塞的冲程，m；

n_r——活塞每分钟的往复次数，次/min。

双动泵

$$Q_T=(2A-a)Sn_r \tag{2-31}$$

式中　a——活塞杆的截面积，m^2。

由于活塞衬填不严、吸入阀和排出阀启闭不及时，且随着压头的增大，液体漏失量加大等原因，往复泵的实际流量比理论流量小。

$$Q=\eta_V Q_T \tag{2-32}$$

式中，Q——往复泵的实际流量，m^3/min；

η_V——容积效率，其值在0.85～0.99的范围内，一般来说泵愈大，容积效率愈高。

② 压头。往复泵的压头仅与缸体材料的机械强度及原动机的允许功率有关，而与泵的几何尺寸无关。理论上其所提高的压头可无限地增大，但受材料机械强度和原动机允许功率限制，以及压力大，活塞环、轴封等处易发生泄漏，其压头还是有一定限制的。

③ 特性曲线与工作点。图2-30a所示表示往复泵流量与压头的特性曲线。由图可见，在压头不太高的情况下，往复泵的实际流量Q基本保持不变；仅在压头较高的情况下，Q随H升高而略有下降。

往复泵的工作点，同样是往复泵的特性曲线与管路特性曲线的交点，如图2-30b中点M所示。由图可见，工作点随管路曲线不同只是在垂直方向上变动，即Q不变而H增减。

值得一提的是，往复泵的输液能力只取决于活塞的位移而与管路情况无关，泵的压头仅依输液系统要求而定，这种性质称为正位移特性，具有这种特性的泵就称为正位移(定排量)泵。往复泵是正位移泵的一种。

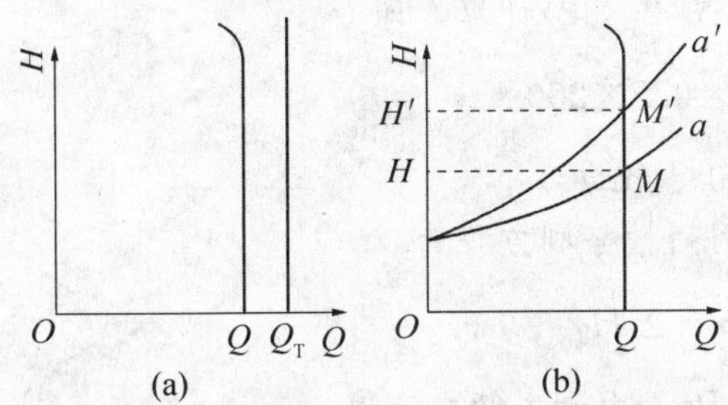

图2-30　往复泵的特性曲线和工作点

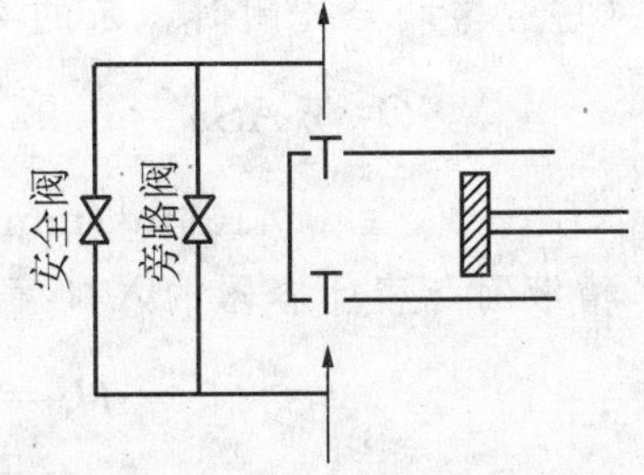

图2-31　往复泵旁路调节流量示意图

(3)流量调节

由于往复泵属于正位移泵，其流量与管路特性无关，因此不能像离心泵那样采用出口阀来调节流量。往复泵的流量调节方法有如下两种：

①旁路调节。图2-31所示为往复泵旁路调节流量示意图。在泵吸入与排出管口间连接安装有一旁路阀，泵启动后一部分液体可经旁路阀返回吸入管路，从而达到改变调节主管路中流量的目的。显然，旁路调节流量并没有改变泵的总流量，只是改变了流量在旁路和主管路之间的分配。这种调节方法会造成功率的无谓消耗，经济上并不合理，但对于流量变化幅度较小的经常性调节非常方便，生产中常采用。

②改变活塞冲程和往复频率。由式(2-30)和式(2-31)可知，调节活塞冲程 S 或往复频率 n_r 均可达到改变流量的目的。对于由电动机驱动的往复泵，可通过调节与往复泵连接的减速装置的传动比或曲柄的偏心距离，便可达到目的。这种方法能量利用合理，但不适于较频繁调节流量的场合。

对于输送易燃、易爆液体由蒸汽推动的往复泵，可以很方便地调节蒸汽缸的蒸汽压强，实现流量调节。

(4)往复泵的安装高度

往复泵的吸上真空度取决于贮槽液面上方的压力、液体的性质和温度、活塞的运动速度等因素，因此往复泵的吸上高度也有一定的限制。

与离心泵不同的是，往复泵内的低压是靠工作室的扩大形成的，往复泵有自吸作用。因此，往复泵在启动前无需向泵内灌满所输送的液体。

综上所述，往复泵主要适用于小流量、高压强、高粘度液体的输送，不能用于输送腐蚀性液体和含有固体颗粒的悬浮液。

【例 2-6】 单动往复泵活塞的直径为 120 mm，冲程为 200 mm，往复次数为 200 次/min，用以向表压为 3.14×10^5 Pa 的密闭容器输送密度为 1 200 kg/m³ 的粘稠液体。贮槽液面与密闭容器的入口管(中心截面)间相距 18.5 m。在泵进、出口间设有旁路，主管内径为 50 mm，总长度为 80 m(包括所有局部阻力的当量长度)，旁路内径为 25 mm。主管和旁路中摩擦系数均取 0.03，在操作范围内泵的总效率和容积效率分别为 0.8 和 0.92。试计算：

(1)旁路阀全关闭时主管的流量和泵的轴功率。

(2)若用旁路调节使得主管流量减少 20%，旁路的总长度(包括所有局部阻力的当量长度)及泵的轴功率。

(3)若改变冲程使得主管流量减少 20%，泵的轴功率。

解 (1)旁路阀全关闭时，泵的实际流量可由式(2-32)计算，即

$$Q=\eta_V ASn_r=0.92\times\frac{\pi}{4}\times0.12^2\times0.2\times200$$

$$=0.416(\mathrm{m^3/min})=6.933\times10^{-3}(\mathrm{m^3/s})$$

在贮槽液面与密闭容器的入口管(中心截面)间列柏努利方程为

$$H_e=\Delta z+\frac{\Delta p}{\rho g}+\frac{\Delta u}{2g}+\sum H_f$$

已知，$\Delta z=18.5\mathrm{m}$，$\Delta u=0$，$\Delta p=3.14\times10^5$ Pa，由于主管内流速

$$u_{主}=\frac{Q}{A}=\frac{6.933\times10^{-3}\times4}{\pi(0.05)^2}=3.53(\mathrm{m/s})$$

故

$$\sum H_f=0.03\times\frac{80}{0.05}\times\frac{3.53^2}{2\times9.81}=30.5(\mathrm{m})$$

将上述已知数据代入，得

$$H_e=18.5+\frac{3.14\times10^5}{9.81\times1\,200}+0+30.5=75.67(\mathrm{m})$$

所以，泵的轴功率为

$$N=\frac{QH_e\rho}{102\eta}=\frac{6.933\times10^{-3}\times75.67\times1\,200}{102\times0.8}=7.72(\mathrm{kW})$$

(2)主管流量减少 20%时，主管内流速为

$$u'_{主}=\frac{4}{5}\times 3.53=2.824(\mathrm{m/s})$$

$$\sum H'_f=0.03\times\frac{80}{0.05}\times\frac{2.824^2}{2\times 9.81}=19.51(\mathrm{m})$$

$$H'_e=18.5+\frac{3.14\times 10^5}{9.81\times 1\,200}+0+19.51=64.68(\mathrm{m})$$

泵的轴功率为

$$N'=\frac{6.933\times 10^{-3}\times 64.68\times 1\,200}{102\times 0.8}=6.59(\mathrm{kW})$$

对于旁路，泵对它提供的压头也为 64.68m，旁路的流速为

$$u_{旁}=\frac{0.2\times Q}{A'}=\frac{0.2\times 6.933\times 10^{-3}\times 4}{\pi(0.025)^2}=2.826(\mathrm{m/s})$$

旁路管长(包括所有局部阻力当量长度)为

$$\left(l+\sum l_e\right)_{旁}=\frac{2H'_e g d_{旁}}{\lambda u_{旁}^2}=\frac{2\times 64.68\times 9.81\times 0.03}{0.03\times 2.826^2}=158.9(\mathrm{m})$$

(3)改变冲程使得流量减少 20%，即通过泵的流量为原来的 80%，主管要求的压头还应为 64.68 m，那么泵的轴功率为

$$N=\frac{Q'H'_e\rho}{102\eta}=\frac{0.8\times 6.933\times 10^{-3}\times 64.68\times 1\,200}{102\times 0.8}=5.28(\mathrm{kW})$$

由上述计算结果可看出，用改变冲程的方法调节往复泵流量较经济。但若需经常进行流量调节，用旁路调节比较方便。

2. 计量泵

计量泵又称为比例泵，其操作原理与往复泵相同。图 2-32 所示是计量泵的一种形式，其特点是通过调节偏心轮的偏心距离来改变柱塞的冲程，以达到调节流量的目的。计量泵可严格控制和调节流量，适用于要求输送量精确而又方便调节的场合，例如化工厂中向反应器输送液体。此外，可采用由一台电动机带动几台计量泵的方法将几种液体物料按比例输送和混合。

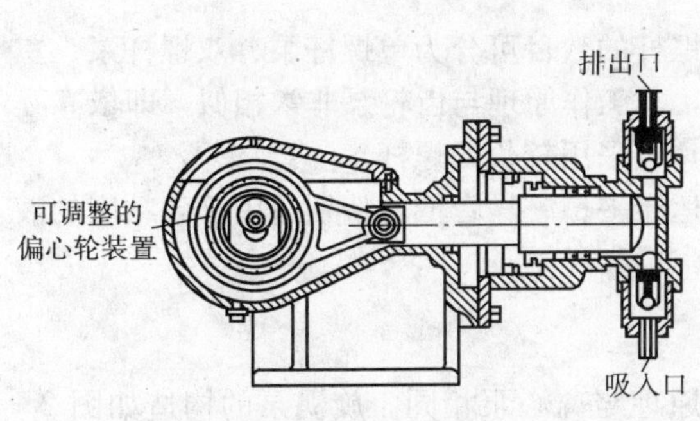

图 2-32 计量泵

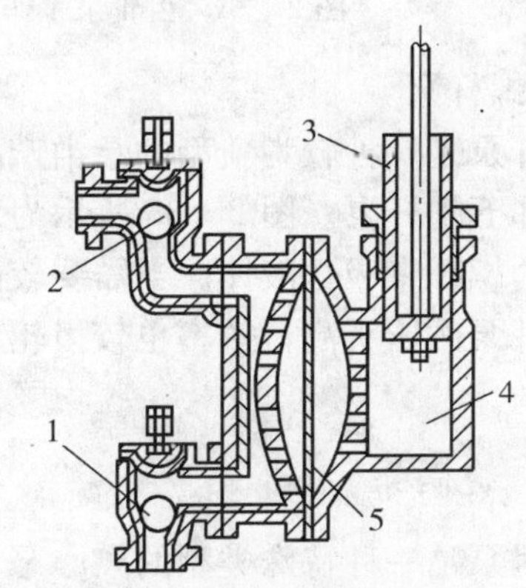

图 2-33 隔膜泵

1—吸入活门；2—压出活门；3—活柱；4—水(或油)；5—隔膜

3. 隔膜泵

隔膜泵实际上就是柱塞泵，如图 2-33 所示。其特点是借助弹性隔膜将被输送液体与活柱隔开，从而使活柱和缸体得以保护。隔膜左侧与液体接触部分由耐腐蚀材料制造或涂一层耐腐蚀物质；隔膜右侧则充满水或油。当柱塞作往复运动时，逼使隔膜交替地向两侧弯曲，将被输送液体吸入和排出。弹性隔膜通常采用耐腐蚀橡胶或弹性金属薄片制成。

隔膜计量泵适用于定量输送有毒、易燃、易爆和腐蚀性液体的场合。

2.2.2 旋转泵

1. 齿轮泵

齿轮泵是正位移泵的另一种类型。如图 2-34a 所示，其泵壳内有一对相互啮合的齿轮，一个由电动机带动旋转，称为主动轮，另一个靠与主动轮的啮合而转动，称为从动轮。两齿轮将泵内空间分成互不相通的吸入腔和压出腔。当齿轮按图中箭头方向旋转时，吸入腔内两轮的齿互相拨开，形成低压而将液体吸入；然后液体分两路封闭于齿穴和壳体之间随齿轮向压出腔旋转，在压出腔两齿轮互相合拢，形成高压而将液体排出。此种泵容易制造，工作可靠，有自吸能力，但流量和压头有些波动，且有噪音和振动。为消除上述缺陷，近年来已逐步使用如图 2-34b 所示的内啮合式齿轮泵，它较外啮合齿轮泵工作平稳，但制造较复杂。

齿轮泵的流量小，但可产生较高的压头。化工厂常用于输送粘稠液体甚至膏状物料，但不能输送含有固体颗粒的悬浮液。

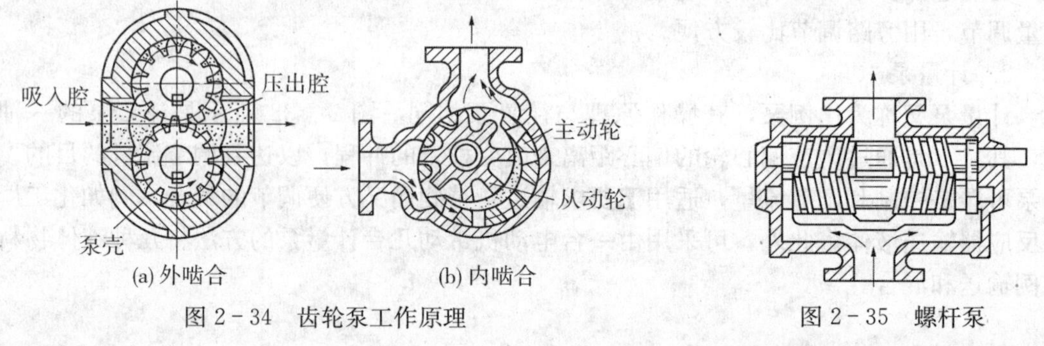

(a) 外啮合　(b) 内啮合

图 2-34　齿轮泵工作原理

图 2-35　螺杆泵

2. 螺杆泵

螺杆泵是一种较为新型的泵类产品。其按螺杆的数目可分为单螺杆泵、双螺杆泵、三螺杆泵和五螺杆泵。图 2-35 所示为双螺杆泵，其工作原理与齿轮泵非常相似，即依靠互相啮合的螺杆来吸送液体。当需要较高压头时，可采用较长的螺杆。

螺杆泵的压头高，效率也较齿轮泵高，且运转平稳、噪音低，特别适用于高粘度的液体的输送。

2.2.3 旋涡泵

旋涡泵是一种特殊类型的离心泵，其工作原理与离心泵相同。旋涡泵的构造如图 2-36a 所示，主要由叶轮和泵壳组成。叶轮和泵壳之间形成引液道，吸入口和排出口之间由间壁隔开。叶轮上有呈辐射状排列、多达数十片的叶片，如图 2-36b 所示。当叶轮旋转时，泵内液体随叶轮旋转，同时又在各叶片与引液道之间作反复迂回运动，被叶片多次拍击而获得较高的能量。

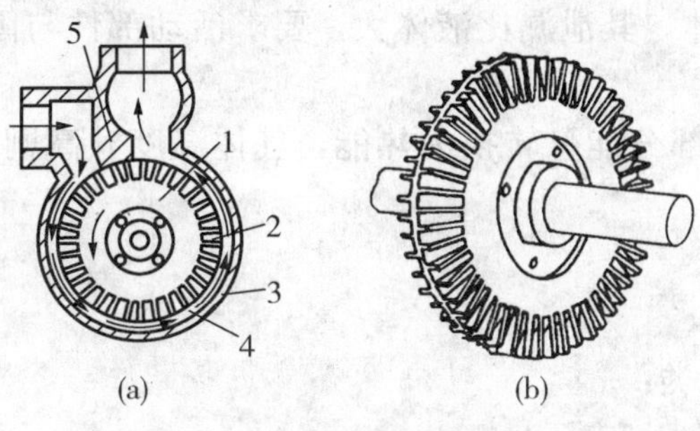

图 2-36　旋涡泵

1—叶轮；2—叶片；3—泵壳；4—引液道；5—间壁

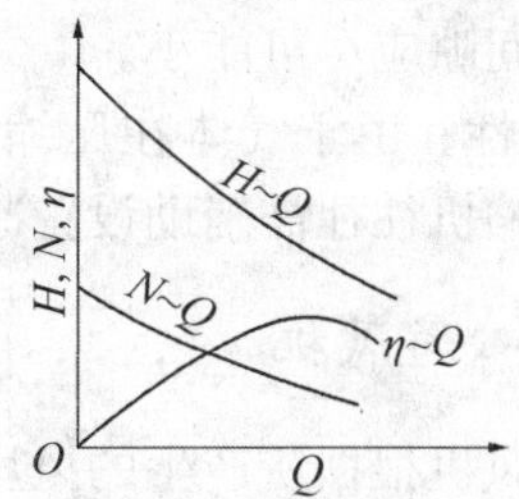

图 2-37　旋涡泵的特性曲线

旋涡泵内液体在叶片与引液道之间的反复迂回是靠离心力的作用，因此，旋涡泵在启动前与离心泵相同，需向泵内灌满所输送液体。但是，由于泵内液体剧烈地旋转使能量损失增大，故旋涡泵的效率比离心泵低；此外，其特性曲线也与离心泵的不同，如图 2-37 所示。由图可见，旋涡泵的压头和功率均随流量的减少而增加，所以启动旋涡泵时出口阀应全开，并采用旁路调节流量。

旋涡泵适用于输送流量小、压头高且粘度不高的清洁液体。

2.3　气体输送和压缩机械

气体输送和压缩机械在化工生产中应用相当广泛，主要方面包括：

(1)输送气体

气体在流动过程中将产生流动阻力，为了达到任务规定的输送量要求，往往需对气体外加压力，这一外加压力通常由气体输送和压缩机械来提供。

(2)产生高压气体

有些化学反应或单元操作需在一定压力甚至很高压力下进行，如氨的合成(化学反应)、用水吸收二氧化碳(单元操作)等。

(3)产生真空

有些单元操作要求在减压下进行，如真空过滤、真空蒸发、减压蒸馏等。

气体输送和压缩机械按结构及工作原理，可分为离心式、往复式、旋转式与液体作用式等。还可按出口气体的终压(表压)或压缩比(指压送机械出口与入口气体绝对压力的比值)进行分类，即

① 通风机：出口压力不大于 15 kPa(表压)，压缩比为 1～1.15；

② 鼓风机：终压 15～294 kPa(表压)，压缩比小于 4；

③ 压缩机：终压 294 kPa(表压)以上，压缩比大于 4；

④ 真空泵：用于减压，终压为大气压，其压缩比由真空度决定。

气体输送机械的基本结构、工作原理与液体输送机械大体相同，但由于气体与液体在性质上的差异，从而使气体输送机械与液体输送机械存在不同：

① 密度差别。由于气体的密度远小于液体，故要求气体输送机械中各活动部件(如阀

门、转子等)应更轻便、灵活。

② 粘度差别。由于气体的粘度远小于液体，其泄漏比液体大，要求活动部件与固定部件之间的间隙应尽可能小。

③ 压缩性。由于气体在压缩过程中有一部分能量转换为热能，气体温度升高剧烈，对于气体压缩机往往需辅助设置冷却装置。

2.3.1 离心通风机

离心通风机根据所产生的风压不同分为三类：

①低压离心通风机：出口风压低于 1×10^3 Pa(表压)；

②中压离心通风机：出口风压介于 $1\times10^3\sim3\times10^3$ Pa(表压)；

③高压离心通风机：出口风压介于 $3\times10^3\sim15\times10^3$ Pa(表压)。

工业上常用的通风机有轴流式和离心式两类。

1. 离心通风机的结构与工作原理

离心通风机的结构如图 2-38 所示，其主要构件有机壳和叶轮等。机壳为蜗牛状，而气体流道的断面有两种：一种为方形，多为低、中压通风机采用；另一种为圆形，多为高压通风机采用。叶轮上叶片数目较多，低压通风机的叶片多为平直的，与轴心呈辐射状安装；中、高压通风机的叶片则是后弯的，所以高压通风机的外形及结构与单级离心泵极为相似。

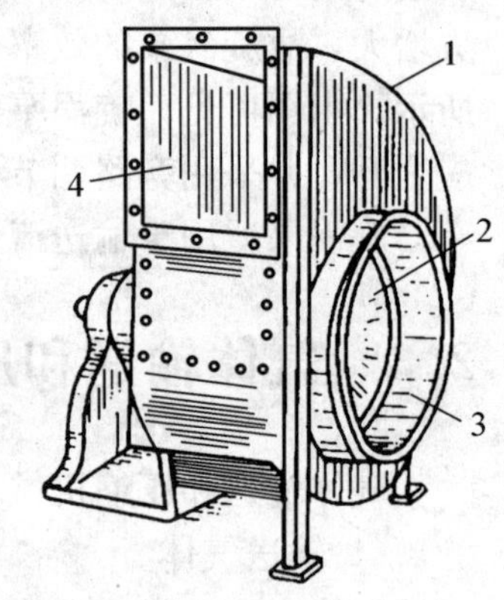

图 2-38 低压离心通风机
1—机壳；2—叶轮；3—吸入口；4—排出口

离心通风机的工作原理与离心泵大致相同。风机的叶轮通过联轴器或皮带轮与电动机相连接，在电动机的带动下高速转动，使得叶片间的气体获得离心力而从叶轮外缘甩出，进入到流道截面逐渐扩大的机壳内，其速度不断减慢而压力则逐渐增大后经排出口排出。另一方面，由于叶轮中心的气体被甩出后，叶轮中心形成负压(低于大气压)，所以，空气可在大气压力作用下从吸入口压入到叶轮中心。

2. 离心通风机的性能参数

离心通风机的主要性能参数有风量、风压、轴功率和效率。由于气体通过风机的压力变化不大于入口压力的 20%，在风机内运动的气体可视为不可压缩流体，所以前面推导得到的离心泵的基本方程式也可用来分析离心通风机的性能。

(1)风量

风量是指单位时间内从风机出口排出的气体体积(以风机进口状态计)；用 Q 表示，单位为 m^3/h。

(2)风压

离心通风机的风压是指单位体积气体流过风机时所获得的能量；用 H_T 表示，单位为 N/m^2 或 Pa(习惯上常用 mmH_2O 来计量)。

风压通常由试验测定，若取风机进口截面 1-1′和出口截面 2-2′，可由以单位体积为基准的柏努利方程得到离心通风机的风压为

$$H_T = W_e \rho = (z_2 - z_1)\rho g + (p_2 - p_1) + \frac{u_2^2 - u_1^2}{2}\rho + \rho \sum h_{f,1-2}$$

因式中 ρ 及 $(z_2 - z_1)$ 的值都很小，故 $(z_2 - z_1)\rho g$ 一项可忽略；风机进、出口管段很短，$\rho \sum h_{f,1-2}$ 项也可忽略；又若风机进口处与大气相通，并取进口截面 1 - 1′外侧，则上式可简化为

$$H_T = (p_2 - p_1) + \frac{u_2^2}{2}\rho \qquad (2-33)$$

式中 $(p_2 - p_1)$ 称为静风压，以 H_{st} 表示；$\rho u_2^2/2$ 称为动风压。可见，离心通风机的风压为静风压与动风压之和，又称全风压。通风机性能表上所列的风压是指全风压。

由式(2 - 33)可知，风机的风压随进入风机的气体密度而变。风机性能表所列出的风压是在 20℃、101.3 kPa 条件下用空气作为介质测定的。该条件下空气的密度为 1.2 kg/m³。若实际操作条件与上述实验条件不同，应按下式将操作条件下的风压 H'_T 换算为实验条件下的风压 H_T 才能选择风机。

$$H_T = H'_T \frac{\rho}{\rho'} = H'_T \frac{1.2}{\rho'} \qquad (2-34)$$

(3)轴功率与效率

离心通风机的轴功率为

$$N = \frac{H_T Q}{1\,000\eta} \qquad (2-35)$$

式中，N——轴功率，kW；

H_T——全风压，Pa；

Q——风量，m³/s；

η——效率，因按全风压定出，故又称全压效率。

注意，在应用式(2-35)计算轴功率时，式中 Q 和 H_T 必须为同一状态下的数值。

3. 离心通风机的特性曲线

图 2 - 39 所示为离心通风机的特性曲线，一般由生产厂家在上述条件下(即 20℃和 101.3 kPa)通过实验测定给出。它表示在一定转速下某型号通风机的风量 Q 与全风压 H_T、静风压 H_{st}、轴功率 N 和效率 η 四者之间的关系。很明显离心通风机的特性曲线中比离心泵的特性曲线多了一条 $Q \sim H_{st}$ 关系曲线。

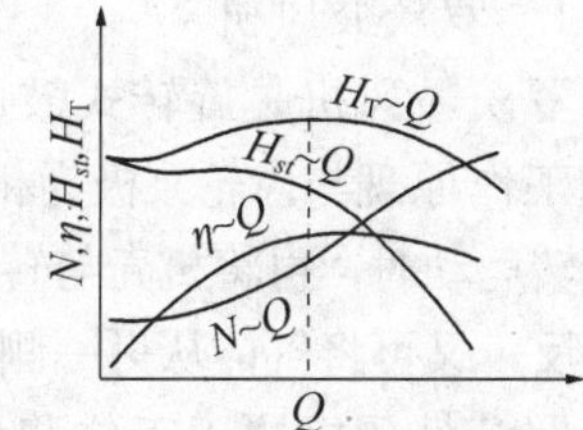

图 2 - 39 离心通风机的特性曲线

4. 离心通风机的选用

离心通风机的选用步骤大体如下：

(1)根据管路布局和工艺要求，利用柏努利方程计算输送系统所需的实际风压 H'_T，其后按式(2 - 34)换算为实验条件下的风压 H_T。

(2)根据所输送气体的性质(如洁净空气、易燃、易爆或腐蚀性气体及含尘气体)和所需风压范围，确定风机的类型。通常对于洁净空气或与空气性质相近的气体，可选用一般类型的离心通风机。常用的中、低压离心通风机有 4 - 72 型，高压离心通风机有 8 - 18 型和 9 - 27 型。

(3)依实验条件下的风压 H_T 和所要求的实际风量(以风机进口状态计)，由风机样本

的性能表或特性曲线选择合适的风机型号并核算轴功率。

【例 2-7】 现需将常压下温度为 30℃ 的空气输送至一个常压设备。要求输送风量为 $12\,000\,m^3/h$。已知输送管内径为 0.5 m，管长 250 m(包括所有局部阻力当量长度)，估计摩擦系数为 0.018。试选择合适的风机型号并核算轴功率。

解 操作条件下的实际风压为

$$H'_T=\lambda\frac{l+\sum l_e}{d}\cdot\frac{\rho u_2^2}{2}$$

已知 $(l+\sum l_e)=250\,m$，$d=0.5\,m$，$\lambda=0.018$，由附录二查得常压下 30℃ 的空气的密度 $\rho=1.165\,kg/m^3$，$u=\frac{12\,000\times 4}{3\,600\times\pi\times 0.5^2}=16.99(m/s)$，故

$$H'_T=0.018\times\frac{250}{0.5}\times\frac{1.165\times 16.99^2}{2}=1\,513(Pa)$$

利用式(2-34)将操作条件下的风压换算为实验条件下的风压 H_T，即

$$H_T=H'_T\,\frac{1.2}{\rho'}=1\,513\times\frac{1.2}{1.165}=1\,558(Pa)$$

根据 $Q=12\,000\,m^3/h$，$H_T=1\,558\,Pa$，从附录十四给出的性能表中选择确定采用 4-72-11No. 6 离心通风机，其性能参数为：

$n=1\,800\,r/min$， $H_T=1\,569\,Pa$， $Q=12\,700\,m^3/h$， $N=7.3\,kW$， $\eta=91\%$

操作条件下的实际轴功率为

$$N=\frac{H_TQ}{1\,000\eta}=\frac{12\,000\times 1\,513}{3\,600\times 1\,000\times 0.91}=5.54(kW)$$

2.3.2 鼓风机

在化工厂中常用的鼓风机有旋转式和离心式两种类型。

1. 罗茨鼓风机

罗茨鼓风机是旋转式鼓风机中应用最广泛的一种，其结构如图 2-40 所示。罗茨鼓风机的工作原理与齿轮泵极为相似。由于转子端部与机壳、转子与转子之间的缝隙很小，当转子作旋转运动时，可将机壳与转子之间的气体强行按如图方向一侧排出；此外，两转子的旋转方向相反，又可将气体从另一侧吸入。如改变转子的旋转方向，可使吸入口与排出口互换。

罗茨鼓风机属于正位移型，其风量与转速成正比，而与出口压强无关。罗茨鼓风机的风量范围在 $108\sim 32\,400\,m^3/h$ 之间，出口压强不超过 80 kPa。若出口压强太高，泄漏量增加，效率降低。

罗茨鼓风机的出口应安装稳压气柜和安全阀，流量采用旁路调节，出口阀不可完全关闭。罗茨鼓风机工作时，温度不能超过 85℃，否则因转子受热膨胀易发生卡住现象。

2. 离心鼓风机

离心鼓风机又称透平鼓风机，其结构类似于多级离心泵，每级叶轮之间都有导轮，各级叶轮直径大致相等。离心鼓风机的工作原理与离心通风机相同。

图 2-41 所示为一台五级离心鼓风机示意图，气体由进气口吸入后，依次经过各级叶轮和导轮，最后由排气口排出。

离心鼓风机的送气量大，但出口表压一般不超过 300 kPa。由于气体压缩比不高，所

以无需设置冷却装置。

离心鼓风机的选用方法与离心通风机相同。

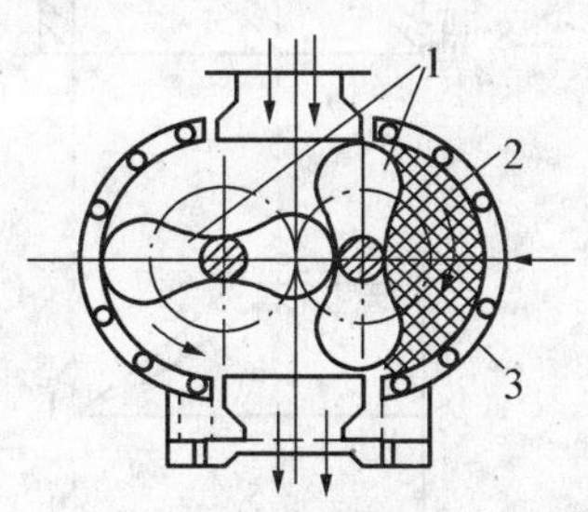

图 2-40　罗茨鼓风机

1—工作转子；

2—所输送的气体空间；3—机壳

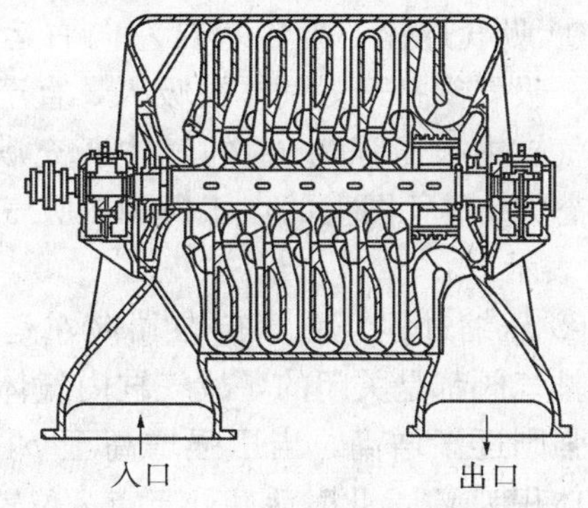

图 2-41　五级离心鼓风机示意图

2.3.3　压缩机

在化工厂中常用的压缩机有离心式和往复式两大类型。

2.3.3.1　离心压缩机

离心压缩机又称为透平压缩机，其工作原理与离心鼓风机完全相同。离心压缩机的叶轮级数多(可在10级以上)，转速也较高，能产生更高的出口压力。由于气体的压缩比较高，气体的体积变化较大，温度升高也比较明显，所以离心压缩机的叶轮直径和宽度逐级缩小，且将叶轮分成若干段，每段包括有数级，段与段之间设置冷却器，以免气体温度过高。

离心压缩机与往复式压缩机相比，具有体积小、重量轻、运行平稳、操作可靠、调节容易、维修方便、流量大而均匀、压缩气可不受油污染等一系列优点。因此，近年来在化工生产中，除要求很高的压缩比外，大多采用离心压缩机。

离心压缩机的缺点是其制造精度要求高，当流量偏离额定值时效率低。

2.3.3.2　往复式压缩机

往复式压缩机与前面介绍的往复泵在结构和工作原理方面基本相似。如结构上其主要部件都由气缸、活塞、吸气阀和排气阀组成。工作原理方面均为依靠活塞的往复运动而将气体吸入和排出。

然而，往复式压缩机吸入和排出的是气体，由于气体是可压缩流体，气体压缩后压强增大、体积减小、温度升高，因而其实际工作过程要比往复泵复杂。

1. 往复式压缩机的工作过程

为了便于分析和讨论，现以图 2-42 所示的单动往复式压缩机为例说明其工作过程。吸入阀S和排气阀D均安装在活塞的一侧，设压缩机入口处气体的压强为 p_1、出口处的压强为 p_2。并假定：

① 被压缩的气体为理想气体；

② 气体经吸入阀和排气阀的流动阻力可忽略不计，所以在吸气过程中气缸内气体压强恒等于入口处的压强 p_1，在排气过程中气缸内气体压强恒等于出口处的压强 p_2；

③ 压缩机无泄漏。

(1)理想压缩循环

如图 2-42 所示，若活塞与气缸盖之间没有间隙（又称为余隙），理想压缩循环依下述三个阶段进行：

① 吸气过程。当活塞自左向右运动时，排气阀关闭，吸气阀打开，气体被吸入，直至活塞移到最右端，气缸内被压强为 p_1 的气体所充满，体积为 V_1，其状态如 $p\sim V$ 图上的点 1 所示，吸气过程由水平线 4-1 表示。

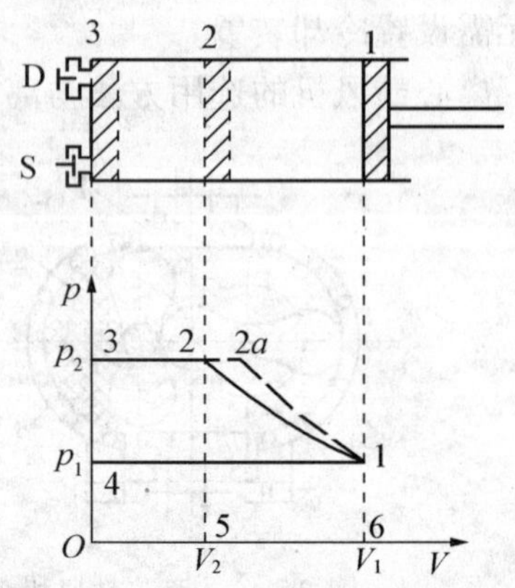

图 2-42　理想压缩循环的 $p\sim V$ 图

② 压缩过程。活塞自右端向左运动，由于吸气阀和排气阀都是关闭的，故气缸内气体体积逐渐减小而压强则逐渐增高，当压强增高至 p_2 时相应气缸内气体体积为 V_2，此时活塞处于点 2 位置上，这一过程称为压缩过程。若压缩过程为等温过程，则气体的状态变化如 $p\sim V$ 图中曲线 1-2 所示；若压缩过程为绝热过程，则气体的状态变化如 $p\sim V$ 图中曲线 1-2a 所示。

③ 排气过程。活塞自点 2 位置继续往左移动时，排气阀被顶开，气缸内气体经排气阀排出到管路，此时气缸内气体压强等于出口处的压强 p_2 而气体体积则不断减小，直至活塞移到最左端的点 3 位置，气缸内气体被排完，这一过程称为排气过程。气体的状态变化如 $p\sim V$ 图中的水平线 2(2a)-3 所示。

当活塞再从左端点 3 稍向右开始移动时，由于活塞与气缸盖之间没有间隙，气缸内无气体，缸内压力马上下降至 p_1；气体状态达到点 4 时，吸入阀又被打开，从而开始下一个循环。

由此可见，一个理想压缩循环所需的外功应为吸气、压缩、排气这三个过程活塞对气体做功的代数和。

在吸气过程中，压强为 p_1 的气体对活塞所做的功是流动功，写为

$$W_1=-p_1V_1$$

W_1 值相当于图 2-42 中 4-1-6-O-4 所包围的面积，负号则表示气体对活塞做功。

在压缩过程中是活塞对气体所做的功，按热力学规定应取为负值，写为

$$W_2=-\int_{V_1}^{V_2}p\mathrm{d}V$$

W_2 值相当于图 2-42 中 1-2-5-6-1 所包围的面积。

在排气过程中是活塞对压强为 p_2 的气体所做的功，应为正值，写为

$$W_3=p_2V_2$$

W_3 值相当于图 2-42 中 2-3-O-5-2 所包围的面积。

所以，一个理想压缩循环所需的外功可写为

$$W=W_1+W_2+W_3=-p_1V_1-\int_{V_1}^{V_2}p\mathrm{d}V+p_2V_2$$

由于 $p_2V_2-p_1V_1=\int_1^2\mathrm{d}(pV)=\int_{p_1}^{p_2}V\mathrm{d}p+\int_{V_1}^{V_2}p\mathrm{d}V$，代入上式化简可得

$$W=\int_{p_1}^{p_2}V\mathrm{d}p \tag{2-36}$$

W 值相当于图 2-42 中 1-2-3-4-1 所包围的面积。

由式(2-36)可知，在一定的吸入和排出压强下，理想压缩循环功仅与气体的压缩过程有关。根据压缩过程中气体和外界的换热情况，可分为等温、绝热和多变三种不同的压缩过程。

① 等温压缩过程。等温压缩过程是指气体被压缩时温度始终保持恒定。由热力学定律可知，$T=T_1=T_2$ 时，气体状态关系为 $p_1V_1=p_2V_2=pV$，那么以 $V=(p_1V_1)/p$ 代入式(2-36)可得

$$W=p_1V_1\ln\frac{p_2}{p_1} \tag{2-37}$$

式中，W——等温压缩循环功，J；

p_1，p_2——分别为吸入、排出气体的压强，Pa；

V_1——吸入气体的体积，m^3。

实际上要保持压缩过程气体温度不变，显然是不可能的，因为气体压缩所产生的热量不可能完全从气缸壁传出。

② 绝热压缩过程。绝热压缩过程是指气体在压缩时与周围环境没有任何热交换，即压缩所产生的热量完全不取出。这种情况下，由热力学定律可知，排出气体的温度为

$$T_2=T_1\left(\frac{p_2}{p_1}\right)^{\frac{k-1}{k}} \tag{2-38}$$

依过程中任一状态可写为 $T=T_1\left(\frac{p}{p_1}\right)^{\frac{k-1}{k}}$，代入式(2-36)可得

$$W=p_1V_1\frac{k}{k-1}\left[\left(\frac{p_2}{p_1}\right)^{\frac{k-1}{k}}-1\right] \tag{2-39}$$

式中 k 为绝热压缩指数。

绝热压缩实际上也是难以实现的，但比较接近于实际，故常作为近似计算的依据。

③ 多变压缩过程。多变压缩过程介于上述两种极端情况之间，即实际压缩时气体温度有变化，且与外界有热交换现象，称为多变过程。多变压缩循环功和排出气体的温度可分别用式(2-39)和式(2-38)计算，但应注意将公式中的绝热指数 k 以多变指数 m 代替。

由此可见，理想压缩循环是假定压缩机的活塞在排气过程终了时，能将气缸内气体一点不剩地完全排出，这就要求此时活塞与气缸端盖需紧密接触。显然，这种设计实际上不存在，而往往为使活塞不至于碰撞端盖而产生强烈振动，甚至于损坏缸体，通常应留有一定的间隙，这一间隙称为余隙。有余隙存在的理想气体的压缩循环称为实际压缩循环。

(2)实际压缩循环

设气缸内余隙所占体积为 V_3，则排气终了时，活塞与气缸端盖之间仍存有压强为 p_2、体积为 V_3 的气体。当活塞向右移动时，气缸的体积逐渐扩大，留存下的余隙体积气体则不断膨胀，直至压强降至与吸入压强 p_1 相等为止。这一过程称为余隙气体膨胀过程，如图 2-43 中的曲线 3-4 所示。因此，实际压缩循环是由吸气、压缩、排气和余隙气体膨胀四个过程组成。

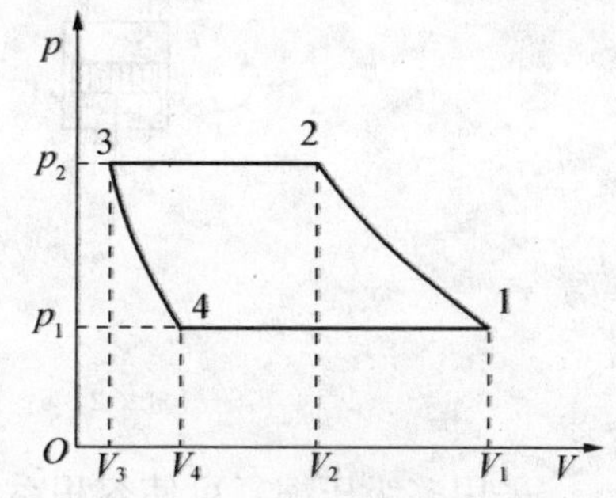

图 2-43 实际压缩循环的 $p\sim V$ 图

由图可见，在实际压缩循环过程中，尽管活塞在气缸内扫过的体积为 $V_1 - V_3$，但实际吸入气体的体积为 $V_1 - V_4$。所以，实际压缩循环功应修正为

$$W = p_1(V_1 - V_4)\frac{k}{k-1}\left[\left(\frac{p_2}{p_1}\right)^{\frac{k-1}{k}} - 1\right] \tag{2-40}$$

余隙的存在不仅减少了每一压缩循环的实际吸气量，而且还增加了动力消耗，故应尽量减小压缩机的余隙。

① 余隙系数。余隙体积 V_3 与活塞一次扫过的体积 $(V_1 - V_3)$ 之比的百分率称为余隙系数，用 ε 表示，写为

$$\varepsilon = \frac{V_3}{V_1 - V_3} \times 100\% \tag{2-41}$$

一般大、中型压缩机的低压气缸的 ε 值在 8%以下，而高压气缸可达 12%。

②容积系数。压缩机一次循环吸入气体的体积 $(V_1 - V_4)$ 与活塞一次扫过体积 $(V_1 - V_3)$ 之比，称为容积系数，用 λ_0 表示，写为

$$\lambda_0 = \frac{V_1 - V_4}{V_1 - V_3} \tag{2-42}$$

对于绝热膨胀 $V_4 = V_3\left(\frac{p_2}{p_1}\right)^{1/k}$，代入上式并整理可得容积系数和余隙系数之间的关系为

$$\lambda_0 = 1 - \varepsilon\left[\left(\frac{p_2}{p_1}\right)^{\frac{1}{k}} - 1\right] \tag{2-43}$$

式(2-43)表明，当压缩比一定时，余隙系数增大，容积系数就减小，压缩机的吸气量随之减小。对于一定的余隙系数，气体的压缩比愈高，容积系数愈小，即每一压缩循环的吸气量愈小。当压缩比高至某极限值时，容积系数变为零。例如，对于绝热压缩指数 $k = 1.4$ 的气体，气缸的余隙系数为 8%，当单级压缩的压缩比 p_1/p_2 达 38.2 时，λ_0 值为零。它表示残留在余隙中的高压气体膨胀后完全充满气缸，以致不能再吸入新鲜的气体。

③ 多级压缩。一般来说，当生产过程中压缩比大于 8 时，就不能采用前面所讨论的单级压缩，而应采用多级压缩。所谓多级压缩，是指气体连续地依次经过若干个气缸压缩，以达到所要求的最终压强。图 2-44 所示为三级压缩示意图，气体依次经过三个相互串联的气缸压缩，其每经过一次压缩称为一级，级间设置有冷却器和油水分离器。

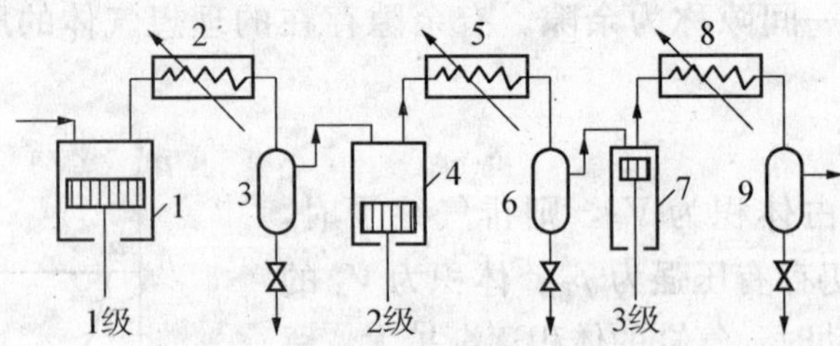

图 2-44　三级压缩示意图

1，4，7—气缸；2，5—中间冷却器；8—出口气体冷却器；3，6，9—油水分离器

采用多级压缩，可使容积系数 λ_0 增大，提高气缸容积利用率，使压缩机的结构更为合理。此外，可避免气体温度过高，减少功率消耗。但压缩机的级数愈多，整个压缩系统

结构复杂，冷却器、油水分离器等辅助设备也随之增多，且为克服阀门、管路系统和设备的流动阻力而消耗的能量增大。因此，必须根据具体情况，恰当地确定级数。表 2-2 所列生产上级数与终压间的经验关系，可供确定压缩所需级数时参考。

表 2-2　级数与终压间的经验关系

终压，kPa	<500	500～1 000	1 000～3 000	3 000～10 000	10 000～30 000	30 000～65 000
级数	1	1～2	2～3	3～4	4～6	5～7

根据理论计算可知，当每级的压缩比相等时，多级压缩所消耗的总理论功为最小，即

$$W = p_1 V_1 \frac{ik}{k-1}\left[\left(\frac{p_2}{p_1}\right)^{\frac{k-1}{k}} - 1\right] \tag{2-44}$$

式中 i 为压缩机的级数。

对于 i 级压缩，总压缩比为 p_2/p_1 时，则每一级压缩比为

$$x = \sqrt[i]{p_2/p_1} \tag{2-45}$$

式中 x 为每级的压缩比。

2. 往复式压缩机的主要性能参数

① 排气量。往复式压缩机的排气量又称为压缩机的生产能力，指的是单位时间所排出的气体体积(按入口状态计算)。

若无余隙存在，往复压缩机的理论吸气量计算式与往复泵相类似，即

单动往复压缩机

$$V'_{\min} = ASn_r \tag{2-46}$$

双动往复压缩机

$$V'_{\min} = (2A-a)Sn_r \tag{2-46a}$$

式中，$V'_{\min}$——理论吸气量，m^3/min；

A——活塞的截面积。m^2；

a——活塞杆的截面积，m^2；

S——活塞的冲程，m；

n_r——活塞每分钟往复次数，次/min。

由于压缩机的气缸有余隙，气体通过吸气阀时存在流动阻力，气体吸入气缸后的温度又比入口气体的温度高，以及压缩机还存在各种泄漏等因素的影响，因此，压缩机的实际排气量要比理论值低，实际排气量为

$$V_{\min} = \lambda_d V'_{\min} \tag{2-47}$$

式中，$V_{\min}$——实际排气量，m^3/min；

λ_d——排气系数，其值为$(0.8\sim0.95)\lambda_0$。

②排气压力。压缩机的排气压力通常用压强表示，单位为 Pa。压缩机的排气压力主要受缸体材料的机械强度所限定，一般按设计值要求确定。

③ 轴功率和效率。以绝热过程为例，压缩机的理论功率为

$$N_a = p_1 V_{\min}\frac{k}{k-1}\left[\left(\frac{p_2}{p_1}\right)^{\frac{k-1}{k}} - 1\right]\frac{1}{60\times 1\,000} \tag{2-48}$$

式中，N_a——按绝热压缩考虑的压缩机的理论功率，kW。

由于实际吸气量比实际排气量大，凡吸入的气体都要经历压缩过程而多消耗能量；气体在气缸内湍动与通过阀门等的流动阻力需消耗能量；此外，运动部件的摩擦也要消耗能量。所以，压缩机的轴功率为

$$N=\frac{N_a}{\eta_a} \tag{2-49}$$

式中，N——压缩机的轴功率，kW；

η_a——绝热总效率。一般 $\eta_a=0.7\sim0.9$，设计完善的压缩机 $\eta_a\geqslant0.8$。

【例 2-8】 有一单级双动往复式压缩机，活塞直径为 200 mm，活塞冲程为 250 mm，活塞杆的直径为 40 mm，每分钟往复 300 次。设气缸的余隙系数为 5%，绝热总效率为 70%，气体的绝热指数为 1.4，排气系数约为容积系数的 85%。试求当压缩比为 5.5 条件下往复压缩机的生产能力和轴功率。(注：当地大气压强为 101.3 kPa)

解 (1)生产能力

对于单级双动往复式压缩机，可先利用式(2-46a)求出理论吸气量后，再依式(2-47)计算出生产能力。

$$V'_{\min}=(2A-a)Sn_r$$

已知

$$A=\frac{\pi D^2}{4}=\frac{\pi}{4}\times0.2^2=0.0314(\text{m}^2),\qquad a=\frac{\pi d^2}{4}=\frac{\pi}{4}\times0.04^2=1.256\times10^{-3}(\text{m}^2)$$

$$S=0.25\text{m},\qquad n_r=300\text{ 次/min}$$

将上述数据代入可得压缩机的理论吸气量：

$$V'_{\min}=(2\times0.0314-0.001256)\times0.25\times300=4.619(\text{m}^3/\text{min})$$

往复式压缩机的容积效率

$$\lambda_0=1-\varepsilon\left[\left(\frac{p_2}{p_1}\right)^{\frac{1}{k}}-1\right]=1-0.05\left[(5.5)^{\frac{1}{1.4}}-1\right]=0.881$$

$$\lambda_d=0.85\lambda_0=0.85\times0.881=0.7489$$

所以，往复式压缩机的生产能力为

$$V_{\min}=\lambda_d V'_{\min}=0.7489\times4.619=3.459(\text{m}^3/\text{min})$$

(2)轴功率

先利用式(2-48)求出压缩机的理论轴功率，即

$$N_a=p_1V_{\min}\frac{k}{k-1}\left[\left(\frac{p_2}{p_1}\right)^{\frac{k-1}{k}}-1\right]\frac{1}{60\times1000}$$

$$=1.013\times10^5\times3.459\times\frac{1.4}{1.4-1}\times\left[(5.5)^{\frac{1.4-1}{1.4}}-1\right]\times\frac{1}{60\times1000}=12.83(\text{kW})$$

故往复式压缩机的轴功率为

$$N=\frac{N_a}{\eta_a}=\frac{12.83}{0.7}=18.33(\text{kW})$$

3. 往复式压缩机的类型与选用

往复式压缩机的分类方法有多种：

按照所处理的气体种类，可分为空气压缩机、氨气压缩机、氢气压缩机、石油气压缩

机和氧气压缩机等。

按在活塞的一侧或两侧吸、排气，可分为单动和双动往复式压缩机。

按往复式压缩机所产生的终压大小，可分为低压(9.81×10^5 Pa 以下)、中压($9.81\times10^5\sim9.81\times10^6$ Pa)和高压(9.81×10^6 Pa 以上)压缩机。

按排气量大小，可分为小型(10 m^3/min 以下)、中型(10～30 m^3/min)和大型(30 m^3/min 以上)压缩机。

按气缸位置或结构形式，分为立式(垂直放置)、卧式(水平放置)和角式(几个气缸相互配置成 L 形、V 形和 W 形)压缩机。

选用往复式压缩机时，首先应根据所输送气体的性质，确定压缩机的种类；其后，再根据生产任务及厂房的具体条件，选择压缩机的结构形式；最后，根据排气量和排气压力(或压缩比)，从压缩机样本或产品目录中选取合适的型号。

4. 往复式压缩机的安装和操作

压缩机的排气口后必须设置贮气罐，以缓冲排气的脉动，使得气体输出稳定均匀；同时，使气体中所夹带的水沫或油沫能在罐内沉降下来并定期排放。而且，在贮气罐上需装有准确、可靠的压强表和安全阀。

此外，压缩机的入口应装有过滤器，以防止吸入灰尘、杂物等对活塞与气缸的磨损。

往复式压缩机在操作过程中应注意气缸的冷却和润滑。润滑油一般用小型泵注入气缸，再经过循环回路返回油泵，但难免会有一部分被排出的气体带走。因此，要经常检查、控制注油情况。另一方面，对于气缸壁上的水夹套及中间冷却器的冷却水出口温度也要定期检查，以保证冷却水供应充足。

2.3.4 真空泵

从设备或系统中抽出气体，使其中的绝对大气压力低于大气压强，这种抽气机械称为真空泵。原则上，真空泵为在负压下吸气，而在大气压下排气的输送机械。在生产过程中，对于设备或系统仅需维持较低的真空度，如只需几十个帕斯卡到上千个帕斯卡的真空度，可采用普通通风机或鼓风机。当希望维持较高的真空度，如绝对压力在 20 kPa 以下至几百个帕斯卡，就需要应用真空泵。对于需维持绝对压在 0.1Pa 以下的超高真空，需应用到利用扩散、吸附等原理制造的专门设备。

真空泵的主要性能参数有：①极限真空(残余压强)，是指真空泵所能达到的最低压强，习惯上以绝对压强表示，单位为 Pa；②抽气速率，是指单位时间内真空泵在吸入口温度和残余压强下所吸入的气体体积，其单位为 m^3/h。这两个性能参数是选择真空泵的依据。

真空泵的种类很多，下面主要对化工生产中常用的几种真空泵作简单介绍。

1. 往复真空泵

往复真空泵的构造和工作原理与往复式压缩机基本相同。但是，真空泵的压缩比很高(通常大于 20)，所抽吸气体的压强很小，故真空泵的余隙容积必须更小，吸入和排出阀门必须更加轻巧灵活。为了减小余隙的不利影响，真空泵气缸设有连通活塞左、右两侧的平衡气道。在排出行程终了时，使平衡气道连通一个很短的时间，以便余隙中的残留气体从活塞的一侧流至另一侧，从而减小余隙的影响。

往复真空泵属于干式真空泵，其所抽吸的气体中不应含有可凝性气体，如气体中含有大量蒸气，必须先将可凝性气体设法(一般采用冷凝)除去之后再进入泵内。

2. 水环真空泵

如图 2-45 所示，水环真空泵的外壳呈圆形，外壳内偏心地装有叶轮，叶轮上有辐射状叶片 2。泵壳内注入有一半容积的水，当叶轮转动时，由于离心力的作用，将水甩至壳壁形成水环 3。此水环具有密封作用，使叶片间空隙形成许多大小不同的密封小室。当小室的容积增大时，气体通过吸入口 4 被吸入；当小室容积变小时，气体经过排出口 5 排出。水环真空泵运转时，需不断补充水以维持泵内液封。

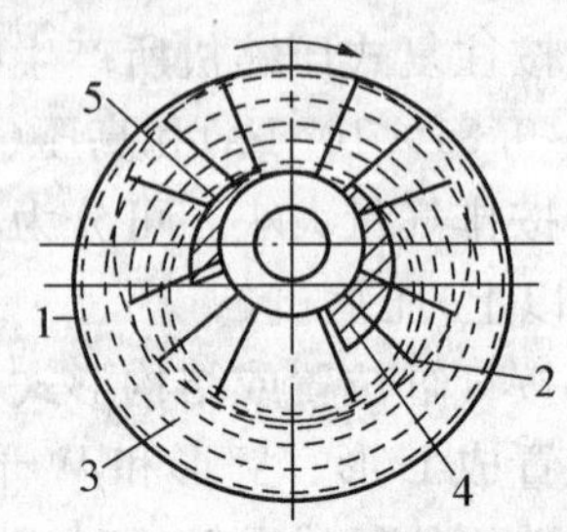

图 2-45 水环真空泵简图

1—外壳；2—叶片；3—水环；4—吸入口；5—排出口

水环真空泵在吸气过程中可允许夹带少量液体，属于湿式真空泵。水环真空泵的最大真空度为 83 kPa 左右。水环真空泵亦可作为鼓风机用，所产生的风压(表压)不超过 0.1 MPa。

水环真空泵具有结构简单紧凑、易于制造和维修、使用寿命长、操作可靠等优点，适用于抽吸含有液体的气体。但其效率较低，为 30%～50%，所产生的真空度受操作温度下泵内液体的饱和蒸气压限制。

3. 旋片真空泵

旋片真空泵属旋转式真空泵的一种，其工作原理如图 2-46 所示。当带有两个旋片 7 的偏心转子按图中箭头方向旋转时，旋片在弹簧 8 的压力及自身离心力的作用下，紧贴着泵体 9 的内壁滑动，吸气工作室 A 的容积不断扩大，被抽气体流经吸入口 3 和吸气管 4 进入吸气工作室。当旋片转到垂直位置时吸气结束，此时吸入的气体被旋片隔离。转子继续旋转，被隔离气体逐渐被压缩，压强升高。当压强超过排气阀 2 上的压强时，则气体经排气管 5 顶开阀片 2，通过油液从排气口 1 排出。泵的工作过程中，旋片始终将泵腔分成吸气、排气两个工作室，转子每转一周，有两次吸气和排气过程。

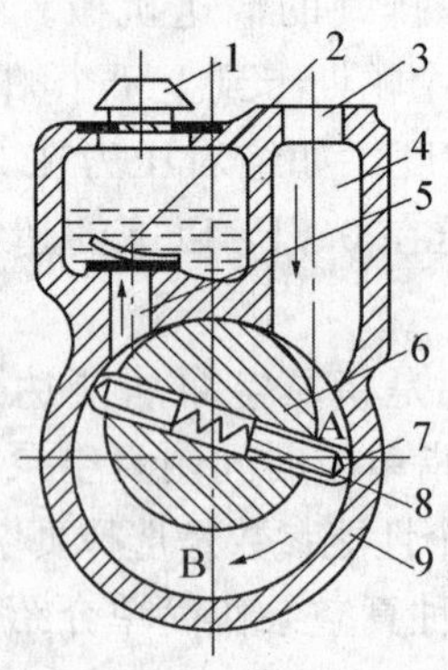

图 2-46 旋片真空泵的工作原理

1—排气口；2—排气阀片；3—吸气口；4—吸气管；5—排气管；6—转子；7—旋片；8—弹簧；9—泵体

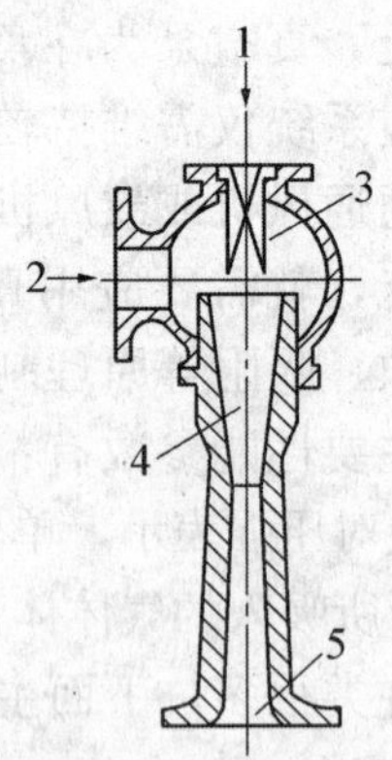

图 2-47 单级蒸汽喷射泵

1—工作蒸汽入口；2—气体吸入口；3—喷嘴；4—扩散管；5—压出口

旋片真空泵的主要部分浸没于真空油中，以密封各部件间隙及使旋片得到润滑。旋片泵属于干式真空泵，如需抽吸含有少量可凝性气体的混合气时，泵上应设有预先将其中可凝性气体排除的结构。

旋片泵可达较高的真空度(绝对压力约为 0.67 Pa)，并具有结构简单、使用方便、可在大气压强下直接启动等优点，适用于抽除干燥或含有少量可凝性蒸气的气体。但不适用于抽除含尘、含氧过高，有爆炸性、有腐蚀性及对润滑油起化学作用的气体。

4. 喷射式真空泵

喷射式真空泵简称喷射泵，是利用高速流体射流时静压能转换为动能所造成的真空来抽送气体或液体的。在化工生产过程中，喷射泵常用于抽真空，故又称为喷射式真空泵。

喷射泵的工作液体可以是蒸汽也可以是液体。图 2-47 所示为单级蒸汽喷射泵。工作蒸汽以很高的速度从喷嘴 3 喷出，在喷射过程中，蒸汽的静压能转换为动能，产生低压而将气体吸入。吸入的气体与蒸汽混合后进入扩散管 4，使部分动能转变为静压能，而从压出口 5 排出。

单级蒸汽喷射泵仅能达到 90%的真空度。为获得更高的真空度可采用多级蒸汽喷射泵。工程上最多采用五级蒸汽喷射泵，其极限真空(绝压)可达 1.3 Pa。

喷射泵具有工作压强范围广，结构简单，无运动部件，抽气量大，适应性强(可抽吸含有灰尘以及腐蚀性、易燃、易爆的气体)等优点。其缺点是效率很低，一般只有 10%～25%。因此，喷射泵常用于抽真空，很少用于输送目的。

习　题

1. 已知某离心泵的叶轮直径为 150 mm，叶轮出口宽度为 120 mm，叶片出口流动角为 35°，泵的转速为 2 900 r/min。试推导该泵的理论压头和理论流量之间的关系，并求当泵的理论流量为 18 m³/h 时的理论压头。

2. 在本题所示的实验装置上，用 20℃的清水在 98.1 kPa 的条件下测定离心泵的性能参数。泵的吸入管内径为 80 mm，排出管内径为 50 mm。实验测得一组数据为：泵入口处真空度为 72.0 kPa，泵出口处表压为 253 kPa，两测压表之间的垂直距离为 0.4 m，流量为 19 m³/h，泵由电动机直接带动，电动机功率为 2.3 kW，电动机的传动效率为 93%，泵的转速为 2900 r/min。试求该泵在操作条件下的性能参数。

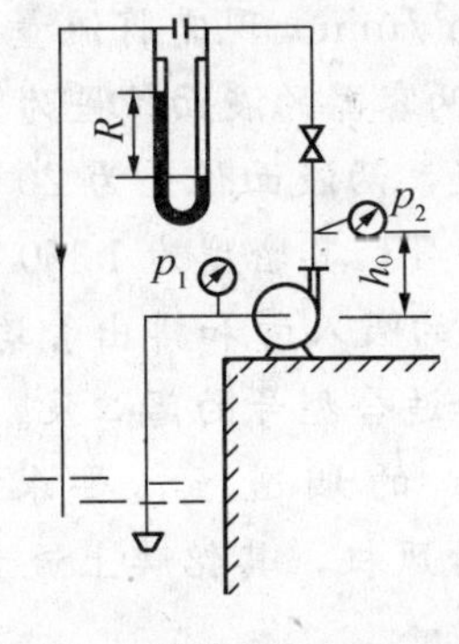

习题 2 附图

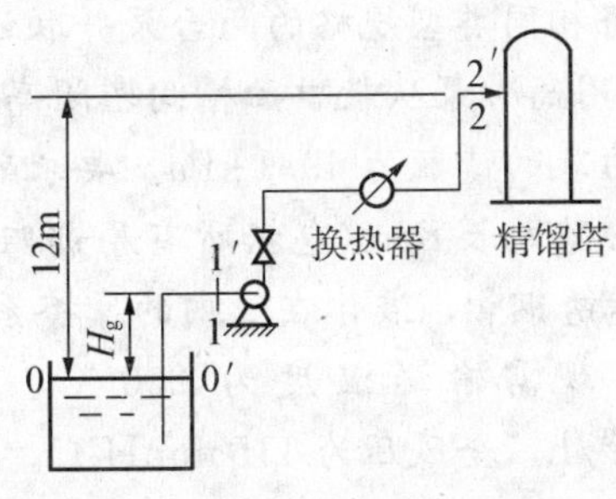

习题 3 附图

3. 如本题附图所示，某液体由一敞口贮槽经泵送至精馏塔。已知管道入塔处与贮槽液面的垂直距离为 12 m，液体流经换热器的压力损失为 29.4 kPa，精馏塔内压力为 98.1

kPa(表压)，吸入管和排出管均为ϕ114 mm×4 mm 的钢管，管长为 120 m(包括局部阻力的当量长度)，液体的流速为 1.5 m/s，密度为 960 kg/m^3，其他物性与水极为接近，摩擦系数 λ_0=0.03，泵的吸入管路压头损失为 1 m 液柱。试通过计算选择合适型号的离心泵。

4. 某泵的允许吸上高度为 6.5 m，今在海拔 1 000 m 的高原上使用。已知吸入管路的全部阻力损失与动压头之和为 3 mH$_2$O，拟将该泵装在离水面 3 m 处，试问此泵能否正常操作？该地点的大气压为 9.16 mH$_2$O，夏季的水温为 20℃。

5. 用 IS80-65-160 型离心泵输送 35℃的清水。要求输送量为 40 m^3/h，吸入管路的压头损失为 1.5 m，水池液面通大气，当地大气压为 100.0 kPa。试计算：

(1)此泵的最大允许安装高度；

(2)若用此泵输送某种油品，其密度为 900 kg/m^3，饱和蒸气压为 p_v=27.0 kPa，输送量和吸入管的压头损失与输送清水时相同，再求其允许安装高度。

6. 某离心泵的特性曲线数据如下：

Q, L/min	0	1 200	2 400	3 600	4 800	6 000
H, m	34.5	34	33	31.5	28	26

现用此泵将河水输送到某一水池内。已知水池液面与河面相差 5 m，输送管长 360 m(包括所有局部阻力的当量长度)，泵的进、出口内径均为 120 mm，假定摩擦阻力系数为一常数 0.02。试求泵的供水量及有效功率。

7. 在某一规定转速下离心泵的输送量为 45 m^3/h，对应的压头为 45 m。当阀门全开时，管路特性曲线方程式为

$$H_e=19+1.3\times10^5 Q_e^2\ (Q_e\text{ 的单位为 m}^3/\text{s})$$

为了适应泵的特性，将泵出口阀门关小而改变管路特性。试计算：

(1)关小阀门后的管路特性曲线方程式；

(2)关小阀门所造成的压头损失占泵提供压头的百分数。

8. 某台离心泵的特性曲线方程为 $H=20-2Q^2$，式中 H 为泵的扬程，m；Q 为流量，m^3/min。该泵用于两敞口容器间送液，已知输送量为 1 m^3/min。现需将流量增加 50%，试问应将相同类型规格的两台泵并联还是串联使用为好？两容器的液面位差为 10 m。

9. 用离心泵从敞口贮槽向密闭高位容器输送稀酸溶液，两液面位差为 20 m，容器液面上压力表的读数为 49.1 kPa。要求酸的输送量为 12.5m^3/h，其密度为 1 350 kg/m^3。已知输送管路总长 86m(包括所有局部阻力的当量长度)，泵的吸入管和排出管均为内径 50 mm 的不锈钢管，液体在管内的摩擦系数为 0.023。试选择适合型号的离心泵。

10. 现需输送温度为 200 ℃、密度为 0.75 kg/m^3 的烟道气，要求输送量为 12 700 m^3/h，全风压为 115 mmH$_2$O。今工厂仓库中有一台风机，其铭牌上流量为 12 700 m^3/h，风压为 160 mmH$_2$O。试问这台风机是否合用？

11. 某单级双缸双动空气压缩机，活塞直径为 240 mm，冲程为 200 mm，每分钟往复 420 次。压缩机的吸气压强为 98.1 kPa，排气压强为 350 kPa。试计算该压缩机的排气量和轴功率。假设气缸的余隙系数为 8%，排气系数为容积系数的 85%，绝热总效率为 70%。空气的绝热指数为 1.4。

12. 今需将30℃、一个大气压(101.3 kPa)下的空气用往复压缩机压缩到150个大气压。已知空气处理量为3.5 m^3/min(以标准状态下的体积计)，空气的绝热指数为1.4。试问应采用几级压缩？若每级的绝热效率均为85%，试求所需轴功率及从第一级气缸送出的空气温度。

思 考 题

1. 离心泵有哪些常见的操作不正常现象？应如何克服？

2. 离心泵的特性曲线有几条？各条曲线的形状如何？为什么离心泵启动时要关闭出口阀门？

3. 离心泵的允许吸上真空度与哪些因素有关？如何进行计算？

4. 何谓离心泵的工作点？离心泵串、并联操作在使用上各有什么特点？

5. 离心泵的流量调节有哪些方法？各种调节方法的原理是什么？

6. 常见离心泵的叶轮形状有几种？各有什么特点？

7. 离心泵与往复泵在操作上有何不同？

8. 通风机与离心泵的特性曲线有何不同？

9. 在离心泵特性曲线测定实验中应安装哪些测量仪表？如何安装？

10. 离心通风机的全风压与静风压及动风压有什么关系？

11. 为什么离心通风机的全风压 p_t 与密度有关？在选用离心通风机之前，需先将操作条件下的全风压 p_t 用密度 ρ 换算成标准条件下(密度为1.2 kg/m^3)的全风压 p_{t0}。然而，为什么离心泵的压头 H 却与密度无关？

12. 刚安装好的一台离心泵，启动后出口阀门已经开至最大，但不见水流出，试分析原因并采取措施使泵正常运行。

3 沉降与过滤及其流态化

化工生产中的大多数物料都是由不同物质组成的混合物。一般来说，混合物可分为均相混合物和非均相混合物两大类。均相混合物(如溶液和混合气体)的显著特点是只有一个相，不同物质之间没有相界面，物系内各处的性质均相同。非均相混合物(如悬浮液、乳浊液、含尘或雾滴气体等)的显著特点是有两个或两个以上的相，相界面两侧的物质性质截然不同。混合物的种类不同，所采用的分离方法也不同。

在非均相物系中，处于分散状态的物质(如分散在流体中的固体颗粒、液滴等)称为分散相或分散物质；而包围着分散相处于连续状态的物质(如气态非均相混合物中的气体、液态非均相混合物中的液体)则称为连续相或分散介质。对于非均相物系的分离，通常可采用机械方法来实现。由于机械分离是设法使分散的固体颗粒、液滴等与连续流体之间产生相对运动，故它遵循流体力学的基本法则。根据两相运动方式的不同，机械分离有以下两种操作方式：

(1)沉降

在外力作用下使颗粒相对于流体(静止或运动)运动而实现分离的过程称为沉降。沉降操作的外力有重力(称为重力沉降)，也有惯性离心力(称为离心沉降)。

(2)过滤

流体相对于固体颗粒床层运动而实现分离的过程称为过滤。过滤操作的外力可以是重力、压强差或惯性离心力。因此，过滤又分为重力过滤、加压过滤、真空过滤和离心过滤。

机械分离方法在工业生产中的应用主要有以下几个方面：

(1)收集分散物质

例如，收取从气流干燥器或喷雾干燥器出来的气体以及从结晶器出来的晶浆中带有的固体颗粒，这些悬浮的颗粒作为产品必须回收；又如，回收从催化反应器出来的气体中夹带的催化剂颗粒以循环使用。此外，某些金属冶炼过程中，有大量的金属化合物或冷凝的金属烟尘悬浮在烟道气中，收集这些烟尘不但能提高该种金属的回收率，而且是提炼其他金属的重要途径。

(2)净化分散物质

某些催化反应，其原料气中夹带有杂质会影响催化剂的活性，必须在气体进反应器之前清除催化反应原料气中的杂质，以保证催化剂的活性。

(3)净化环境

近年来，工业污染对环境的危害愈来愈严重，利用机械分离方法处理工厂排出的废气、废液，使其达到规定的排放标准，以保护环境。

本章将重点讨论沉降和过滤两种机械分离操作的原理、过程计算、典型设备的结构、特性与选型。此外，对于固体流态化与气力输送技术的基本概念也作简单介绍。

3.1 沉降分离

沉降操作是指在某种外力作用下，利用分散相与连续相间密度的差异，使之发生相对运动而实现分离的操作过程。根据外力场的不同，沉降分为重力沉降和离心沉降；根据沉降过程中颗粒是否受到其他颗粒或器壁的影响，又分为自由沉降和干扰沉降。

本节主要介绍固体球形颗粒的自由沉降理论，以及有关设备基本构型的设计与计算。

3.1.1 重力沉降

3.1.1.1 重力沉降速度

1. 重力沉降速度的基本方程式

设有一个表面光滑的刚性球形颗粒置于静止的流体中，其在重力作用下向下运动时，颗粒会受到重力 F_g、浮力 F_b 及相对运动所产生的阻力 F_d 这三个力的共同作用，如图 3-1 所示。对于一定的流体和颗粒，重力和浮力是恒定的，而阻力却随颗粒的下降速度而变化。

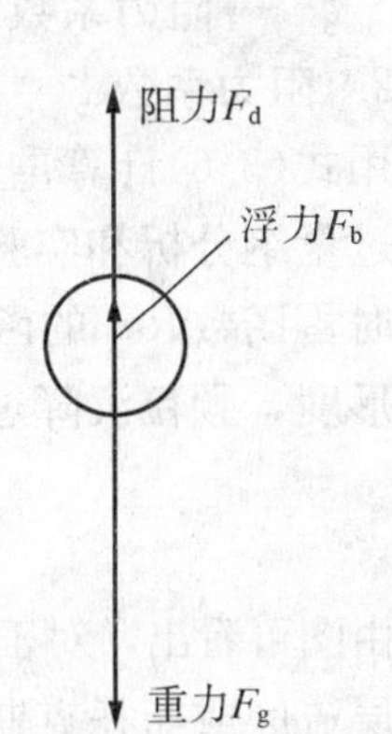

图 3-1 沉降颗粒的受力分析

若流体的密度为 ρ，球形固体颗粒的直径为 d、密度为 ρ_s，那么

重力 $$F_g=\frac{\pi}{6}d^3\rho_s g \tag{3-1}$$

浮力 $$F_b=\frac{\pi}{6}d^3\rho g \tag{3-2}$$

阻力 $$F_d=\zeta A\frac{\rho u^2}{2}=\zeta\frac{\pi d^2\rho u^2}{8} \tag{3-3}$$

颗粒在重力作用下作下沉运动时，其运动过程大体可分为：

(1)自由落体匀加速运动

颗粒开始下降的瞬间，初速度为零，故阻力 F_d 亦为零，颗粒仅受到重力与浮力的作用，这时颗粒的加速度为最大值，等于重力加速度。其后，速度不断增加，阻力随之迅速增大，而加速度则相应减小。根据牛顿第二定律可写出其运动方程为

$$F_g-F_b-F_d=ma \tag{3-4}$$

(2)等速运动

当颗粒的速度达到某一值时，由于阻力的迅速增大，其加速度减小至零。这时重力 F_g、浮力 F_b 及阻力 F_d 在铅直方向上的代数和为零，颗粒开始作等速运动。其运动方程可写为

$$F_g-F_b-F_d=0 \tag{3-5}$$

由于小颗粒的比表面积很大，使得颗粒与流体间的接触面积很大，颗粒开始沉降后，在极短的时间内阻力便与颗粒所受的净重力(即重力减浮力)接近平衡。所以，颗粒在沉降时加速时间很短，对整个沉降过程来说往往可以忽略。

在等速阶段颗粒相对于流体的运动速度称为重力沉降速度，常用 u_t 表示。由于该速度为加速阶段终了时颗粒相对于流体的运动速度，故又称为“终端速度”。将式(3-1)、式

(3-2和)式(3-3)代入式(3-5)后化简，可得重力沉降速度的基本表达式，即

$$u_t=\sqrt{\frac{4gd(\rho_s-\rho)}{3\rho\zeta}} \tag{3-6}$$

式中，u_t——颗粒的重力沉降速度，m/s；

d——颗粒直径，m；

ρ_s——颗粒的密度，kg/m^3；

ρ——流体的密度，kg/m^3；

g——重力加速度，9.81m/s^2；

ζ——阻力系数。

2. 阻力系数ζ

用式(3-6)计算重力沉降速度时，必须先确定出ζ值。由于ζ的影响因素复杂，其仅能通过量纲分析和实验相结合的方法解决。由量纲分析可知，ζ可表示为颗粒与流体相对运动时雷诺数Re_t的函数，即$\zeta=f(Re_t)$。由实验测得的综合结果如图3-2所示。图中ϕ_s为球形度，颗粒沉降过程雷诺数Re_t定义为

$$Re_t=\frac{du_t\rho}{\mu}$$

由图可看出，对于球形颗粒($\phi_s=1.0$)，ζ与Re_t的关系曲线大致可分为如下三个区域：

层流区或斯托克斯(Stokes)定律区($10^{-4}<Re_t<1$)，可写为

$$\zeta=\frac{24}{Re_t} \tag{3-7}$$

过渡区或艾仑(Allen)定律区($1<Re_t<10^3$)，可写为

$$\zeta=\frac{18.5}{Re_t^{0.6}} \tag{3-8}$$

湍流区或牛顿(Newton)定律区($10^3<Re_t<2\times10^5$)，可写为

$$\zeta=0.44 \tag{3-9}$$

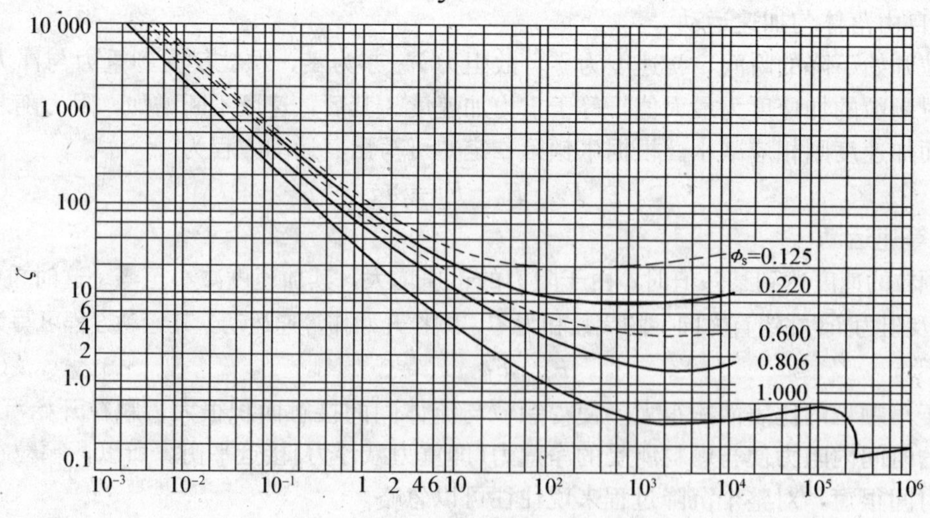

图3-2 $\zeta\sim Re_t$关系曲线

将式(3－7)、式(3-8)及式(3-9)分别代入式(3－6)，便可得到球形颗粒在各区相应的沉降速度计算式，即

层流区
$$u_t=\frac{d^2(\rho_s-\rho)g}{18\mu} \tag{3-10}$$

过渡区
$$u_t=0.27\sqrt{\frac{d(\rho_s-\rho)g}{\rho}\cdot Re_t^{0.6}} \tag{3-11}$$

湍流区
$$u_t=1.74\sqrt{\frac{d(\rho_s-\rho)g}{\rho}} \tag{3-12}$$

式(3－10)、式(3-11)及式(3-12)分别称为斯托克斯公式、艾仑公式及牛顿公式。球形颗粒在流体中的沉降速度可根据不同流型，选用相应的公式进行计算。由于沉降操作中所涉及的颗粒直径均较小，操作通常处于层流区，所以，斯托克斯公式应用较多。

对于非球形颗粒的沉降速度，也可利用图 3－2 查取阻力系数 ζ 后直接代入式(3-6)进行计算。但需注意在利用图 3－2 查取阻力系数 ζ 时，颗粒沉降过程雷诺数 Re_t 计算式中的颗粒直径 d 应采用颗粒的等体积当量直径 d_e 代替。颗粒的等体积当量直径 d_e 定义为与一个颗粒体积相等的圆球直径，即

$$d_e=\sqrt[3]{\frac{6V_p}{\pi}} \tag{3-13}$$

式中，d_e—— 颗粒的等体积当量直径，m；

V_p——一个任意形状的颗粒体积，m^3。

此外，图 3－2 中球形度 ϕ_s 则定义为与该颗粒体积相等的圆球表面积(S)跟这一颗粒表面积(S_p)的比值，即

$$\phi_s=\frac{S}{S_p} \tag{3-14}$$

式中，ϕ_s—— 颗粒的球形度或形状系数；量纲为 1；

S ——与该颗粒体积相等的圆球表面积，m^2；

S_p——颗粒的表面积，m^2。

3. 影响沉降速度的因素

上面讨论的表面光滑的刚性球形颗粒的重力沉降速度计算式是颗粒在流体中自由沉降情况下得到的。所谓自由沉降，是指在沉降过程中，任一颗粒的沉降不因其他颗粒的存在而受到干扰。即流体中颗粒的浓度应很低，颗粒之间的距离要足够大，且容器壁面的影响可以忽略。单个颗粒在大空间中的沉降或气态非均相物系中颗粒的沉降都可视为自由沉降。如果分散相的体积分数较高，颗粒间有明显的相互作用，容器壁面对颗粒沉降的影响不可忽略，这时的沉降称为干扰沉降或受阻沉降。液态非均相物系中，当分散相体积分数较高时，往往发生干扰沉降。在实际沉降操作中，主要影响沉降速度的因素如下。

① 颗粒的体积分数。当颗粒的体积分数小于 0.2%时，作为单颗粒自由沉降计算所引起的偏差在 1%内。但当颗粒的体积分数较高时，由于颗粒间的相互作用显著，会发生干扰沉降。

② 器壁效应。容器的壁面和底面会对沉降颗粒产生曳力，使实际颗粒的沉降速度低于自由沉降时的计算值。当容器尺寸远大于颗粒的尺寸(如 100 倍以上)时，器壁效应才可

忽略，否则，应考虑器壁效应对沉降速度的影响。在斯托克斯定律区，器壁对颗粒沉降的影响可用下式修正，写为

$$u_t'=\frac{u_t}{1+2.1(d/D)} \tag{3-15}$$

式中，u_t'——颗粒的实际沉降速度，m/s；

d——颗粒直径，m；

D——容器直径，m。

③ 颗粒形状的影响。同一种固体物质，球形或近球形颗粒比同体积的非球形颗粒的沉降要大。由图 3-2 可看出，在相同 Re_t 下，颗粒的球形度 ϕ_s 愈小，阻力系数愈大，但 ϕ_s 值对 ζ 的影响在层流区内并不明显。随着 Re_t 的增大，这种影响逐渐变大。

此外，自由沉降速度公式不适用于非常细微颗粒(如 $d<0.5\mu m$)的沉降计算，这是由于流体分子的热运动，会使得颗粒发生布朗运动。当 $Re_t>10^{-4}$ 时，可不考虑布朗运动的影响。

4. 重力沉降速度的计算

(1)试差法

利用式(3-10)、式(3-11)和式(3-12)计算球形颗粒的沉降速度 u_t 时，需预先知道 Re_t 的值来判定流型，才能选用相应的计算公式。然而，既然 u_t 尚且为待求，Re_t 值当然不能预先知道。对于这一类问题需采用试差法来解决，其过程大体如下：

先假定沉降属于某一流型区域(如层流区)，就可选用与该流型相应的公式求出 u_t，然后用所求出的 u_t 计算 Re_t 值，验证是否在原假定的流型区域内。如果超出原假定区域，应另选流型，改用相应的公式求出 u_t，直到用求出的 u_t 所求出的 Re_t 值与选用公式的 Re_t 值范围相符为止，这时的 u_t 值便为所求。

【例 3-1】 直径 80μm、密度 3000 kg/m³ 的球形颗粒在 25℃的空气中自由沉降，试计算其沉降速度。

解 先假定颗粒在层流区内沉降，沉降速度的计算式为

$$u_t=\frac{d^2(\rho_s-\rho)g}{18\mu}$$

由附录二查得 25℃空气的密度为 1.185 kg/m³，粘度为 1.84×10^{-5} Pa·s，代入得

$$u_t=\frac{(80\times10^{-6})^2(3000-1.185)\times9.81}{18\times1.84\times10^{-5}}=0.568(\text{m/s})$$

核算流型

$$Re_t=\frac{du_t\rho}{\mu}=\frac{80\times10^{-6}\times0.568\times1.185}{1.84\times10^{-5}}=2.93$$

Re_t 不在原假定层流区($10^{-4}<Re_t<1$)范围。现再假定颗粒在过渡区内沉降，沉降速度的计算式为

$$u_t=0.27\sqrt{\frac{d(\rho_s-\rho)g}{\rho}\cdot Re_t^{0.6}}=\frac{0.154g^{1/1.4}d^{1.6/1.4}(\rho_s-\rho)^{1/1.4}}{\rho^{0.4/1.4}\mu^{0.6/1.4}}$$

$$=\frac{0.154\times9.81^{1/1.4}(80\times10^{-6})^{1.6/1.4}(3000-1.185)^{1/1.4}}{1.185^{0.4/1.4}(1.84\times10^{-5})^{0.6/1.4}}=0.508(\text{m/s})$$

再核算流型

$$Re_t=\frac{du_t\rho}{\mu}=\frac{80\times10^{-6}\times0.508\times1.185}{1.84\times10^{-5}}=2.62$$

Re_t 与假设区域($1<Re_t<10^3$)相符，所以颗粒的沉降速度为 0.508m/s。

(2)摩擦数群法

为了避免试差，可将图 3-2 加以转换，使两个坐标轴之一变成不含 u_t 的量纲为 1 的数群，从而求得 u_t。

由式(3-6)可得到

$$\zeta=\frac{4d(\rho_s-\rho)g}{3\rho u_t^2}$$

由于 $Re_t^2=\frac{d^2u_t^2\rho^2}{\mu^2}$，令 ζ 与 Re_t^2 相乘便可消去 u_t，即

$$\zeta Re_t^2=\frac{4d^3\rho(\rho_s-\rho)g}{3\mu^2} \tag{3-16}$$

再令

$$K=d\sqrt[3]{\frac{\rho(\rho_s-\rho)g}{\mu^2}} \tag{3-17}$$

上式可变成为

$$\zeta Re_t^2=\frac{4}{3}K^3 \tag{3-16a}$$

因为 ζ 是 Re_t 的已知函数(图 3-2 所示)，那么 ζRe_t^2 也必然是 Re_t 的已知函数，故可将图 3-2 的 $\zeta\sim Re_t$ 曲线转化为图 3-3 所示的 $\zeta Re_t^2\sim Re_t$ 关系曲线。计算 u_t 时，可先由已知数据算出 ζRe_t^2 值，再由图 3-3 所示的 $\zeta Re_t^2\sim Re_t$ 关系曲线查得 Re_t 值，最后由 Re_t 值反算 u_t，即

$$u_t=\frac{\mu Re_t}{d\rho}$$

采用上述类似方法处理，利用 ζ 与 Re_t^{-1} 相乘，可得到不含颗粒直径的量纲为 1 的数群 ζRe_t^{-1}，即

$$\zeta Re_t^{-1}=\frac{4\mu(\rho_s-\rho)g}{3\rho^2u_t^3} \tag{3-18}$$

同理，ζRe_t^{-1} 也必然是 Re_t 的已知函数，将 $\zeta Re_t^{-1}\sim Re_t$ 关系也绘于图 3-3 中。这样一来，根据 ζRe_t^{-1} 值可查出 Re_t 值，从而可反算出在一定介质中具有一定沉降速度的某种球形颗粒直径，即

$$d=\frac{\mu Re_t}{\rho u_t}$$

采用摩擦数群法求 u_t 或 d 可避免试差，非常方便。值得一提的是，按上述方法考虑，可用前面所设定的量纲为 1 的数群 K 值来判别流型。具体做法是将式(3-10)代入雷诺数的定义式后，根据式(3-17)可得

$$Re_t=\frac{d^3\rho(\rho_s-\rho)g}{18\mu^2}=\frac{K^3}{18} \tag{3-19}$$

当 $Re_t=1$ 时，$K=2.62$，此值为斯托克斯区的上限。同理，将式(3-12)代入雷诺数的定义式后，由 $Re_t=1000$，可求得牛顿定律区的下限 K 值为 69.1。所以，计算已知直径的球形颗粒的沉降速度时，可根据 K 值选用相应的计算式，也可避免采用试差法。

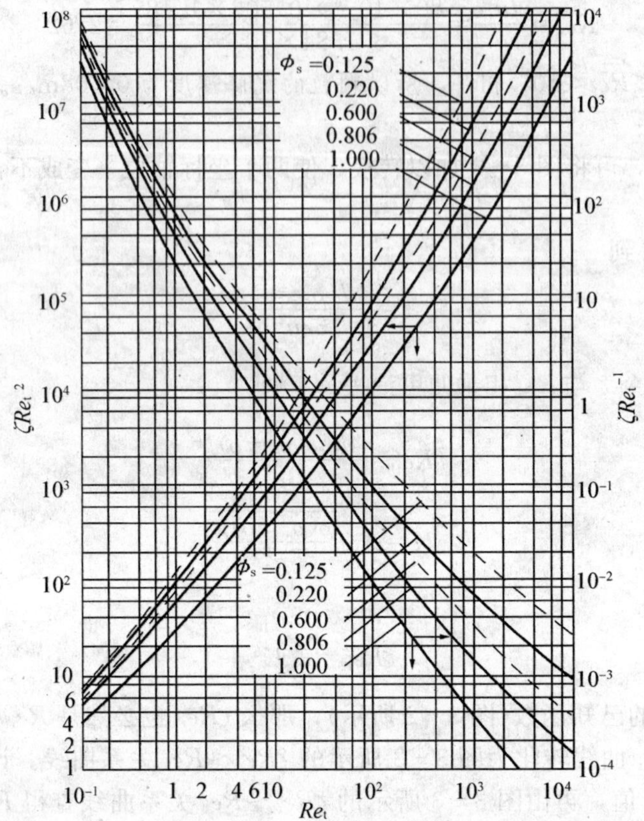

图 3－3　$\zeta Re_t^2 \sim Re_t$ 及 $\zeta Re_t^{-1} \sim Re_t$ 关系曲线

【例 3－2】　利用摩擦数群法计算例 3－1 中颗粒的沉降速度。

解　先计算出 ζRe_t^2 值，即

$$\zeta Re_t^2=\frac{4d^3\rho(\rho_s-\rho)g}{3\mu^2}=\frac{4\times(80\times10^{-6})^3\times1.185(3\,000-1.185)\times9.81}{3\times(1.84\times10^{-5})^2}=70.29$$

对于球形颗粒 $\phi_s=1$，由图 3－3 查得 $Re_t=2.4$，故

$$u_t=\frac{\mu Re_t}{d\rho}=\frac{1.84\times10^{-5}\times2.4}{80\times10^{-6}\times1.185}=0.466(\text{m/s})$$

对比与例 3－1 采用试差法求得的 u_t 稍有差别，这是由于读图误差所致。

3.1.1.2　重力沉降设备

1. 降尘室

工业上应用最广、最古老的气固分离设备，称为降尘室或重力沉降室，如图 3－4 所示。当含有固体颗粒的气体混合物通过降尘室时，由于降尘室的截面积远大于管道的截面积，故气体的速度会大大降低，使得较大的颗粒能借助本身的重力作用实现与气体的分离而沉降下来。降尘室理论上能除去粒径 15μm 以上的颗粒，但实际上常用于去除粒径大于 40μm 的颗粒。降尘室是借助于重力沉降从气流中分离出颗粒的设备。

如图 3－5 所示，当含尘气体进入降尘室后，颗粒的运动与物理学中物体的平抛运动相似，可分为沿水平方向和竖直方向上的分运动。但在处理方法上有所不同，其竖直方向上的

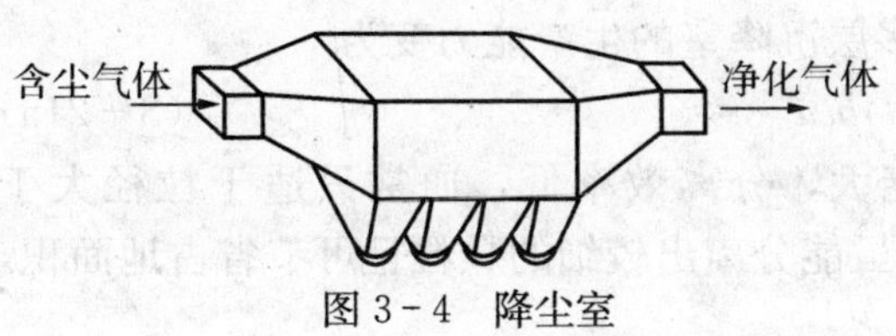

图 3-4　降尘室

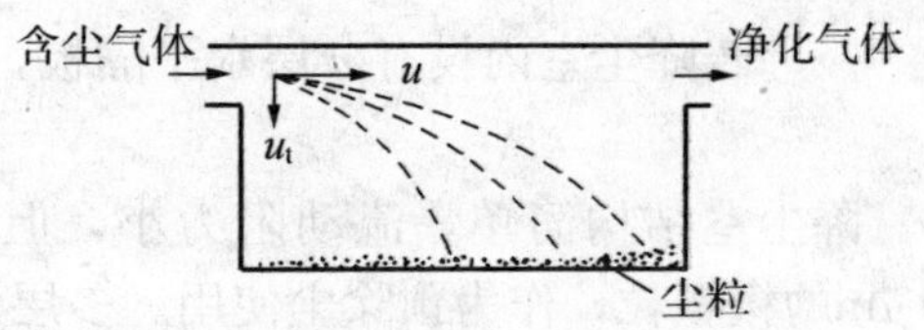

图 3-5　颗粒在降尘室中的运动情况

运动仍看成按重力沉降速度下降的等速运动。设降尘室的长度为 l，m；宽度为 b，m；高度为 H，m。若气流通过降尘室内的水平速度为 u，m/s；颗粒的沉降速度为 u_t，m/s；那么

气流流过沉降室的时间为　　$\theta=\frac{l}{u}$

颗粒沉降至底所需时间为　　$\theta_t=\frac{H}{u_t}$

当颗粒沉降的时间 θ_t 小于或等于气流流过的时间 θ 时，颗粒能从气体中分离出来，即

$$\theta_t\leqslant\theta$$

或写成

$$\frac{l}{u}\geqslant\frac{H}{u_t} \tag{3-20}$$

由于气体的处理量为 $V_s=F'u=bHu$，式(3-20)可改写为 $u\leqslant u_t\frac{l}{H}$，故

$$V_s\leqslant bHu_t\frac{l}{H}=blu_t=Fu_t \tag{3-21}$$

式中，V_s——含尘气体处理量(或称生产能力)，m^3/s；

F——降尘室的水平截面积，又称沉降面积，$F=bl$，m^2；

F'——降尘室的横截面积，$F'=bH$，m^2。

由式(3-21)可见，降尘室的生产能力仅与沉降面积及颗粒的沉降速度有关，而与降尘室的高度无关。因此，当待分离的颗粒确定(u_t 一定)时，为提高降尘室的生产能力，只能从如何增大其水平截面积方面入手。在工业生产中，降尘室通常设计成扁平形，或在室内设置多层水平隔板，构成多层沉降室，如图 3-6 所示。隔板间距一般为 40～100 mm。

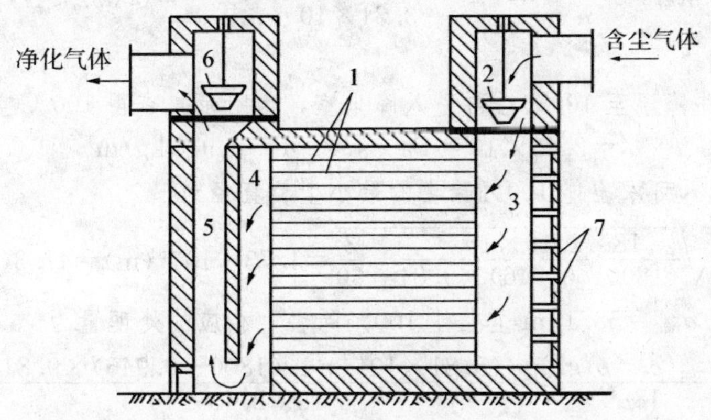

图 3-6　多层除尘室

1—隔板；2，6—调节闸阀；3—气体分配道；4—气体集聚道
5—气道；7—清灰口

若降尘室内设有n层水平隔板，那么多层沉降室的生产能力变为

$$V_s=(n+1)blu_t \tag{3-21a}$$

降尘室结构简单，流动阻力小，但体积庞大，分离效率低，通常只适于粒径大于40 μm的粗颗粒，作为预除尘使用。多层沉降室虽能分离出较细的颗粒且可节省占地面积，但清灰比较麻烦。

还需指出的是，由于被处理的含尘气体中的颗粒大小不均，沉降速度u_t应根据要求需完全分离下来的最小粒径尺寸计算。此外，为防止粉尘的二次飞扬，保证尘粒在层流区内自由沉降，实际气流在降尘室内的速度不应过高，一般在0.2～0.8 m/s范围内为宜。

【例3-3】 用降尘室除去常压、400℃含尘气体中的尘粒，尘粒的密度为1 800 kg/m³，操作条件下的含尘气体处理量为10 800 m³/h。已知降尘室长5 m、宽2 m、高2 m，用隔板分成3层(不计隔板厚度)，试求：

(1)能100%除去的最小尘粒直径；

(2)若将上述含尘气体先降温至100℃后再进入降尘室，则能100%除去的最小尘粒直径为多大？为保证100%除去的最小尘粒直径不变，含尘气体的处理量应变为多大？(含尘气体的物性可视为与同温度下的空气相同)

解 (1)假设沉降处于层流区，那么能100%除去的最小尘粒直径可写为

$$d_{min}=\sqrt{\frac{18\mu}{(\rho_s-\rho)g}\cdot\frac{V_s}{F}}$$

由附录二查得400℃空气的物性 $\mu=3.31\times10^{-5}$ Pa·s，$\rho=0.524$ kg/m³

已知水平沉降面积$F=bl=(2\times5)\times3=30(m^2)$，$V_s=\frac{10\,800}{3\,600}=3(m^3/s)$，$\rho_s=1\,800$ kg/m³，代入得

$$d_{min}=\sqrt{\frac{18\times3.31\times10^{-5}}{(1\,800-0.524)\times9.81}\cdot\frac{3}{30}}=5.81\times10^{-5}(m)=58.1(\mu m)$$

核算Re_t $\quad u_t=\frac{V_s}{F}=\frac{3}{30}=0.1(m/s)$

$$Re_t=\frac{d_{min}u_t\rho}{\mu}=\frac{5.81\times10^{-5}\times0.1\times0.524}{3.31\times10^{-5}}=0.092<1$$

可见，原假定正确。

(2)含尘气体先降温至100℃后再进入降尘室，由附录二查得100℃空气的物性

$$\mu'=2.19\times10^{-5}\ Pa\cdot s,\quad \rho'=0.946\ kg/m^3$$

将上述已知数据代入可求出能100%除去的最小尘粒直径为

$$d_{min}=\sqrt{\frac{18\times2.19\times10^{-5}}{(1800-0.946)\times9.81}\cdot\frac{3}{30}}=4.73\times10^{-5}(m)=47.3(\mu m)$$

降温后仍保证$d_{min}=58.1\mu m$尘粒能100%除去，相应的处理量为

$$V'_s=\frac{d_{min}^2(\rho_s-\rho)gF}{18\mu}=\frac{(5.81\times10^{-5})^2\times(1800-0.946)\times9.81\times30}{18\times2.19\times10^{-5}}$$

$$=4.534(m^3/s)=16\,320(m^3/h)$$

可以看出，降低含尘气体的温度对于沉降分离有利。

2. 沉降槽

沉降槽是用来提高悬浮液浓度并同时获得澄清液体的重力沉降设备。由于常以取得稠厚的沉渣为目的，故又称为增稠器。

沉降槽有间歇式和连续式两种。间歇式沉降槽构造简单，一般为一带锥底的圆槽。料浆加入槽内静置足够时间后，增浓的沉渣由槽底排出，清液则用泵或虹吸管从槽上部抽出。连续式沉降槽的直径可达 10～100 m，高度为 2.5～4 m。它一般用于大流量、低浓度悬浮液的处理，常见于污水处理工程。

(1)连续式沉降槽的构造与操作

连续式沉降槽的进料、排清液与排沉渣都是连续进行的，其构造如图 3－7 所示，它由底部略呈锥状的大直径浅槽、装在中央的转耙、料井等部件组成。操作时料浆经中央进料口(料井)送至液面以下 0.3～1.0 m 处，在尽可能减小扰动的情况下，迅速分布到整个截面上。假定在距进料口下某一高度液层中，液体的浓度与料浆的浓度相同，由此其向上区域称为澄清段，其向下区域称为增稠段。在澄清段内颗粒的浓度极小，以至于在某一高度位置上极其细小的颗粒也能沉降下来，而排出到溢流槽的液体几乎为清液。在增稠段内，颗粒浓度往下到槽底逐渐增浓，沉降到槽底的颗粒经一定时间压紧到所要求的排出浓度后，由缓慢转动的转耙(0.1～1 r/min)将其收集到底部中央的卸渣口排出。因所排出的沉渣呈稠浆状(含液 50%左右)，故称为底流。

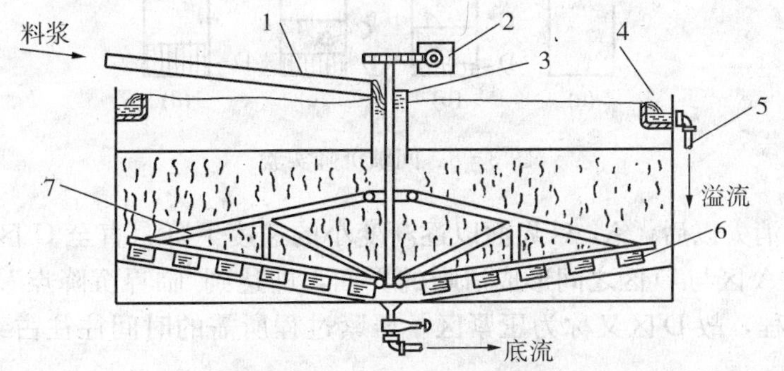

图 3－7　连续式沉降槽

1—进料槽道；2—转动机构；3—料井；
4—溢流槽；5—溢流管；6—叶片；7—转耙

由此可见，在澄清段内液体向上运动，从溢流槽排出的清液量为

$$\text{进料量}-\text{底流量}=\text{清液量}$$

而在增稠段内液体向下运动，颗粒向下运动速度 u 应为

$$u=u_u+u_0$$

式中，u_u——液体总体下行速度，m/s；

u_0——某一浓度下悬浮液中颗粒的表观沉降速度，m/s。

表观沉降速度不同于颗粒的沉降速度，因为它不是颗粒相对于流体的速度，而是颗粒相对于器壁的速度。表观沉降速度可通过间歇沉降实验来测定。

(2)浓悬浮液的沉聚过程

悬浮液中颗粒的浓度对其沉降速度有明显的影响。在低浓度悬浮液中，当颗粒的体积分数低于 0.2%时，按照自由沉降计算所引起的偏差在 1%左右。当颗粒浓度较高时，则属于干扰沉降。

沉降槽内悬浮液的沉聚过程，可以通过间歇沉降试验来考察。将摇匀的悬浮液倒进玻璃筒内，如图 3-8a 所示。若悬浮液中颗粒大小比较均匀，颗粒开始沉降后，筒内会出现四个区域，如图 3-8b 所示。A 区里已无固体颗粒，称为清液区；B 区里的悬浮液浓度均匀且与原来悬浮液浓度大致相同，称为等浓度区；C 区里颗粒愈往下愈大，浓度也愈往下愈高，称为变浓度区；D 区由沉降最快的大颗粒以及其后陆续沉降下来的小颗粒构成，浓度最大，称为沉聚区。通常，A、B 区之间的界面非常清晰，而其他界面则往往难以分辨，有时需用特殊方法才能确定它们的位置。沉聚过程继续进行，A 区与 D 区逐渐扩大，B 区逐渐缩小以至消失，如图 3-8c 所示。在沉降开始后的一段时间内，A、B 两区之间的界面以等速向下移动，直至 B 区消失与 C 区上界面重合为止。此阶段中 A、B 界面向下移动的速度便称为悬浮液颗粒相对于容器壁的表观沉降速度 u_0。在浓悬浮液中，液体被沉降颗粒置换向上的速度不能忽略，使得表观沉降速度 u_0 小于颗粒相对于液体的沉降速度 u_t。

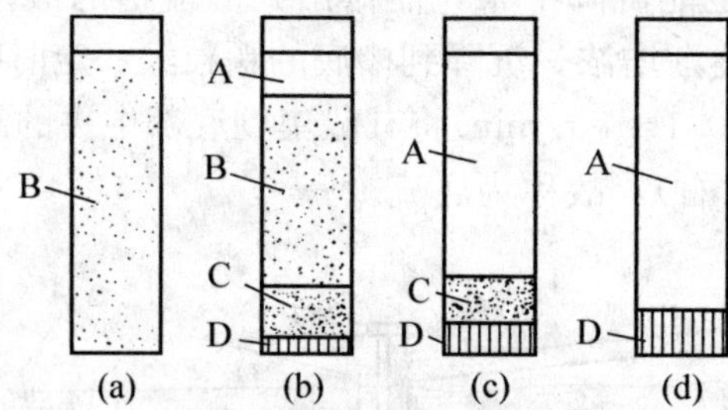

图 3-8　间歇沉降实验

等浓度区 B 消失以后，A、C 界面以逐渐变小的速度下降，直至 C 区消失，如图 3-8d 所示。此时，A 区与 D 区之间形成清晰的界面，即达到“临界沉降点”。此后，便属于沉聚区的压紧过程，故 D 区又称为压紧区。压紧过程所需的时间往往占绝大部分沉聚过程的时间。

通过间歇沉降实验，可测定出表观沉降速度与悬浮液浓度以及沉渣浓度与压紧时间等对应关系的数据，可作为设计沉降设备的依据。

(3)连续式沉降槽的设计计算

连续式沉降槽的设计计算内容主要包括连续沉降槽的面积和高度。

① 连续沉降槽的面积。计算的目的在于有足够的横截面积来保证溢流清液向上的通过的能力及进入底流的固相向下通过能力。

固体颗粒在连续沉降槽内沉降时，带着液体向下运动。悬浮液浓度较高的区域，颗粒密集，颗粒往下沉降，则它所带的液体一部分被挤出，使得愈往下所带的液体愈少，同时在颗粒周围产生向上的液流，阻碍颗粒沉降，故液体通过任一截面向上流动的速度不能大于该截面上颗粒的沉降速度，否则不能保证所有颗粒的分离及达到预定的生产能力。由于各截面上的浓度不同，通过各截面向上运动的液流量也各不相同。

设进入连续沉降槽的料浆体积流量为 Q m^3/s，其中固相的体积分率为 e_f，底流中固相的体积分率为 e_c，那么

$$底流中固体的体积流量=Qe_f$$

$$底流的体积流量=\frac{Qe_f}{e_c}$$

由于底流不断排出，设槽的横截面积为 A m²，故在增稠段各截面上有一个总体下行速度，即

$$u_u=\frac{Qe_f}{Ae_c} \tag{3-22}$$

假定在增稠段内任取一水平截面，若在这一截面上的固体体积分率为 e，那么固相所占的面积为 Ae。已知通过间歇实验测得与此浓度相应的表观沉降速度为 u_0，因此，颗粒向下运动的速度应为 (u_u+u_0)，底流中固体的体积流量可写成

$$Qe_f=Ae(u_u+u_0)=Ae\left(\frac{Qe_f}{Ae_c}+u_0\right)$$

经化简得

$$A=\frac{Qe_f}{u_0}\left(\frac{1}{e}-\frac{1}{e_c}\right) \tag{3-23}$$

式中，A——沉降槽的横截面积，m²；

Q——料浆的体积流量，m³/s；

e_f——料浆中固相体积分率，固相体积(m³)/料浆体积(m³)；

e_c——底流中固相体积分率，固相体积(m³)/底流体积(m³)；

e——增稠段内某一截面固相体积分率，固相体积(m³)/料浆体积(m³)；

u_0——与 e 相应浓度下的表观沉降速度，m/s。

若悬浮液中固相浓度以单位体积的固相质量 C 表示，那么

$$\frac{1}{C}=\frac{料浆体积}{固体质量}=\frac{固体体积+液体体积}{固体质量}=\frac{1}{\rho_s}+\frac{液体体积}{固体体积\cdot\rho_s}=\frac{1}{\rho_s}+\frac{1-e}{e\,\rho_s}$$

同理可得

$$\frac{1}{C_c}=\frac{1}{\rho_s}+\frac{1-e_c}{e_c\,\rho_s}$$

由于料浆中固体的质量流量为 $w=Qe_f\rho_s$，故可将式(3-23)写为

$$A=\frac{w}{u_0}\left(\frac{1}{c}-\frac{1}{c_c}\right) \tag{3-23a}$$

式中，w——料浆中固相的质量流量，kg/s；

c_c——底流中的固相质量浓度，固相质量(kg)/底流体积(m³)；

c——增稠段内某一截面上的固相浓度，固相质量(kg)/料浆体积(m³)。

若悬浮液中固相浓度以固体与液体的质量比 X 表示，那么

$$\frac{1}{C}=\frac{料浆体积}{固体质量}=\frac{固体体积}{固体质量}+\frac{液体体积}{固体质量}=\frac{1}{\rho_s}+\frac{液体质量}{\rho\cdot固体质量}=\frac{1}{\rho_s}+\frac{1}{\rho\cdot X}$$

同理可得

$$\frac{1}{C_c}=\frac{1}{\rho_s}+\frac{1}{\rho\cdot X_c}$$

这样一来，又可将式(3-23a)写为

$$A=\frac{w}{u_0\,\rho}\left(\frac{1}{X}-\frac{1}{X_c}\right) \tag{3-23b}$$

式中，X_c——底流中的固相质量与液体质量之比，固相质量(kg)/液体质量(kg)；

X——增稠段内某一截面上的固相质量与液体质量之比，固相质量(kg)/液体质量(kg)。

需要指出，A 值应在增稠段内计算，且由于沉降槽内各截面上的浓度不同，故应选取其中计算出的最大值作为 A 值。实际沉降槽面积则还需在所确定的 A 值基础上再乘以一个安全系数。对于直径 5m 以下的沉降槽，安全系数可取 1.5；对于直径 30 m 以上的沉降槽，安全系数可取 1.2；对于直径介于 5m 与 30 m 之间的沉降槽，安全系数可在 1.2～1.5 范围内选取。

② 连续沉降槽的高度。计算的目的在于有足够的高度来保证沉渣增稠到指定的浓度。

设沉降槽压紧区的容积为 Ah(m^3)，底流中固相的质量流量为 w(kg/s)；其固相质量与液体质量之比为 X_c，那么底流中固相的体积应为 w/ρ_s(m^3)，而液相所占的体积为 $(w/X_c)/\rho$ (m^3)，由于是稳定操作，所以

$$Ah=\left(\frac{w}{\rho_s}+\frac{w}{X_c\rho}\right)\theta_r$$

$$h=\frac{w\theta_r}{A\rho_s}\left(1+\frac{\rho_s}{\rho X_c}\right) \tag{3-24}$$

式中，h——压紧区高度，m；

θ_r——压紧时间，s。

需要指出，利用式(3-24)计算出 h 值后，实际压紧区高度还应乘以安全系数 1.75。沉降槽的总高度则为实际压紧区高度与其他区域的高度之和。其他区域高度包括澄清区高度及等浓度区高度等，一般在 1～2m 范围内选取。

【例 3-4】 每公升含 236 克的固体石灰料浆，要在连续沉降槽中增稠到每公升含 550 克固体沉渣。由间歇实验测得颗粒表观沉降速度与悬浮液质量浓度的关系数据如下：

质量浓度 c，g/L	236	250	300	350	400	500
表观沉降速度 u_0，cm/h	15.7	12.5	7.1	5.0	3.3	1.7

每小时送入沉降槽的料浆中含固体石灰 5 吨，固体石灰的密度为 2 100kg/m^3。求沉降槽的沉降面积。

解 沉降槽的面积可先由下式计算，即

$$A=\frac{w}{u_0\rho}\left(\frac{1}{X}-\frac{1}{X_c}\right)$$

因为题目所给的悬浮液质量浓度 c 是指单位体积悬浮液所含固体质量，即 kg(固)/m^3(悬浮液)，故需解决 X 与 c 之间的换算问题。由于

$$\frac{1}{c}=\frac{\text{料浆体积}}{\text{固体质量}}=\frac{\text{固体体积}}{\text{固体质量}}+\frac{\text{液体体积}}{\text{固体质量}}=\frac{1}{\rho_s}+\frac{\text{液体质量}}{\rho\cdot\text{固体质量}}=\frac{1}{\rho_s}+\frac{1}{\rho\cdot X}$$

故
$$\frac{1}{X}=\rho\left(\frac{1}{c}-\frac{1}{\rho_s}\right)$$

若全部固体从底流排出，底流质量浓度以 c_c 表示，同理可写出

$$\frac{1}{X_c}=\rho\left(\frac{1}{c_c}-\frac{1}{\rho_s}\right)$$

将上述关系代入，可将沉降槽的面积的计算式改写成

$$A=\frac{w}{u_0}\left(\frac{1}{c}-\frac{1}{c_c}\right)$$

已知固体石灰随料浆进入沉降槽的质量流量 $w=5\,000/3\,600=1.389$ (kg/s)，单位体积沉渣中固相质量浓度 $c_c=550$ kg/m³。根据测得的各组 $c\sim u_0$ 数据，分别计算$\frac{1}{c}$、$\frac{1}{c}-\frac{1}{c_c}$及$A$，计算结果列于下表：

c, kg/m³	$1/c$, m³/kg	$(1/c-1/c_c)$, m³/kg	u_0, m/s	$A=\frac{w}{u_0}\left(\frac{1}{c}-\frac{1}{c_c}\right)$, m²
236	0.004 24	0.002 42	4.35×10^{-5}	77.1
250	0.004 00	0.002 18	3.47×10^{-5}	87.3
300	0.003 33	0.001 51	1.972×10^{-5}	106.4
350	0.002 86	0.001 04	1.389×10^{-5}	104
400	0.002 50	0.000 68	9.17×10^{-6}	103
500	0.002 00	0.000 18	4.72×10^{-6}	53

根据表中所列结果可知，在沉降槽的增稠过程中，当质量浓度达到 300 kg/m³ 附近时，所需的沉降面积最大，应作为确定沉降槽横截面积的依据。其相应直径约为 11.6m，故取安全系数 1.4，那么，沉降槽的面积为

$$1.4\times106.4\approx149(\text{m}^2)$$

3. 分级器

分级器是指利用重力沉降原理将不同悬浮液中粒度不同的颗粒进行粗略的分级，或将两种不同密度的颗粒进行分类的设备。图 3-9 所示为分级器示意图，它由几根沉降柱组成。悬浮液进入沉降柱Ⅰ顶部，水或其他密度适当的液体由各级沉降柱底向上流动，控制悬浮液的加料速率，使柱中的固体质量分数介于 1%～2%，此时柱中颗粒基本上是自由沉降。在各级沉降柱中，凡沉降速度较向上流动的液体速度为大的颗粒，均沉于容器底部，而直径较小的颗粒则被带入后一级沉降柱中。适当安排各级沉降柱流动面积的相对大小，选择液体的密度并控制其流量，可将悬浮液中不同大小的颗粒按指定的粒度范围进行分级。

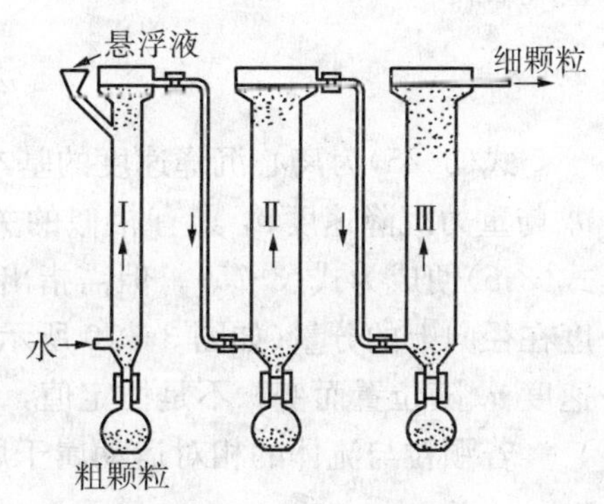

图 3-9 分级器示意图

3.1.2 离心沉降

颗粒在惯性离心力的作用下实现分离的沉降过程称为离心沉降。颗粒的离心力由旋转产生，旋转的速度愈大，则离心力愈大；而颗粒所受重力却是固定的，不能提高。因此，利用离心力作用的分离设备可以分离比较小的颗粒，且设备的体积也可缩小。

3.1.2.1 离心沉降速度

若想办法使得气体带着颗粒作旋转运动，由于颗粒的密度大于流体的密度，惯性离心

力便会将颗粒沿切线方向甩出，使得颗粒在径向上与流体发生相对运动而飞离中心。另一方面，颗粒周围的流体对颗粒有一个指向中心的作用力，此作用力恰好等于同体积流体维持圆周运动所需的向心力。若与重力场相比，则此作用力与颗粒在重力场中所受到的流体浮力相当。此外，在半径方向上与流体有相对运动也会受到阻力作用。所以

① 颗粒($\rho_s > \rho$)随流体作旋转运动时，在径向上受到颗粒的离心力、气体对颗粒的向心力和运动阻力三个力的共同作用。

② 由于颗粒所受到的阻力随离心力的增大而剧增，当增大至某一值时，三个力在径向上作用的代数和为零，颗粒开始作等速运动，此时颗粒在径向上相对于流体的速度便称为离心沉降速度，用 u_r 表示，如图 3-10 所示。

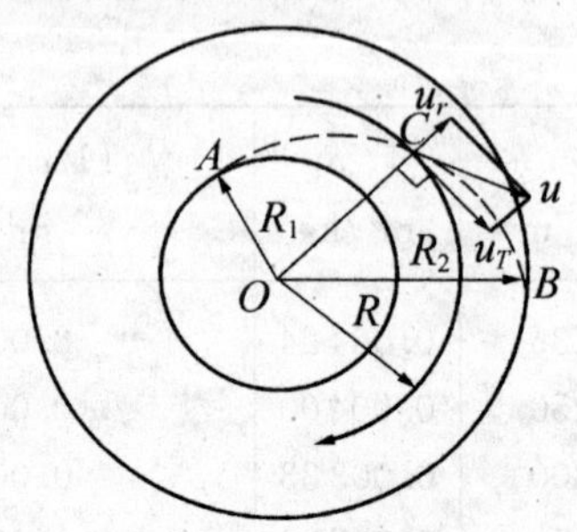

图 3-10　颗粒在旋转流体中的运动

设有一悬浮于密度为 ρ 的流体中的球形颗粒，其直径为 d、密度为 ρ_s，颗粒随流体绕半径为 R 的圆周作旋转运动，其切向速度为 u_T，那么

$$F_{离}=\frac{\pi}{6}d^3\rho_s\frac{u_T^2}{R},\quad F_{向}=\frac{\pi}{6}d^3\rho\frac{u_T^2}{R},\quad F_{阻}=\zeta\frac{\pi}{4}d^2\frac{\rho u_r^2}{2}$$

颗粒作离心等速沉降，上述三个力在沉降方向(径向)上代数和为零，故

$$\frac{\pi}{6}d^3\rho_s\frac{u_T^2}{R}-\frac{\pi}{6}d^3\rho\frac{u_T^2}{R}-\zeta\frac{\pi}{4}d^2\frac{\rho u_r^2}{2}=0$$

整理后得

$$u_r=\sqrt{\frac{4d(\rho_s-\rho)}{3\rho\zeta}\cdot\frac{u_T^2}{R}} \tag{3-25}$$

式(3-25)为离心沉降速度的基本计算式。与式(3-6)比较可见，颗粒的离心沉降速度 u_r 与重力沉降速度 u_t 具有相似的关系式，若将重力加速度 g 用离心加速度 u_T^2/R 代替，式(3-6)便成为式(3-25)。但需指出，离心沉降速度 u_r 不是颗粒的绝对速度，而是绝对速度在径向上的分量(如图 3-10 所示)，且方向不是向下而是沿半径向外；此外，离心沉降速度 u_r 随位置而变，不是恒定值，而重力加速度 g 是恒定不变的。

若颗粒与流体的相对运动属于层流区，阻力系数可用式(3-10)表示，可得

$$u_r=\frac{d^2(\rho_s-\rho)}{18\mu}\cdot\frac{u_T^2}{R} \tag{3-26}$$

式(3-26)与式(3-10)相比，可得

$$\frac{u_r}{u_t}=\frac{u_T^2}{gR}=K_c \tag{3-27}$$

式中，K_c 为同一颗粒在相同介质中的离心沉降速度与重力加速度的比值，也就是颗粒所在位置上惯性离心力场强度与重力场强度之比，称为离心分离因数。它是离心分离设备的重要性能指标。对某些高速离心机，分离因数 K_c 值可高达数十万。旋风或旋液分离器的分离因数一般在 5～2 500 之间。例如，当旋转半径 $R=0.4$ m、切向速度 $u_T=20$ m/s 时，分离因数为

$$K_c=\frac{20^2}{9.81\times0.4}=102$$

这表明颗粒在上述条件下的离心沉降速度比重力加速度大 102 倍，足见离心沉降设备的分离效果远较重力沉降设备高。

3.1.2.2　**离心沉降设备**

1. 旋风分离器

旋风分离器因其结构简单，造价低，没有活动部件，可用多种材料制造，操作范围广，分离效率较高等优点，在化工、冶金、机械、轻工等行业中得到广泛应用。旋风分离器一般可用来除去直径 5 μm 以上的颗粒。对颗粒质量浓度高于 200 g/m³ 的气体，由于颗粒的聚集作用，它甚至可除去 3 μm 以下的颗粒。旋风分离器还可以从气流中分离出雾沫。对于直径 200 μm 以上的颗粒，最好先用重力沉降设备除去大颗粒，以减少其对旋风分离器壁的磨损；对于 5 μm 以下的小颗粒，一般旋风分离器的捕集效率已不高，需用袋滤器或电收尘器捕集。旋风分离器不适于处理粘性粉尘、含湿量高的粉尘及腐蚀性粉尘。

(1)构造和类型

旋风分离器是利用惯性离心力的作用从气体中分离出所含尘粒的设备。图 3-11 所示为旋风分离器代表性的结构形式，称为标准旋风分离器。其器体上部为圆筒形，下部为圆锥形。进气管与圆筒外壁相切，圆筒内装有一排气管。其各部分尺寸均与圆筒直径成比例，比例标注在图中。

旋风分离器的种类很多。目前我国对各种类型的旋风分离器均已制定了系列标准，各种型号旋风分离器的尺寸和性能可从有关手册或产品目录样本中查到。下面就化工生产中几种常见旋风分离器类型作简单介绍。

①XLT/A 型

这种旋风分离器具有倾斜螺旋面进口，其结构如图 3-12 所示。其倾斜方向在一定程度上减小涡流的影响，并且气流阻力较低(阻力系数 ξ 值可取 5.0～5.5)。

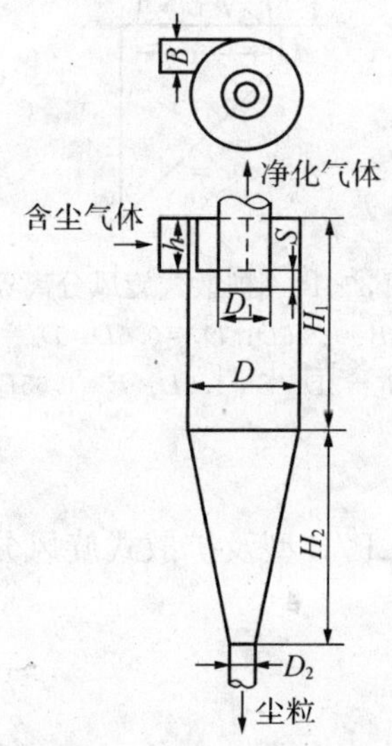

图 3-11　标准旋风分离器

$h=D/2$；$B=D/4$；$D_1=D_2$；$H_1=2D$；$H_2=2D$；$S=D/8$；$D_2=D/4$

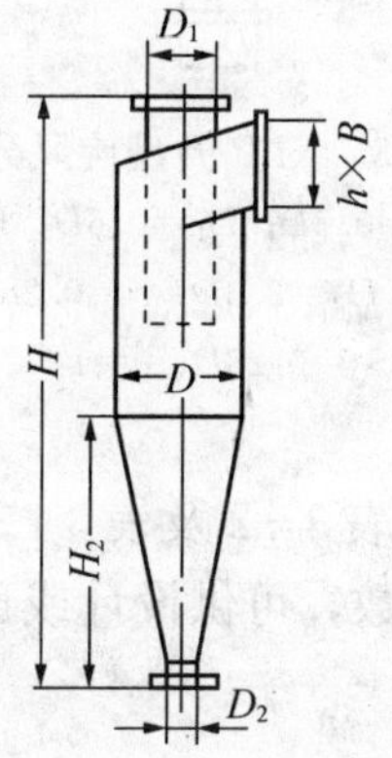

图 3-12　XLT/A 型旋风分离器

$h=0.66D$；$B=0.26D$；$D_1=0.6D$；$D_2=0.3D$；$H_2=2D$；$H=(4.5\sim4.8)D$

②XLP 型

这种类型是带有旁路分离室的旋风分离器，采用蜗壳式进气口，其上沿较器体顶盖稍低。含尘气体进入器内后即分为上、下两股旋流。“旁室”结构能迫使被上旋流带到顶部的细微尘粒聚集并由旁室进入向下旋转的主气流而获得捕集，对 5μm 以上的尘粒具有较高的分离效果。根据器体及旁路分离室形状的不同，XLP 型又分为 A 和 B 两种形式，图 3-13所示为 XLP/B 型，其阻力系数 ζ 值可取 4.8～5.8。

③扩散式

扩散式旋风分离器的结构如图 3-14 所示。其主要特点是具有上小下大的外壳，并在底部装有挡灰盘(又称反射屏)。挡灰盘为倒置的漏斗型，顶部中央有孔，下沿与器壁底圈留有缝隙。沿壁面落下的颗粒经此缝隙至集尘箱内，而气流主体被挡灰盘隔开，少量进入箱内的气体则经挡灰盘顶部的小孔返回器内，与上升旋流汇合经排气管排出。挡灰盘有效地防止了已沉降下的细粉被气流重新卷起，因而使效率提高，尤其对 10μm 以下的颗粒，分离效果更为明显。

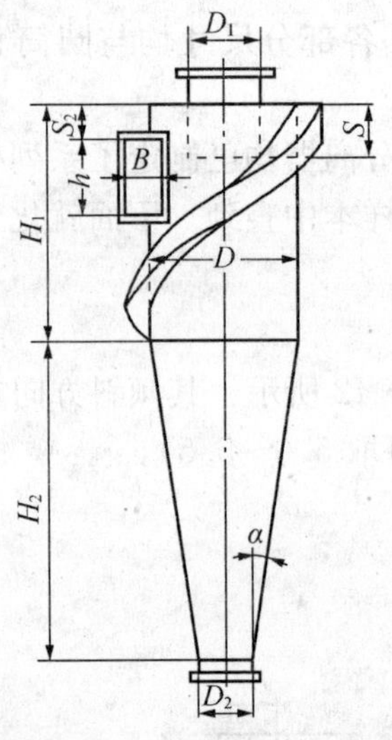

图 3-13　XLP/B 型旋风分离器

$h=0.6D$；$B=0.3D$；$D_1=0.6D$；$D_2=0.43D$；
$H_1=1.7D$；$H_2=2.3D$；$S=0.28D+0.3D$；
$S_2=0.28D$；$\alpha=14°$

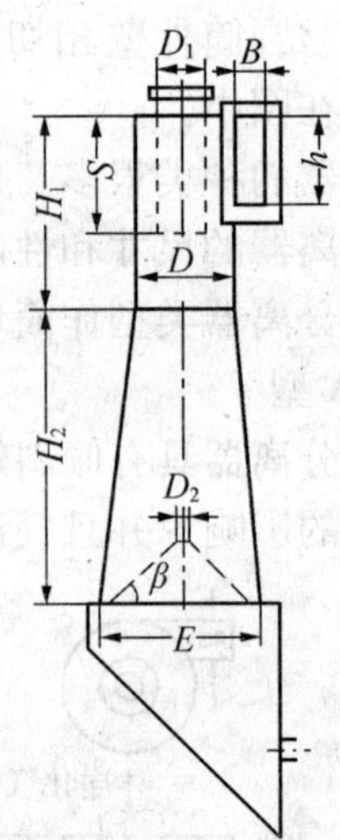

图 3-14　扩散式旋风分离器

$h=D$；$B=0.26D$；$D_1=0.6D$；$D_2=0.1D$；
$H_1=2D$；$H_2=3D$；$S=1.1D$；$E=1.65D$；$\beta=45°$

表 3-1、表 3-2 及表 3-3 分别列出 XLT/A 型、XLP/B 型及扩散式旋风分离器的主要技术性能参数，可供设计或选用时参考。

表 3-1 XLT/A 型旋风分离器主要技术性能表

型号	圆筒直径 D，mm	进口气速 u_i，m/s		
		12	15	18
		压强降 Δp，Pa		
		755	1 187	1 707
XLT/A-1.5	150	170	210	250
XLT/A-2.0	200	300	370	440
XLT/A-2.5	259	400	580	690
XLT/A-3.0	300	670	830	1 000
XLT/A-3.5	350	910	1 140	1 360
XLT/A-4.0	400	1 180	1 480	1 780
XLT/A-4.5	450	1 500	1 870	2 250
XLT/A-5.0	500	1 860	2 320	2 780
XLT/A-5.5	550	2 240	2 800	3 360
XLT/A-6.0	600	2 670	3 340	4 000
XLT/A-6.5	650	3 130	3 920	4 700
XLT/A-7.0	700	3 630	4 540	5 440
XLT/A-7.5	750	4 170	5 210	6 250
XLT/A-8.0	800	4 750	5 940	7 130

表 3-2 XLP/B 型旋风分离器主要技术性能表

型号	圆筒直径 D，mm	进口气速 u_i，m/s		
		12	16	20
		压强降 Δp，Pa		
		412	687	1128
XLP/B-3.0	300	700	930	1 160
XLP/B-4.2	420	1 350	1 800	2 250
XLP/B-5.4	540	2 200	2 950	3 700
XLP/B-7.0	700	3 800	5 100	6 350
XLP/B-8.2	820	5 200	6 900	8 650
XLP/B-9.4	940	6 800	9 000	11 300
XLP/B-10.6	1 060	8 550	11 400	14 300

表 3-3　扩散式旋风分离器主要技术性能表

型　号	圆筒直径 D，mm	进口气速 u_i，m/s			
		14	16	18	20
		压强降 Δp，Pa			
		785	1030	1324	1570
1	250	820	920	1050	1170
2	300	1170	1330	1500	1670
3	370	1790	2000	2210	2500
4	455	2620	3000	3380	3760
5	525	3500	4000	4500	5000
6	585	4380	5000	5630	6250
7	645	5250	6000	6750	7500
8	695	6130	7000	7870	8740

(2)操作原理

如图 3-15 所示，含尘气体由圆筒上部的进气管高速(10~25m/s)切向进入器内而获得旋转运动，在同一平面旋转 360°后，大部分气流在外圆筒与中央排气管之间因被继续进入的气流挤压而下降作螺旋运动，小部分气流向上受到顶盖的拦截又返回随大部分气流一道下旋。气流沿圆锥部分运动时，随圆锥形的收缩而转向分离器的中心并受到底部的阻碍而折回，形成一股上升旋流，其方向与外层气流相同，最后经排气管排出器外。气流在圆筒内旋转时，其中尘粒受离心力作用甩向壁面，此后尘粒与气流以不同轨迹运动，碰到壁面后失去惯性而随下旋气流沿壁面落到排灰口。可见，气体在旋风分离器中的运动过程分为：

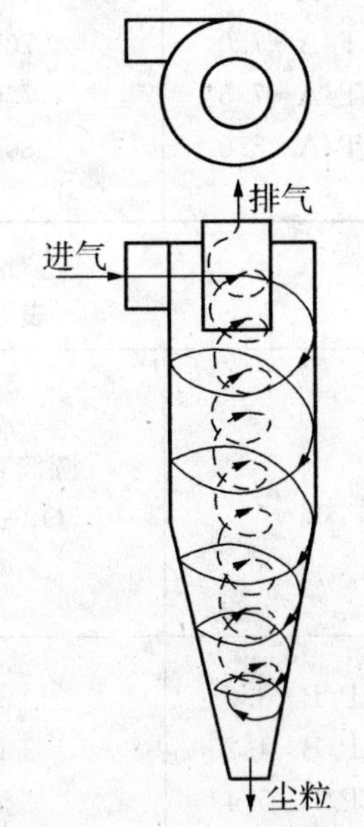

图 3-15　气体在旋风分离器内的运动

①外层旋转气流。含尘气体切向进入分离器后，在圆筒内半径与排气管外壁面半径之间作高速向下旋转运动，其中尘粒在惯性离心力作用下甩向圆筒内壁面，由于内壁的拦截作用失去惯性而随下旋气流沿壁面落到排灰口。可见，尘粒在外层旋转气流运动中得以分离。

② 内层旋转气流(又称气芯)。外层旋转气流到达锥体底部后受阻而沿分离器的轴心部位转而向上，形成上升的内层旋转气流，并经排气管排出。这就是被分离器分离后的洁净气流。

需要指出，旋风分离器的静压力在器壁附近最高，仅稍低于气体进口处的压力，往中心逐渐降低，在气芯中可降至气体出口压力以下。旋风分离器内的低压气芯由排气管入口一直延伸至底部排灰口。因此，排灰口或集尘室密封不良，便会漏入气体，将已收集在锥底的粉尘重新卷起，严重地降低分离效果。

(3)性能参数

旋风分离器的主要性能参数是指从气流中分离出的最小颗粒直径(即临界粒径)、分离效率及气流通过旋风分离器的压强降。下面分别进行说明。

①临界粒径

所谓临界粒径，是指理论上能被旋风分离器完全分离出来的最小颗粒直径。一般可依如下简化假设条件推导出临界粒径的近似计算式，简化假定为

a. 进入旋风分离器的气流严格按螺旋形路线作等速运动，其切向速度等于进口气速 u_i；

b. 颗粒向器壁沉降时，必须穿过厚度等于整个进气口宽度 B 的气流层才能到达壁面而被分离；

c. 颗粒在层流区作自由沉降，其径向沉降速度可用式(3-26)计算。

在式(3-26)中由于固体颗粒的密度远大于气体密度，即 $\rho_s \gg \rho$，故 ρ 可略去，并以 u_i 代替 u_T，旋转半径 R 又以平均半径 R_m 代替，这样一来可写为

$$u_r=\frac{d^2\rho_s}{18\mu}\cdot\frac{u_i^2}{R_m}$$

颗粒到达器壁以前在径向上运行的最大距离等于进气口宽度，故沉降时间为

$$\theta_t=\frac{B}{u_r}=\frac{18\mu R_m B}{d^2\rho_s u_i^2}$$

令气流在筒内旋转的有效圈数为 N_e，则气流在器内运行的距离为 $2\pi R_m N_e$，因此停留时间为

$$\theta=\frac{2\pi R_m N_e}{u_i}$$

颗粒到达器壁所需的沉降时间只要不大于停留时间，颗粒便可以从气流中分离出来，故沉降时间正好等于停留时间的颗粒就是理论上能被完全分离出来的最小颗粒。其直径即为临界粒径，用 d_c 表示可写为

$$\frac{18\mu R_m B}{d_c^2\rho_s u_i^2}=\frac{2\pi R_m N_e}{u_i}$$

整理得

$$d_c=\sqrt{\frac{9\mu B}{\pi N_e\rho_s u_i}} \tag{3-28}$$

式中，d_c——颗粒直径，m；

B——旋风分离器进气口宽度，m；

u_i——进气口气流速度，m/s；

ρ_s——颗粒的密度，kg/m^3；

μ——气流的粘度，Pa·s；

N_e——气流在筒内旋转的有效圈数，N_e 的数值一般为 0.5～3.0；对于图 3-11 所示标准旋风分离器，可取 $N_e=5$。

由式(3-28)可见，减小进气口宽度及提高进气速度，可分离出较小粒径的颗粒，即可提高分离效率。由于旋风分离器各部分尺寸均与筒体直径成比例，所以，当气体处理量很大时，常将若干个直径较小的旋风分离器并联(称旋风分离器组)使用。此外，由于气流通过旋风分离器的阻力随进口气速的平方而剧增，因此，进气口气流速度一般在 10～20 m/s 范围内。

②分离效率

旋风分离器的分离效率有两种表示法，一种是总效率，以 η_0 表示；另一种是分效率，又称粒级效率，以 η_p 表示。

总效率是指进入旋风分离器的全部颗粒中被分离下来的质量分率，即

$$\eta_0=\frac{c_1-c_2}{c_1} \tag{3-29}$$

式中，c_1——旋风分离器进口气体的含尘质量浓度，g/m^3；

c_2——旋风分离器出口气体的含尘质量浓度，g/m^3。

这种表示法最易测定，在工程中最为常用。但其缺点是不能表明旋风分离器对各种尺寸粒子的不同分离效果。

含尘气流中的颗粒通常是大小不均匀的，通过旋风分离器后，各种大小不同的颗粒被分离出来的百分率各不相同。按各种粒度分别表示出其被分离出来的质量分率，称为粒级效率。通常将气流中所含颗粒的尺寸范围分为 n 个小段，其中第 i 个小段范围内颗粒平均粒径为 d_{im} 的粒级效率可表示为

$$\eta_{pi}=\frac{c_{1i}-c_{2i}}{c_{1i}} \tag{3-30}$$

式中，c_{1i}——进口气体中第 i 个小段范围内的颗粒质量浓度，g/m^3；

c_{2i}——出口气体中第 i 个小段范围内的颗粒质量浓度，g/m^3。

颗粒平均粒径 d_{im} 是指粒径范围在$(i-1\sim i)$段中，第 $i-1$ 层筛网上的孔径与第 i 层筛网上的孔径的算术平均值，即

$$d_{im}=\frac{d_i+d_{i-1}}{2} \tag{3-31}$$

粒级效率 η_p 与 d_{im} 的对应关系可用曲线表示，称为粒级效率曲线。这种曲线可通过实测旋风分离器进、出气流中所含尘粒的浓度及粒度分布而获得。如图 3-16 所示为某旋风分离器的实测粒级效率曲线。

由临界粒径的定义分析，凡直径大于临界粒径的颗粒理应 100% 被分离出来，而直径小于临界粒径的颗粒其分离效率应为零，即不能被分离。但由图 3-16 可见，并非如此，如对于临界粒径 d_c 小于 10 μm 的颗粒，也有可观的分离效率；对于临界粒径 d_c 大于 10 μm 的颗粒，其粒级效率并未达到 100%，说明仍有部分未被分离下来。其主要原因有：一方面，在直径小于 d_c 的颗粒中，有些在旋风分离器进口处已经很靠近壁面，故只需较小的沉降时间；或者在器内聚集成了大的颗粒，因而具有较大的沉降速度，能够到达壁面。另一方面，在直径大于 d_c 的颗粒中，有些受到气体涡流的影响不能到达壁面，或者沉降后又被气流重新卷起而带走。

工程上有时也把旋风分离器的粒级效率 η_p 表示成与粒径比$\dfrac{d}{d_{50}}$间的关系曲线。d_{50}是指

粒级效率恰为50%的颗粒直径，称为分割粒径。对于图3-11所示的标准旋风分离器，其d_{50}可用下式估算

$$d_{50} \approx 0.27\sqrt{\frac{\mu D}{u_i(\rho_s-\rho)}} \tag{3-32}$$

图3-17所示为标准旋风分离器的$\eta_p \sim \frac{d}{d_{50}}$关系曲线。对于同一结构形式、尺寸比例相同的旋风分离器，无论大小，均可通用同一条$\eta_p \sim \frac{d}{d_{50}}$曲线，这就给旋风分离器效率的估算带来很大方便。

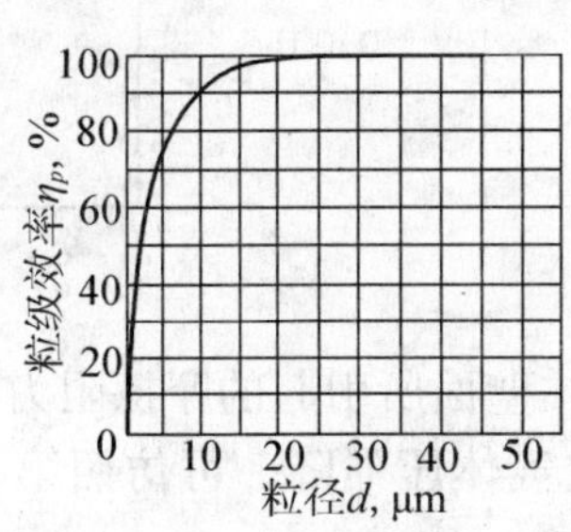

图3-16 粒级效率曲线

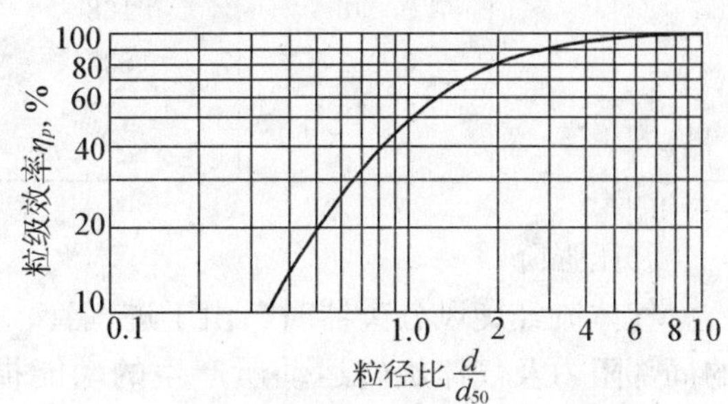

图3-17 标准旋风分离器的$\eta_p \sim \frac{d}{50}$曲线

如果已知粒级效率曲线及气流中颗粒的粒度分布数据，可按下式估算总效率，即

$$\eta_0 = \sum_{i=1}^{n} x_i \eta_{pi} \tag{3-33}$$

式中，x_i——粒径在第i个小段范围内的颗粒占全部颗粒的质量分数；

η_{pi}——第i个小段范围内的颗粒的粒级效率；

n——全部粒径被划分的段数。

粒度分布是指在不同粒径范围内所含粒子的个数或质量。可采用多种方法测量多分散性粒子的粒度分布，在此仅介绍筛分分析法。筛分分析是在一套标准筛中进行，标准筛的筛网为金属网，各国标准筛的规格不尽相同，常用的泰勒制是以每英寸边长的孔数为筛号，称为目。例如，100目的筛子表示每英寸筛网上有100个筛孔。表3-4所示为泰勒标准的目数与孔径节录。

用标准筛测粒度分布时，将一套标准筛按筛孔上大下小的顺序叠在一起，若从上向下筛子的序号为1，2，…，$i-1$，i，则相应的孔径为d_1，d_2，…，d_{i-1}，d_i。将称量后的颗粒样品放在最上面的筛子上，整套筛子用振荡器振动过筛，不同粒度的颗粒分别被截留在各号筛网面上。第i号筛网上的颗粒的尺寸应在$d_{i-1} \sim d_i$之间，分别称取各号筛网上的颗粒质量，就可得到样品的粒度分布。

表 3-4 泰勒标准筛

目数	孔径		目数	孔径	
	英寸	μm		英寸	μm
3	0.263	6680	48	0.0116	295
4	0.185	4699	65	0.0082	208
6	0.131	3327	100	0.0058	147
8	0.093	2362	150	0.0041	104
10	0.065	1651	200	0.0029	74
14	0.046	1168	270	0.0021	53
20	0.0328	833	400	0.0015	38
35	0.0164	417			

③压强降

气体流经旋风分离器时，由于进气管、排气管及主体壁面所引起的摩擦阻力，流动时的局部阻力及气体旋转运动所产生的动能损失等，造成气体压强降。可仿照第一章的方法，将压强降看作与气体进口动能成正比，即

$$\Delta p=\zeta\frac{\rho u_{i}^{2}}{2} \tag{3-34}$$

式中，ζ为比例系数，又称阻力系数。

阻力系数ζ随旋风分离器的类型不同而不同，需通过实验测定。几种常见旋风分离器的阻力系数列于表 3-5 中。

表 3-5 几种常见的旋风分离器阻力系数

类型	标准型	XLT/A 型	XLP/A 型		XLP/B 型		扩散式
			X 型	Y 型	X 型	Y 型	
阻力系数ζ	8.0	6.5	8.0	7.0	5.8	4.8	6～7

注：X 型——吸入式(通风机位于分离器后)；Y 型——压力式(通风机位于分离器前)。

旋风分离器的压强降一般在 500～2000 Pa 范围内。

影响旋风分离器性能的因素多且复杂，物系情况及操作条件为其中的重要方面。一般来说，颗粒密度大、粒径大、进口气速高及粉尘浓度高等情况均对分离有利。例如，含尘浓度高则有利于颗粒的聚集，可提高效率，并且颗粒浓度增大可抑制气体涡流，从而使阻力下降。所以，较高的含尘浓度对压强降与效率两方面均有利。但有些因素对这两方面有着相互矛盾的影响，例如，进口气速稍高有利于分离但过高会导致涡流加剧，反而不利于分离，且压强降剧增。因此，旋风分离器的进口气速应控制在 10～20 m/s 范围较合适。

(4)选用

旋风分离器的类型很多，对于各种类型我国均有系列化产品，一般可根据含尘气体的处理量、要求达到的分离效率和允许的压强降等要求选用合适的型号规格。选用的方法可按不同要求而有所不同。

① 查性能表

如果生产过程中对旋风分离器的分离效率没有提出要求，譬如只要求对颗粒作粗(预)分离，这时可仅按所要求的气体处理量及允许的压强降直接利用旋风分离器技术性能表，查取适合的型号规格。但需注意，性能表中所载的压强降为气体密度在 1.2kg/m³ 时的数据，若操作条件下的气体密度不同，应利用下式进行修正，然后再查取，即

$$\Delta p=\Delta p'\frac{1.2}{\rho'} \tag{3-35}$$

式中，$\Delta p'$——操作条件下气体通过旋风分离器的压强降，Pa；

ρ'——操作条件下气体的密度，kg/m³。

② 计算选型

如果生产过程中对旋风分离器的分离效率及压强降均有要求，则需通过一定的计算，才能利用旋风分离器的技术性能表进行选择。其步骤如下：

a. 选定类型，如 XLT/A 型、XLP/A 型、XLP/B 型、扩散式等。

b. 按所要求的分离效率(一般由要求除去尘粒的最小粒径给定)，据粉尘的性质凭经验选定进口气速 u_i 与气流在旋风分离器内旋转的有效圈数 N_e，利用式(3-28)计算旋风分离器的进气口宽度 B，然后根据所选类型的尺寸比例关系确定旋风分离器的直径 D。

c. 利用旋风分离器的技术性能表，依所确定的直径 D 值并考虑所要求的压强降，选择合适的规格并列出其主要性能。

d. 按气体处理量的要求与所选旋风分离器规格的额定风量计算所需并联旋风分离器的台数。为了便于气体均匀地配到每一个分离器，并联台数应取偶数，即 2 台、4 台或 6 台，多于 6 台时可取 2×4 两组，余类推。

【例 3-5】 某锅炉烟道气温度为 500℃($\mu=3.6\times10^{-5}$ Pa·s，$\rho=0.456$ kg/m³)，气体中尘粒的密度 $\rho_s=2300$ kg/m³，处理量为 6000 m³/h，拟采用扩散式旋风除尘器除去其中粉尘，试根据下述要求选用适合的规格：

(1)压强降 Δp 和效率均不作限定；

(2)要求压强降不超过 500 Pa；

(3)要求分离效率不低于 90%，其相对应的临界粒径不大于 10 μm。

解 (1)压强降 Δp 和效率均不作限定。这种情况下，可直接利用性能表查出适合的规格。从表 3-3 中查得 7 号扩散式旋风分离器可满足要求。其主要性能如下：

筒体直径 $D=645$ mm，气体进口速度 $u_i=16$ m/s，气体处理量 $Q=6000$ m³/h

从表 3-5 查得 $\zeta=6\sim7$，操作条件下烟道气通过旋风分离器的压强降为

$$\Delta p'=\zeta\frac{\rho u_i^2}{2}=(6\sim7)\times\frac{0.456\times16^2}{2}=350\sim409(\text{Pa})$$

(2)要求压强降不超过 500 Pa。这种情况下，除要满足处理量要求外，查性能表时，压强降应不超过

$$\Delta p=\Delta p'\frac{1.2}{\rho'}=500\times\frac{1.2}{0.456}=1316(\text{Pa})$$

由此可见，①项所选 7 号扩散式旋风分离器仍可满足要求。

(3)要求临界粒径不大于 10 μm。这种情况下，对旋风分离器的筒体直径应有限定。由式(3-28)可得旋风分离器进气口宽度的计算式为

$$B=\frac{\pi N_e u_i \rho_s d_c^2}{9\mu}$$

取 $u_i=18\,\text{m/s}$，$N_e=1.7$，及已知数据代入得

$$B=\frac{\pi N_e \rho_s d_c^2}{9\mu}=\frac{3.14\times1.7\times18\times2\,300\times(10^{-5})^2}{9\times3.6\times10^{-5}}=0.068\,2(\text{m})$$

由图 3 - 14 所列几何尺寸比例关系，计算出旋风分离器筒体直径限定值为

$$B=0.26D$$

$$D=0.068\,2/0.26=0.262(\text{m})$$

从性能表 3 - 3 中可查得 1 号扩散式旋风分离器能满足要求。其主要性能如下：

筒体直径 $D=250\,\text{mm}$，　　气体进口速度 $u_i=18\,\text{m/s}$

气体处理量 $Q=1\,050\,\text{m}^3/\text{h}$，　　压强降 $\Delta p=1\,324\,\text{Pa}$

则分离器需并联的台数为

$$\frac{6\,000}{1\,050}\approx6(\text{台})$$

2. 旋液分离器

旋液分离器是利用离心沉降原理使悬浮液中颗粒增稠或对粒径不同及密度不同的颗粒进行分级的设备。其结构和操作原理与旋风分离器相似。设备主体也是由圆筒和圆锥两部分组成，如图 3 - 18 所示。悬浮液从圆筒上部入口切向进入器内，向下作螺旋形运动，液流中的固体颗粒受离心力作用被甩向器壁，并随液流下降到锥形底的出口，成为较稠的悬浮液而排出，称为底流。清液或含有微细颗粒的液体，则形成向上的内旋流，经上部中心管从顶部排出，称为溢流。

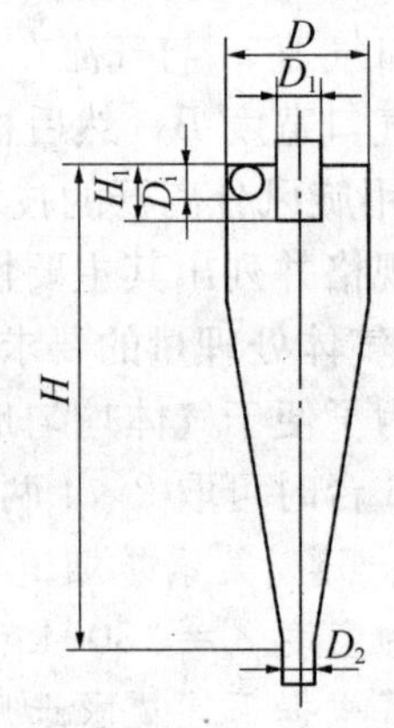

图 3 - 18　旋液分离器

D_i	$D/4$	$D/7$
D_1	$D/3$	$D/7$
H	$5D$	$2.5D$
H_1	$0.3\sim0.4D$	$0.3\sim0.4D$

由于液体的粘度约为气体的 50 倍，液固密度差比气固密度差小(液体的密度远大于气体的密度)，并且悬浮液进口速度也比含尘气流的小，由式(3-26)可知，同样大小和密度的颗粒，悬浮液在旋液分离器中的沉降速度远小于含尘气流在旋风分离器的沉降速度。因此，要达到同样的临界粒径要求，则旋液分离器的直径要比旋风分离器小很多。

旋液分离器中颗粒沿壁面快速运动，对器壁产生严重磨损，因此，旋液分离器应采用耐磨材料制造或采用耐磨材料作内衬。

根据增稠或分级用途的不同，旋液分离器的尺寸比例也有相应的变化，如图 3 - 18 中的标注。在进行旋液分离器设计或选型时，应根据不同的工艺要求，同时考虑技术指标与经济指标，以确定设备的最佳结构及尺寸比例。譬如，用作分级时，分割粒径通常为工艺所规定；而用于增稠时，则往往规定总效率或底流浓度。从分离角度考虑，在给定处理量时，选用若干小直径旋液分离器并联运行，其效果比使用一台大直径的旋液分离器好得多。正因如此，大多数制造厂家提供不同结构的旋液分离器组，使用时可单级操作，也可串联操作，以获得更高的分离效率。

一般旋液分离器的圆筒直径 75～300 mm，悬浮液进口速度 5～15m/s，压力损失 50～200 kPa，分离的颗粒直径 10～40μm。

3. 沉降式离心机

沉降式离心机是利用离心沉降的原理分离悬浮液或乳浊液的设备。

(1)转鼓式离心机

如图 3-19 所示为壁上无孔的转鼓式离心机，悬浮液自转鼓的中间加入，固体颗粒因离心力作用沉至转鼓内壁，澄清液体则从撇液管或溢流堰排出鼓外。

间歇操作的离心机转鼓一般为立式，沉渣由人工卸除。连续操作的离心机转鼓为卧式，设有专门的卸渣装置，以连续、自动地排出沉渣。

颗粒能被分离出来的必要条件是，悬浮液在鼓内的停留时间要大于或至少等于颗粒从自由液面到转鼓所需的时间。

壁上无孔的转鼓式离心机，转鼓转速大多在 1 000～4 500 r/min 的范围，处理能力为 6～10 m^3/h，悬浮液中固相的体积分数为 3%～5%。主要用于泥浆脱水和从废液中回收固体。

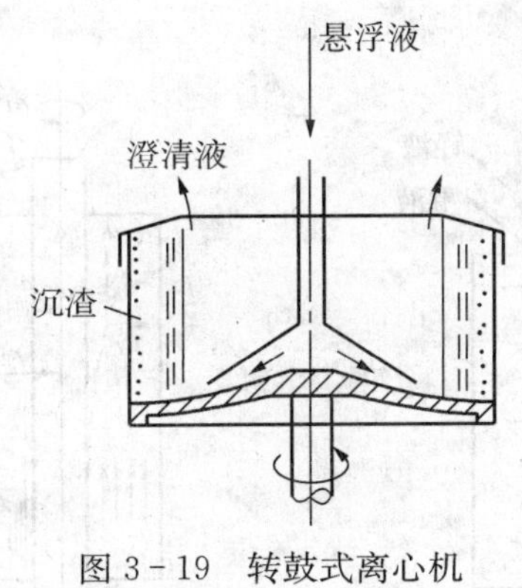

图 3-19　转鼓式离心机

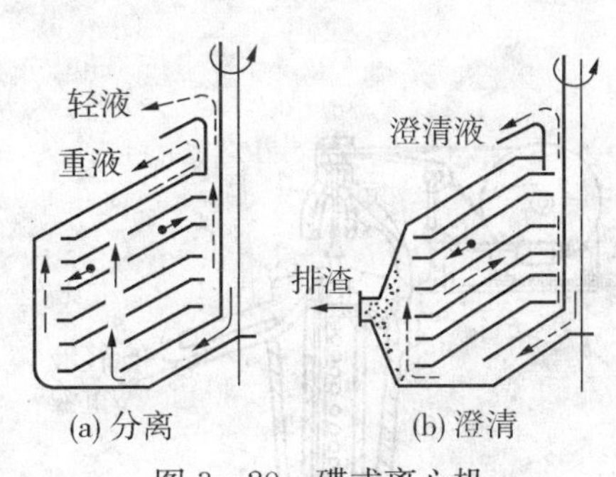

图 3-20　碟式离心机

(2)碟式离心机

碟式离心机的转鼓内装有许多直径 200～600 mm 的碟片，碟片数目 30～100 片，两块碟片间的间隙 0.5～1.3mm，转鼓以 4 700～8 500 r/min 的转速旋转，分离因数可达 4 000～10 000。这种离心机可用作澄清含少量细小固体颗粒的悬浮液，也可用于分离乳浊液中轻、重两液相，如油类脱水等。

分离乳浊液的碟式离心机的碟片上开有小孔，如图 3-20a 所示，乳浊液通过小孔流到碟片的间隙。在离心力作用下，重液沿着每块碟片的斜面沉降，并向转鼓内壁移动，由重液出口连续排出。而轻液沿着每块碟片的斜面向上移动，汇集后由轻液出口排出。

澄清悬浮液的碟式离心机的碟片上不开孔，如图 3-20b 所示。料液从转动碟片的四周进入碟片间的通道并向轴心流动。同时，固体颗粒则逐渐向每一碟片的下方沉降，并在离心力作用下向碟片外缘移动。沉积在转鼓内壁上的沉渣，可在停车后人工卸除或间歇地用液压装置自动排除。重液出口用垫圈堵住，澄清液由顶上轻液出口排出。人工卸渣要停车清洗，只适用于颗粒质量分数<1%的悬浮液。自动排渣的碟式离心机可处理颗粒质量分数高达 6%的悬浮液。

碟式离心机可将粒径小至 0.5μm 的颗粒从悬浮液中加以分离，适用于净化带有少量微细颗粒的粘性液体(涂料、油脂等)，或润滑油中少量水分的脱除等场合。

(3)管式离心机

图 3-21 为管式离心机的示意图。其有内径 75～150 mm、长度约 1 500 mm、转数约 15 000 r/min 的管式转鼓，分离因数可达 $K_c \approx 13\,000$，也有高达 $K_c \approx 10^5$ 的超高速管式离心机。其液体处理量 0.2～2 m^3/h。转鼓内装有 3 个纵向平板，以使料液迅速达到与转鼓相同的角速度。管式离心机可用作分离乳浊液和含细颗粒的稀悬浮液。

分离乳浊液的管式离心机的操作原理如图 3-22a 所示。转鼓由转轴带动旋转。乳浊液由底部进入，在转鼓内从下向上流动的过程中，由于两种液体的密度不同而分成内、外两液层，外层为重液层，内层为轻液层。到达顶部后，轻液与重液分别从各自的溢流口排出。

分离悬浮液的管式离心机的操作原理如图 3-22b 所示。含少量细小颗粒的悬浮液从底部进入。若转鼓内的液体以转鼓的旋转角速度 ω 随转鼓旋转，液体自下向上流动的过程中，颗粒由液面 r_1 处沉降到转鼓内表面 r_2 处。凡沉降所需时间小于或等于在转鼓内停留时间的颗粒，均能沉降除去。

图 3-21 所示管式离心机用作分离悬浮液时，应把重液排出口堵死，以便颗粒沉降在转鼓内壁。运转一段时间后，需停车卸渣并清洗设备。

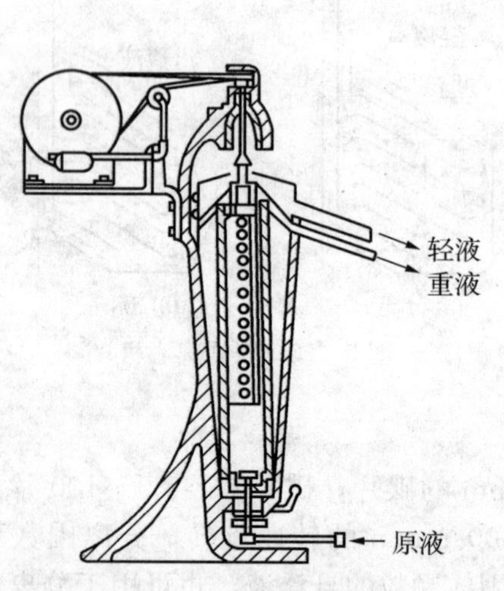

图 3-21 管式离心机

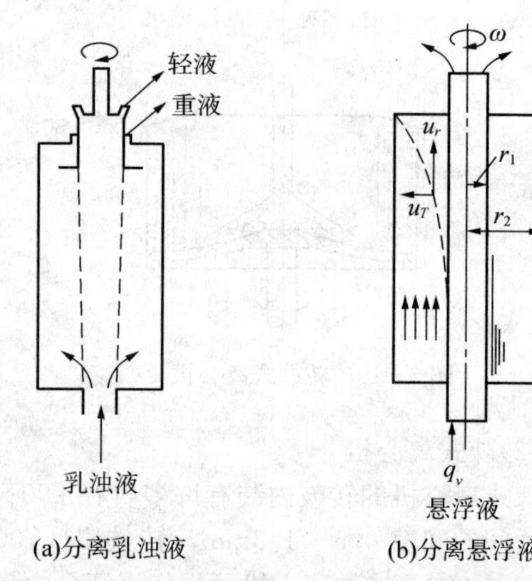

图 3-22 管式离心机操作原理示意图

3.2 过滤

3.2.1 有关概念

所谓过滤，是在外力作用下，利用可以让液体通过而不能让固体通过的多孔介质，将悬浮液中的固体颗粒分离出来的操作。过滤在化工生产中被广泛采用。

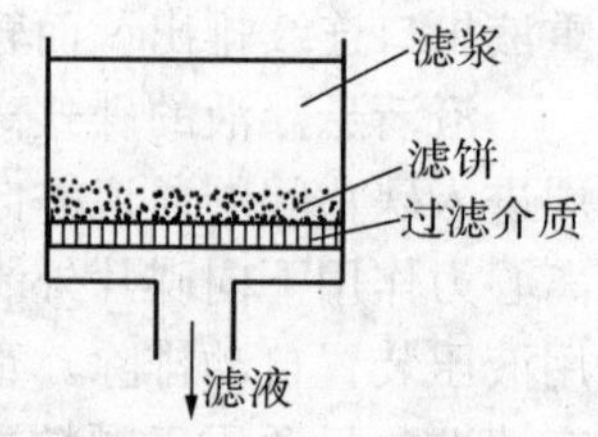

图 3-23 过滤操作示意图

在过滤操作过程中，所处理的悬浮液称为滤浆；所利用的多孔介质称为过滤介质；被过滤介质截留的固体颗粒称为滤饼

(或称滤渣)；而通过滤饼及过滤介质的液体称为滤液。图 3-23 是过滤操作的示意图。

1. 过滤介质

过滤介质起着支撑滤饼的作用，对其基本要求是要具有足够的机械强度和尽可能小的流动阻力，此外，还需具有相应的耐腐蚀性和耐热性。

工业上常用的过滤介质有：

(1)织物介质(又称滤布)。指由棉、毛、丝、麻等天然纤维及合成纤维制成的织物，或由玻璃丝、金属丝等织成的网。这种介质能截留颗粒的最小直径为 5～65μm。这种介质在工业上应用最为广泛。

(2)堆积介质。由各种固体颗粒(砂、木炭、石棉、硅藻土)或非织物纤维等堆积而成，多用于深床过滤中。

(3)多孔固体介质。具有许多微细孔道的固体材料，如多孔陶瓷、多孔塑料及多孔金属制成的管或板，能截留 1～3μm 的微细颗粒。

(4)多孔膜。用于膜过滤的各种有机高分子膜与无机材料膜。广泛使用的是醋酸纤维素和芳香聚酰胺系有机高分子膜。

2. 过滤方式

工业中通常采用的过滤操作方式有如下两种：

(1)深床过滤

过滤介质是很厚的颗粒床层，过滤时并不形成滤饼，悬浮液中的固体颗粒沉积于过滤介质内部，悬浮液中的颗粒尺寸比床层孔道小，但床层孔道曲折细长，颗粒在表面力和静电的作用下很容易附着在孔道壁面上。这种过滤仅适用于处理固体颗粒含量极少(固相体积分数 0.1%以下)的悬浮液。自来水厂饮用水的净化及从合成纤维丝液中除去极细固体物质等均采用这种过滤方法。

(2)饼层过滤

饼层过滤时，悬浮液被置于过滤介质一侧，固体颗粒沉积于介质表面而形成滤饼层。由于滤浆中固体颗粒大小不一，介质中微细孔道的尺寸可能大于悬浮液中部分细小颗粒的尺寸，故过滤刚开始会有一些细小颗粒穿过介质，使得滤液浑浊，但不久颗粒会在孔道中发生“架桥”现象(见图 3-24)，使小于孔道尺寸的细小颗粒被截留，滤饼开始形成，滤液变清，过滤真正开始进行。因此，在饼层过滤中，真正起着截留作用的，可以说主要是滤饼层而不是过滤介质。通常过滤刚开始所得到的浑浊液，在滤饼层形成后需返回滤浆槽重新处理。这种过滤方式适用于处理固体含量较高(固相体积分数在 1%以上)的悬浮液。

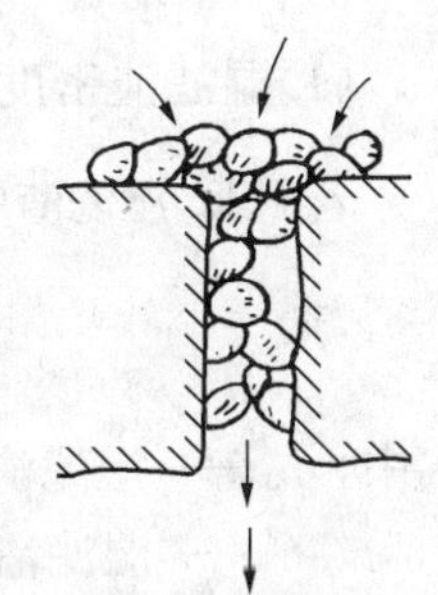

图 3-24 架桥现象

3. 滤饼的压缩性和助滤剂

随着过滤操作的进行，滤饼的厚度不断增加，滤液通过饼层的流动阻力也相应不断增加。构成滤饼的颗粒特性决定流动阻力的大小。当滤饼两侧的压强差增大时，颗粒的形状和颗粒的空隙不会随之发生明显变化，这类滤饼称为不可压缩滤饼；相反，若滤饼两侧的压强差增大时，颗粒的形状和颗粒的空隙会有明显的改变，这类滤饼称为可压缩滤饼。对于不可压缩滤饼，单位厚度床层的流动阻力可视为恒定；对于可压缩滤饼，单位厚度饼层的流动阻力随压强差增大而增大。

为了降低可压缩滤饼的过滤阻力，可加入助滤剂以改变滤饼的结构。助滤剂是某种质地坚硬而能形成疏松饼层的固体颗粒或纤维状物质，将其混入悬浮液或预涂在过滤介质上，可以改善饼层的性能，使阻力减小，滤液得以顺畅通过。

常用助滤剂有以下几种：

(1)硅藻土。它是由硅藻土经干燥或煅烧、粉碎、筛分而得到的粒度均匀的颗粒，其主要成分为含 80%～95%SiO_2 的硅酸。

(2)珍珠岩。它是珍珠岩粉末在 1 000 ℃下迅速加热膨胀后，经粉碎、筛分得到的粒度均匀的颗粒，其主要成分为含 70%SiO_2 的硅酸铝。

(3)石棉。为石棉粉与少量硅藻土混合而成。

(4)炭粉、纸浆粉等。

助滤剂有两种使用方法，一种是先把助滤剂单独配成悬浮液，用其过滤，使过滤介质表面上先形成一层助滤剂层，然后再进行正式过滤。另一种是在悬浮液中加入助滤剂一起过滤，这样得到的滤饼较为疏松，可压缩性减小，滤液容易通过。但由于滤渣与助滤剂不容易分开，若过滤目的是回收滤渣，就不能把助滤剂与悬浮液混合在一起。助滤剂的添加量一般为固体颗粒质量的 0.5%以下。

4. 悬浮液量、固体量、滤液量及滤渣量之间的关系

悬浮液过滤所得的滤液量与悬浮液中所含的液体量并不相等，因为湿滤渣中含有一部分液体。因此，在讨论过滤问题时，需要了解悬浮液量、固体量、滤液量及滤渣量之间的关系。

$$\text{悬浮液}\begin{cases}\text{滤液，密度 }\rho\text{，体积 }V\\ \text{湿滤渣，密度 }\rho_c\begin{cases}\text{液体}\\ \text{干滤渣，密度 }\rho_s\end{cases}\end{cases}$$

(1)湿滤渣密度 ρ_c 的计算

若 C kg 湿滤渣中含有 1 kg 干滤渣，那么湿滤渣体积 $\frac{C}{\rho_c}$ 与干滤渣体积 $\frac{1}{\rho_s}$ 间有如下关系：

$$\frac{C}{\rho_c}=\frac{1}{\rho_s}+\frac{C-1}{\rho} \tag{3-36}$$

式中，ρ_c——湿滤渣密度，kg/m³；

C——湿滤渣与其中所含干滤渣的质量比，kg(湿滤渣)/kg(干滤渣)；

ρ_s——干滤渣密度，kg/m³；

ρ——滤液密度，kg/m³。

利用式(3-36)可求出湿滤渣密度 ρ_c。

(2)干滤渣质量与滤液体积的比值

设悬浮液中固体颗粒的质量分数以 X 表示，单位为 kg(固体)/kg(悬浮液)。

C 与 X 的乘积 CX 为单位质量悬浮液可得湿滤渣的质量，单位为 kg(湿滤渣)/kg(悬浮液)。

$(1-CX)$为单位质量悬浮液可得滤液的质量，单位为 kg(滤液)/kg(悬浮液)。

$X/(1-CX)$为单位干滤渣与滤液的质量比，由 $X/(1-CX)$与滤液密度 ρ 可求得干滤

渣质量与滤液体积的比值，即

$$w=\frac{X}{(1-CX)/\rho} \tag{3-37}$$

w 又称为单位体积滤液所对应的干滤渣质量，单位为 kg(干滤渣)/m^3(滤液)。

(3)湿滤渣质量与滤液体积的比值

湿滤渣质量与滤液体积的比值为 wC，即 kg(湿滤渣)/m^3(滤液)。

(4)湿滤渣体积与滤液体积的比值

湿滤渣体积与滤液体积的比值为

$$\upsilon=\frac{wC}{\rho_c} \tag{3-38}$$

式中，ρ_c——湿滤渣密度，kg/m^3；

υ——单位体积滤液所含湿滤渣的体积，m^3(湿滤渣)/m^3(滤液)。

【例 3-6】 已知 1kg 悬浮液中含 0.05 kg 固体颗粒，湿滤渣、干滤渣及滤液的密度分别为 $\rho_c=1\,450$ kg/m^3、$\rho_s=2\,650$ kg/m^3 及 $\rho=1\,000$ kg/m^3。试求：

(1)湿滤渣与其中所含干滤渣的质量比 C；

(2)干滤渣质量与滤液体积的比值 w；

(3)湿滤渣体积与滤液体积的比值 υ。

解 已知 $X=0.05$ kg(干滤渣)/kg(悬浮液)，$\rho_c=1\,450$ kg/m^3、$\rho_s=2\,650$ kg/m^3 及 $\rho=1\,000$ kg/m^3。

(1)将已知数据代入式(3-36)，即

$$\frac{C}{1\,450}=\frac{1}{2\,650}+\frac{C-1}{1\,000}$$

解得
$$C=2.01\text{ kg(湿滤渣)/kg(干滤渣)}$$

(2)将已知数据及 C 值代入式(3-37)，可得干滤渣质量与滤液体积的比值 w。即

$$w=\frac{X}{(1-CX)/\rho}=\frac{0.05\times1\,000}{1-2.01\times0.05}=55.6[\text{kg(干滤渣)/m}^3\text{(滤液)}]$$

(3)将已知数据及 C 值代入式(3-38)，可得湿滤渣体积与滤液体积的比值 υ。即

$$\upsilon=\frac{wC}{\rho_c}=\frac{55.6\times2.01}{1\,450}=0.077\ [\text{m}^3\text{(湿滤渣)/m}^3\text{(滤液)}]$$

过滤实质上是流体与固体之间的相对运动。实现过滤操作的推动力(外力)可以是重力、上下游截面上的压强差或惯性离心力。然而，在化工中应用最多的是利用多孔介质上、下游两侧的压强差进行过滤。下面主要讨论的内容是恒压过滤的基本理论及其设备。

3.2.2 过滤基本方程式

在过滤操作中滤饼是由被截留在过滤介质上的颗粒堆积而成，颗粒之间存有空隙，空隙间连通起来便构成曲折迂回的滤液通道。由于颗粒很小，各通道的直径亦很小，而液固之间的接触面积又很大，所以滤液在通道内的流动阻力很大，流速很小，多属于层流流动范围。仿照第一章圆筒内层流流动的哈根-泊稷叶公式，可将颗粒床层孔道中液体的流速与压强间关系写为

$$u_1\propto\frac{d_{ec}^2(\Delta p_c)}{\mu L} \tag{3-39}$$

式(3-39)中 d_{ec} 为床层的当量直径。在第一章对于非圆形管的当量直径定义为

$$d_e = 4 \times \text{水力半径} = 4 \times \frac{\text{流通截面积}}{\text{润湿周边长}}$$

故对颗粒床层的当量直径可仿照写出

$$d_{ec} \propto \frac{\text{流通截面积} \times \text{流道长度}}{\text{润湿周边长} \times \text{流道长度}} = \frac{\text{流道容积}}{\text{流道表面积}}$$

考虑面积 1m² 、高度 1 m 的固定床，其床层体积为 $1\times1=1\,(\mathrm{m}^3)$。若床层所有微细流道的空间等于床层的空隙体积，那么流道的容积为 $1\times\varepsilon=\varepsilon\,(\mathrm{m}^3)$。

颗粒的比表面积 α 是指单位体积床层中具有颗粒的表面积(即颗粒与流体接触的表面积)。若忽略床层中因颗粒相互接触而彼此覆盖的表面积，那么

$$\text{流道表面积} = \text{颗粒体积} \times \text{颗粒比表面积} = 1\times(1-\varepsilon)\times\alpha = (1-\varepsilon)\alpha\ (\mathrm{m}^2)$$

所以床层的当量直径为

$$d_{ec} \propto \frac{\varepsilon}{(1-\varepsilon)\alpha} \tag{3-40}$$

滤液在床层流道的流速 u_1 是指空隙体积与空隙截面积之比，即

$$u_1 = \frac{\text{空隙体积}}{\text{空隙截面积}} = \frac{\dfrac{\text{空隙体积}}{\text{床层截面积}}}{\dfrac{\text{空隙截面积}}{\text{床层截面积}} \times \dfrac{\text{床层高度}}{\text{床层高度}}} = \frac{\dfrac{\text{空隙体积}}{\text{床层截面积}}}{\dfrac{\text{空隙体积}}{\text{床层体积}}} = \frac{u}{\varepsilon} \tag{3-41}$$

式(3-41)中 u 是指以整个床层截面积计算的滤液平均速度(m/s)。将式(3-40)和式(3-41)代入式(3-39)整理得

$$u = \frac{1}{K'} \cdot \frac{\varepsilon^3}{\alpha^2(1-\varepsilon)^2}\left(\frac{\Delta p_c}{\mu L}\right) \tag{3-42}$$

式(3-42)中 K' 为比例系数，它与滤饼的孔隙率、颗粒形状、颗粒排列及粒度范围等因素有关。实验证明，对于颗粒床层内的层流流动，$K'=5$。因此，式(3-42)可写为

$$u = \frac{\varepsilon^3}{5\alpha^2(1-\varepsilon)^2}\left(\frac{\Delta p_c}{\mu L}\right) \tag{3-43}$$

式中，Δp_c——滤液通过滤饼层的压强降，Pa；

L——床层厚度，m；

μ——滤液粘度，Pa·s；

ε——床层孔隙率，m³/m³；

α——颗粒比表面积；m²/m³；

u——按整个床层截面积计算的滤液流速，m³/(m²·s)(或 m/s)。

1. 过滤速度与过滤速率

式(3-43)中 u 称为过滤速度，即单位时间通过单位过滤面积的滤液体积。在过滤操作中，通常将单位时间获得的滤液体积称为过滤速率，单位为 m³/s。故过滤速度又称为单位过滤面积上的过滤速率。可见，过滤速度与过滤速率两者概念不同，不要混淆。若过滤过程中其他因素维持不变，由于滤饼厚度的不断增加，过滤速度会逐渐变小。因此，任一瞬间的过滤速度应写为

$$u = \frac{\mathrm{d}V}{A\,\mathrm{d}\theta} = \frac{\varepsilon^3}{5\alpha^2(1-\varepsilon)^2}\left(\frac{\Delta p_c}{\mu L}\right) \tag{3-43a}$$

而过滤速率则写为

$$\frac{dV}{d\theta}=\frac{\varepsilon^3}{5\alpha^2(1-\varepsilon)^2}\left(\frac{A\Delta p_c}{\mu L}\right) \tag{3-43b}$$

式中，V——滤液量，m^3；

θ——过滤时间，s；

A——过滤面积，m^2。

2. 滤饼阻力

对于不可压缩滤饼，ε 可视为常数，颗粒形状、大小也不改变，那么颗粒比表面积 α 也可视为常数，故式(3-43a)可改写为

$$\frac{dV}{A d\theta}=\frac{\Delta p_c}{\mu L\cdot\frac{5\alpha^2(1-\varepsilon)^2}{\varepsilon^3}}=\frac{\Delta p_c}{\mu L r}=\frac{\Delta p_c}{\mu R} \tag{3-44}$$

式中，r——滤饼的比阻，m^{-2}。计算式：$r=\frac{5\alpha^2(1-\varepsilon)^2}{\varepsilon^3}$。它反映颗粒形状、大小等特性；随物料不同而不同，由实验测定。

R——滤饼阻力，m^{-1}。计算式：$R=rL$。

可见，滤液通过滤饼层的过滤阻力包括滤液本身粘性摩擦力 μ 和滤饼阻力 $R=rL$ 两部分。

3. 过滤介质的阻力

在饼层过滤中，虽然过滤介质的阻力一般都比较小，但有时也不能忽略，特别是在过滤刚开始，滤饼层还比较薄的期间。

假定过滤介质两侧的压强差为 Δp_m（见图 3-25），仿照式(3-44)可写出滤液穿过过滤介质层的速度关系式：

$$\frac{dV}{A d\theta}=\frac{\Delta p_m}{\mu R_m} \tag{3-45}$$

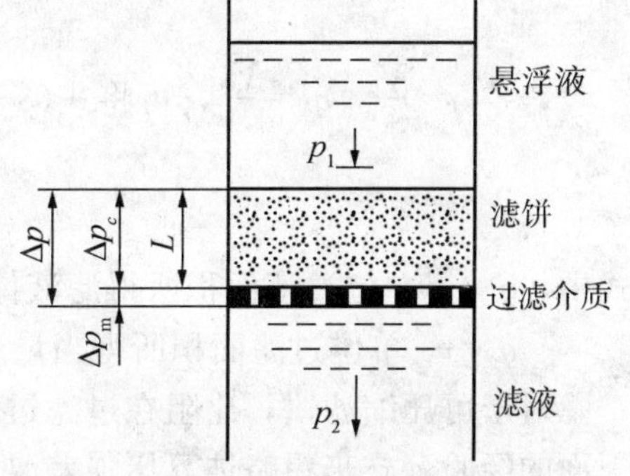

图 3-25 过滤操作推动力示意图

式中，Δp_m——过滤介质上、下游两侧的压强差，Pa；

R_m——过滤介质的阻力，m^{-1}。

由于过滤介质的阻力与最初形成的滤饼层的阻力往往是无法分开的，因此很难划定介质与饼层之间的分界面，更难测定分界面处的压力，所以过滤计算中总是把介质与滤饼联合起来考虑。

通常滤液通过滤饼与滤布的面积相同，故两层的过滤速率应相等，写为

$$\frac{dV}{A d\theta}=\frac{\Delta p_c+\Delta p_m}{\mu(R+R_m)}=\frac{p_1-p_2}{\mu(rL+rL_e)}=\frac{\Delta p}{\mu r(L+L_e)} \tag{3-46}$$

式中，Δp——过滤推动力，为滤液通过滤饼与滤布两侧的总压强差，Pa；表示式为 $\Delta p=\Delta p_c+\Delta p_m$。

L_e——过滤介质的当量滤饼厚度，即过滤介质的阻力相当于厚度为 L_e 的滤饼阻力，m。

在一定操作条件下，以一定介质过滤一定悬浮液时，L_e 为定值；但同一介质在不同

的过滤操作中，L_e 值不同。

4. 过滤基本方程式

若获得 $1m^3$ 滤液所形成的滤饼体积为 υm^3，那么获得 Vm^3 滤液的滤饼体积为 υVm^3，这时滤饼的厚度与所获得滤饼体积的关系为：$LA=\upsilon V$。所以，滤饼的厚度可写为

$$L=\frac{\upsilon V}{A} \tag{3-47}$$

式中，υ——滤饼体积与相应滤液体积之比，量纲为 1 或 m^3(滤饼)/m^3。

同理，如生成厚度为 L_e 的滤饼所应获得的滤液体积以 V_e 表示，那么

$$L_e=\frac{\upsilon V_e}{A} \tag{3-48}$$

式中，V_e——过滤介质的当量滤液体积，或称虚拟滤液体积，m^3。

V_e 是与 L_e 相对应的滤液体积，因此，一定的操作条件下，以一定介质过滤一定的悬浮液时，V_e 为定值，但同一介质在不同的过滤操作中，V_e 值不同。

将式(3-47)、式(3-48)代入式(3-46)，即

$$\frac{dV}{A\,d\theta}=\frac{\Delta p}{\mu r\left(\frac{\upsilon V}{A}+\frac{\upsilon V_e}{A}\right)}=\frac{\Delta p}{\mu r\upsilon\left(\frac{V+V_e}{A}\right)}$$

可写为

$$\frac{dV}{d\theta}=\frac{A^2\Delta p}{\mu r\upsilon(V+V_e)} \tag{3-49}$$

若令 $q=\frac{V}{A}$，$q_e=\frac{V_e}{A}$，可将式(3-49)改写为

$$\frac{dq}{d\theta}=\frac{\Delta p}{\mu r\upsilon(q+q_e)} \tag{3-49a}$$

式中，q——单位过滤面积所得滤液体积，m^3/m^2；

q_e——单位过滤面积所得当量滤液体积，m^3/m^2。

对于可压缩滤饼，比阻在过滤过程中并不为常数，而是两侧压强差的函数。通常可用下面的经验公式来粗略估算压强差改变时比阻的变化，即

$$r=r'\cdot(\Delta p)^s \tag{3-50}$$

式中，r'——单位压强差下滤饼的比阻，m^{-2}；

Δp——过滤压强差，Pa；

s——滤饼的压缩指数，量纲为 1，一般情况下，$s=0\sim1$。对于不可压缩滤饼，$s=0$。

几种典型物料的压缩指数如表 3-6 所示。

表 3-6　典型物料的压缩指数

物料	硅藻土	碳酸钙	钛白(絮凝)	高龄土	滑石	粘土	硫酸锌	氢氧化铝
s	0.01	0.19	0.27	0.33	0.51	0.56～0.6	0.69	0.9

在一定压强差范围内，式(3-50)对大多数滤饼均适用。

将式(3-50)代入式(3-49)，可得

$$\frac{\mathrm{d}V}{\mathrm{d}\theta}=\frac{A^2\Delta p^{1-s}}{\mu r'\upsilon(V+V_e)} \tag{3-51}$$

或

$$\frac{\mathrm{d}q}{\mathrm{d}\theta}=\frac{\Delta p^{1-s}}{\mu r'\upsilon(q+q_e)} \tag{3-51a}$$

式(3-51)称为过滤基本方程式，它表示过滤进程中任一瞬间的过滤速率与各有关因素间的关系，是进行过滤计算的基本依据。它既适用于不可压缩滤饼，也适用于可压缩滤饼。对于不可压缩滤饼，由于 $s=0$，故可简化为式(3-49)。

过滤基本方程式是一微分表达式，要将其用于生产中过滤的计算，还要根据具体操作方式，确定出其边界条件后进行积分。

过滤操作有两种典型的操作方式：一种是恒压过滤，另一种是恒速过滤。然而，在工业生产中并不适宜使整个过程在恒压或恒速下进行。若整个过程维持恒速，那么过滤操作到了末期，压力要升高至很高，过滤设备易产生泄漏，供料设备易发生超负荷。若过滤初期严格地维持恒压，由于介质表面尚无滤渣，会使得较微细颗粒穿越介质而引起滤液浑浊，或堵塞介质的孔隙，增大阻力。故常采用先恒速后恒压的复合操作方式。即过滤开始时先以较低的恒定速度操作，当表压升至所给定的数值后，再转入恒压操作。此外，工业上也有既非恒速又非恒压的过滤操作，如用离心泵向压滤机输送料浆即属此例。

3.2.2.1 恒压过滤

恒压过滤是最为常见的过滤方式。恒压过滤是在压强差(推动力)维持恒定下进行过滤操作。对于这种操作其滤饼层不断增厚，使得过滤阻力逐渐增加，而过滤速率逐渐变小。

对于一定的悬浮液，μ、r'、υ 均可视为常数，令

$$k=\frac{1}{\mu r'\upsilon} \tag{3-52}$$

式中，k 为表征过滤物料特性的常数，$\mathrm{m^4/(N\cdot s)}$ 或 $\mathrm{m^2/(Pa\cdot s)}$。

将式(3-52)代入式(3-51)，得

$$\frac{\mathrm{d}V}{\mathrm{d}\theta}=\frac{kA^2\Delta p^{1-s}}{(V+V_e)}$$

由于压强差 Δp 不变，k、A、s、V_e 也都是常数。若获得体积为 V_e(与过滤介质阻力相对应的虚拟滤液体积)的滤液所需的虚拟过滤时间为 θ_e(常数)，那么过滤时间与所得滤液体积之间的关系为

过滤时间	滤液体积
$0\to\theta_e$	$0\to V_e$
$\theta_e\to\theta+\theta_e$	$V_e\to V+V_e$

根据上述边界条件列出积分式为

$$\int_0^{V_e}(V+V_e)\mathrm{d}(V+V_e)=kA^2\Delta p^{1-s}\int_0^{\theta_e}\mathrm{d}(\theta+\theta_e)$$

及

$$\int_{V_e}^{V+V_e}(V+V_e)\mathrm{d}(V+V_e)=kA^2\Delta p^{1-s}\int_{\theta_e}^{\theta+\theta_e}\mathrm{d}(\theta+\theta_e)$$

对上面两式积分，并令 $K=2k\Delta p^{1-s}$，可得到

$$V_e^2=KA^2\theta_e \tag{3-53}$$

$$V^2+2VV_e=KA^2\theta \tag{3-54}$$

将上两式相加可得

$$(V+V_e)^2=KA^2(\theta+\theta_e) \tag{3-55}$$

式(3-55)称为恒压过滤方程式。这是一条标准的抛物线方程，它表明了恒压过滤时滤液体积与过滤时间的关系，如图 3-26 所示。图中曲线 Ob 段表示实际的过滤时间 θ 与实际滤液体积 V 之间的关系，而 O_eO 段则表示与介质相对应的虚拟过滤时间与虚拟滤液体积 V_e 之间的关系。

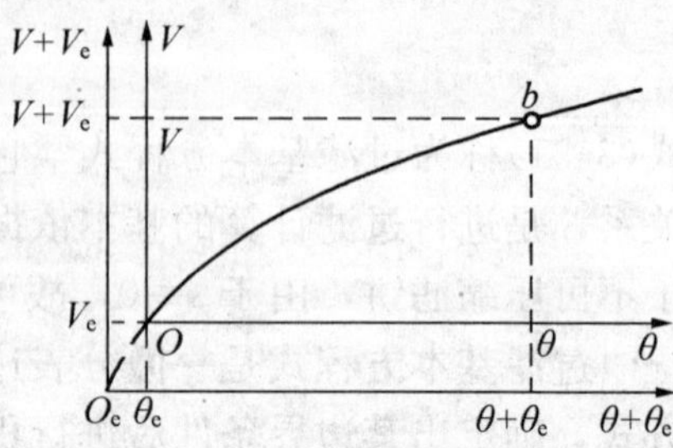

图 3-26　恒压过滤时滤液体积与过滤时间的关系曲线

若过滤介质阻力可忽略，即 $V_e=0$，$\theta_e=0$，那么式(3-55)可简化为

$$V^2=KA^2\theta \tag{3-56}$$

将 $q=\dfrac{V}{A}$ 及 $q_e=\dfrac{V_e}{A}$ 代入式(3-53)、式(3-54)、式(3-55)及式(3-56)，可得到

$$q_e^2=K\theta_e \tag{3-53a}$$

$$q^2+2qq_e=K\theta \tag{3-54a}$$

$$(q+q_e)^2=K(\theta+\theta_e) \tag{3-55a}$$

$$q^2=K\theta\ \text{（忽略介质阻力）} \tag{3-56a}$$

恒压过滤方程式中 K 是由物料特性及压强差决定的常数，称为滤饼常数，单位为 m^2/s。由上述假定可写出

$$K=2k\Delta p^{1-s}=\frac{2\Delta p^{1-s}}{\mu r' \upsilon} \tag{3-57}$$

对于不可压缩滤饼，由于 $s=0$，$r'=r=$常数，故可写成

$$K=\frac{2\Delta p}{\mu r\upsilon} \tag{3-57a}$$

恒压过滤方程式中 θ_e 与 q_e 为反映过滤介质阻力大小的常数，称为介质常数，单位分别为 s 及 m^3/m^2。过滤刚开始时，由于 $\theta=0$，$q=0$，故有

$$q_e^2=K\theta_e \tag{3-53a}$$

或

$$\theta_e=\frac{q_e^2}{K} \tag{3-53b}$$

滤饼常数 K 和介质常数 θ_e 与 q_e 统称为过滤常数，其值由实验测定。

【例 3-7】 在实验室用一片过滤面积为 0.1m^2 的滤叶对某种颗粒在水中的悬浮液进行试验，滤叶内部真空度为 500 mmHg。过滤 5 min 得滤液 1 L，又过滤 5 min 再得滤液 0.6 L。若再过滤 5 min，可再得滤液多少？

解 恒压过滤方程可写为

$$q^2+2qq_e=K\theta$$

已知

$$\theta=5\times60=300(\text{s}),\quad V=1\times10^{-3}(\text{m}^3)$$

$$\theta=10\times60=600(\text{s}),\ V=(1+0.6)\times10^{-3}\ \text{m}^3,\ A=0.1\text{m}^2$$

代入恒压过滤方程，即

$$\begin{cases}\left(\dfrac{1\times10^{-3}}{0.1}\right)^2+2\times\dfrac{1\times10^{-3}}{0.1}q_e=300K\\\left(\dfrac{1.6\times10^{-3}}{0.1}\right)^2+2\times\dfrac{1.6\times10^{-3}}{0.1}q_e=600K\end{cases}$$

联立求解可得 $q_e=7\times10^{-3}(\text{m}^3/\text{m}^2)$， $K=8\times10^{-7}(\text{m}^2/\text{s})$

所以，在 $\Delta p=500$ mmHg 下的恒压过滤方程可写为

$$q^2+2\times7\times10^{-3}q=8\times10^{-7}\theta$$

再过滤 5min，即将过滤时间 $\theta=(5+5+5)\times60=900(\text{s})$ 代入上式为

$$q^2+14\times10^{-3}q=8\times10^{-7}\times900$$

解得

$$q=2.07\times10^{-2}(\text{m}^3/\text{m}^2)$$

$$V=2.07\times10^{-2}\times0.1=2.07\times10^{-3}(\text{m}^3)$$

故再过滤 5min，可再得滤液量为 $2.07-(1+0.6)=0.47(\text{L})$

3.2.2.2 **恒速过滤**

恒速过滤是维持过滤速率恒定的操作方式。当供料的体积流量等于滤液流出的体积流量，过滤速率便是恒定的。用排量固定的正位移泵向过滤机供料，并且支路阀处于关闭状态时，就是一种典型的恒速过滤。在这种情况下，由于随着过滤的进行，滤饼不断增厚，过滤阻力不断增大，要维持过滤速率不变，必须不断增大过滤的推动力——压强差。

恒速过滤时的过滤速度可写为

$$\frac{\text{d}V}{A\,\text{d}\theta}=\frac{V}{A\theta}=\frac{q}{\theta}=u_R=\text{常数} \tag{3-58}$$

故

$$q=u_R\theta \tag{3-59}$$

或

$$V=Au_R\theta \tag{3-60}$$

由此可见，恒速过滤中 V(或 q)与 θ 的关系为一条通过原点的直线。

对于不可压缩滤饼，根据式(3-51a)可写为

$$\frac{\text{d}q}{\text{d}\theta}=\frac{\Delta p}{\mu r\upsilon(q+q_e)}=u_R=\text{常数}$$

对于一定的悬浮液、一定的过滤介质，式中 μ、r、υ、u_R 及 q_e 均为常数，仅 Δp 及 q 随 θ 而变化，故可得到

$$\Delta p=\mu r\upsilon u_R^2\theta+\mu r\upsilon u_R q_e \tag{3-61}$$

或写成

$$\Delta p=a\theta+b \tag{3-61a}$$

式中常数

$$a=\mu r\upsilon u_R^2,\quad b=\mu r\upsilon u_R q_e$$

式(3-61a)表明，对于不可压缩滤饼进行恒速过滤时，其操作压强差随过滤时间成直线增高。所以，实际上很少采用把恒速过滤进行到底的操作方式，而是采用先恒速后恒压的复合操作方式。

3.2.2.3 先恒速后恒压的过滤

先恒速后恒压的复合操作方式的过滤装置如图 3-27 所示。由于采用正位移泵，过滤初期维持恒定速度，泵出口表压强逐渐升高，若经过 θ_R 时间(相应获得体积 V_R 的滤液)后，表压强达到能使支路阀自动开启的给定数值，此时支路阀开启，开始有部分料浆重返回泵的入口，进入压滤机的料浆逐渐减小，而压滤机入口的表压强维持恒定。此后阶段的操作即为恒压过滤。

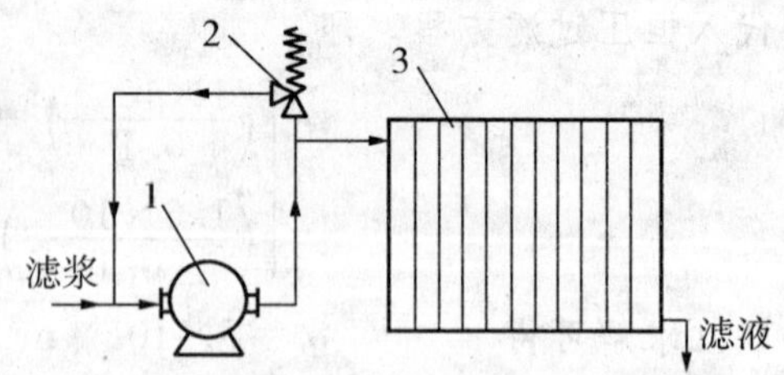

图 2-27 先恒速后恒压的过滤装置

1—正位移泵；2—支路阀；3—过滤机

设恒速升压终了时，瞬时滤液体积为 V_R，过滤时间为 θ_R，那么对于恒压阶段的 $V\sim\theta$ 关系，仍可用过滤基本方程式(3-51)写出

$$\int_{V_R}^{V}(V+V_e)\mathrm{d}V=kA^2\Delta p^{1-s}\int_{\theta_R}^{\theta}\mathrm{d}\theta$$

对上式积分并将式(3-57)代入，得

$$(V^2-V_R^2)+2V_e(V-V_R)=KA^2(\theta-\theta_R) \tag{3-62}$$

式中，$(V-V_R)$——转入恒压操作后获得的滤液体积，m^3；

$(\theta-\theta_R)$——转入恒压操作后经历的过滤时间，s。

式(3-62)即为转入恒压阶段的过滤方程。

【例 3-8】 在 0.04 m^2 的过滤面积上以 1×10^{-4} m^3/s 的过滤速率进行恒速过滤实验。测得过滤 100 s 时，过滤压强差为 3×10^4 Pa；过滤 600 s 时，过滤压强差为 9×10^4 Pa。滤饼不可压缩。今欲用框内尺寸为 635 mm×635 mm×60 mm 的板框过滤机处理同一料浆，所用滤布与实验相同。过滤刚开始时，以与实验相同的滤液流速进行恒速过滤，在过滤压强差达到 6×10^4 Pa 时改为恒压操作。每 m^3 滤液所生成的滤饼体积为 0.025 m^3。试求框内充满滤饼所需的时间。

解 开始恒速阶段的过滤时间可用式(3-61a)计算

$$\Delta p=a\theta+b$$

板框过滤机所处理的悬浮液特性及所用滤布与实验相同，并且过滤速度也相同，故上式中 a、b 值可根据实验所测得的两组数据求出

$$\begin{cases}3\times10^4=100a+b\\9\times10^4=600a+b\end{cases}$$

联立求解得 $a=120$， $b=1.8\times10^4$

恒速终了时的压强差 $\Delta p_R=6\times10^4$ Pa，恒速阶段的过滤时间为

$$\theta_R=\frac{\Delta p_R-b}{a}=\frac{6\times10^4-1.8\times10^4}{120}=350(\mathrm{s})$$

恒速阶段的过滤速度与实验相同，即

$$u_R=\frac{V}{A\theta}=\frac{1\times10^{-4}}{0.04}=2.5\times10^{-3}(\mathrm{m/s})$$

$$q_R=u_R\theta_R=2.5\times10^{-3}\times350=0.875(\mathrm{m^3/m^2})$$

由式(3-61)写出

$$\begin{cases}a=\mu r\upsilon u_R^2=\dfrac{u_R^2}{k}=120\\b=\mu r\upsilon u_R q_e=\dfrac{u_R q_e}{k}=1.8\times10^4\end{cases}$$

联立求解得 $k=5.208\times10^{-8}[m^2/(Pa\cdot s)]$， $q_e=0.375\ (m^3/m^2)$

恒压操作阶段过滤压强差为 6×10^4 Pa，故滤饼常数 K 为

$$K=2k\Delta p=2\times5.208\times10^{-8}\times6\times10^4=6.25\times10^{-3}(m^2/s)$$

已知板框过滤机的过滤面积 $A=2\times0.635^2=0.8065(m^2)$

框内充满滤饼体积及单位面积上的滤液体积为

$$V_c=0.635^2\times0.06=0.0242(m^3)$$

$$q=\frac{\frac{V_c}{A}}{\upsilon}=\frac{0.0242}{0.8065\times0.025}=1.2(m^3/m^2)$$

将式(3-62)改写为

$$(q^2-q_R^2)+2q_e(q-q_R)=K(\theta-\theta_R)$$

将 K、q_e、q_R、θ_R、q 的数值代入上式，即

$$(1.2^2-0.875^2)+2\times0.375\times(1.2-0.875)=6.25\times10^{-3}\times(\theta-350)$$

解得 $\theta=496.9\ (s)$

3.2.3 过滤常数的测定

过滤常数是过滤计算的依据，因目前仍无法从理论上准确描述过滤过程，故过滤常数通常是借助于实验，在小型实验设备上，在相同条件下，用同一种物料进行测定。

1. 恒压下 K、q_e、θ_e 的测定

在某指定压强差下对给定料浆进行恒压过滤时，式(3-55a)中的滤饼常数 K 及介质常数 q_e 和 θ_e 可通过恒压过滤试验测定。

恒压过滤方程式(3-55a)为

$$(q+q_e)^2=K(\theta+\theta_e)$$

方程两边求导可得

$$2(q+q_e)dq=Kd\theta$$

可写为

$$\frac{d\theta}{dq}=\frac{2}{K}q+\frac{2}{K}q_e \tag{3-63}$$

可见，$\frac{d\theta}{dq}$与 q 之间为线性关系，其直线斜率为$\frac{2}{K}$。截距为$\frac{2}{K}q_e$。在微小时间段内，其中导数$\frac{d\theta}{dq}$可用增量比$\frac{\Delta\theta}{\Delta q}$代替，故可写为

$$\frac{\Delta\theta}{\Delta q}=\frac{2}{K}q+\frac{2}{K}q_e \tag{3-63a}$$

试验测定方法与步骤如下：

①在恒压下和确定的过滤面积上过滤待测定的悬浮液，每隔一定时间测定对应获得的滤液累计体积量 V。

②计算 $q=\frac{V}{A}$、$\Delta\theta$、Δq 及$\frac{\Delta\theta}{\Delta q}$之值。

③以 q 为横坐标、$\frac{\Delta\theta}{\Delta q}$为纵坐标，在平面直角坐标纸上依次以 Δq 和$\frac{\Delta\theta}{\Delta q}$画阶梯，然后连

接各阶梯水平线中点画出直线，则可读出及计算出这一直线的斜率 A 与截距 B。

④按下列关系求解 K、q_e、θ_e 之值。

$$\frac{2}{K}=A(\text{斜率})$$

$$\frac{2}{K}q_e=B(\text{截距})$$

$$\theta_e=\frac{q_e^2}{K}$$

对于进行过滤试验比较困难的场合，只要能够取得指定条件下的过滤时间与滤液量的两组对应数据，也可计算出 K、q_e、θ_e 之值。然而，其可靠程度往往较差，仅适用于作粗略估算。即

$$q^2+2qq_e=K\theta \tag{3-54a}$$

方程式中只有 K、q_e 两个未知数，先将已知对应两组数据代入方程后联解，便可求出 K、q_e，再依式(3-53b)求出 θ_e。

2. 压缩指数 s 的测定

滤饼的压缩指数 s 以及物料特性常数 k 的确定需要若干不同压强差下对指定物料进行过滤试验的数据，先求若干过滤压强差下的 K 值，然后再对 $K\sim\Delta p$ 数据加以处理，便可求得 s 值。

$$K=2k\Delta p^{1-s} \tag{3-57}$$

上式两边取对数，得

$$\lg K=(1-s)\lg\Delta p+\lg(2k)$$

由于 $k=\frac{1}{\mu r' \upsilon}$=常数，因此 K 与 Δp 的关系在双对数坐标上标绘时应为直线，直线的斜率为$(1-s)$，截距为 $\lg(2k)$。如此可求得滤饼的压缩指数 s 及物料特性常数 k。

【例 3-9】 每升水中含 25g 某种颗粒的悬浮液在 25℃下进行了三次过滤实验，所得数据见本例附表 1。试求：

(1)各压强差 Δp 下的过滤常数 K、q_e、θ_e；

(2)滤饼的压缩指数 s。

例 3-9 附表 1

实验序号	Ⅰ	Ⅱ	Ⅲ
过滤压强差 $\Delta p\times10^5$，Pa	0.463	1.95	3.39
单位面积滤液量 $q\times10^3$，m^3/m^2	过滤时间 θ，s		
0	0	0	0
11.35	17.3	6.5	4.3
22.70	41.4	14.0	9.4
34.05	72.0	24.1	16.2
45.40	108.4	37.1	24.5
56.75	152.3	51.8	34.6
68.10	201.6	69.1	46.1

例 3-9 附表 2

	$q\times10^3$，m^3/m^2	$\Delta q\times10^3$，m^3/m^2	θ，s	$\Delta\theta$，s	$\frac{\Delta\theta}{\Delta q}\times10^{-3}$，s/m
实验Ⅰ	0		0		
	11.35	11.35	17.3	17.3	1.524
	22.70	11.35	41.4	24.1	2.123
	34.05	11.35	72.0	30.6	2.696
	45.40	11.35	108.4	36.4	3.207
	56.75	11.35	152.3	43.9	3.868
	68.10	11.35	201.6	49.3	4.344

解 (1)过滤常数 K、q_e、θ_e

以实验Ⅰ为例，对实验数据进行整理，计算结果 q、Δq、θ、$\Delta\theta$ 及 $\frac{\Delta\theta}{\Delta q}$ 之值列于本例附表2中。

以 q 为横坐标、$\frac{\Delta\theta}{\Delta q}$ 为纵坐标，在平面直角坐标纸上依次以 Δq 和 $\frac{\Delta\theta}{\Delta q}$ 画阶梯，然后连接各阶梯水平线中点绘出直线Ⅰ(见本例附图1中的直线Ⅰ)，由图所读数据求得此直线的斜率 A 为

$$A=\frac{2.22\times10^{3}}{4.54\times10^{-2}}=4.9\times10^{4}$$

又由图读出此直线的截距 B 为

$$B=1\,260$$

所以，当 $\Delta p=0.463\times10^{5}$ Pa 时，可求出过滤常数为

$$\frac{2}{K}=4.9\times10^{4}\longrightarrow K=4.08\times10^{-5}\ (\mathrm{m^2/s})$$

$$\frac{2}{K}q_e=1260\longrightarrow q_e=0.0257\ (\mathrm{m^3/m^2})$$

$$\theta_e=\frac{q_e^2}{K}=\frac{(0.025\,7)^2}{4.08\times10^{-5}}=16.2\ (\mathrm{s})$$

同理，对于实验Ⅱ及Ⅲ的实验数据进行整理，过滤常数计算过程及结果列于本题附表3中，所绘出的 $\frac{\Delta\theta}{\Delta q}\sim q$ 关系直线见本例附图1。

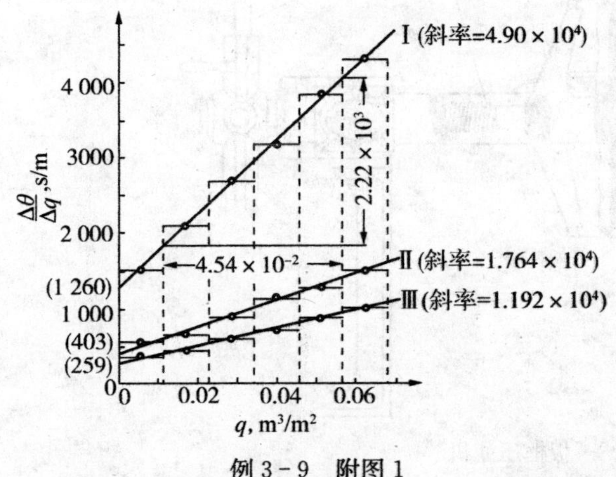

例 3-9 附图 1

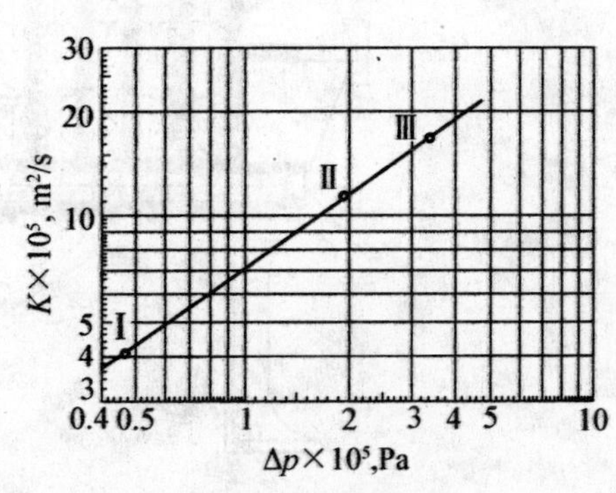

例 3-9 附图 2

例 3-9 附表 3

实验序号		Ⅰ	Ⅱ	Ⅲ
过滤压强差 $\Delta p\times10^{-5}$，Pa		0.463	1.95	3.39
$\frac{d\theta}{dq}\sim q$ 直线的斜率 $\frac{2}{K}$，s/m²		4.90×10^{4}	1.764×10^{4}	1.192×10^{4}
$\frac{d\theta}{dq}\sim q$ 直线的截距 $\frac{2}{K}q_e$，s/m		1 260	403	259
过滤常数	K，m²/s	4.08×10^{-5}	1.133×10^{-4}	1.678×10^{-4}
	q_e，m³/m²	0.025 7	0.022 9	0.021 7
	θ_e，s	16.2	4.63	2.81

(2)滤饼的压缩指数 s

将本例附表3中三次实验的 $K \sim \Delta p$ 数据在双对数坐标上标绘，得到本例附图2中Ⅰ、Ⅱ、Ⅲ三个点。由此三点画出一条直线，在图上测得此直线的斜率为 $1-s=0.7$，故滤饼的压缩指数 $s=1-0.7=0.3$。

3.2.4　过滤设备

过滤操作的基本过程为：装料→过滤→洗涤→去湿→卸料。若过滤设备能按这一基本过程连续地进行，则这种设备称为连续过滤机；不能连续地进行的过滤设备则称为间歇过滤机。工业上应用最广泛的间歇过滤机有板框压滤机和加压叶滤机。转筒真空过滤机则为使用最多的连续过滤机。

3.2.4.1　间歇过滤机

1. 板框压滤机

板框压滤机是一种具有较长历史但仍沿用不衰的间歇式压滤机。它由多块带凹凸纹路的滤板和滤框交替排列组装于机架所构成，如图3-28所示。滤板和滤框的个数在机架长度范围内可自行调节，一般为10～60块，过滤面积为2～80 m^2。

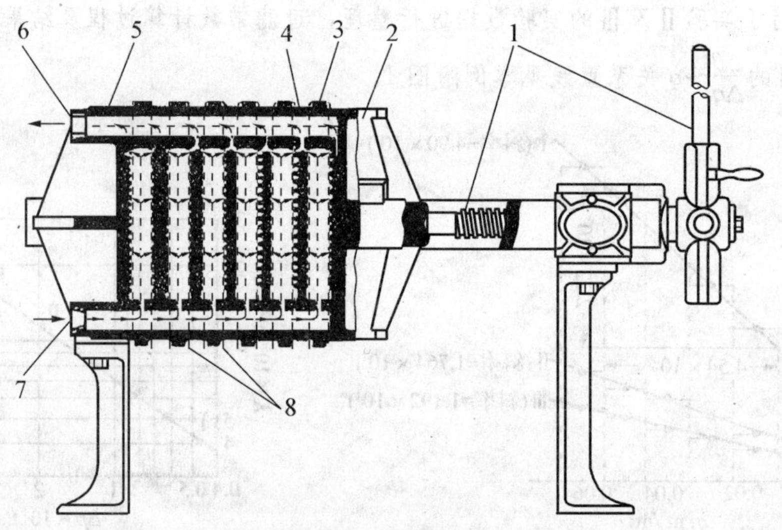

图3-28　板框压滤机

1—压紧装置；2—可动头；3—滤框；4—滤板；5—固定头；6—滤液出口；7—滤浆进口；8—滤布

滤板和滤框通常制成方形，构造如图3-29所示。板和框的四角开有圆孔，装合、压紧后构成供滤浆、洗涤液的通道。框的两侧覆盖有滤布，空框与滤布围成容纳滤浆及滤饼的空间。板又分为洗涤板和过滤板(或称非洗涤板)两种。为便于区别，常在板、框外侧铸有小钮或其他标志。通常，过滤板为一钮，框为二钮，洗涤板为三钮(见图3-29)。装合时按钮数1—2—3—2—1—2……的顺序排列。压紧装置的驱动可用手动、电动或液压传动等方式。

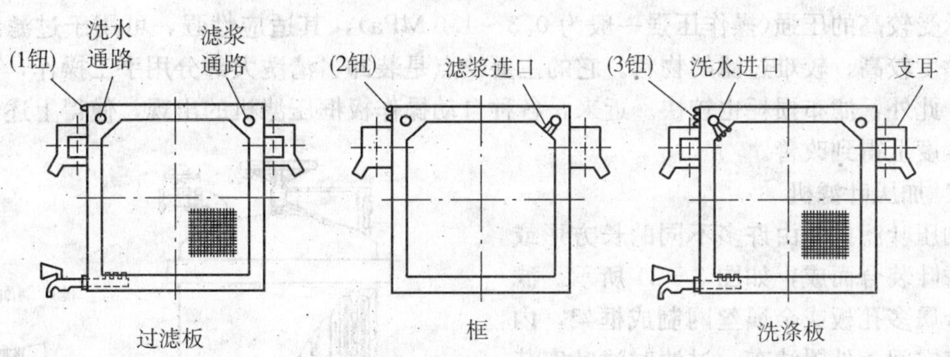

图 3－29　滤板和滤框

板框压滤机的操作是间歇的，每个操作循环由装合→过滤→洗涤→卸渣→清理五个阶段组成。过滤时，悬浮液在指定的压强下经滤浆通道由滤框角端的暗孔进入框内，滤液分别穿过两侧滤布，沿邻板板面流到滤液出口排出，如图 3－30a 所示，当滤饼完全充满滤框后，即停止过滤。滤液的排出方式有明流和暗流之分。若滤液经由每块滤板底部侧管直接排出(如图 3－30a 所示)，称为明流。若滤液不宜暴露于空气中，需将各板流出的滤液汇集于总管后排出(如图 3－28 所示)，则称为暗流。

过滤阶段结束后可根据需要，决定是否对滤饼进行洗涤。洗涤时可将洗水压入洗水通道，经由洗涤板角端暗孔进入板面与滤布之间。这时应关闭洗涤板下部的滤液出口，洗水便在压强差作用下穿过一层滤布及整个滤框厚度的滤饼，然后再穿过另一层滤布，最后由过滤板下部的滤液出口排出，如图 3－30b 所示。这种操作方式称为横穿洗涤法，其作用在于提高洗涤效果。

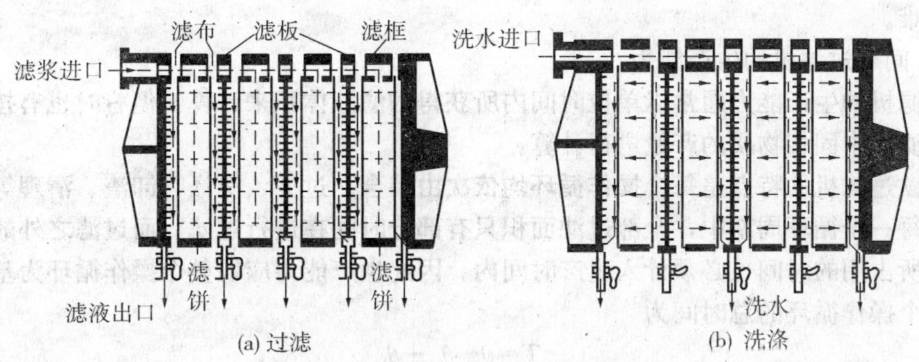

图 3－30　板框压滤机的过滤与洗涤

洗涤结束后，旋开压紧装置并将板框拉开，卸出滤饼，清洗滤布，重新装合，进入下一个操作循环。

板框压滤机在我国已有系列化产品可供选用。其系列标准及规格代号如 BMS20/635－25，其中 B 表示板框压滤机，M 表示明流式(若为 A，则表示暗流式)，S 表示手动压紧(若为 Y，则表示液压压紧)，20 表示过滤面积为 20 m^2，635 表示滤框边长为 635 mm 的正方形，25 表示滤框的厚度为 25 mm。

板框压滤机的优点是结构紧凑，过滤面积大，主要用于过滤含固量多的悬浮液。由于它可承受较高的压强(操作压强一般为 0.3～1.0 MPa)，其适应性强，可用于过滤细小颗粒或粘度较高、较难过滤的物料。它的主要缺点是装卸、清洗大部分用手工操作，劳动强度大。此外，滤布损耗也较快。近来，各种自动操作板框压滤机的出现，使得上述缺点在一定程度上得到改善。

2. 加压叶滤机

加压叶滤机是由许多不同的长方形或圆形滤叶装合而成，如图 3-31 所示。滤叶由金属多孔板或金属丝网制成框架，内部具有空间，外罩滤布。过滤时滤叶安装在能承受内压的密闭机壳内。滤浆用泵压送到机壳内，滤液穿过滤布进入滤叶内，并汇集至总管后排出机外，滤渣则沉积在滤布外侧形成滤饼。滤饼厚度通常为 5～35 mm，视滤浆性质及操作情况而不同。若滤饼需要洗涤，则过滤完毕后通入洗涤水，洗涤水的路径与滤液相同，这种洗涤方法称为置换洗涤法。洗涤结束后打开机壳上盖，拔出滤叶卸除滤饼。

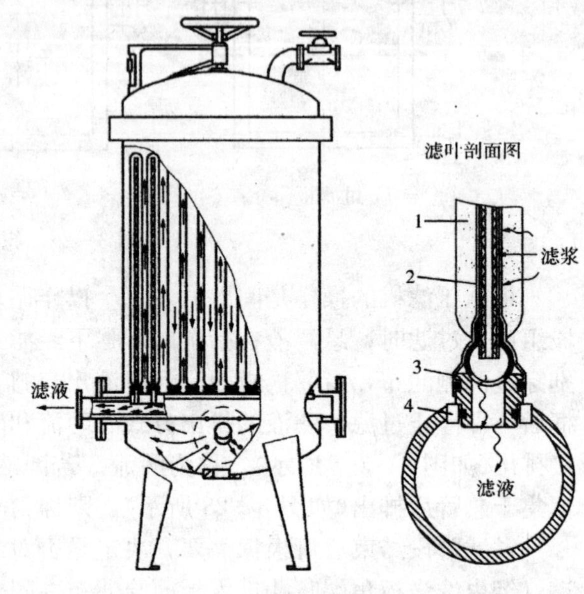

图 3-31　加压叶滤机

1—滤饼；2—滤布；3—拔出装置；4—橡胶圈

加压叶滤机也是间歇操作设备。加压叶滤机的优点是占地省，过滤速度大，洗涤比较均匀，操作密闭，劳动条件较好。缺点是造价较高，更换滤布(尤其对于圆形滤叶)比较困难。

3. 间歇过滤机的生产能力

过滤机的生产能力通常以单位时间内所获得的滤液体积来计算。但有时也有按滤饼的产量或滤饼中固相物质的产量进行计算。

间歇过滤机的特点是每个操作循环均依次由装合、过滤、洗涤、卸渣、清理等过程组成。在每一个循环周期中，全部过滤面积只有部分时间在进行过滤，而过滤之外的其他各步操作所占用的时间也必须计入生产时间内。因此生产能力应以整个操作循环为基准来计算。一个操作循环的总时间为

$$T=\theta+\theta_w+\theta_D \tag{3-64}$$

式中，T—— 一个操作循环的总时间，s；

θ—— 一个操作循环内的过滤时间，s；

θ_w—— 一个操作循环内的洗涤时间，s；

θ_D—— 一个操作循环内的装合、卸渣、清理等辅助操作所需时间(通常凭操作及生产管理等方面经验确定)，s。

所以，生产能力可用下式计算：

$$Q=\frac{3\,600V}{T}=\frac{3\,600V}{\theta+\theta_w+\theta_D} \tag{3-65}$$

式中，V——一个操作循环内所获得的滤液体积(即过滤时间内所获得的滤液体积)，m^3；

Q——过滤机的生产能力，m^3/h。

式(3-65)中，过滤时间 θ 可利用过滤方程式求出。在一个操作循环内，过滤时间有一个能使生产能力最大的最佳值。若过滤时间较短，由于滤饼较薄会有较大的过滤速度，但非过滤时间在整个过滤周期中所占的比例较大，使生产能力较低；反之，若过滤时间较长，非过滤时间在整个过滤周期中所占的比例较小，但因形成的滤饼较厚，过滤后期速度很慢，使过滤的平均速度减小，生产能力也不会太高。因此，板框压滤机的滤框厚度应据最佳过滤时间生成的滤饼厚度来设计。

洗涤时间 θ_w 取决于洗水用量 $V_w(m^3)$ 和洗涤速率，可写为

$$\theta_w=\frac{V_w}{\left(\frac{dV}{d\theta}\right)_w} \tag{3-66}$$

洗水速率 $\left(\frac{dV}{d\theta}\right)_w$ 表示单位时间内消耗的洗水体积。由于洗水里不含固相，洗涤过程中滤饼不再增厚，故阻力不变，在恒定压强差为推动力推动下洗涤速率基本为常数。

在压强差相同、洗水粘度与滤液粘度相近时，板框压滤机的洗涤速率约为过滤终了时的过滤速率 $\left(\frac{dV}{d\theta}\right)_E$ 的 1/4，即

$$\left(\frac{dV}{d\theta}\right)_w=\frac{1}{4}\left(\frac{dV}{d\theta}\right)_E=\frac{KA^2}{8(V+V_e)} \tag{3-67}$$

叶滤机的洗涤速率等于过滤终了时的过滤速率 $\left(\frac{dV}{d\theta}\right)_E$，即

$$\left(\frac{dV}{d\theta}\right)_w=\left(\frac{dV}{d\theta}\right)_E=\frac{KA^2}{2(V+V_e)} \tag{3-68}$$

板框压滤机与叶滤机两者的洗涤速率不同，主要在于所采用的洗涤方式。在板框压滤机中采用的是横穿洗涤法，洗水穿过整个厚度的滤饼，流径长度约为过滤终了时滤液流动路径的两倍，即 $(L+L_e)_w=2(L+L_e)_E$；洗水横穿两层滤布而滤液只需穿过一层滤布，故洗水流通面积为过滤面积的一半，即 $A_w=\frac{1}{2}A$。在叶滤机中采用的是置换洗涤法，洗水与过滤终了时滤液流动路径基本相同，即 $(L+L_e)_w=(L+L_e)_E$；而且洗水与过滤面积也相同，即 $A_w=A$。因此，可根据过滤基本方程式导出不同洗涤方式，其洗涤速率不同。

若洗水粘度、洗水表压与滤液粘度、过滤压强差有明显差别时，应依下式作校正，即

$$\theta'_w=\theta_w\left(\frac{\mu_w}{\mu}\right)\left(\frac{\Delta p}{\Delta p_w}\right) \tag{3-69}$$

式中，θ'_w——校正后的洗涤时间，s；

θ_w——未经校正的洗涤时间，s；

μ_w——洗水粘度，Pa·s；

Δp——过滤终了时刻的推动力，Pa；

Δp_w——洗涤推动力，Pa。

【例 3-10】 在 3×10^5 的压强差下对钛白粉在水中的悬浮液进行过滤实验，测得过滤常数 $K=5\times10^{-5}\ m^2/s$，$q_e=0.01\ m^3/m^2$，并测得滤饼体积与滤液体积之比 $\upsilon=0.08$。现

拟用有 38 个框的 BMS50/810－25 型板框压滤机处理此料浆，过滤推动力及所用滤布也与实验用的相同。试求：

(1)过滤至框内完全充满滤渣所需的时间；

(2)过滤完毕，用相当于滤液量 1/10 的清水进行洗涤，求洗涤时间；

(3)若每次卸渣、重装等全部辅助操作时间共需 15 min，求过滤机的生产能力(分别以每小时平均可得多少(m^3)滤液及滤饼计)。

解 板框过滤机过滤面积

$$A=2\times 0.81^2\times 38=49.86(m^2)$$

滤框全充满所得滤饼体积

$$V_{饼}=0.81^2\times 0.025\times 38=0.623(m^3)$$

获得 0.623 m^3 滤渣应产生的滤液总体积为

$$V=\frac{V_{饼}}{\upsilon}=\frac{0.623}{0.08}=7.788(m^3)$$

单位面积的滤液量

$$q=\frac{V}{A}=\frac{7.788}{49.86}=0.156(m^3/m^2)$$

恒压过滤方程为

$$q^2+2qq_e=K\theta$$

将已知 $q_e=0.01\,m^3/m^2$，$K=5\times 10^{-5}\,m^2/s$ 代入，可得

(1)滤饼全充满所需过滤时间

$$\theta=\frac{q^2+2qq_e}{K}=\frac{0.156^2+2\times 0.156\times 0.01}{5\times 10^{-5}}=549(s)$$

(2)洗涤时间

由恒压过滤方程$(V+V_e)^2=KA^2(\theta+\theta_e)$求导得

$$\frac{dV}{d\theta}=\frac{KA^2}{2(V+V_e)}$$

以 $q=\frac{V}{A}$，$q_e=\frac{V_e}{A}$代入可写成

$$\frac{dV}{d\theta}=\frac{KA}{2(q+q_e)}$$

板框压滤机的洗涤速率等于过滤终了时滤液速率的 1/4，即

$$\left(\frac{dV}{d\theta}\right)_w=\frac{1}{4}\left(\frac{dV}{d\theta}\right)_E=\frac{1}{4}\frac{KA}{2(q+q_e)}=\frac{KA}{8(q+q_e)}$$

所以，洗涤时间

$$\theta_w=\frac{V_w}{\left(\frac{dV}{d\theta}\right)_W}=\frac{8(q+q_e)V_W}{KA}$$

已知洗水体积 $V_w=\frac{1}{10}V=\frac{1}{10}\times 7.788=0.779\,m^3$ 代入，可得

$$\theta_w=\frac{8(0.156+0.01)\times 0.779}{5\times 10^{-5}\times 49.86}=415(s)$$

(3)每小时获得的滤液体积及滤饼体积

每一操作循环所用时间为

$$T=\theta+\theta_W+\theta_D=549+415+15\times60=1\,864(\mathrm{s})$$

所以，每小时获得的滤液量为

$$Q=\frac{V}{T}=7.788\times\frac{3\,600}{1\,864}=15.04(\mathrm{m^3/h})$$

每小时获得的滤饼体积为

$$V_{饼}=15.04\times0.08=1.2(\mathrm{m^3/h})$$

3.2.4.2 连续过滤机

转筒真空过滤机是一种工业上应用较多的连续操作过滤设备，如图 3-32 所示。设备的主体是一个能转动的水平圆筒(转数为 0.1~3 r/min)，圆筒表面有一层金属网，网上覆盖滤布。筒的下部浸入滤浆槽中。圆筒沿径向分隔成 12 个扇形格，每格分别与转筒端面圆盘上的一个孔用细管相连通。此圆盘随着转筒转动，称为转动盘。转动盘与安装在支架上的固定盘借弹簧压力紧密配合，保持密封。在与转动盘接触的固定盘中有三条长短不等的圆弧凹槽，可分别与滤液排出管(真空管)、洗水排出管(真空管)及空气吹入管相通。因此，转动盘上的小孔有几个与固定盘上的连接滤液管的凹槽相通，有几个与洗水管的凹槽相通，另有几个则与空气吹入管相通。由于转动盘与固定盘的这种配合能使过滤机转筒的 12 个扇形格分配到固定盘上的 3 条圆弧凹槽上，故将转动盘与固定盘合在一起称为分配头。转筒转动时凭借分配头的作用，能使转筒上的 12 个扇形格依次分别与滤液排出管、洗水排出管及空气吹入管相通。使得圆筒回转一周的过程中，每个扇形表面可进行过滤→洗涤→吸干→吹松→卸渣等操作。而整个圆筒圆周在任何瞬间都划分为过滤、洗涤、吸干、吹松和卸渣区域。固定盘上的 3 条圆弧凹槽之间有一定距离，这是为了从一个操作区域过渡到另一操作区域时不致使两个区域互相串通。

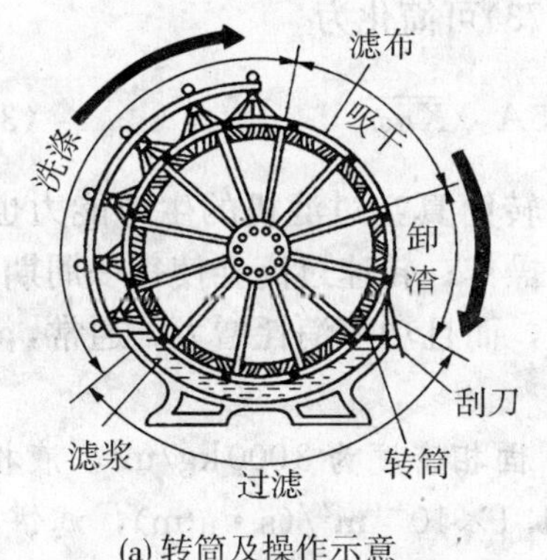

(a) 转筒及操作示意

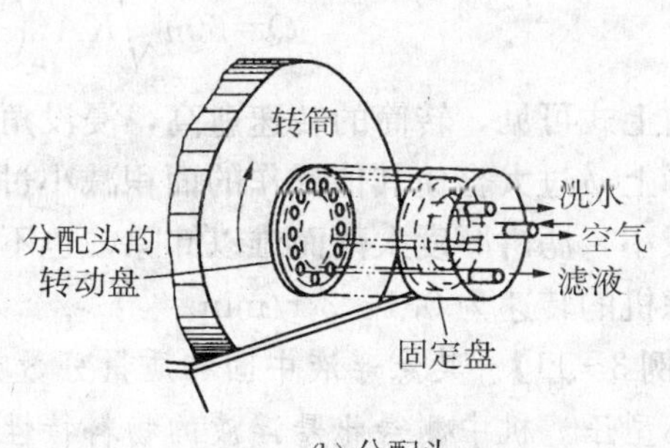

(b) 分配头

图 3-32 转筒真空过滤机操作示意

转筒的过滤面积一般为 5~40 m², 浸入悬浮液的面积为 30%~40%。滤饼的厚度一般为 3~40 mm。

转筒真空过滤机能自动连续操作，节省人力，生产能力大，对于处理量大而容易过滤的料浆特别适用。对于难过滤的胶体物系或微细颗粒的悬浮液，采用预涂助滤剂也比较方便，此时可将卸料刮刀略微离开转筒表面一定距离，以使转筒表面的助滤剂层不被刮下而在较长的操作时间内发挥助滤剂的作用。但转筒真空过滤机附属设备多，过滤面积不大。此外，由于它是真空操作，故推动力有限，尤其不能过滤温度较高(饱和蒸汽压高)的滤浆，其次，滤饼的洗涤也不充分。

转筒真空过滤机的特点是过滤、洗涤、卸饼等操作在转筒表面的不同区域内同时进行。计算转筒真空过滤机的生产能力也是以一个操作周期为基准。一个操作周期就是转筒旋转一周所用的时间 T。若转筒转速为 n r/mim，那么

$$T=\frac{60}{n} \tag{3-70}$$

转筒任何一部分表面在转筒旋转一周的过程中，只有与滤浆接触的一段时间进行过滤操作。转筒表面浸入滤浆中的面积分数称为浸没度，可表示为

$$\psi=\frac{\text{转筒浸液面积}}{\text{转筒总表面积}}=\frac{\text{浸没角度}}{360°} \tag{3-71}$$

因此，在转筒旋转一周时间内任何一块过滤面积所经历的过滤时间为

$$\theta=\psi T=\frac{60\psi}{n} \tag{3-72}$$

由于转筒真空过滤机是在恒定压强差下进行操作，其恒压过滤方程可写为

$$(V+V_e)^2=KA^2(\theta+\theta_e)$$

由此可知，转筒每转一周所得的滤液体积为

$$V=\sqrt{KA^2(\theta+\theta_e)}-V_e=\sqrt{KA^2\left(\frac{60\psi}{n}+\theta_e\right)}-V_e$$

故每小时所得滤液体积，即生产能力为

$$Q=60nV=60\left(\sqrt{KA^2(60\psi n+\theta_e n^2)}-V_e n\right) \tag{3-73}$$

当滤布阻力可以忽略时，由于 $\theta_e=0$，$V_e=0$，式(3-73)可简化为

$$Q=60n\sqrt{KA^2\left(\frac{60\psi}{n}\right)}=465A\sqrt{Kn\psi} \tag{3-73a}$$

由上式可见，转筒的转速愈高，浸没角度愈大，转筒真空过滤机的生产能力也愈大。但实际上 ψ 过大会使其他操作的面积减小过多而难以操作；转速过高会使每一周期的过滤时间减小，滤饼厚度太薄而难以卸除，也不利于洗涤，而且功率消耗增大。通常，转筒真空过滤机的转速为 0.1～3 r/min。

【例 3-11】 某悬浮液中固相质量分数为 9.3%，固相密度为 3000 kg/m^3，液相为水。在一小型压滤机中测得此悬浮液的物料特性常数 $k=1.1\times10^{-4}$ m^2/(s·atm)，滤饼的孔隙率为 0.4。今采用一台 GP5-1.75 型转筒真空过滤机进行生产(此过滤机的转筒直径为 1.75 m，长度为 0.98 m，过滤面积为 5 m^2，浸没角度为 120°)，转速为 0.5 r/min，操作真空度为 80.0 kPa。已知滤饼不可压缩，过滤介质阻力可以忽略。试求此转筒真空过滤机的生产能力及滤饼厚度。

解 (1)生产能力 Q

对于不可压缩滤饼，滤饼常数

$$K=2k\Delta p$$

由于 $k=1.1\times10^{-4}\,\text{m}^2/(\text{s}\cdot\text{atm})$，$\Delta p=\dfrac{80}{101.33}=0.7895(\text{atm})$，所以

$$K=2\times1.1\times10^{-4}\times0.7895=1.737\times10^{-4}(\text{m}^2/\text{s})$$

转筒真空过滤机的生产能力为

$$Q=465A\sqrt{Kn\psi}\quad（忽略介质阻力）$$

将已知 $n=0.5\,\text{r/min}$，$\psi=\dfrac{120}{360}=\dfrac{1}{3}$，$A=5\,\text{m}^2$ 代入可求得

$$Q=465\times5\sqrt{1.737\times10^{-4}\times0.5\times\frac{1}{3}}=12.51(\text{m}^3/\text{h})$$

(2)滤饼厚度 L

1m^3 滤饼中固相体积为：$1-0.4=0.6(\text{m}^3)$

1m^3 滤饼中固相质量为：$0.6\times3\,000=1\,800(\text{kg})$

生成 1m^3 滤饼所需悬浮液质量为

$$\frac{1\,800}{0.093}=19\,355(\text{kg})$$

生成 1m^3 滤饼可得滤液的体积为

$$\frac{19\,355-1\,800}{1\,000}-0.4=17.16(\text{m}^3)$$

所以，

$$\upsilon=\frac{滤饼体积}{滤液体积}=\frac{1}{17.16}=0.0583$$

转筒每转一周获得滤液量为

$$V=\frac{QT}{3\,600}\times\frac{60}{n}=\frac{12.51\times60}{3\,600\times0.5}=0.417(\text{m}^3)$$

转筒每转一周获得滤饼体积为

$$V_{饼}=\upsilon V=0.0583\times0.417=0.024\,3(\text{m}^3)$$

故滤饼厚度为

$$L=\frac{V_{饼}}{A}=\frac{0.0243}{5}=4.86(\text{mm})$$

3.2.4.3 离心过滤机

离心过滤机有过滤用的转鼓，转鼓上有许多小孔，称为滤框。滤框里面装有滤网。离心过滤是使悬浮液在滤框内与滤框一起旋转，由于离心力作用，液体产生径向压差，通过滤饼、滤网及滤框而流出。根据卸渣的方式不同，有间歇操作和连续操作之分。

1. 三足式离心机

图 3－33 所示的三足式离心机是间歇操作、人工卸料的立式离心机，是工业生产中使用最早、应用最广泛、制造数目最多的一种离心机。

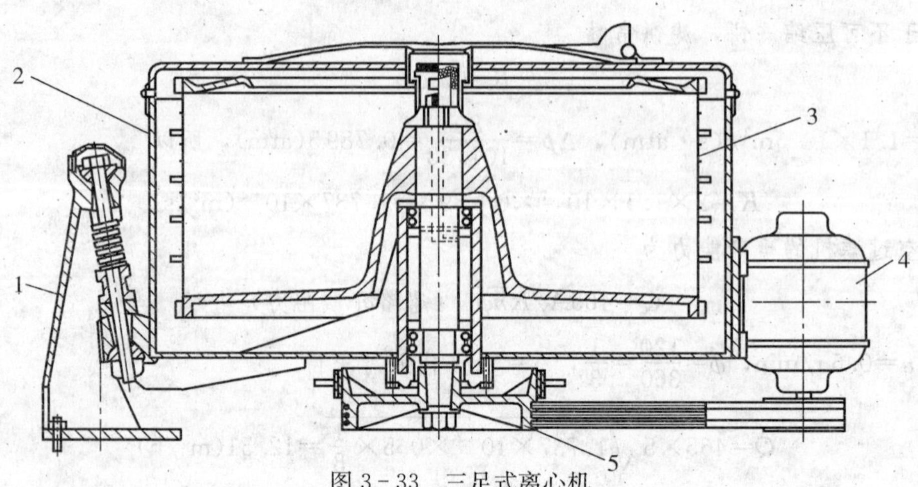

图 3-33　三足式离心机

1—支脚；2—外壳；3—转鼓；4—电动机；5—皮带轮

三足式离心机有过滤式和沉降式两种，其卸料方式有上部卸料与下部卸料之分。离心机的转鼓支承在装有缓冲弹簧的杆上，以减轻由于加料或其他原因造成的冲击。国内生产的三足式离心机技术参数范围如下：

转鼓直径，mm	450～1 500
有效容积，m^3	20～400
转速，r/min	730～1 950
分离因数 K_c	450～1 170

三足式离心机结构简单，制造方便，运转平稳，适应性强，所得滤饼含液量较低，滤渣颗粒不易受损伤，适用于间歇生产中小批量物料的过滤场合。其缺点是卸料时劳动强度大，生产能力低。近年已在卸料方式等方面不断改进，出现了自动卸料及连续生产的三足式离心机。

2. 活塞推料离心机

活塞推料离心机是一种连续操作的过滤式离心机。如图 3-34 所示，在全速运转的情况下，悬浮液不断由进料管进入，在离心力作用下沿锥形进料斗的内壁流至转鼓的滤网上。滤液穿过滤网经滤液出口连续排出，积于滤网面上的滤渣则被往复运动的活塞推送器沿转鼓内壁而推出。滤渣被推至出口的途中，可用由冲洗管出来的水进行喷洗，洗水则由另一出口排出。

活塞推料离心机活塞的行程约为转鼓全长的 1/10，活塞往复次数约为每分钟 30 次，分离因数为 300～700。这种离心机主要用于浓度适中并能很快脱水和失去流动性的悬浮液。优点是颗粒破碎程度小，控制系统较简单，功率消耗也比较均匀。缺点是对悬浮液的浓度较敏感。若料浆太稀则滤饼来不及生成，料液直接流出转鼓，并可冲走先已形成的滤饼；若料浆太稠，则流动性差，易使滤渣分布不均，引起转鼓的振动。

活塞推料离心机除单级外，还有双级、四级等各种形式。采用多级活塞推料离心机能改善其工作状况，提高转速，分离较难处理的物料。

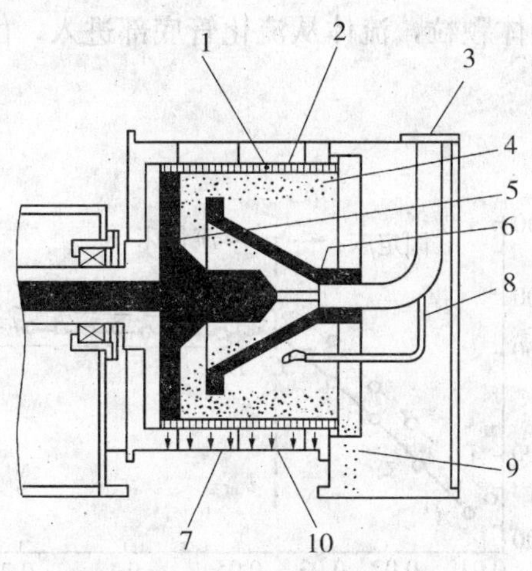

图 3-34　活塞推料离心机

1—转鼓；2—滤网；3—进料管；4—滤饼
5—活塞推进器；6—进料斗；7—滤液出口
8—冲洗管；9—固体排出；10—洗水出口

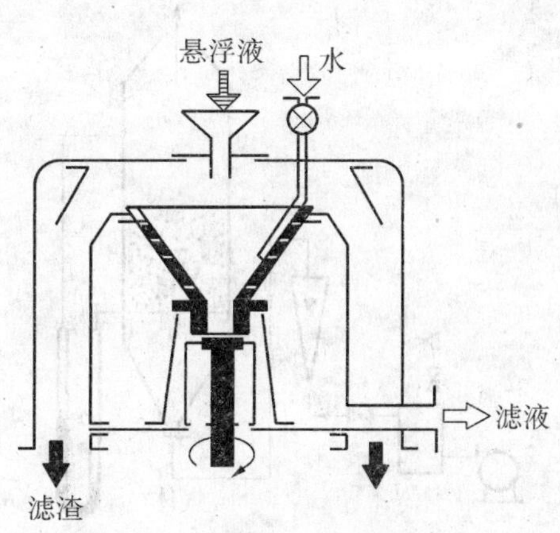

图 3-35　离心力自动卸料离心机

3. 离心力自动卸料离心机

如图 3-35 所示，离心力自动卸料离心机又称为锥蓝离心机。悬浮液从上部进料管进入圆锥形滤筐底部中心，靠离心力均匀地分布在滤筐上，滤液透过滤筐而形成滤渣层。滤渣靠离心力作用克服滤网的摩擦阻力，沿滤筐向上移动，经过洗涤最后从顶端排出。这种离心机结构简单，造价低，功率消耗小。但对于悬浮液的浓度和固体颗粒大小的波动敏感。其分离因数为 1 500～2 500，可分离颗粒浓度较高及粒度为 0.04～1 mm 的悬浮液。在各种结晶产品的分离中应用广泛。

3.3　流态化

流态化技术是近几十年来日益广泛应用的一种新技术。例如，工业上应用的沸腾燃烧炉，就是从炉底鼓入空气，使得炉床上的煤粉在流动状态下得以充分燃烧。这是因为处于流动状态下，煤粉床层的孔隙率显著提高，增大了气体与燃料的接触面积。这样一来，既有利于提高燃烧效果，又有利于改善环境。此外，利用流态化技术还可对粉粒状固体物料进行加热、干燥及输送等操作。下面仅对于气-固流化系统和气力输送的基本理论进行扼要介绍。

3.3.1　固体流态化

将大量固体颗粒悬浮于流动流体之中，并在流体作用下使颗粒作翻滚运动，而类似于液体的沸腾，这种操作称为固体流态化。

3.3.1.1　流化床的基本概念

1. 流态化现象

流体通过颗粒层的流态化现象可通过图 3-36 所示实验进行观察。实验装置主要由流化管、分布板和压差计等组成。在分布板上堆有固体颗粒，流体从流化管底部进入，由顶部流出，压差计用来测量经过床层的压强降。

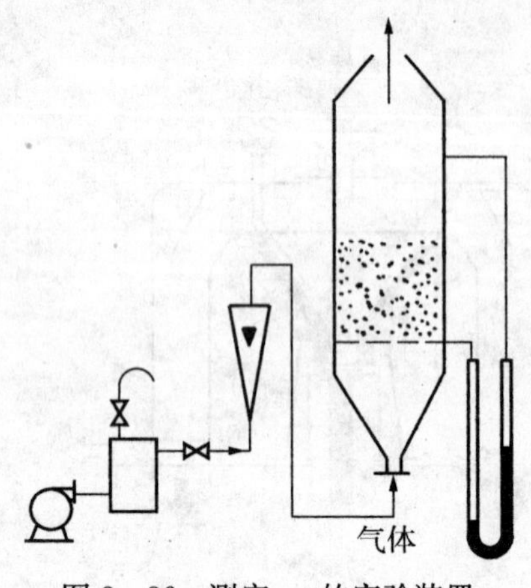

图 3-36　测定 u_{mf} 的实验装置

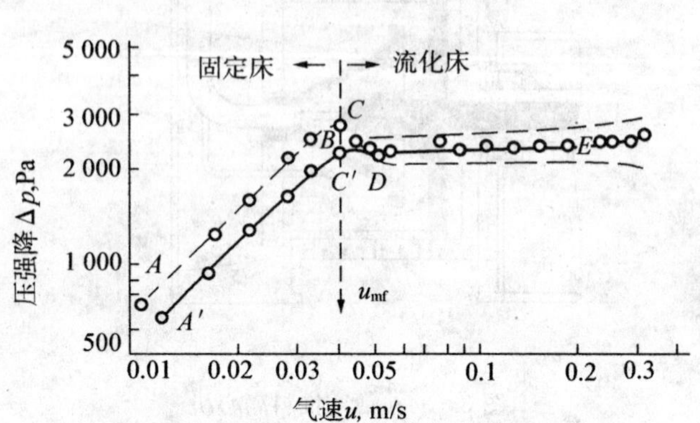

图 3-37　气体流化床实际 $\Delta p \sim u$ 关系曲线

当流体通过颗粒床层时，随着流体流速的增加而引起压强降的变化，可明显观察到下述三个阶段：

①固定床阶段。当流速较低时，固体颗粒静止不动，流体从颗粒间的空隙穿过，随着气速的增加，气体通过床层的摩擦阻力相应增加，压降增大。流体通过床层的压强降 Δp 与空塔速度 u 在双对数坐标图上绘出为一条直线，如图 3-37 中的 AB 段所示。当流速增至某一定值，这时床层压强降恰好等于单位床层的净重力，流体在垂直方向上给予床层的作用力刚好能够将全部床层颗粒托起，使得床层变松，但固体颗粒间仍保持相互接触，如图 3-37 中的 BC 段。

②流化床阶段。当流速继续增大超过 C 点时，床层孔隙率增大，颗粒开始悬浮在流体中自由运动，床层高度亦随气速的提高而增高，此时便进入流化床阶段。在这一阶段内，整个床层的压强降基本保持不变，如图 3-37 中的 DE 段。但因气体通过床层的压强降，除了绝大部分用于克服床层颗粒的重力外，还有一小部分能量消耗于颗粒之间的碰撞及颗粒与容器间的摩擦，实际上 DE 直线略微向上倾斜。

在固定床阶段和流化床阶段之间有一个“驼峰”BCD，这是因为固定床的颗粒间相互挤压，需要较大的推动力才能使床层松动，直至颗粒达到悬浮状态时，压降便从“驼峰”降到 DE 段。

在流化床阶段内，随着流体速度的增加，颗粒运动加剧且作上下翻滚，如同液体在沸腾时的沸腾现象，故流化床又称为“沸腾床”。这样的床层具有类似流体的性质，如具有与流体相同的流动性，它的形状随容器的几何形状而变，床层表面自行保持水平等等。

当降低流化床气速时，床层高度、孔隙率也随之降低，$\Delta p \sim u$ 关系曲线沿 EDC'（流化床阶段）与 $C'A'$（固定床阶段）返回。两阶段的交点 C' 即为临界点，所对应的流速则称为临界流化速度 u_{mf}，孔隙率则称为临界孔隙率 ε_{mf}。返回固定床时没有按原 CBA 曲线，其原因是床层曾被吹松，其孔隙率比相同气速下未被吹松的固定床要大，故相应的压强降会小一些。

③气力输送阶段。在流化床阶段内，若流速继续增大至某一极限值后，床层上界面消

失，固体颗粒分散悬浮于气流中，并不断被气流带走，气流中颗粒浓度由密相转为稀相，形成两相同时流动，即进入气力输送阶段。流化床由流化阶段转为气力输送阶段，颗粒开始被带走的速度称为带出速度，其数值等于颗粒在该流体中的沉降速度。

需要指出，在图 3－37 中还可看到 DE 线的上下各有一条虚线，这是气体流化床压强降的波动范围，而 DE 线是这两条线的平均值。压强降的波动是因为从分布板进入的气体形成气泡，在向上运动过程中不断长大，到床面自行破裂。在气泡运动、长大、破裂的过程中产生压强降的波动。

2. 散式流化与聚式流化

在流化床中，随流速增大，床层逐渐膨胀而没有气泡产生，颗粒彼此均匀分散在流体介质中，且保持一稳定的上界面。通常，两相密度差小的系统，如液-固系统大多数属于散式流化。在散式流化中，由于固体颗粒均匀地分散在流化介质中，故又称均匀流化。

对于密度差较大的系统，如气-固系统，大多数属于聚式流化。在气-固系统的流化床中，超过流化所需最小气量的那部分气体以气泡形式通过颗粒层，上升到达床层上界面时即破裂，这些气泡可能夹带有少量固体颗粒。此时，床层内分为两相，一相是孔隙率小而固体浓度大的气-固均匀混合物构成的连续相，称为乳化相；另一相则是夹带有少量固体颗粒而以气泡形式通过床层的不连续相，称为气泡相。由于气泡在上升过程中不断长大、合并，到达床层上界面处破裂，引起床层上界面极不稳定，或以某种频率的上下波动，造成床层压强降也随之相应波动。

需要指出的是，由于颗粒与流体之间密度差的大小决定了绝大多数的液-固系统属于散式流化，气-固系统属于聚式流化。但这并非绝对，当固体颗粒粒度和密度都很小，而气体密度很大时，气-固系统的流化可能呈散式流化；当固体密度很大时，液-固系统也可能呈聚式流化。

3. 流化床的不正常现象

①沟流现象。沟流现象是指流体通过床层时形成短路，大量气体没有与固体颗粒很好接触，而沿沟道上升。沟流现象使床层密度不均且气-固接触不良，不利于气-固两相的传热、传质和化学反应；同时，由于部分床层变成死床，颗粒不是悬浮在气流中，故 $\Delta p \sim u$ 图中显示出来，其压强降 Δp 始终低于单位面积上床层的重力，如图 3－38 所示。

沟流现象的产生主要与颗粒的特性和气体分布板的结构有关。粒度过细而密度过大，且具有胶粘性的颗粒，以及气体在分布板处的初始分布不均匀，都容易引起沟流。

② 腾涌现象。腾涌现象主要发生在气-固流化床中。若床层高度与床层直径的比值过大，或气速过高，或气体分布不均匀，会引起气泡合成大气泡。当气泡直径长到与床层直径相同时，气泡将床层分割为一段气泡、一段颗粒层相互间隔，颗粒被气泡如同活塞那样向上推动，达到界面后，气泡破裂而颗粒分散下落，这种现象称为腾涌现象。出现这种现象时可从 $\Delta p \sim u$ 曲线上显示出来，其压强降 Δp 在理论值附近大幅度波动，如图 3－39 所示。这是因为气泡向上推动颗粒层时，颗粒与器壁的摩擦造成压强降大于理论值，而气泡破裂时压强降又低于理论值。

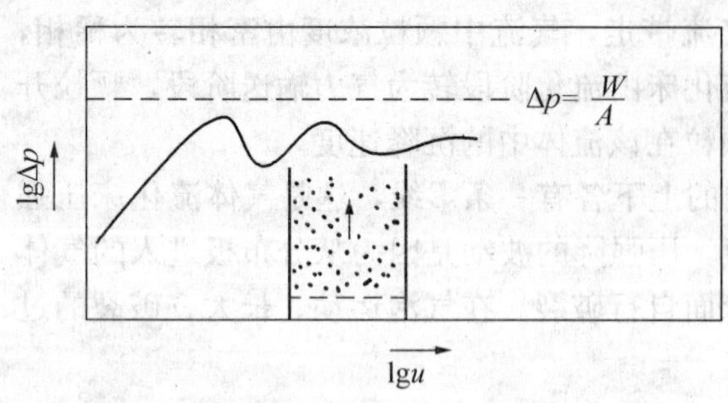

图 3-38　沟流发生后的 $\Delta p \sim u$ 曲线

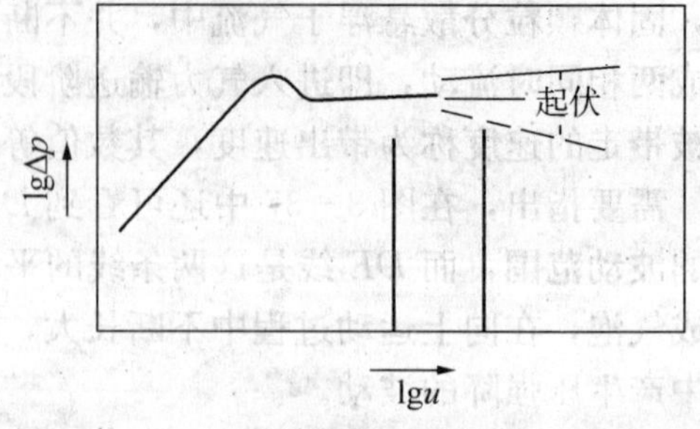

图 3-39　腾涌发生后 $\Delta p \sim u$ 关系

流化床发生腾涌时，不仅使气-固接触不均，而且还会引起设备强烈震动，因此，应采用适宜的床层高度与床径比及适宜的气速，以避免腾涌现象的发生。

流化床 $\Delta p \sim u$ 关系曲线可以帮助判断流化床的操作是否正常。流化床正常操作时，压强降波动小。若波动较大，可能形成了大气泡。若发现压强降直线上升，然后又突然下降，则表明发生了腾涌现象。反之，若压强降比正常操作时低，则说明产生了沟流现象。实际压强降与正常压强降偏离的大小可反映出沟流现象的严重程度。

3.3.1.2　流化床的操作范围及其高度

1. 流化床的操作范围

由上述流化现象的观察实验可知，要使得固体颗粒床层能在流化状态下操作，其最低气速必须高于临界流化速度 u_{mf}，而最大气速又不得超过颗粒的沉降速度，以免颗粒被气流带走，即 $u_{mf} < u < u_t$。

(1)临界流化速度 u_{mf}

固体颗粒和流体特性不同，临界流化速度也不同。由于影响因素极其复杂，确定临界流化速度主要有实验测定法和关联式计算法两种。

(ⅰ)实验测定法

可采用如图 3-36 所示的实验装置，常用空气作流化介质。实验步骤如下：

① 测定固体颗粒从固定状态到流化状态的一系列压强降 Δp 与气体流速 u 的对应数据；

② 在双对数坐标图上标出 $ABC'DE$ 线；

③ 由曲线拐点 C'(转折点)便可读出相应的以空气为流化介质的临界流化速度 u'_{mf}。

④ 根据实际生产所用的介质及其他条件利用下式进行校正，计算出实际生产中的临界流化速度 u_{mf}，即

$$u_{mf}=u'_{mf}\frac{(\rho_s-\rho)\mu_a}{(\rho_s-\rho_a)\mu} \tag{3-74}$$

式中，u'_{mf}——以空气为流化介质测得的临界流化速度，m/s；

ρ_s——固体颗粒的密度，kg/m³；

ρ_a——空气流体介质密度，kg/m³；

ρ——实际流化介质密度，kg/m³；

μ_a——空气的粘度，Pa·s；

μ——实际流化介质粘度，Pa·s。

(ⅱ)关联式计算法

固体颗粒处于流化状态下，其压强降恰好等于单位面积床层的净重力。设床层面积为A，开始流化时的床层高度和孔隙率分别为L_{mf}和ε_{mf}，那么

$$\Delta p\cdot A=W=A\cdot L_{mf}(1-\varepsilon_{mf})(\rho_s-\rho)g$$

整理得

$$\Delta p=L_{mf}(1-\varepsilon_{mf})(\rho_s-\rho)g \tag{3-75}$$

流体通过床层的压强降，可用欧根(Ergun)方程写为

$$\frac{\Delta p_f}{L}=150\frac{(1-\varepsilon)^2u\mu}{\varepsilon^3(\phi_s d_e)^2}+1.75\frac{(1-\varepsilon)\rho u^2}{\varepsilon^3(\phi_s d_e)} \tag{3-76}$$

当颗粒直径较小时，颗粒床层雷诺数小于20，式(3-76)中第二项可忽略，根据式(3-75)得到起始流化速度的计算式为

$$u_{mf}=\frac{(\phi_s d_P)^2(\rho_s-\rho)g}{150\mu}\left(\frac{\varepsilon_{mf}^2}{1-\varepsilon_{mf}}\right) \tag{3-77}$$

对于大颗粒，颗粒床层雷诺数一般大于1 000，式(3-76)中第一项可忽略，根据式(3-75)可得

$$u_{mf}=\sqrt{\frac{\phi_s d_P(\rho_s-\rho)g}{1.75\rho}\varepsilon_{mf}^3} \tag{3-78}$$

式(3-77)和(3-78)中d_P为颗粒直径。对于非球形颗粒时用当量直径，即$d_e=\sqrt[3]{\frac{6V_P}{\pi}}$；对于非球形颗粒群应以平均直径$\overline{d}_P$代替公式中的$d_P$。即

$$\overline{d}_P=\frac{1}{\sum\left(\frac{x_i}{d_{Pi}}\right)} \tag{3-79}$$

式中，$\overline{d}_P$——颗粒群的平均直径，m；

d_{Pi}——粒度分布中第i段颗粒的平均直径，即$d_{Pi}=\frac{d_i+d_{i-1}}{2}$，m；

x_i——粒度分布中第i段的质量分率。

应用式(3-77)、式(3-78)计算时，床层的临界孔隙率ε_{mf}的数据常常不易获得，对于许多系统，发现存在以下经验关系，即

$$\frac{1-\varepsilon_{mf}}{\phi_s^2\varepsilon_{mf}^3}\approx 11 \quad 和 \quad \frac{1}{\phi_s\varepsilon_{mf}^3}\approx 14$$

若ε_{mf}和ϕ_s未知，可将上述经验关系式代入式(3-77)和式(3-78)，得到计算u_{mf}的近似式：

对于小颗粒
$$u_{mf}=\frac{d_P^2(\rho_s-\rho)g}{1\,650\mu} \tag{3-80}$$

对于大颗粒
$$u_{mf}=\frac{d_P(\rho_s-\rho)g}{24.5\rho} \tag{3-81}$$

对于非球形颗粒群，式中的d_P应以平均直径$\overline{d}_P$代替。

上述处理方法只适用于粒度分布较为均匀的混合颗粒床层，不能用于固体颗粒差异很大的混合物，因为两种粒度相差悬殊的固体颗粒混合物构成的床层中，细粉可能在粗颗粒的间隙中流化起来，而粗颗粒依然不能悬浮。

实验测定的临界流化速度既准确又可靠。但当缺乏实验条件时，可用关联式进行估算。上述计算公式也可用来分析影响 u_{mf} 的因素。

(2)带出速度

颗粒的带出速度即颗粒的沉降速度，其计算通式用式(3-6)表示，即

$$u_t=\left[\frac{4gd_P(\rho_s-\rho)}{3\zeta\rho}\right]^{\frac{1}{2}}$$

各种情况下的沉降速度计算式可参见 3.1.1.1 节内容。

需要指出的是，计算 u_{mf} 时要用实际存在于床层中不同粒度颗粒的平均直径 $\bar{d}_P$，而计算 u_t 则必须用具有相当数量的最小颗粒直径。

(3)流化床的操作范围

流化床的操作范围为操作时流化速度 u 的控制范围，它要求这一流化速度能使得颗粒群中的大颗粒流化起来，而小颗粒又不会被带出。可用比值 $\frac{u_t}{u_{mf}}$ 的大小衡量。$\frac{u_t}{u_{mf}}$ 称为流化数。

对于小颗粒由式(3-80)和式(3-10)可得

$$u_t/u_{mf}=91.7$$

对于大颗粒由式(3-81)和式(3-12)可得

$$u_t/u_{mf}=8.62$$

研究表明，上述两个上下限值与实验数据基本相符，u_t/u_{mf} 比值常在 10～90 之间。细颗粒流化床较粗颗粒可以在更宽的流速范围内操作。

【例 3-12】 某流化床在常压、20℃下操作，固体颗粒群的直径范围在 60～175μm，平均直径为 98μm。流化时必须避免颗粒被带出。试求初始流化速度和带出速度。其他已知条件为：固体密度为 1 000 kg/m^3，颗粒的球形度为 1，初始流化时床层的孔隙率为 0.4。

解 由附录二查得20℃空气的粘度 $\mu=0.0181$ mPa·s，密度为 $\rho=1.205$ kg/m^3。初始流化速度为用平均直径计算的 u_{mf}，假定颗粒的雷诺数 $Re_P<20$，由式(3-77)写出其临界流化速度为

$$u_{mf}=\frac{(\phi_s\bar{d}_P)^2(\rho_s-\rho)g}{150\mu}\left(\frac{\varepsilon_{mf}^3}{1-\varepsilon_{mf}}\right)$$

$$=\frac{(98\times10^{-6})^2}{150}\times\frac{1000-1.205}{0.0181\times10^{-3}}\times9.81\times\left(\frac{0.4^3}{1-0.4}\right)=0.0037(\text{m/s})$$

校核雷诺数

$$Re_P=\frac{\bar{d}_Pu_{mf}\rho}{\mu}=\frac{98\times10^{-6}\times0.0037\times1.205}{0.0181\times10^{-3}}=0.024(<20)，与原假定相符。$$

由于不能有颗粒被带出，故其最大气速不能超过床层最小颗粒的带出速度 u_t，因此，用 $d_P=60\mu$m 计算带出速度，先假定颗粒沉降属于层流区，其沉降速度用斯托克斯公式计算，即

$$u_t=\frac{d_P^2(\rho_s-\rho)g}{18\mu}=\frac{(60\times10^{-6})^2\times(1000-1.205)\times9.81}{18\times0.0181\times10^{-3}}=0.1083(\text{m/s})$$

校核流型

$$Re_P=\frac{d_P u_{mf}\rho}{\mu}=\frac{60\times10^{-6}\times0.1083\times1.205}{0.0181\times10^{-3}}=0.432(<1)$$，与原假定相符。

$$u_t/u_{mf}=\frac{0.1083}{0.0037}=29$$

颗粒沉降速度与临界流化速度之比为 29 ∶ 1，一般情况下，所选气速不应太接近 u_t 或 u_{mf}，通常取操作流化速度为(0.4～0.8)u_t。

为了考核操作气速下大颗粒是否能被流化起来，可计算粒径为 175μm 颗粒的临界流化速度。若仍假定最大颗粒的雷诺数 $Re_P<20$，利用式(3－77)计算出

$$u_{mf}=\frac{(175\times10^{-6})^2}{150}\times\frac{1000-1.205}{0.0181\times10^{-3}}\times9.81\times\left(\frac{0.4^3}{1-0.4}\right)=0.0118(\mathrm{m/s})$$

校核雷诺数

$$Re_P=\frac{d_P u_{mf}\rho}{\mu}=\frac{175\times10^{-6}\times0.0037\times1.205}{0.0181\times10^{-3}}=0.137(<20)$$

由此可见，最大颗粒的临界流化速度为 0.0118 m/s，若取实际操作流化速度为最小颗粒的带出速度的 0.4 倍，即 $u=0.4u_t=0.4\times0.1083=0.0433$(m/s)，最大颗粒也能流化起来。

2. 流化床的总高度

流化床的总高度为密相段(浓相区)和稀相段(分离区)两段高度之和。流化床界面以下的区域称为浓相区，界面以上区域称为稀相区。

(1)浓相区高度

当操作速度大于临界流化速度时，床层开始膨胀，气速愈大或颗粒愈小，床层膨胀程度愈大。由于床层内颗粒质量一定，故浓相区高度 L 与起始流化高度之间有如下关系：

$$A\cdot L_{mf}(1-\varepsilon_{mf})\rho_s=A\cdot L(1-\varepsilon)\rho_s \tag{3-82}$$

对于床层截面积不随床高而变化的情况，可写成

$$R_c=\frac{L}{L_{mf}}=\frac{1-\varepsilon_{mf}}{1-\varepsilon} \tag{3-82a}$$

R_c 称为流化床的膨胀比。确定 L 的关键是确定 ε。对于散式流化床，孔隙率 ε 与流速的关系为

$$\frac{u}{u_t}=\varepsilon^n \tag{3-83}$$

式中，u——空塔速度，m/s；

u_t——颗粒的沉降速度，m/s；

n——实验常数，对于一定的系统为常数；

ε——流化床孔隙率。

对于大多数聚式流化的气-固系统，影响床层膨胀的因素很多。这是因为气-固流化系统的床层上界面起伏波动剧烈，剧烈程度随床层直径、气体流速而变化，需准确确定上界面的位置比较困难。图 3－40 表明了床层孔隙率以及床层高度波动的幅度与床层直径及空塔速度明显相关。目前仍无普遍的计算公式可供应用。只有一些适用于特定条件下的经验式和半经验式。设计时应更多地参考实际生产中的数据。

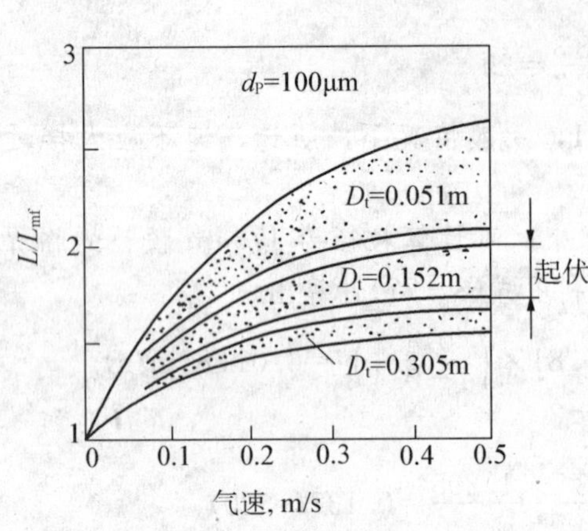

图 3-40 床径及空塔气速对气体流化床膨胀比的影响

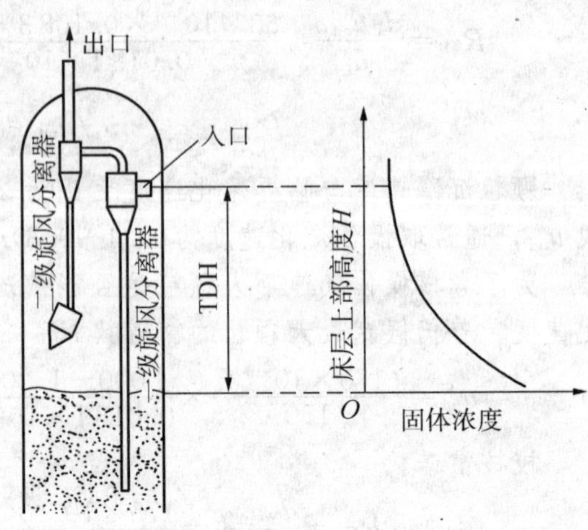

图 3-41 分离高度

(2)分离高度

流化床中的固体颗粒都有一定的粒度分布，而且在操作过程中也会因为颗粒的碰撞、磨损产生一些细小的颗粒，因此，流化床的颗粒中会有一部分细小颗粒的沉降速度低于气流速度，在操作中会被带离浓相区，并经分离区而被流体带出器外。此外，气体通过流化床时，气泡在床层表面上破裂时会将一些固体颗粒抛入稀相区，这些颗粒中大部分颗粒的沉降速度大于气流速度，因此，它们到达一定高度后又会落回床层。这样就使得离床面越远的区域，其固体颗粒的浓度越小，离开床层表面一定距离后，固体颗粒的浓度基本不再变化。如图 3-41 所示，固体颗粒浓度开始保持不变的最小距离称为分离高度，又称 TDH(Transport Disengaging Height)。床层界面之上必须有一定的分离区，以使沉降速度大于气流速度的颗粒能够重新沉降到浓相区而不被气流带走。从经济性考虑，气体出口应高于分离区高度。

分离区高度的影响因素比较复杂，系统物性、设备及操作条件均会对其产生影响，至今尚无适当的计算公式。

3.3.1.3 流化质量的影响因素

流化质量的评定指标是气-固接触的均匀程度。一般来说，流化床内所形成的气泡愈小，气-固接触的情况愈好，也就是说流化质量愈高。

影响流化质量的因素除固体颗粒的特性(粒度分布、颗粒大小)外，流化床内的结构(如分布板、内部构件等)也有重要的影响。

1. 分布板

在流化床中，分布板的作用一方面用于支承固体颗粒，防止漏料；另一方面用于分散气流使气体得到均匀分布，造成一个良好的流化条件。

设计良好的分布板，应对通过它的气流有足够的阻力，从而保证气流均匀分布于整个床层截面上，也只有当分布板的阻力足够大时，才能克服聚式流化的不稳定性，抑制床层中出现沟流等不正常现象。据研究表明，适宜的分布板压强降应等于或大于床层压强降的10%，并且绝对值不低于 3.5 kPa。床层压强降可取为单位截面上床层重力。

(a) 单层多孔板　　(b) 多层多孔板　　(c) 凹形多孔板

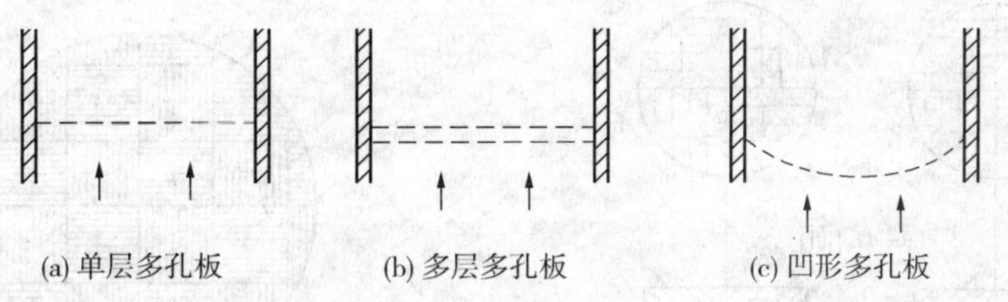

图 3-42　直流式分布板

工业应用的分布板结构型式有很多，常见的有直流式、侧流式和填充式等。直流式分布板如图 3-42 所示。这是最简单的一种分布板，在板面上按一定排列方式开有一定数量的小孔，通常也称为筛板。其中按板面形状和板数又分为单层多孔板、多层多孔板和凹形多孔板。直流式多孔板制造容易，但气流方向与床层垂直，易使床层形成沟流，且小孔易堵塞。侧流式分布板如图 3-43 所示，在开孔板面上装有锥形风帽(锥帽)，使得气流从锥帽底部的侧缝或锥帽四周的侧孔流出。这种板构型较为复杂，但因效果好，在工业生产中被广泛采用，其中侧缝式锥帽应用最多。填充式分布板如图 3-44 所示，它是在直孔筛板或栅板和金属丝网层间铺上卵石-石英砂-卵石。这种分布板结构简单，能够达到均匀布气的要求。

(a) 侧缝式锥帽分布板　　(b) 侧孔式锥帽分布板

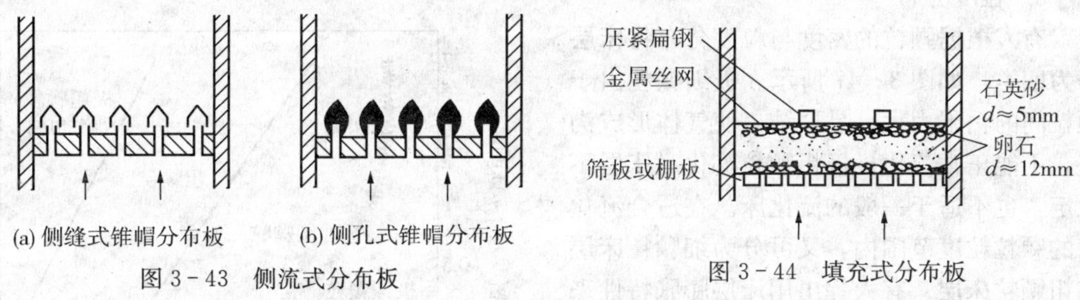

图 3-43　侧流式分布板

图 3-44　填充式分布板

2. 设备内部构件

由于分布板的作用范围的影响区域有限，一般为 200～300 mm。在流化床不同高度上设置若干层水平挡板、挡网或垂直管束，便构成内部构件。构件的作用是抑制气泡成长并破碎大气泡，改善气体在床层中的停留时间，减少气体返混和强化两相间的接触。

① 挡网。当气速较低时可采用挡网，它是由金属丝网做成的，常采用网眼为 15 mm×15 mm 和 25 mm×25 mm 两种规格。

② 挡板。常采用百叶窗式的斜片，这种挡板有单旋挡板与多旋挡板两种类型。单旋挡板是使气流只有一个旋转中心。根据气流旋转方向的不同，又可分为内旋挡板及外旋挡板，如图 3-45 所示。由于内旋或外旋运动使粒子在床层中分布不均匀，这种现象随着床径的增大更加明显，影响了流化质量。因此，在大直径的流化床中一般采用多旋挡板，如图 3-46 所示。

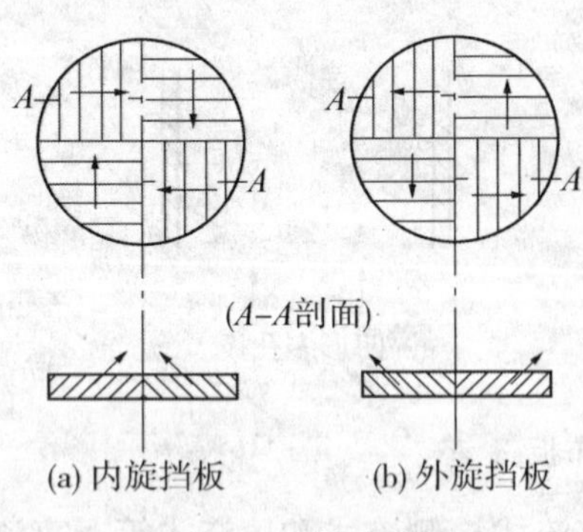

图 3-45 斜片挡板

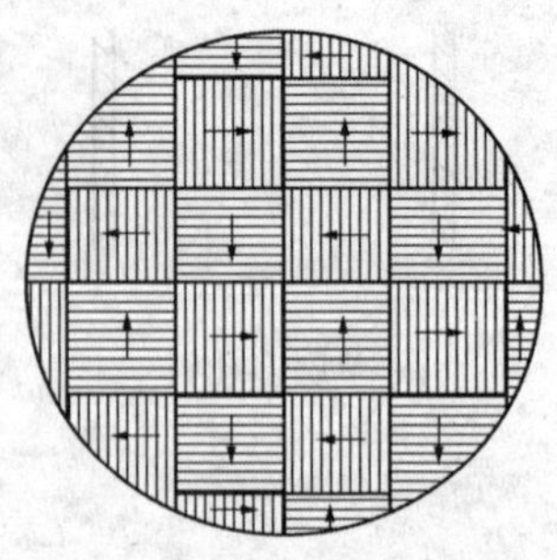

图 3-46 多旋挡板简图

为了减少床层的轴向温度差，提高流化质量，挡板直径应略小于设备直径，使颗粒沿四周的环隙下降，然后再被气流通过各层挡板吹上去，从而构成一个使颗粒得以循环的通道。环隙愈大，颗粒循环量愈大。床径小于 1m 时，环隙宽度为 10～15 mm，床径为 2～5 m 时，环隙宽度为 20～25 mm，有时可大到 50 mm。环隙的大小还应视过程的特点而异，颗粒作为载热体时，环隙宜大；颗粒作为催化剂时，环隙宜小。

③ 垂直管束(如流化床内垂直放置的加热管)。是床层内的垂直构件，它们沿径向将床层分割，可限制气泡长大，但不会增大轴向温差，操作效果好，目前应用逐渐增加。

3. 粒度分布

有人根据颗粒的密度与粒度分布将床层分为四类，如图 3-47 所示。极细颗粒由于颗粒间的粘附力大，易聚结，使气体形成沟流，不能正常流化；极粗颗粒流化时床层不稳定，也不适于一般的流化床。在适合流化床的颗粒粒度范围内，又可分为细颗粒床层和粗颗粒床层。有人提出用床层膨胀特性来判断粗颗粒床层和细颗粒床层。粗颗粒床层在临界流化速度 u_{mf} 或稍大于 u_{mf} 时出现气泡，此时床层的膨胀比约为 1，最小鼓泡速度基本上等于临界流化速度 u_{mf}，即粗颗粒床层基本没有散式流化阶段，开始流化即为聚式流化。细颗粒床层在气速超过 u_{mf} 后，床层均匀膨胀，为散式流化，直到气速达到某一数值时才出现气泡，最小气泡速度可以是 u_{mf} 的若干倍。因此，粒度分布较宽的细颗粒可以在较宽的气速范围内获得良好的流化质量。

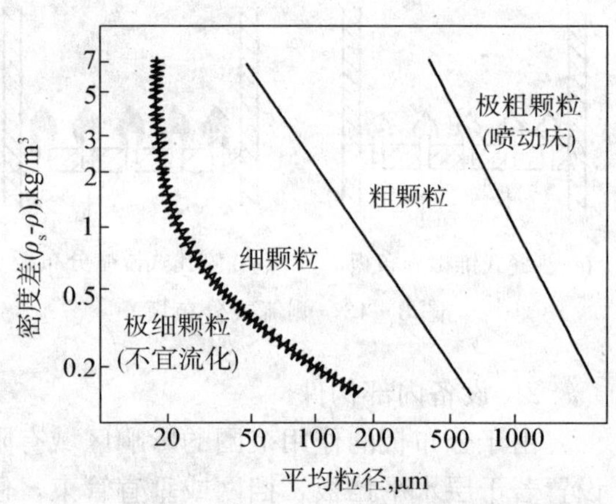

图 3-47 流化颗粒的粒度范围

近几年来，细颗粒高气速流化床在化工生产中得到重视和应用。它不仅提供了气-固两相较大的接触面积，而且增进了两相接触的均匀性，从而有利于提高反应转化率和床内温度均匀性。同时，高气速还可减小设备直径。

3.3.2 气力输送

固体粉料的输送一般可采用机械输送和气力输送两种方式进行。机械输送方式又分为皮带输送、螺旋输送及斗式提升等。机械输送的缺点是：

① 设备庞大，难以实现远距离输送；

② 由于输送一般为敞式，容易产生粉尘，恶化劳动条件；

③ 难以实现连续化、自动化，工人劳动强度大。

所谓气力输送是利用气体在管内的流动来输送粉粒状固体的方法。输送介质通常采用空气，若输送易燃易爆的粉料时，则应考虑采用其他惰性气体，如氮气等。

气力输送方法从19世纪开始就用于港口、码头和工厂内的谷物输送。由于与其他机械输送方法相比具有许多优点，故在许多领域得到广泛应用。气力输送的主要优点有：

①系统密闭，避免了物料飞扬、受潮、受污染，可改善劳动条件。

②设备紧凑，输送管线可灵活配置。物料可从一个地方分别输送到几个不同的地方，或从几个不同的地方收集到一个地方，且输送距离大，可达1000 m。

③易于实现连续化、自动化操作，便于同连续化的化工过程相衔接。

④在气力输送过程中可同时进行物料的干燥、粉碎、冷却、加热等操作。

气力输送也有其缺点，即动力消耗较大，输送的固体颗粒不能过大（<30 mm）；且在输送过程中物料破碎及物料对管壁的磨损不可避免，不适于输送粘附性较强或高速运动时易产生静电的物料。

3.3.2.1 气力输送分类

1. 按输送压强分类

按输送管中的压强可将气力输送分为吸引式和压送式两类。

(1) 吸引式

输送管中的压强低于常压的输送方法称为吸引式气力输送。其特点是系统内流动着负压差气流。若气源真空度不超过10 kPa，称为低真空式，主要用于近距离、小输送量的细粉尘的除尘清扫；若气源真空度在10～50 kPa，称为高真空式，主要用于粒度不大、密度介于1 000～1 500 kg/m^3之间的颗粒输送。吸引式输送的输送量一般不大，输送距离也不超过50～100 m。

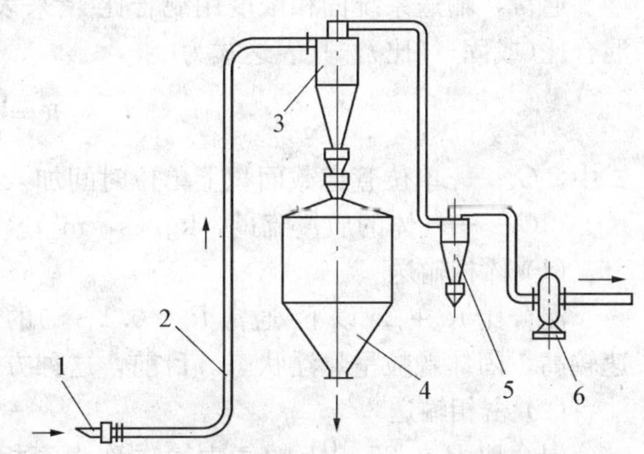

图3-48 吸引式气力输送装置图

1—吸嘴；2—输送管；3—次旋风分离器；4—料仓；5—二次旋风分离器；6—抽风机

吸引式气力输送的典型装置流程如图3-48所示。这种装置往往在物料吸入口处设有带吸嘴的挠性管，以便将分散于各处的或低处、深处的散装物料收集至储仓。这种输送方式适用于需在输送起始处避免粉尘飞扬的场合。

(2)压送式

输送管中的压强高于常压的输送方式称为压送式气力输送。其特点是系统内流动着正压差气流。按照气源的表压力可分为低压和高压两种。气源表压强不超过50 kPa的为低压式。这种方式在一般化工厂中用得最多，适用于小量粉粒状物料的输送。高压式输送的气源表压强可高达700 kPa，常用于大量粉粒状物料的输送，输送距离可达600～700 m。压送式气力输送的典型装置流程如图3-49所示。

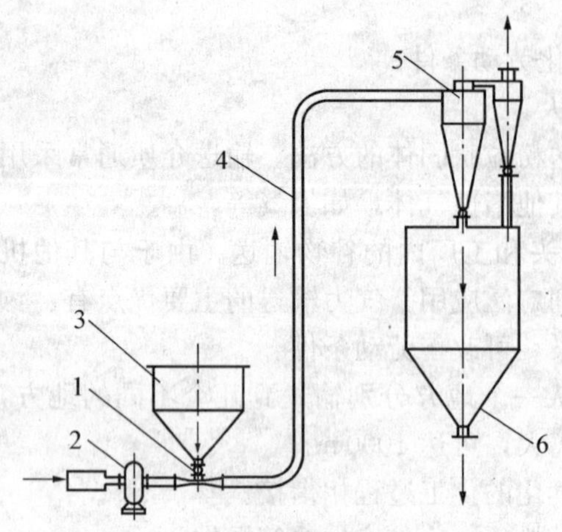

图 3-49　压送式气力输送装置图

1—回转式供料器；2—压气机械；
3—料斗；4—输料管；
5—旋风分离器；6—料仓

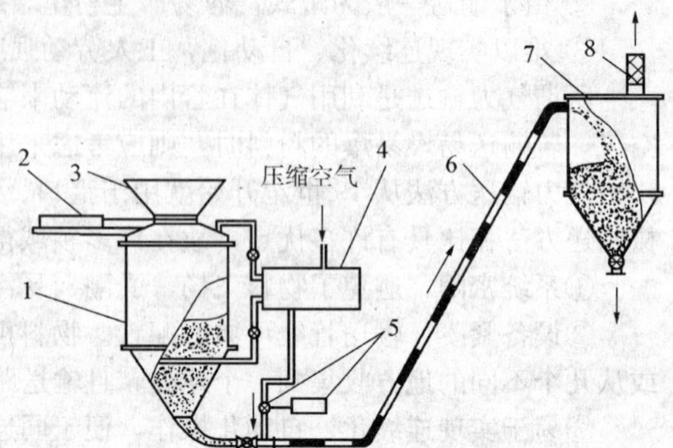

图 3-50　脉冲式密相输送装置图

1—发送罐；2—气相密封插板；3—料斗；
4—气体分配器；5—脉冲发生器和电磁阀；
6—输送管道；7—受槽；8—袋滤器

2. 按输送气流中固相浓度分类

按输送气流中固相浓度高低分类，气力输送可分为稀相输送和密相输送两类。

通常，输送系统固相浓度用混合比 R 来表示。单位质量气体所输送的固体质量即为混合比(或固-气比)，其表达式为

$$R=\frac{G_s}{G} \tag{3-84}$$

式中，G_s——单位管道截面积上单位时间加入的固体量，kg/(s·m²)；

G——气体的质量流量，kg/(s·m²)。

(1) 稀相输送

混合比 R 在25以下(通常 $R=0.1\sim5$)的气力输送称为稀相输送。在稀相输送中，气速较高，固体颗粒呈悬浮状态。目前，这种方式在工业生产中应用较多。

(2) 密相输送

混合比 R 在25以上的气力输送称为密相输送。在密相输送中，固体颗粒呈集团状态。如图 3-50 所示为脉冲式密相输送装置流程图。一股压缩空气通过发送罐内的喷气环将粉料吹松，另一股压强为 150～300 kPa 的气流借助脉冲发生器以 20～40 r/min的频率间断地吹入输料管入口处，交替地形成小段柱塞状物料和气柱，凭借空气的压强推动物料柱在输送管中向前移动。

密相输送的特点是低风量和高固-气比，物料在管内呈流态化或柱塞状运动。此类装置的输送能力大，输送距离可长达 100～1 000 m，尾部所需的气-固分离设备简单。由于物料或多或少呈集团低速运动，物料的破碎及管道磨损较小。目前密相输送广泛应用于水泥、塑料粉、纯碱、催化剂等粉状物料的输送。

3.3.2.2　**粉粒的捕集**

在气力输送装置中，粉粒的捕集是一个重要部分。常用的捕集设备有旋风分离器和袋式过滤器。袋式过滤器简称为袋滤器，能捕集很细的粉尘。如粒径为 1μm 的粉尘，其分

离效率在90%以上。在化工生产中，袋滤器往往与其他分离装置串联起来作为最后一级的除尘设备。图3-51所示为脉冲反吹式袋滤器，操作时含尘气体从袋滤器外侧进入内侧进行过滤，然后由上部箱体出口排出。灰尘被阻留在滤布的外壁，除部分借重力落入灰斗外，主要靠喷吹管周期地喷射压缩空气对滤袋进行喷吹清灰，一般脉冲时间很短，仅约0.1s。

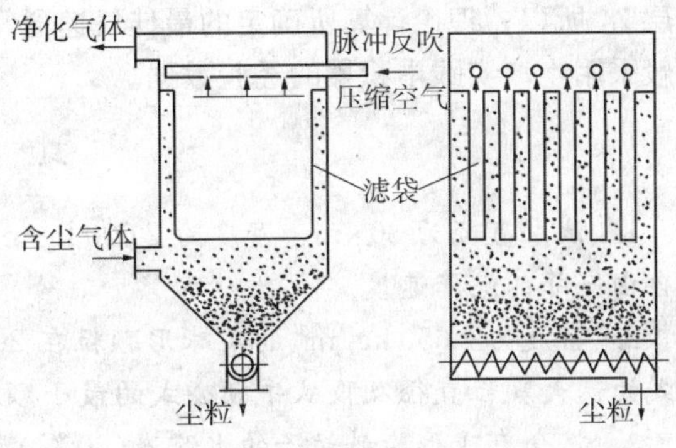

图3-51　脉冲反吹式袋滤器

3.3.2.3　**稀相输送的气流速度**

稀相气力输送相对来说需要较高的气速，但气速过高不仅动力消耗大，而且颗粒破碎和管道磨损也更为严重，系统尾部分离设备的负荷也相应增加。故应尽可能将气速降低，但不能低于流化床能正常操作的最低气速。气力输送可以在水平、垂直或倾斜管道内进行，最低气速可根据管道布置相对应的流体的运动方向分别确定。

1. 水平管内输送

输送管内颗粒的运动状态随输送气流速度而显著变化。一般来说，气速愈大则颗粒在输送管内的分布愈均匀；气速逐渐下降时，颗粒在管截面上开始出现不均匀分布，越靠近底部管壁，颗粒分布越密。当气速小于某一数值时，部分颗粒便沉积于底部管壁，边滑动边被推动着向前运动；气速再继续下降时，则沉积的物料层反复作不稳定的移动，直至最后完全停滞不动造成堵塞。

颗粒开始沉积时相对应的气流速度称为沉积速度。实际操作时，气流速度必须大于沉积速度。

水平输送时，由于湍流气体在垂直方向上的分速度所产生的作用力以及粒子形状不规则而受到推力在垂直方向上的分力等作为对抗重力的因素，粒子能被悬浮输送。

2. 垂直管中的输送

在垂直管中进行向上的气力输送时，在一定的固体负荷下，如气流速度足够大，则粒子也能充分分散地流动。当气速逐渐减低时，气固速度都降低，孔隙率也减小，气固混合物的平均密度增大，当气速降低至某一数值时，颗粒已不能悬浮在气体中，而汇集在一起形成柱塞状，于是输送状态被破坏而形成腾涌。这时相应的气流速度称为噎塞速度。噎塞速度是在垂直管中进行稀相输送的最低气速。

3. 倾斜管中的输送

研究表明，当管子与水平线的夹角在10°以内时，沉积速度没有明显变化；当管子与垂直线的夹角在8°以内时，其相应的噎塞速度也没有明显变化；但当倾斜管子与水平夹角在22°～45°之间时，其沉积速度比在水平管中的沉积速度大1.5～3 m/s。

沉积速度和噎塞速度与颗粒物性、混合比、供料器的类型和构造、输送管直径和长度及配管等许多因素有关。在气力输送装置中，一方面由于粒子之间及粒子与管壁之间存在着摩擦、碰撞或粘附作用；另一方面又由于在输料管中气体速度分布不均匀，存在着“边界层”，所以，理论计算所确定的最佳气速通常与实际采用的输送气速并不一致。设计时，一般采用生产实践中积累的经验数据。

习　题

1. 试求直径为 30 μm、密度为 2 600 kg/m^3 的球形石英粒子在 20 ℃空气中与 20 ℃水中自由沉降的沉降速度。

2. 密度为 2 650 kg/m^3 的某球形颗粒在 20 ℃空气中自由沉降，试计算服从斯托克斯公式的最大颗粒直径及服从牛顿公式的最小颗粒直径。

3. 将含有球形染料粒子的水溶液(20℃)置于量筒中静置 1h，然后用虹吸管于液面下 5 cm 处吸取少量试样，试问可能存在于试样中的最大颗粒直径为多少(μm)？已知染料的密度为 3000 kg/m^3。

4. 某降尘室长 2 m、宽 1.5，在常压、100 ℃下处理 2 700 m^3/h 的含尘气体。设尘粒为球形，尘粒密度为 2 400 kg/m^3，含尘气体的物性与空气相同，试求：

(1)可被 100%除去的最小颗粒直径；

(2)直径为 0.05 mm 的颗粒可被除去的百分率。

5. 在底面积为 40 m^2 的降尘室内回收气体中的球形固体颗粒。气体的处理量为 3 600 m^3/h，固体颗粒的密度为 ρ_s＝3 000 kg/m^3，操作条件下气体的密度为 ρ＝1.06 kg/m^3，粘度为 2×10^{-5} Pa·s。试求理论上能完全除去的最小颗粒直径。

6. 现有一底面积为 2 m^2 的降尘室，用以处理 20 ℃的常压含尘气体，尘粒的密度为 1 800 kg/m^3。要求将 25 μm 以上的颗粒全部除去，试求：

(1)该降尘室的含尘气体处理能力(m^3/s)；

(2)若该降尘室中均匀设置 9 块水平隔板，则含尘气体的处理能力为多少(m^3/s)？

7. 含 236 kg/m^3 的固体石灰料浆，要在连续沉降槽中增稠到含 700 kg/m^3 固体沉渣。由间歇实验测得颗粒表观沉降速度与悬浮液质量浓度的关系数据如下：

浓度 c，kg/m^3	236	358	425	525	600	714
表观沉降速度 u_0，cm/h	15.7	5.0	2.78	1.27	0.646	0.158

送入沉降槽的料浆中含固体石灰的质量流量为 10 kg/s，固体石灰的密度为 2 100 kg/m^3。求沉降槽的沉降面积。

8. 实验室中过滤质量分数为 0.1 的二氧化钛水溶液，取湿滤饼 100 g 经烘干后称重得干固体质量为 60 g。二氧化钛密度为 3 850 kg/m^3。过滤在 20 ℃及压强差 0.05MPa 下进行，试求：

(1)悬浮液中二氧化钛的体积分数；

(2)滤饼的空隙率；

(3)每 m^3 滤液所形成的滤饼体积。

9. 某板框压滤机共有 10 个滤框，框的尺寸为 635 mm×635 mm×25 mm。料浆为 5.9%(质量分数)的 $CaCO_3$ 悬浮液，滤饼含水 50%(质量分数)，纯 $CaCO_3$ 固体的密度为 2 710 kg/m^3。操作在 20 ℃、恒压条件下进行，此时过滤常数 K＝1.57×10^{-5} m^2/s，q_e＝

$0.003\,78\,m^3/m^2$。试求板框压滤机每次过滤(滤饼充满滤框)所需的时间。

10. 在恒压下对某种滤浆进行过滤实验，测得数据如下：

滤液量，m^3	0.1	0.20	0.30	0.40
过滤时间，s	38	115	228	380

过滤面积为 $1\,m^2$，求过滤常数 K 及 q_e。

11. 用板框过滤机恒压过滤某固体颗粒悬浮液。过滤机的尺寸为：滤框的边长为 810 mm(正方形)，每框厚度为 42 mm，共 10 个框。现已测得：过滤 10 min 得滤液 $1.31\,m^3$，再过滤 10 min 共得滤液 $1.905\,m^3$。已知滤饼体积和滤液体积之比 $\upsilon=0.1$，试计算：

(1)将滤框完全充满滤饼所需的过滤时间；

(2) 若洗涤时间和辅助时间共 45 min，求该装置的生产能力(以每小时得到的滤饼体积计)。

12. 用板框压滤机恒压过滤某悬浮液，其过滤常数 $K=0.2\,m^2/h$，$q_e=0.2\,m^3/m^2$，过滤 1.5h 后滤框全充满。滤饼不洗涤，卸渣、清理、重装等辅助时间为 20 min。现为降低过滤阻力，在滤布上先预涂一层助滤剂，其厚度为框厚的 4%，预涂助滤剂所用时间为 5 min。涂了助滤剂后，过滤介质与助滤剂层阻力之和比原过滤介质阻力减少 40%，试比较板框压滤机在预涂助滤剂前后的生产能力(均按滤饼全充满滤框计)。

13. 用转筒真空过滤机过滤某种悬浮液，料浆处理量为 $40\,m^3/h$。已知每过滤 $1\,m^3$ 滤液可得滤饼 $0.04\,m^3$，要求转筒的浸没度为 0.35，过滤表面上滤饼厚度不低于 7 mm。现测得过滤常数 $K=8\times10^{-4}\,m^2/s$，$q_e=0.01\,m^3/m^2$。试求过滤机的过滤面积和转筒的转速 n。

14. 取颗粒试样 500 g 作筛分分析，所用筛号及筛孔尺寸见本题附表中第 1、2 列，筛分后筛面上的颗粒截留量列于附表中的第 3 列，试求颗粒群的平均直径。

筛号	筛孔直径，mm	截留量，g	筛号	筛孔直径，mm	截留量，g
10	1.651	0	65	0.208	40
14	1.168	20.0	100	0.147	30
20	0.833	40.0	150	0.104	25
28	0.589	80.0	200	0.074	15
35	0.417	130	270	0.053	10
48	0.295	110			

15. 某流化床反应器在 900 ℃、常压下用空气焙烧矿粉，此矿粉的平均直径为 0.34 mm，密度为 $4\,200\,kg/m^3$。若焙烧过程中气体的物质的量不变，气体的性质可取该温度下干空气的性质，求此流化床的起始(临界)流化速度和带出速度。

思考题

1. 球形颗粒于静止流体中在重力作用下的自由沉降受到哪些力的作用？其沉降速度受哪些因素影响？

2. 某微小颗粒在水中沉降属斯托克斯区域，试问在 50 ℃水中的沉降速度与在 20 ℃

水中的沉降速度比较，有何不同？

3. 降尘室有哪些优缺点？其生产能力与哪些因素有关？

4. 试简述旋风分离器的工作原理。

5. 在分离器中，颗粒的临界粒径应如何定义？

6. 离心沉降与重力沉降有何不同？在什么情况下不用重力沉降分离非均相物系，而用离心沉降进行分离？有哪些分离设备用到离心沉降原理？

7. 过滤基本操作方式有几种？过滤速率与哪些因素有关？

8. 过滤常数有几种？应如何进行计算？

9. 常见过滤设备有哪些？间歇式和连续式过滤设备的生产能力应如何计算？

10. 颗粒的当量直径、比表面积及球形度与孔隙率的定义是什么？如何进行计算？

11. 转速对转筒真空过滤机在操作上有何影响？

12. 试分析采取下列措施后，转筒真空过滤机的生产能力将如何变化？已知过滤介质阻力可忽略，滤饼不可压缩。

(1)转筒尺寸比例增大50%；

(2)转筒浸没度增大50%；

(3)操作真空度增大50%；

(4)转速增大50%；

(5)滤浆中固相体积分率由10%增稠至15%，已知滤饼中固相体积分率为60%；

(6)升高滤浆温度，使滤液粘度减小50%。

并分析上述各项措施的可行性。

4 传　热

4.1　概述

在化工生产中，经常会遇到传热问题。现以生产过程中的某一精馏塔为例，分析一下在此操作过程中究竟遇到哪些传热过程。

如图 4-1 所示，原料液加热到一定温度后输入塔内，在塔底由再沸器产生上升的蒸汽，在泡(沸)点温度下使得原料液在精馏塔内得以分离。其中沸点低的易挥发组分在塔顶经冷凝、冷却后获得沸点较低的易挥发组分产品；塔底再沸器出料为高温液体，也需经冷却而取得沸点高的难挥发组分产品。

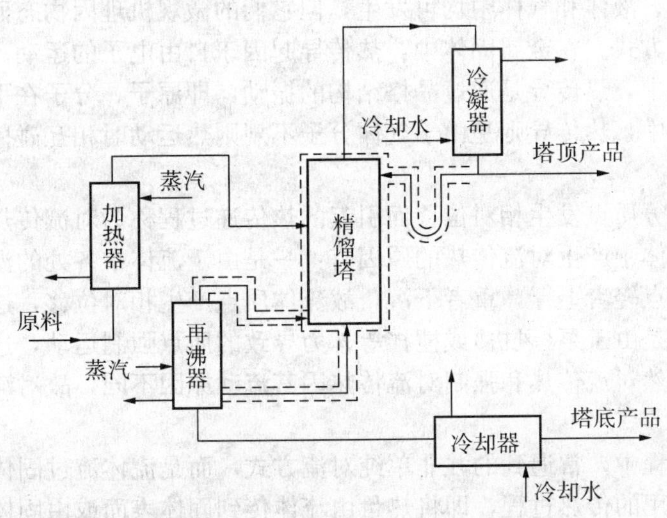

图 4-1　精馏过程的传热分析

由图可见，所涉及的传热问题有：

①加热。原料液被加热到预定温度后再加入到塔内，可充分合理使用设备；再沸器对流下到塔底的液体进行再加热以产生上升蒸汽，保证原料液的分离温度。

②冷却和冷凝。塔顶的易挥发组分以蒸汽状态流出塔，为得到产品必须冷凝为液体以便于包装等；再沸器流出的高温液体如作为产品，也需冷却到一定温度后才便于包装。

③保温。精馏塔内需维持一定温度，原料液才能很好地进行分离，因此应尽量使得热量不要散失到外界，而要在塔体外采取保温措施，如图中虚线部分。此外，某些管线段也要进行保温，如再沸器与塔相连接的管线等。

不仅精馏过程，其他单元操作过程，如蒸发、干燥等都有传热问题。因此，可以说传热广泛存在于化工生产中并具有极其重要的作用。通常在化工生产中对传热的要求主要有以下两种情况：一种是强化传热过程，如各种换热设备中的传热；另一种是削弱传热过程，如对设备或管道的保温，以减少热损失。

本章重点讨论有关传热的基本原理，以解决设备及管道的保温问题及有关传热设备的设计计算与选型，了解并掌握有关强化传热的方法。

4.1.1 传热的基本方式及其热交换方式

1. 传热的基本方式

根据传热的机理不同，传热过程有热传导、对流和热辐射三种基本方式。热量传递可以以其中一种方式进行，也可以以二种或三种方式同时进行。

(1)热传导(又称导热)

若物体不同部分之间存在温度差，那么热量能自动地从高温部分向低温部分转移直至整个物体各部分温度相等为止，这种传热方法称为热传导。热传导的本质是借助于分子、原子和自由电子等微观粒子的热运动进行热量传递，而物体内各部分质点间不发生相对位移。

热传导在固体、液体和气体中均可发生，但它们的微观机理因物态而异。固体内的热传导是典型的导热方式。在金属固体中，热传导起因于自由电子的运动；在不良导体的固体中和大部分液体中，热传导是通过晶格结构的振动，即原子、分子在平衡位置附近的振动来实现；在气体中，热传导则是由于气体分子不规则热运动时相互碰撞的结果。

(2)对流传热

流体内部各部分质点发生相对位移而引起的热传递过程称为对流传热。对流传热仅发生在流体中。在流体中产生对流传热的原因有：一是由于流体中各处的温度不同而引起密度的差异，使得质点轻者上浮，重者下沉，故流体质点产生相对位移，这种对流传热称为自然对流传热；二是由于泵(风机)或搅拌等外力导致的质点强制运动，这种对流传热称为强制对流传热。自然对流传热和强制对流传热因其流动原因不同，故对流传热的规律也有所不同。

在化工传热过程中，常遇到的并非单纯对流方式，而是流体流过固体表面时发生的对流和热传导联合作用的传热过程，即将热量由流体传到固体表面或由固体表面传到流体的过程称为对流传热。此外，在同一流体中，有可能同时发生自然对流传热和强制对流传热。

(3)热辐射

由于热的原因所产生的电磁波在空间的传递，称为热辐射。任何物体只要其温度在绝对零度以上都能将热量以电磁波的形式发射出去，其间不需要任何介质，也就是说可以在真空中传播。但由于辐射传热只有在物体间的温度差较大时，才能成为主要的传热方式，对于在化工生产中所处理的流体，其温度一般都不会很高(不像冶金生产场合)，故热辐射的影响一般可忽略。所以本章主要讨论热传导和对流传热的基本理论及设备。

2. 热交换的方式

传热过程中热、冷流体热交换的方式有直接式(又称混合式)、蓄热式和间壁式三种。下面就各种方式的换热过程及其典型设备作简单介绍。

(1)直接接触式换热与混合式换热器

对于某些传热过程，如气体的冷却或水蒸气的冷凝等，可将热、冷流体直接混合进行热交换。这种换热方式的优点是传热效果好，设备结构简单。但仅适用于工艺上允许两流体相互混合的场合。

图 4-2 所示为混合式换热器，其中图(b)较为常见，称为干式逆流高位冷凝器，被冷凝的蒸汽与冷却水在器内逆流流动，上升蒸汽与自上部喷淋下来的冷却水相接触而冷凝，冷凝液与冷却水沿气压管向下流动。由于冷凝器常与真空蒸发器相连，器内压强为 10～20 kPa，因此气压管必须有足够的高度，一般为 10～11 m。

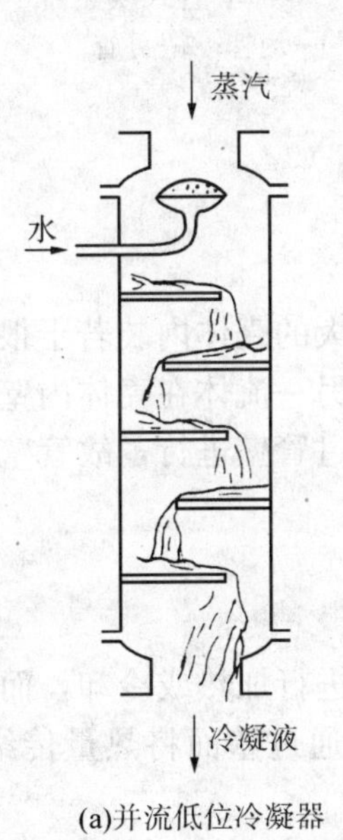

(a)并流低位冷凝器

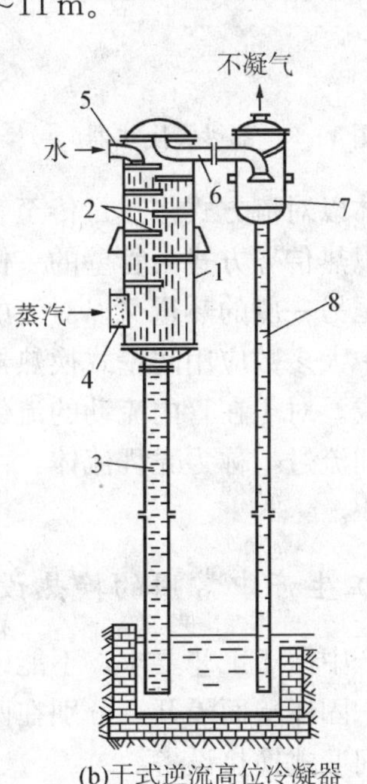

(b)干式逆流高位冷凝器

图 4-2　混合冷凝器

1—外壳；2—淋水板；3，8—气压管；4—蒸汽进口；5—进水口；6—不凝气出口；7—分离罐

(2)蓄热式换　热与蓄热器

蓄热式换热是在蓄热器中实现热交换的一种换热方式。蓄热器内装有固体填充物(如耐火砖等)，热、冷流体交替地流过蓄热器，利用固体填充物来积蓄及释放热量，从而达到换热的目的。在生产中通常采用两台并联的蓄热器交替使用，如图 4-3 所示。

蓄热器结构简单，且可耐高温，故多用于高温气体的加热。缺点是设备体积庞大，占地面积大，且不能完全避免两种流体的混合，因此这种类型设备在化工生产中较少使用。

(3)间壁式换热与套管式换热器

在化工生产中，往往冷、热两种流体相互之间不允许任何混合，它们之间的换热只能通过固体壁面进行。固体壁面便构成间壁式换热器，这种设备的类型有很多，是传热过程中最重要的设备。

如图 4-4 为简单的套管式换热器。它由直径不同的两根管子同心套在一起所构成，为间壁式换热器的典型结构之一。冷、热流体分别流经内管和环隙而进行热量交换。其换热过程可大体分解为

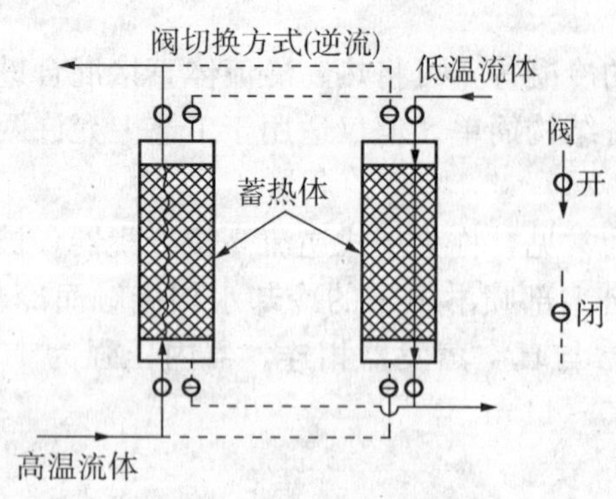

图 4-3　蓄热式换热器

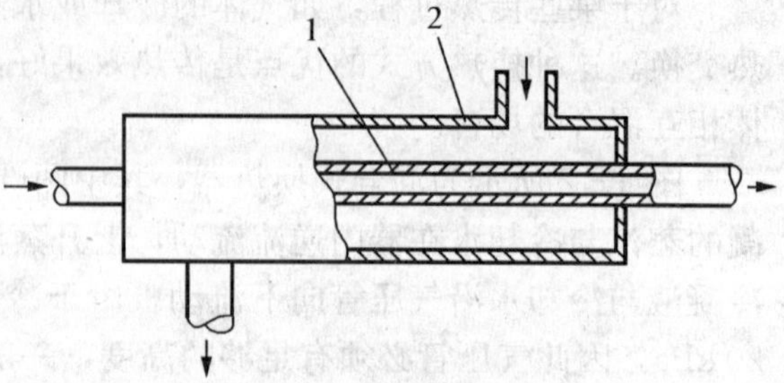

图 4-4　套管式换热器

1—内管；2—外管

①热流体以对流方式将热量传至管壁；

②热量以热传导方式由管壁的一侧传至另一侧；

③被传至另一侧的热量又以对流的方式传至冷流体。

在生产中大多数应用间壁式换热器，通常是在一直径较大的壳体内装若干根直径较小的管子所构成。对于在管内流动的流体常称为管程流体，而另一流体在壳体内壁面与管束外壁面环隙间流过，称为壳程流体。由于两流体间的传热通过管壁进行，故管壁面表面积即为传热面积。

4.1.2　化工生产中常用的换热设备

化工生产中由于工艺要求，不能以冷、热流体直接混合进行加热或冷却，而是冷、热两股流体被一固体壁面隔开，分别在两侧流动，其间热流体通过壁面将热量传给冷流体，这就构成了间壁式换热设备。

间壁式换热设备的种类有很多，若按热交换的目的可分为加热器、冷却器和冷凝器三类。下面就几种在化工生产中常用的换热设备的结构及其特点作简单介绍。

1. 夹套式换热器

如图 4-5 所示，换热器的夹套安装在容器(釜体)的外部，夹套与器壁之间形成一密闭的空间，为载热体(加热介质)或载冷体(冷却介质)的通道，以加热(或冷却)釜中的物料。夹套通常用钢板或铸铁制成，可焊在器壁上或者用螺钉固定在容器的法兰或器盖上。夹套式换热器主要应用于反应过程的加热或冷却。需要指出的是，在用蒸汽进行加热时，蒸汽应由上部接管进入夹套，冷凝水由下部接管流出。作冷却器应用时，冷却介质(如冷却水)需由夹套下部接管进入，而由上部接管流出。

夹套式换热器的最大优点是构造简单，但传热效果差，传热面又受到容器的限制，因此仅适用于传热量不太大的场合。为了提高其传热性能，可在容器内安装搅拌器，使器内液体作强制对流；为了弥补传热面的不足，还可在器内安装蛇管等。

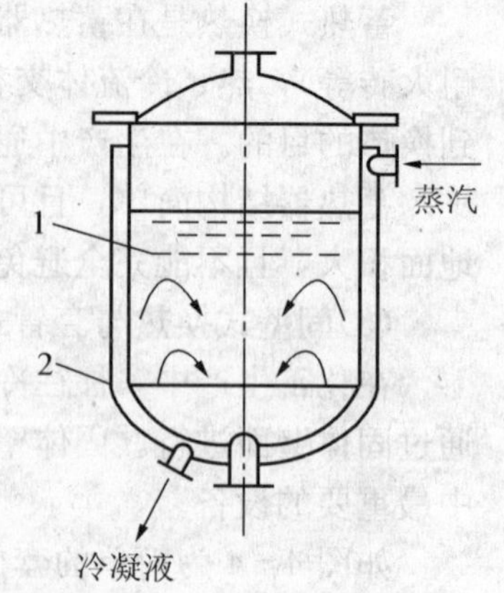

图 4-5　夹套式换热器

1—容器；2—夹套

2. 蛇管式换热器

蛇管式换热器又可分为沉浸式蛇管换热器和喷淋式蛇管换热器两类。

(1)沉浸式蛇管换热器

蛇管多用金属管子弯制而成，或制成适应容器要求的形状，沉浸在容器中。两种流体分别在蛇管内外流动而进行热量交换。几种常用的蛇管形状如图 4-6 所示。

这种蛇管换热器的优点是构造简单，造价低，便于防腐蚀，能耐高压。其缺点是由于容器体积远大于蛇管的体积，故管外流体的对流传热系数较小，传热效果差。若在容器内安装搅拌器或减小管外空间，则可提高传热效率。

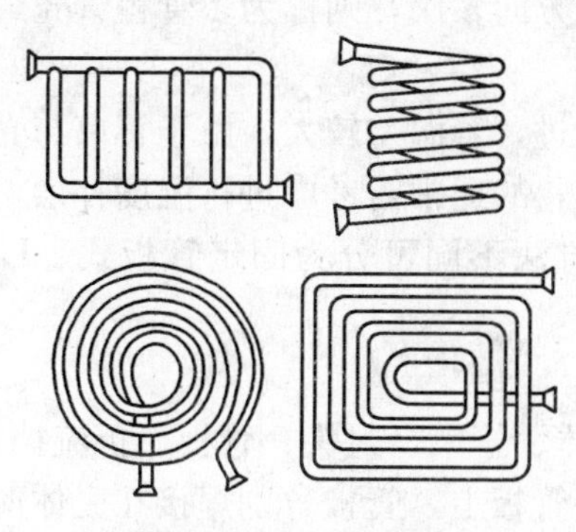

图 4-6　蛇管的形状

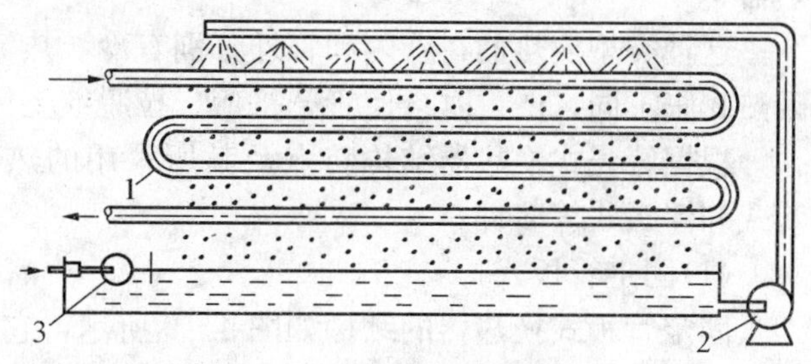

图 4-7　喷淋式蛇管换热器

1—弯管；2—循环泵；3—控制阀

(2)喷淋式蛇管换热器

喷淋式蛇管换热器如图 4-7 所示，它多作为冷却器使用。固定在支架上的蛇管在同一垂直面上，热流体自下部流入管内而自上部从管内流出。冷却水由最上面的多孔分布管(淋水管)流下，并沿其两侧下降至下面的管子表面，最后流入水槽排出或循环使用。冷却水在各管子表面流过时，与管内热流体进行热交换。

这种蛇管式换热器通常安放在室外空气流通处，冷却水在空气中汽化时可带走部分热量，以提高冷却效果。它与沉浸式蛇管换热器相比，还具有便于检修和清洗等优点，其缺点是喷淋不易均匀且占地面积大。

3. 套管式换热器

工业上使用的套管式换热器如图 4-8 所示。它是由多段标准套管用 180°的回弯管串接而成。每一段管称为一程，程数可根据传热任务要求而增减。每程的有效长度为 4～6 m。

套管式换热器的优点是构造简单，能耐高压，传热面积可根据需要增减，冷、热流体在间壁两侧能严格按逆流流动，传热效果较好。其缺点是管段间接头较多，易发生泄漏，占地面积也大。在需要传热面积不太大且要求压强较高或传热效果较好时，宜采用套管式换热器。

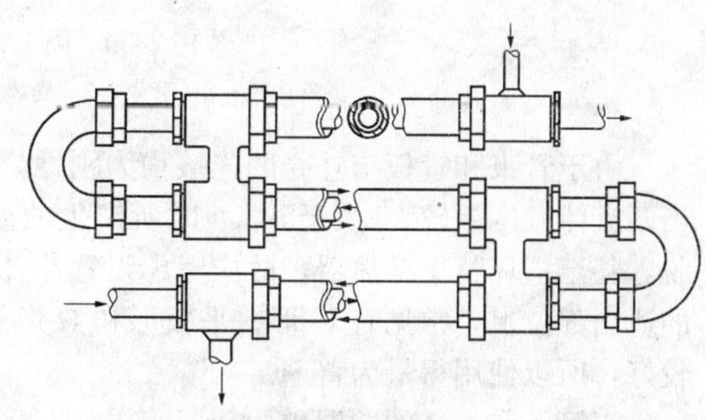

图 4-8　套管式换热器

4. 管壳式换热器

列管(管壳)式换热器是一种通用的标准换热设备。它具有结构简单、坚固耐用、造价低廉、用材广泛、清洗方便、适应性强等优点，在化工、石油、轻工、冶金、制药等行业中得到广泛应用。

管壳式换热器的主要结构为在一圆筒形壳体内装有由许多管子所组成的换热管束，管的两端胀接或焊接在管板上，冷、热流体分别在管内和管束与管壳空隙间流动并进行换热。习惯上把在管束内流动的流体称为管程流体，该管束则称为管程；把在壳体内壁面与管束外壁面环隙间流动的流体称为壳程流体，而该环隙空间则称为壳程。此外，若在此类换热器封头设置隔板，可使得流体在管束来回改变流动方向多次，则称为多管程管壳式换热器。

这种类型换热器在管内和管外分别有冷、热流体流过，若温差较大，由于管束与壳体因热膨胀不同，严重时会使管子挤弯、拉脱或壳体破坏，故通常需考虑进行温度补偿。

根据管壳式换热器结构特点及其所采用的热补偿方法不同可分为固定管板式、U 形管式和浮头式等多种。

(1)固定管板式

固定管板式换热器的结构如图 4-9 所示，它由壳体、管束、封头、管板、折流挡板、接管等部件组成。其结构特点是管束焊接或胀接在两块管板上，管板分别焊接在壳体两端并在其上与封头连接，封头和壳体装有流体进出口管。与其他形式的换热器相比，其结构简单、紧凑，制造成本较低；管内不易积垢，即使产生了污垢也便于清洗。但无法对管子的外表面进行检查和机械清洗。

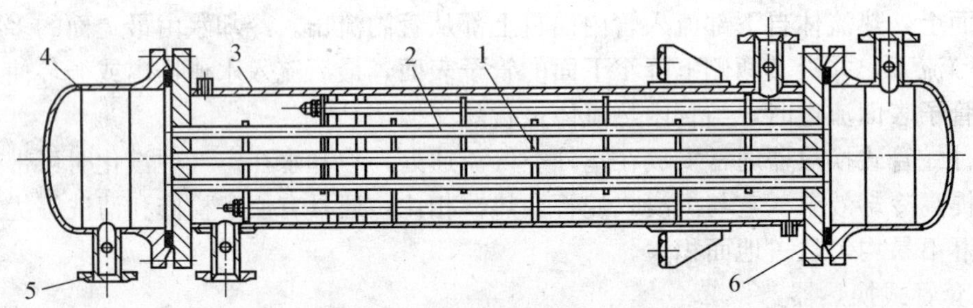

图 4-9　固定管板式换热器

1—折流挡板；2—管束；3—壳体；4—封头；5—接管；6—管板

由于管束和管板与外壳的连接均为刚性，而管内管外是两种不同温度的流体，因此，当两流体温度差较大(大于50 ℃)时所产生的温差应力，将会引起管子扭弯或从管板上松脱，甚至损坏整个换热器，故应考虑设置热补偿装置——膨胀节。膨胀节通常焊接在外壳的适当部位上，常见有 U 形、平板形和 Ω 形等几种，由于 U 形膨胀节的挠性与强度都比较好，所以使用得最为普遍。

当管子和壳体的壁温差大于 70 ℃，且壳程压力超过 0.6 MPa 时，由于补偿圈过厚，难以伸缩，就失去温差的补偿作用，应考虑采用其他结构类型的换热器。

(2)U 形管式换热器

U 形管式换热器的结构如图 4-10 所示。其结构特点是只有一块管板，换热管为 U

形，管子的两端固定在同一块管板上，其管程至少为两程。管束可以自由伸缩，当壳体与U形换热管有温差时，不会产生温差应力。U形管式换热器的优点是结构简单，只有一块管板，密封面少，运行可靠；管束可以抽出，管间清洗方便。其缺点是管内清洗困难；由于管子需要有一定的弯曲半径，故管板的利用率较低；管束最内层管间距大，壳程易短路；内层管子坏了不能更换，因而报废率较高；此外，其造价比固定管板式高10%左右。

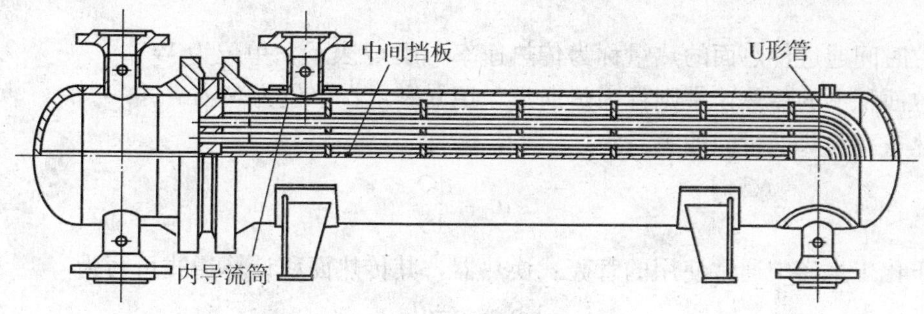

图4-10　U形管式换热器

(3)浮头式换热器

浮头式换热器的结构如图4-11所示。其结构特点是两端管板之一不与外壳固定连接，可在壳体内沿轴向自由伸缩，该端称为浮头。浮头式换热器的优点是当换热管与壳体有温差存在，壳体或换热管膨胀时，互不约束，不会产生温差应力；管束可从壳体内抽出，便于管内和管间的清洗。其缺点是结构较复杂，用材量大，造价高；浮头盖与浮动管板间若密封不严，易发生泄漏，造成两种介质混合。

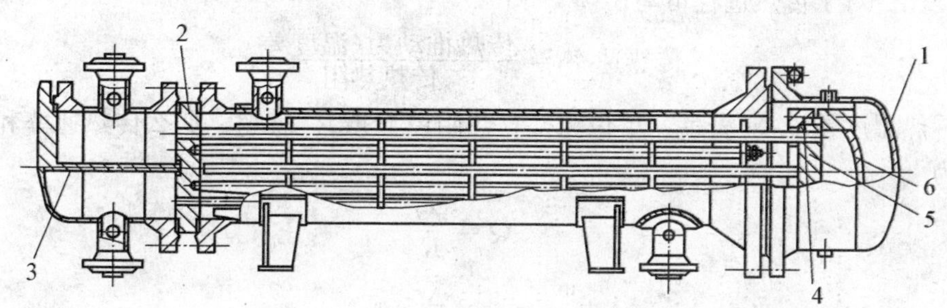

图4-11　浮头式换热器

1—壳盖；2—固定管板；3—隔板；4—浮头钩圈法兰；5—浮动管板；6—浮头盖

4.1.3　稳态传热和不稳态传热

在传热系统内各空间位置上的温度分布虽随位置变化，但不随时间变化；这种传热过程称为稳态传热，可写成为 $t=f(x, y, z)$。

在传热系统内各空间位置上的温度分布既随位置变化，也随时间变化；这种传热过程称为不稳态传热，可写成为 $t=f(x, y, z, \theta)$。

工业生产中连续生产时的换热设备，若处于正常生产过程中为稳态传热过程，若为开工或停工阶段则为不稳态传热过程。

化工单元操作过程中所遇到的大多是稳态传热，因此，本章仅重点讨论稳态传热过程。

4.1.4 传热速率和热通量

在传热系统中通常用传热速率来衡量热传递的快慢程度。传热速率是传热过程的基本参数。

单位时间通过传热面的热量称为传热速率，用 Q 表示，单位为 W。

单位面积上的传热速率则称为热通量，用 q 表示，单位为 W/m^2。

传热速率与热通量间的关系为

$$q = \frac{dQ}{dS} \tag{4-1}$$

对于化工生产中通常使用的管壳式换热器，其传热面积计算通式可写为

$$S = n\pi dL \tag{4-2}$$

式中，S——传热面积，m^2；

n——管子数；

d——管径，m；

L——管长，m。

由于管壳式换热器的传热面积可用列管内表面积 S_i、列管外表面积 S_o 或平均表面积 S_m 计算，相应得到的热通量数值各不相同，故计算时应标明所选的基准面积。

自然界中传递过程的普遍规律为：传递过程速率与过程的推动力成正比，而与过程的阻力成反比。对于传热过程可写出

$$传热速率 = \frac{传热推动力(温度差)}{传热热阻}$$

如传热温度差以 Δt 表示，单位为℃；热阻以 R 或 R' 表示，那么传热速率和热通量可分别写为

$$Q = \frac{\Delta t}{R} \tag{4-3}$$

和

$$q = \frac{\Delta t}{R'} \tag{4-3a}$$

式中，R——整个传热面的热阻，℃/W；

R'——单位传热面的热阻，(m^2·℃)/W。

可见，为了提高传热速率或热通量，关键在于减小传热过程中的热阻。传热速率和热通量是评价换热器性能的重要指标。

4.2 热传导

由物理学知识可知，只要物体或系统内各点间有温度差(沿热流方向)存在，就会发生热传导现象。利用热传导的基本规律，可以解决设备或管道的保温和绝热问题，并为了解和掌握热交换过程奠定基础。

4.2.1 热传导的基本方程式——傅立叶定律

设有两个温度分别为 t 和 $t+\Delta t$ 的相邻等温面，等温面间的温度差为 Δt，那么，热量将沿与等温面相交的任何方向传递而引起温度变化。实验表明，这种温度随距离的变化率以沿等温面垂直的方向最大。温度梯度定义为两等温面间的温度差 Δt 与其间的垂直距离 Δn 之比值的极限，其表达式可写成

$$\text{grad } t = \lim_{\Delta n \to 0} \frac{\Delta t}{\Delta n} = \frac{\partial t}{\partial n}$$

温度梯度为一向量，其方向垂直于等温面，并以温度增加的方向为正，如图 4-12 所示。

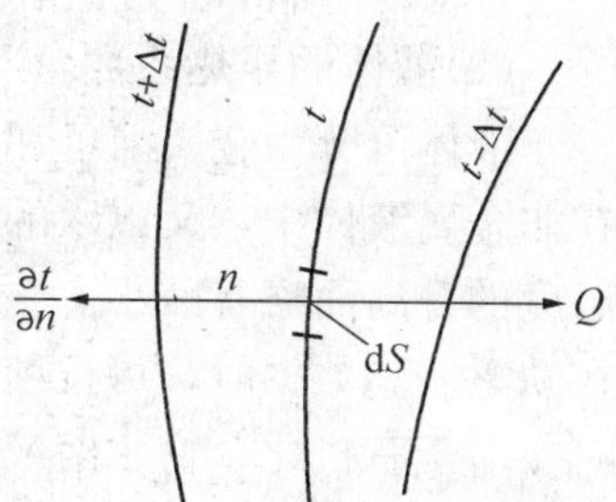

图 4-12 温度梯度和傅立叶定律

对于稳态的一维(沿 x 方向)温度场，温度梯度可表示为

$$\text{grad } t = \frac{\mathrm{d}t}{\mathrm{d}x}$$

1. 傅立叶定律

若单位时间通过等温面 1 传到等温面 2 的导热速率为 $\mathrm{d}Q$，由实验表明通过等温面的导热速率与温度梯度及传热面积均成正比，即

$$\mathrm{d}Q \propto \mathrm{d}S \frac{\partial t}{\partial n}$$

引入比例系数 λ 并考虑到热量传递方向为从高温到低温，与温度梯度的方向相反，用“－”号表示时，上式可写为

$$\mathrm{d}Q = -\lambda \mathrm{d}S \frac{\partial t}{\partial n} \tag{4-4}$$

式中，Q——导热速率，其方向与温度梯度的方向相反，W；

S——等温表面的面积，m^2；

λ——比例系数，又称为导热系数，W/(m·℃)。

式(4-4)称为热传导的基本方程式，也称为傅立叶定律。

2. 导热系数

将式(4-4)改写可得到导热系数的定义式，即

$$\lambda = -\frac{\mathrm{d}Q}{\mathrm{d}S \frac{\partial t}{\partial n}} \tag{4-5}$$

可以看出，导热系数 λ 的定义为单位传热面上(m^2)单位温度梯度(1 ℃/m)下的导热速率，或为单位温度梯度下的热通量，其单位为 W/(m·℃)。导热系数表征物质导热能力的大小，是物质的物理特性之一。导热系数的大小与物质的组成、结构、密度及温度与压强等有关。各种物质的导热系数通常用实验方法测定。一般来说，金属的导热系数为最大，非金属固体次之，液体较小，气体最小。

(1)固体的导热系数

金属是最好的导热体。纯金属的导热系数一般随温度升高而降低。金属的导热系数大多随其纯度的增高而增大，因此，合金的导热系数一般要比纯金属低。

非金属建筑材料或绝热材料的导热系数与温度、组成及结构的紧密程度有关，一般随密度的增加而增大，随温度的升高而增大。

对于大多数均质固体，λ 值与温度大致呈线性关系，可写为

$$\lambda = \lambda_0(1 + \alpha' t) \tag{4-6}$$

式中，λ——固体在温度 t ℃时的导热系数，W/(m·℃)；

λ_0——固体在 0 ℃时的导热系数，W/(m·℃)；

α'——温度系数，1/℃。对于大多数金属材料，α' 为负值；对于大多数非金属材料，α' 为正值。

(2)液体的导热系数

液体可分为金属液体和非金属液体。金属液体的导热系数一般要比非金属液体的高。在非金属液体中，又以水的导热系数为最大。除水和甘油外，绝大多数液体的导热系数随温度的升高而略有减小。一般来说，纯液体的导热系数比其溶液的要大。溶液的导热系数在缺乏实验数据时，可按纯液体的 λ 值进行估算。

对于有机化合物水溶液的导热系数，可用下式估算

$$\lambda_m = 0.9 \sum a_i \lambda_i \tag{4-7}$$

式中，a_i——组分的质量分数；

下标 m 表示混合液，i 表示组分的序号。

对于有机化合物的互溶混合液的导热系数，可用下式估算

$$\lambda_m = \sum a_i \lambda_i \tag{4-7a}$$

一些常用液体的导热系数，如图 4-13 所示。

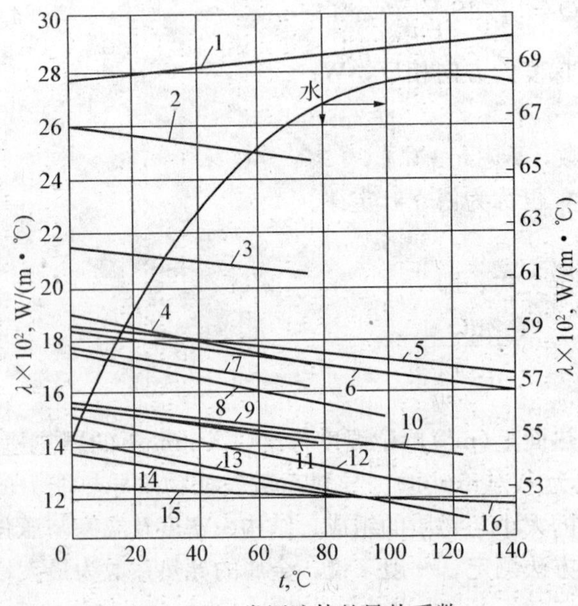

图 4-13　常用液体的导热系数

1—无水甘油；2—蚁酸；3—甲醇；4—乙醇；5—蓖麻油；6—苯胺；7—醋酸；8—丙酮；9—丁醇；10—硝基苯；11—异丙醇；12—苯；13—甲苯；14—二甲苯；15—凡士林；16—水(用右面的比例尺)

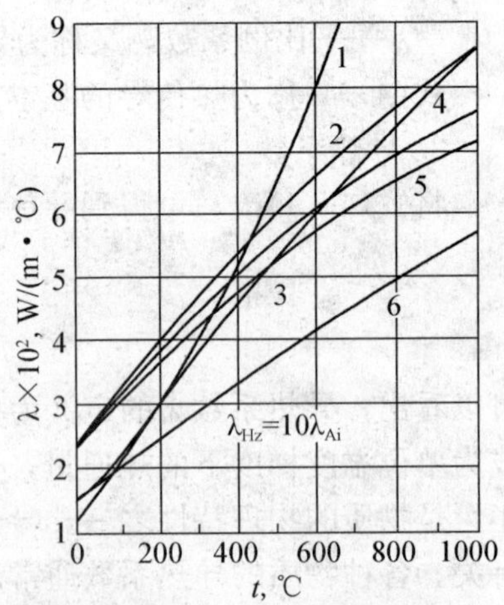

图 4-14　常用气体的导热系数

1—水蒸气；2—氧；3—CO_2；4—空气；5—氮；6—氩

(3)气体的导热系数

气体的导热系数随温度的升高而增大，几种常用气体的导热系数如图 4－14 所示。在相当大的压强范围内，压强对气体的导热系数无明显影响。只有在压强很高或很低(高于 2×10^5 kPa 或低于 3 kPa)时，才考虑压强的影响，此时随压强的增高导热系数增大。

气体的导热系数很小，对导热不利，但有利于保温、绝热。工业上所用的保温材料，如玻璃棉等，就是因为其空隙中有空气，故其导热系数低，适用于保温隔热。

常压下气体混合物的导热系数可用下式进行估算，即

$$\lambda_m=\frac{\sum\lambda_i y_i M_i^{\frac{1}{3}}}{\sum y_i M_i^{\frac{1}{3}}} \tag{4-8}$$

式中，y_i ——气体混合物中组分的摩尔分数；

M_i ——组分的摩尔质量，kg/kmol。

4.2.2 平壁的稳态热传导

1. 单层平壁

图 4－15 所示为单层平壁，设两壁面的温度分别为 t_1 和 t_2，且 $t_1>t_2$，平壁厚度为 b，壁面积为 S，沿 x 方向稳态导热的导热速率为 Q。若假定：

①平壁材质均匀，λ 不随温度变化(或可取平均值)；

②平壁内的温度仅沿垂直于壁面的 x 方向变化，导温面为垂直于 x 轴的平行平面(热流方向仅与 x 有关)；

③平壁面积远大于厚度为 b 的壁侧面积，故可忽略由壁侧面散失的热量。

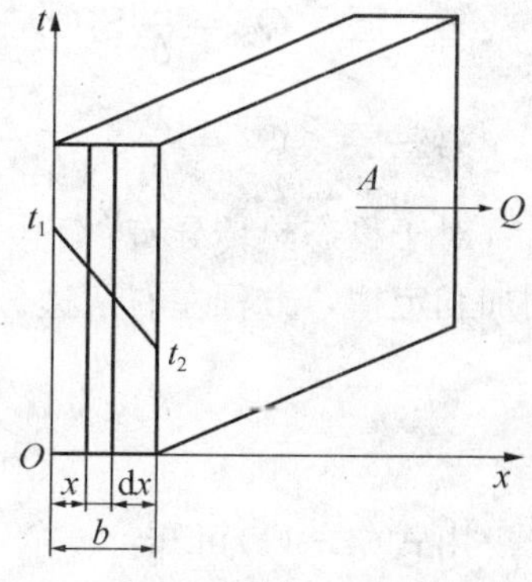

图 4－15　单层平壁的稳态热传导

这样一来，可将式(4－4)简化为

$$Q=-\lambda S\frac{dt}{dx}$$

利用边界条件 $x=0, t=t_1$；$x=b, t=t_2$ 对上式积分，可得

$$Q=\frac{\lambda}{b}S(t_1-t_2) \tag{4-9}$$

或

$$q=\frac{Q}{S}=\frac{\lambda}{b}(t_1-t_2) \tag{4-10}$$

由式(4－9)可改写为

$$Q=\frac{t_1-t_2}{\frac{b}{\lambda S}}=\frac{\Delta t}{R} \tag{4-9a}$$

式中，R ——整个传热面的导热热阻，℃/W。

式(4－9)即为稳态单层平壁的热传导速率方程式。

由式(4－9)可见，热传导符合传递过程规律，即

$$热传导传热速率=\frac{导热推动力}{导热热阻}$$

同理，导热通量可改写为

$$q=\frac{Q}{s}=\frac{t_1-t_2}{\frac{b}{\lambda}}=\frac{\Delta t}{R'} \tag{4-10a}$$

式中，R'——单位传热面的导热热阻，$(m^2\cdot ℃)/W$。

2. 多层平壁

先以图 4-16 的三层厚度分别为 b_1,b_2,b_3 平壁为例，讨论多层平壁的稳态热传导问题。假定：

①各层壁的面积均为 S，且各层材料材质均匀，导热系数分别为 $\lambda_1,\lambda_2,\lambda_3$，均可视为常数；

②层与层之间接触良好，相互接触的表面上温度相等；

③各等温面均为垂直于 x 轴的平行平面。

那么，根据单层平壁热传导可写出

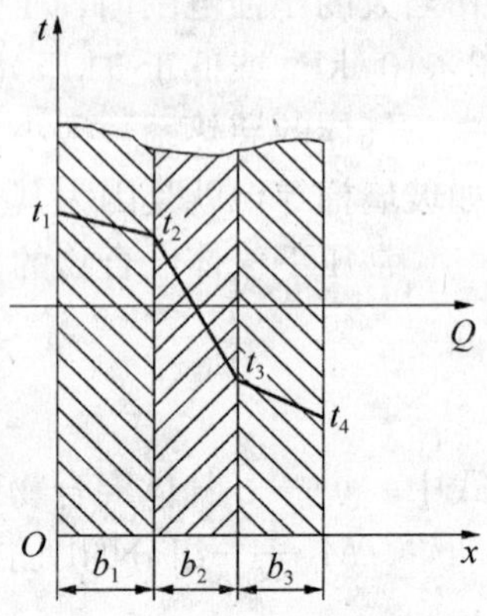

图 4-16 多层平壁的稳态热传导

第一层 $Q_1=\frac{\lambda_1}{b_1}S_1(t_1-t_2)\rightarrow(t_1-t_2)=\Delta t_1=Q_1\frac{b_1}{\lambda_1 S_1}$

第二层 $Q_2=\frac{\lambda_2}{b_2}S_2(t_2-t_3)\rightarrow(t_2-t_3)=\Delta t_2=Q_2\frac{b_2}{\lambda_2 S_2}$

第三层 $Q_3=\frac{\lambda_3}{b_3}S_3(t_3-t_4)\rightarrow(t_3-t_4)=\Delta t_3=Q_3\frac{b_3}{\lambda_3 S_3}$

对于稳态热传导有：$Q=Q_1=Q_2=Q_3$ 且传热面积相同，即 $S=S_1=S_2=S_3$，利用加和定律，方程左右两边分别相加后整理得

$$Q=\frac{\Delta t_1+\Delta t_2+\Delta t_3}{\frac{b_1}{\lambda_1 S}+\frac{b_2}{\lambda_2 S}+\frac{b_3}{\lambda_3 S}}=\frac{t_1-t_4}{\sum_{i=1}^{3}R_i} \tag{4-11}$$

由式(4-11)可知：

①三层平壁热传导的总推动力等于各层温度差之和(或等于内、外壁面的温度差)；

②三层平壁热传导的总热阻等于各层热阻之和；

③热传导速率与总温度差成正比，与总热阻成反比，符合传递规律；

④在各层中，某层热阻愈大，其温度差也愈大；导热时温度差与热阻成正比。即

$$Q=\frac{\Delta t_1}{R_1}=\frac{\Delta t_2}{R_2}=\cdots$$

利用上述三层平壁热传导的推导方法，可导出 n 层平壁热传导方程式为

$$Q=\frac{t_1-t_{i+1}}{\sum_{i=1}^{n}\frac{b_i}{\lambda_i S}}=\frac{\sum\Delta t}{\sum R} \tag{4-12}$$

或

$$q=\frac{Q}{S}=\frac{t_1-t_{i+1}}{\sum_{i=1}^{n}\frac{b_i}{\lambda_i}} \tag{4-12a}$$

需要指出的是，对于多层平壁热传导，其通过各层的导热速率和导热通量均相同。

【例 4-1】 某炉壁由三种材料组成，内层为耐火砖，中间为保温砖，最外层为建筑砖，如本例附图所示。已知

耐火砖　　$\lambda_1 = 1.4\ \mathrm{W/(m \cdot ℃)}$

　　　　　$b_1 = 225\ \mathrm{mm}$

保温砖　　$\lambda_2 = 0.15\ \mathrm{W/(m \cdot ℃)}$

　　　　　$b_2 = 115\ \mathrm{mm}$

建筑砖　　$\lambda_3 = 0.8\ \mathrm{W/(m \cdot ℃)}$

　　　　　$b_3 = 225\ \mathrm{mm}$

已测得内、外表面温度分别为 930 ℃和 55 ℃，求单位面积的热损失及其各层间接触面的温度。

耐火砖　保温砖　建筑砖

$t_1=930℃$　λ_1　λ_2　λ_3　b_1　b_2　b_3　$t_4=55℃$　t_2　t_3

例 4-1　附图

解　由式(4-12a)可求得单位面积的热损失为

$$q = \frac{Q}{S} = \frac{930-55}{\dfrac{0.225}{1.4}+\dfrac{0.115}{0.15}+\dfrac{0.225}{0.8}} = \frac{875}{0.1607+0.767+0.281} = 724(\mathrm{W/m^2})$$

各层的温度差及其各层间接触面的温度可分别求出为

$$\Delta t_1 = QR_1 = 724 \times 0.1607 = 116(℃)$$

$$t_2 = t_1 - \Delta t_1 = 930 - 116 = 814(℃)$$

$$\Delta t_2 = QR_2 = 724 \times 0.767 = 555(℃)$$

$$t_3 = t_2 - \Delta t_2 = 814 - 555 = 259(℃)$$

$$\Delta t_3 = t_3 - t_4 = 259 - 55 = 204(℃)$$

将本题中各层的温度差与热阻列表如下：

材　料	温度差，℃	热阻($b/\lambda S$)，℃/W
耐火砖	116	0.1607
保温砖	555	0.767
建筑砖	204	0.281

由上表可见，热阻愈大，经过该层的温度差也愈大，温度差与热阻成正比。

4.2.3　圆筒壁的稳态热传导

在化工生产中经常遇到的是圆筒壁的热传导问题，它与平壁热传导的区别在于：①圆筒壁热传导的温度沿径向 r 变化；②圆筒壁热传导的传热面积不是常量，而是随半径而变化。

1. 单层圆筒壁

如图 4-17 所示，设圆筒壁的内、外半径分别为 r_1 和 r_2，长度为 L，内、外壁面温度分别为 t_1 和 t_2，且 $t_1 > t_2$。今在半径 r 处取一微元厚度为 dr 的薄壁圆筒。

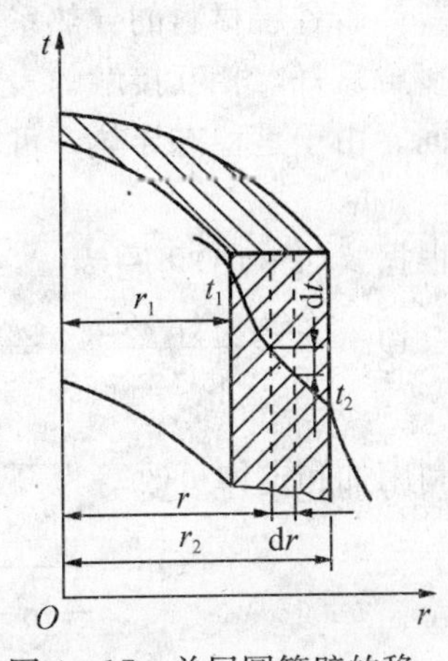

图 4-17　单层圆筒壁的稳态热传导

注意到圆筒壁热传导的热流方向与半径方向 r 一致且导热面积随半径变化，故将稳态一维热传导傅立叶方程式中的

dx换成 dr，导热面积 S 换为 $2\pi rL$，因此，可将稳态一维单层圆筒壁的热传导方程写为

$$Q=-(2\pi rL)\lambda\frac{dt}{dr}$$

利用边界条件 $r=r_1, t=t_1$；$r=r_2, t=t_2$ 对上式积分，可得

$$Q=\frac{2\pi L\lambda(t_1-t_2)}{\ln\frac{r_2}{r_1}}=\frac{t_1-t_2}{\frac{1}{2\pi L\lambda}\ln\frac{r_2}{r_1}}=\frac{\Delta t}{R} \tag{4-13}$$

式(4-13)即为稳态单层圆筒壁的热传导速率方程式。

若传热面积用平均传热面积 S_m 代替，圆筒壁厚为(r_2-r_1)，那么，圆筒壁的热传导也可按平壁热传导来处理，即

$$Q=\frac{\lambda S_m(t_1-t_2)}{r_2-r_1} \tag{4-14}$$

式(4-13)与式(4-13)相比较，得

$$S_m=\frac{2\pi L(r_2-r_1)}{\ln\frac{r_2}{r_1}}=2\pi r_m L \tag{4-15}$$

或

$$S_m=\frac{2\pi L(r_2-r_1)}{\ln\frac{2\pi Lr_2}{2\pi Lr_1}}=\frac{S_2-S_1}{\ln\frac{S_2}{S_1}} \tag{4-15a}$$

式中，S_m ——圆筒壁的对数平均传热面积，m^2；

r_m ——圆筒壁的对数平均半径，$r_m=\frac{r_2-r_1}{\ln\frac{r_2}{r_1}}$，m。

当 $\frac{r_2}{r_1}\leqslant 2$ 时，r_m 和 S_m 的对数平均值均可用算术平均值代替。

2. 多层圆筒壁

如图 4-18 所示，以三层圆筒壁为例，推导多层圆筒壁稳态热传导的导热速率方程式。已知各层的壁厚分别为

$b_1=r_2-r_1$， $b_2=r_3-r_2$， $b_3=r_4-r_3$

若各层材料的导热系数 λ_1、λ_2、λ_3 可视为常数，层与层之间接触良好，相互接触的表面温度相等，各等温面均为同心圆柱面。由于是稳态导热，可写出

$$Q=Q_1=Q_2=Q_3$$

根据式(4-13)可写为

$$Q=\frac{2\pi L\lambda_1(t_1-t_2)}{\ln\frac{r_2}{r_1}}=\frac{2\pi L\lambda_2(t_2-t_3)}{\ln\frac{r_3}{r_2}}=\frac{2\pi L\lambda_3(t_3-t_4)}{\ln\frac{r_4}{r_3}}$$

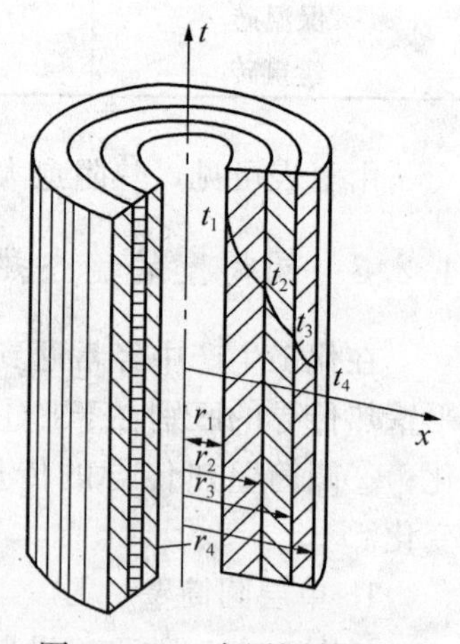

图 4-18 多层圆筒壁的稳态热传导

利用加和定律可改写为

$$Q=\frac{2\pi L(t_1-t_4)}{\frac{1}{\lambda_1}\ln\frac{r_2}{r_1}+\frac{1}{\lambda_2}\ln\frac{r_3}{r_2}+\frac{1}{\lambda_3}\ln\frac{r_4}{r_3}} \tag{4-16}$$

式(4-16)即为三层圆筒壁稳态热传导的导热速率方程式。也可写成三层平壁类似的

计算式，即

$$Q=\frac{t_1-t_4}{\frac{b_1}{\lambda_1 S_{m1}}+\frac{b_2}{\lambda_2 S_{m2}}+\frac{b_3}{\lambda_3 S_{m3}}}$$

式中，S_{m1}、S_{m2}、S_{m3} 分别为各层圆筒壁的平均传热面积。

同理，可导出多层圆筒壁稳态热传导的导热速率方程式为

$$Q=\frac{2\pi L(t_1-t_{i+1})}{\sum_{i=1}^{n}\frac{1}{\lambda_i}\ln\frac{r_{i+1}}{r_i}} \tag{4-17}$$

需要指出的是，对于多层圆筒壁热传导，其通过各层的导热速率相等，但通过各层的导热通量却不相同。

【例 4-2】 蒸汽管道外包扎有两层导热系数不同而厚度相同的绝热层，设外层的平均直径为内层的两倍，其导热系数也为内层的两倍。若将二层材料互换位置，假定其他条件不变，试问每米管长的热损失将改变多少？说明在本题情况下，哪一种材料包扎在内层较为合适？

解 设蒸汽管外壁半径为 r_1，温度为 t_1；保温层外壁面半径为 r_3，温度为 t_3；两保温层接触处半径为 r_2，温度为 t_2。圆筒壁的导热速率方程式可依式(4-17)写为

$$Q=\frac{2\pi L(t_1-t_3)}{\frac{1}{\lambda_1}\ln\frac{r_2}{r_1}+\frac{1}{\lambda_2}\ln\frac{r_3}{r_2}}$$

对于第一种包扎方法，根据题目可知平均直径 $d_{m2}=2d_{m1}$，即 $r_{m2}=2r_{m1}$，故可写为

$$\frac{r_3-r_2}{\ln\frac{r_3}{r_2}}=2\times\frac{r_2-r_1}{\ln\frac{r_2}{r_1}}$$

由于所包扎的保温层厚度相同，即 $r_3-r_2=r_2-r_1$，因此由上式可得

$$\ln\frac{r_3}{r_2}=\frac{1}{2}\ln\frac{r_2}{r_1}$$

这种情况下 $\lambda_2=2\lambda_1$，代入导热速率方程式，可得每米管长的热损失为

$$\left(\frac{Q}{L}\right)_1=\frac{2\pi(t_1-t_3)}{\frac{1}{\lambda_1}\ln\frac{r_2}{r_1}+\frac{1}{(2\lambda_1)}\left(\frac{1}{2}\ln\frac{r_2}{r_1}\right)}=\frac{2\pi(t_1-t_3)}{\frac{5}{4\lambda_1}\ln\frac{r_2}{r_1}}$$

对于第二种包扎方法，据题意可知仍保持 $d_{m2}=2d_{m1}$，故有

$$\ln\frac{r_3}{r_2}=\frac{1}{2}\ln\frac{r_2}{r_1}$$

注意到这种情况下两种保温材料位置互换，可写出每米管长的热损失为

$$\left(\frac{Q}{L}\right)_2=\frac{2\pi(t_1-t_3)}{\frac{1}{2\lambda_1}\ln\frac{r_2}{r_1}+\frac{1}{\lambda_1}\left(\frac{1}{2}\ln\frac{r_2}{r_1}\right)}=\frac{2\pi(t_1-t_3)}{\frac{1}{\lambda_1}\ln\frac{r_2}{r_1}}$$

所以

$$\frac{(Q/L)_2}{(Q/L)_1}=\frac{5}{4}=1.25$$

结果表明，将导热系数较小的材料包扎在外层，其热损失为将其包扎在内层的 1.25

倍。本题为蒸汽管保温(需减少热损失)，应将导热系数较小的材料包扎在内层。

3. 保温层的临界直径 d_c

在低于或高于环境温度下操作的化工设备和管道需要保温。通常，热损失随保温层厚度的增加而减少。但对直径较小的圆管来说，却未必如此。

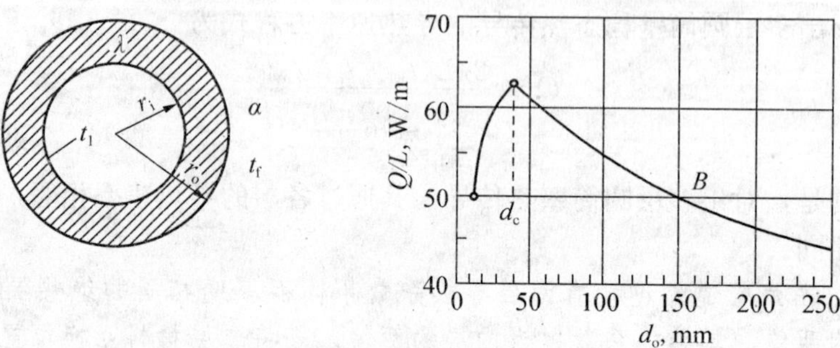

图 4-19 保温层的临界直径

如图 4-19 所示，假设保温层内表面温度为 t_1，其半径为 r_i，保温层外半径为 r_o，环境温度为 t_f。此时，传热过程包括保温层内的热传导和保温层外壁与环境空气的对流传热。若对流传热热阻为 $1/\alpha S$，其中 S 为传热面积($S=2\pi r_o L$)；α 为对流传热系数，单位为 W/(m^2·℃)。因此，根据传递过程规律，热损失可表示为

$$Q=\frac{\text{总推动力}}{\text{总阻力}}=\frac{t_1-t_f}{R_1+R_2}=\frac{t_1-t_f}{\dfrac{1}{2\pi L\lambda}\ln\dfrac{r_o}{r_i}+\dfrac{1}{2\pi r_o L\alpha}} \tag{4-18}$$

式中，R_1 ——保温层的导热热阻，℃/W；

R_2 ——保温层外壁与空气的对流传热热阻，℃/W。

由式(4-18)可看出，热阻 R_1 随 r_o 的增大而增大；而热阻 R_2 则随 r_o 增大而减小，这是由于外表面积增大所造成的。所以，热损失随 r_o 的增大是增加还是减小取决于两项热阻(R_1+R_2)之和是增加还是减小。为此，可通过式(4-18)对 r_o 求导，求得一个 Q 为最大值时的临界半径，即

$$\frac{dQ}{dr_o}=\frac{-2\pi L(t_1-t_f)\left(\dfrac{1}{\lambda_0 r_o}+\dfrac{1}{\alpha r_o^2}\right)}{\left[\dfrac{\ln(r_o/r_i)}{\lambda}+\dfrac{1}{r_o\alpha}\right]^2}=0$$

整理得

$$r_o=\lambda/\alpha$$

习惯上以 r_c 表示 Q 为最大值时的临界半径，即

$$r_c=\lambda/\alpha \tag{4-19}$$

或写成

$$d_c=2\lambda/\alpha \tag{4-19a}$$

上式中 d_c 为保温层的临界直径。当保温层的外径小于 d_c，增加保温层厚度反而会使热损失增大。只有在 d_c 大于 $2\lambda/\alpha$ 时，增加保温层厚度才会使热损失减少。因此，对管径较小的管路，包扎 λ 较大的保温材料时，需要核算 d_o 是否小于 d_c。如在管径为 15 mm 的管道外包扎 λ 为 0.14 W/(m·℃)的保温材料对管道保温，外表面对环境空气的对流传热系数 α 为 10 W/(m^2·℃)，则相应的 d_c 为 28 mm，若保温层不够厚，有可能使热损失增

加。一般电线外包扎胶皮后，其直径小于 d_c，这样将有利于散热。图 4-19 绘出了 Q/L 随 d_o 的变化情况。由图可看出，d_c 大于图中 B 点所对应的数值后，保温才有实际意义。

【例 4-3】 外径为 25 mm 的钢管，其外壁温度保持 350 ℃不变，为减少其热损失，管外包扎一层导热系数为 0.2 W/(m·℃)的保温层。已知保温层外壁对空气的对流传热系数近似为 10 W/(m²·℃)，空气的温度为 20℃。试求：

(1)保温层厚度为 5 mm 时每米管长的热损失以及保温层外表面的温度 t_0；

(2)保温层厚度为多少时热损失最大，此时单位管长热损失为多少？t_0 为多少？

(3)如要起到保温作用，保温层厚度至少为多少？设保温层厚度对管外空气对流传热系数的影响可忽略。

解 (1)由式(4-18)可写出管道热损失计算式为

$$Q=\frac{t_1-t_f}{\frac{1}{2\pi L\lambda}\ln\frac{r_o}{r_i}+\frac{1}{2\pi r_o L\alpha}}$$

已知 $r_i=0.0125$ mm，保温层厚度为 5 mm 时，$r_o=0.0175$ mm，据题给出的其他已知条件代入，可得保温层厚度为 5 mm 时每米管长的热损失

$$\frac{Q}{L}=\frac{350-20}{\frac{1}{2\times3.14\times0.2}\ln\frac{0.0175}{0.0125}+\frac{1}{2\times3.14\times0.0175\times10}}=280.2(\text{W/m})$$

保温层外表面的温度 t_o 为

$$t_o=t_f+\frac{Q}{2\pi r_o L\alpha}=20+\frac{280.2}{2\times3.14\times0.0175\times10}=275(℃)$$

(2)当 $r_o=r_c=\lambda/\alpha$ 时热损失为最大，故

$$r_c=\frac{0.2}{10}=0.02(\text{m})$$

而保温层厚度为 $0.02-0.0125=0.0075(\text{m})$

所以最大热损失

$$\frac{Q}{L}=\frac{350-20}{\frac{1}{2\times3.14\times0.2}\ln\frac{0.02}{0.0125}+\frac{1}{2\times3.14\times0.02\times10}}=282(\text{W/m})$$

相应保温层外表面的温度 t_o 为

$$t_o=t_f+\frac{Q}{2\pi r_o L\alpha}=20+\frac{282}{2\times3.14\times0.02\times10}=244.5(℃)$$

(3)为了起到保温作用，加保温层后应使得热损失小于无保温层时的热损失，设此时的保温层外壁半径为 r_o'，那么

$$\frac{t_1-t_f}{\frac{1}{2\pi L\lambda}\ln\frac{r_o'}{r_i}+\frac{1}{2\pi r_o' L\alpha}}=2\pi r_i L\alpha(t_1-t_f)$$

经整理得

$$\frac{1}{r_i}-\frac{1}{r_o'}=\frac{\alpha}{\lambda}\ln\frac{r_o'}{r_i}$$

代入已知数据得

$$\frac{1}{r_i}-\frac{1}{r_o'}=\frac{\alpha}{\lambda}\ln\frac{r_o'}{r_i}$$

试差可求得 $r_o'=0.035\,m$，以问题(1)所列写过程可求得

$$\left(\frac{Q}{L}\right)'=259.1(W/m) \qquad t_o'=76.9(℃)$$

因此，保温层厚度必须大于 (0.035－0.0125)＝0.0225(m) 时，才能起到保温作用。

4.3 对流传热

对流传热是借助于流体质点的位移和混合而进行热量传递的，故与流体的流动情况密切相关。工业上遇到的对流传热常指间壁式换热器中两侧流体与固体壁面之间的热交换，亦即流体将热量传给固体壁面或由壁面传给流体的过程称为对流传热(或称对流给热)。

1. 对流传热过程的分析

若热流体与冷流体分别沿间壁两侧平行流动，则两流体的传热方向垂直于流动方向。如图 4－20 所示，在垂直于流动方向的某一截面上，从热流体到冷流体的温度分布用粗实线表示。若两侧流体为湍流流动，热流体一侧的湍流主体的最高温度经过渡区、层流内层降至壁面温度 T_w，而冷流体一侧壁面温度 t_w 经层流内层、过渡区降至冷流体主体最低温度。

当管壁两边流体都为湍流流动时，从前面第一章流体流动内容可知，流体流过固体壁面时，由于流体粘性的作用，不管湍动的激烈程度如何，在紧靠固体壁面附近总有一速度梯度较大的薄流层，习惯上将这一流层称为层流内层。因此，热流体将热量传到壁面的过程中，首先是由湍流中心区将热量通过过渡区传至层流内层外侧，这时旋涡不断发生，流体内各质点迅速移动和混合，其传热阻力很小。然后由层流内层外侧传至管壁面，由于层流内层各质点只作与管轴方向相平行的移动，各流层质点不相互混合，这时的传热基本上是导热方式。由于流体的导热系数较小，即使层流内层很薄，其传热热阻也非常大。同理，热量由壁面通过冷流体主体的传热过程，也可作类似解释。

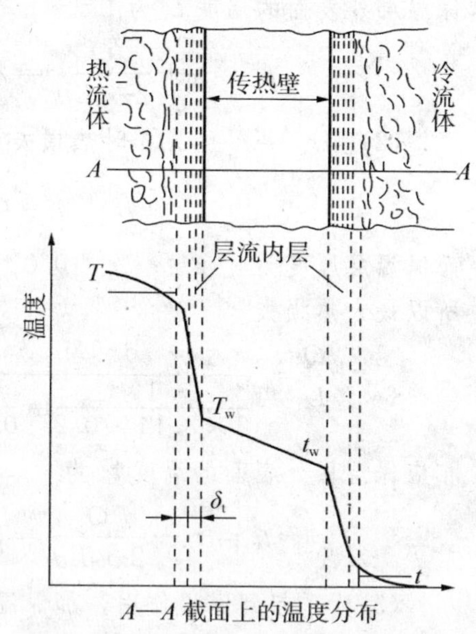

图 4－20 对流传热过程的温度变化

严格地说，在流体中心区的传热才是真正的对流传热，在层流内层的传热是导热，但由于层流内层的厚度和温度均难以测定，而且影响因素又很多，故常将二者合并处理，统称为对流传热。因此，所谓对流传热包括通过层流内层的热传导和层流内层外流体各质点间的相对位移与混合所引起的热量传递。

流体对壁面的对流传热推动力在热流体一侧应该是该截面上湍流主体最高温度与壁面温度 T_w 的温度差；而冷流体一侧则应该是壁面温度 t_w 与湍流主体最低温度的温度差。但

由于流动截面上湍流主体最高温度和最低温度也不易测定，所以工程上通常用该截面处流体平均温度(热流体为 T，冷流体为 t)代替最高温度和最低温度。这种处理方法就是假设把过渡区和湍流主体的传热热阻全部叠加到层流内层的热阻中，在靠近壁面处构成一层厚度为 δ 的流体膜，称为有效膜(effective film)。假设膜内为层流流动，而膜外为湍流流动，即将所有热阻都集中在有效膜中。这一模型称为对流传热的膜理论模型(film theory model)。

2. 对流传热速率方程式(牛顿冷却定律)

由上述传热过程分析可知，对流传热过程复杂，影响因素较多，因此，要严格推导出其数学表达式相当困难。目前一般采用类似于导热的方法处理。即

$$\text{对流传热速率} = \frac{\text{对流传热推动力}}{\text{对流传热的热阻}}$$

就上述热流体主体与壁面间的对流传热为例，设单位时间通过微元传热面积 dS 的传热量为 dQ，那么

$$dQ = \frac{T - T_w}{\dfrac{1}{\alpha dS}} = \alpha(T - T_w)dS \tag{4-20}$$

壁面与冷流体主体间的对流传热可写出

$$dQ = \frac{t_w - t}{\dfrac{1}{\alpha dS}} = \alpha(t_w - t)dS \tag{4-20a}$$

式(4-20)称为对流传热速率方程式，也称为牛顿冷却定律公式。式中 α 称为局部对流传热系数，其物理意义为单位温度差下、单位传热面积上的对流传热速率，单位为 $W/(m^2 \cdot ℃)$。α 可反映出对流传热的快慢程度，α 愈大，表明对流传热愈快。

牛顿冷却定律将复杂的对流传热过程的传热速率与推动力和阻力的关系用简单的式(4-20)表达出来。但如何求得各种具体传热条件下的对流传热系数 α 值，成为解决对流传热问题的关键。

3. 热边界层

如同流体流过固体壁面形成流动边界层一样，若流体的温度和壁面的温度不同，必然会形成热边界层(又称温度边界层)。

当温度为 t_∞ 的流体在表面温度为 t_w 的平板流过时，流体与平板间进行换热。实验表明，在大多数情况下(导热系数很大的流体除外)，流体的温度也和速度一样，仅在靠近板面的薄流体层中有显著的变化，即此薄层中存在温度梯度。习惯上将这一靠近壁面附近温度梯度具有显著变化的薄层定义为热边界层，用 δ_t 表示。热边界层以外的区域，流体温度基本相同，即温度梯度可视为零。通常规定 $t_w - t = 0.99(t_w - t_\infty)$ 处为热边界层的界限，式中 t 为热边界层任一局部位置的温度。大多数情况下，流动边界层的厚度 δ 大于热边界层的厚度 δ_t。显然，热边界层是进行对流传热的主要区域。平板上的热边界层的形成和发展如图 4-21 所示。

由图 4-21 可看出，热边界层愈薄则层内的温度梯度愈大。流体在管内流动时，热边界层的发展过程也和流动边界层相似。流体进入管口后，边界层开始沿管长而增厚；在距管入口一定距离处，于管子中心汇合，边界层厚度即等于管子的半径，此时称为充分发展

流动。但温度分布与速度分布不同，当管长再增加时，温度分布将逐渐变得更为平坦；当通过很长的管子后，温度梯度可能消失，此时，传热也就停止了。

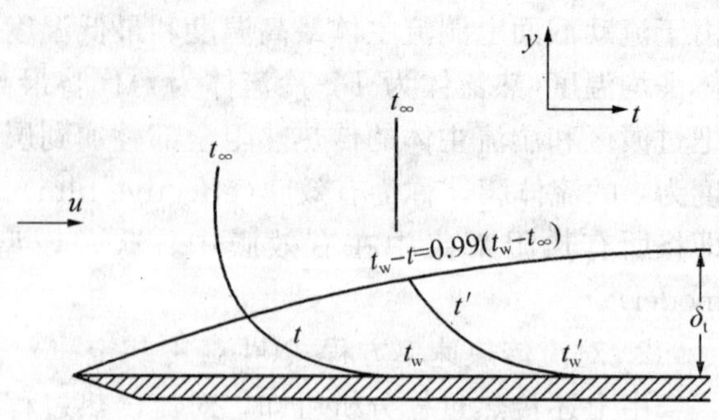

图 4-21　平板上的热边界层

流体在管内传热时，从开始加热(或冷却)到 α 达到基本稳定的这一段距离称为进口段。在进口段内，α 将沿管长逐渐减小，这是由于热边界层厚度增厚的缘故。若边界层在管中心汇合后，流体流动仍为层流时，则 α 减小到某一值后基本上保持恒定。若边界层在管中心汇合前已发展为湍流时，则在层流变为湍流的过渡段内，α 将有所增大，然后趋于恒定。

从进口段的简单分析可知，管子的尺寸和管口形状对 α 有较大的影响。在传热管的长度小于进口段以前，管子愈短，则边界层愈薄，α 就愈大。对于一定的管长，破坏边界层的发展，也利于强化对流传热。

4.4　热交换传热过程的计算

在化工生产中，热交换传热过程的计算主要有两类：一类是设计计算，即根据生产要求的热负荷，确定换热器的传热面积，进行换热器的设计或选型(即设计型)；另一类是校核(即操作型)计算，即计算给定换热器的传热量、流体的流量或温度等。两者都是以换热器的热量衡算和传热速率方程为计算基础。

应用前述热传导速率方程和对流传热速率方程时，需要知道壁面的温度。但实际上壁温往往是未知的，为了避免壁温，故引出间壁两边流体间的总速率方程。

4.4.1　热交换总传热速率方程式

从前面分析间壁两侧流体的热交换过程可知，管外热流体将热量传给管内冷流体的传热过程大体为：首先，热流体以对流方式将热量传至管壁；其次，热量以热传导方式由管壁的一侧传至另一侧；然后被传至到另一侧的热量又以对流的方式传至冷流体。

若在某一与热流方向垂直的管子截面处，已知管子外侧传热面积为 $\mathrm{d}S_o$、管子内侧传热面积为 $\mathrm{d}S_i$ 及管子内外侧平均传热面积为 $\mathrm{d}S_m$；热流体温度为 T，冷流体平均温度为 t，管子外侧壁温为 T_w，管子内侧壁温为 t_w。那么

热流体将热量传至管壁外侧间，传热速率由牛顿冷却定律可写为

$$\mathrm{d}Q=\frac{T-T_w}{\dfrac{1}{\alpha_o \mathrm{d}S_o}}$$

热量从管壁外侧传至管壁内侧，传热速率由傅立叶定律可写为

$$\mathrm{d}Q=\frac{T_w-t_w}{\dfrac{b}{\lambda \mathrm{d}S_m}}$$

热量从管壁内侧传至冷流体，传热速率由牛顿冷却定律可写为

$$dQ = \frac{t_w - t}{\frac{1}{\alpha_i dS_i}}$$

由于是稳态传热，故可写为

$$dQ = \frac{T - T_w}{\frac{1}{\alpha_o dS_o}} = \frac{T_w - t_w}{\frac{b}{\lambda dS_m}} = \frac{t_w - t}{\frac{1}{\alpha_i dS_i}}$$

利用加比定律可写出为

$$dQ = \frac{T - T_w + T_w - t_w + t_w - t}{\frac{1}{\alpha_o dS_o} + \frac{b}{\lambda dS_m} + \frac{1}{\alpha_i dS_i}} = \frac{T - t}{\frac{1}{\alpha_o dS_o} + \frac{b}{\lambda dS_m} + \frac{1}{\alpha_i dS_i}}$$

令 $\frac{1}{\alpha_o dS_o} + \frac{b}{\lambda dS_m} + \frac{1}{\alpha_i dS_i} = \frac{1}{KdS}$，那么

$$dQ = \frac{T - t}{\frac{1}{KdS}} = K(T - t)dS = K\Delta t dS \tag{4-21}$$

式(4-21)为热交换总速率微分方程式，也是总传热系数 K 的定义式。总传热系数 K 与牛顿冷却定律中对流传热系数 α 对比可知，两者单位完全相同，但应注意其中温度差所代表的区域并不相同。式(4-20)牛顿冷却定律公式中温度差($T-T_w$)是热流体主体温度与壁面温度之差；而式(4-21)中($T-t$)指的是热、冷流体间温差。

需要指出的是，上述推导过程中因为管外流体的对流传热系数 α_o 和管内流体的对流传热系数 α_i 均为对应于换热器某一局部的对流传热系数，因此，式(4-21)中的总传热数 K 也是该局部的总传热系数。由于流体的温度沿传热面随流动距离不断变化(有相变化流体除外)，流体性质随之改变而引起 α 的变化，要计算换热器单位时间的传热速率，必须按全部传热面(或管长)对式(4-21)进行积分。目前工程上常采用下述简单的处理方法：

①假定某一定性温度下所确定的物性参数计算出的 α 值可视为常数，由此所求出的 K 亦可视为常数。

②设法求出 ($T-t$) 的平均值 Δt_m。

这样一来，通过对式(4-21)进行积分可得到适用于换热器计算的总速率方程式，即

$$Q = KS\Delta t_m \tag{4-22}$$

式中，Q ——换热器的热负荷(即传热速率)，kJ/h 或 kW；

K ——总传热系数，W/(m^2·℃)；

S ——换热器的传热面积，m^2；

Δt_m——总平均温度差(平均推动力)，℃。

式(4-22)中，K、S、Δt_m 各项都不能仅按热传导或对流传热单一方式作计算，而应把两种方式概括在内，因此，计算方法需重新考虑。下面将逐一进行讨论和说明。

4.4.2 热负荷(传热速率)的计算

换热器的热负荷又称为传热量，可通过热量衡算获得。若换热器绝热良好，其热损失可以忽略不计时，由热量衡算可知，单位时间内热流体放出的热量应等于冷流体吸收的热

量，可写为 $$Q = W_h(H_{h1} - H_{h2}) = W_c(H_{c2} - H_{c1}) \tag{4-23}$$

式中，Q——换热器的热负荷(即传热速率)，kJ/h 或 kW；

W_h,W_c——分别为热、冷流体的质量流量，kg/h 或 kg/s；

H_h,H_c——分别为热、冷流体的焓，kJ/kg。

下标 1 和 2 分别表示换热器的进口和出口。

若换热器中两流体均无相变化，且流体的比热容不随温度而变或可取平均温度下的比热容，热负荷的计算可写为

$$Q = W_h c_{ph}(T_1 - T_2) = W_c c_{pc}(t_2 - t_1) \tag{4-24}$$

式中，c_{ph}，c_{pc}——分别为热、冷流体的平均比热容，kJ/(kg·℃)；

T——热流体的温度,℃；

t——冷流体的温度,℃。

若换热器中热流体(如饱和蒸汽冷凝)有相变，且冷凝液在饱和温度下离开换热器时，热负荷的计算又可写为

$$Q = W_h \cdot r = W_c c_{pc}(t_2 - t_1) \tag{4-25}$$

式中，r——饱和蒸汽的冷凝热，kJ/kg。

若换热器中热流体(如饱和蒸汽冷凝)有相变，而冷凝液低于饱和温度下离开换热器时，热负荷的计算还可写为

$$Q = W_h[r + c_{ph}(T_s - T_2)] = W_c c_{pc}(t_2 - t_1) \tag{4-26}$$

式中，c_{ph}——冷凝液的比热容，kJ/(kg·℃)；

T_s——冷凝液的饱和温度,℃。

【例 4-4】 试求压强为 150 kPa、流量为 1 500 kg/h 的饱和蒸汽冷凝并降温至 50℃时所放出的热量。

解 由附录五查得压强为 150 kPa 的饱和蒸汽的饱和温度 $T_s = 111$℃，冷凝热 $r = 2.229 \times 10^3$ kJ/kg。冷凝液从 111℃降至 50℃，平均温度 $t_m = \frac{111+50}{2} = 80.5$℃，平均比热容 $c_{ph} = 4.196$ kJ/(kg·℃)。由式(4-26)可写出

$$Q = W_h[r + c_{ph}(T_s - T_2)] = \frac{1\,500}{3\,600} \times [2.229 \times 10^3 + 4.196 \times (111 - 50)]$$
$$= 1.035 \times 10^3 \text{(kW)}$$

4.4.3 平均温度差的计算

平均温度差的计算，必须考虑两流体在换热器的温度变化情况以及流体的流动方向。

4.4.3.1 恒温传热时的平均温度差

换热器的间壁两侧流体均有相变化时，如在蒸发器中，饱和蒸汽和液体沸腾间的传热就是恒温传热。此时，冷、热流体的温度均不沿管长变化，两者间的温度差处处相等，且流体的流动方向对平均温度差也无影响。可写为

$$\Delta t_m = T - t \tag{4-27}$$

式中，T——饱和蒸汽的冷凝温度,℃；

t——液体的沸腾温度,℃。

4.4.3.2 变温传热时的平均温度差

在这种情况下间壁一侧或两侧流体的温度，不仅沿传热面(管长)而变化，而且两流体流向不同，对温度差的影响也不相同。化工生产中换热器内流体的流动方式有并流、逆流、错流和折流四种。

①逆流。参与热交换的冷、热两种流体在间壁两侧以相反的方向流动，称为逆流，如图 4 - 22a 所示。

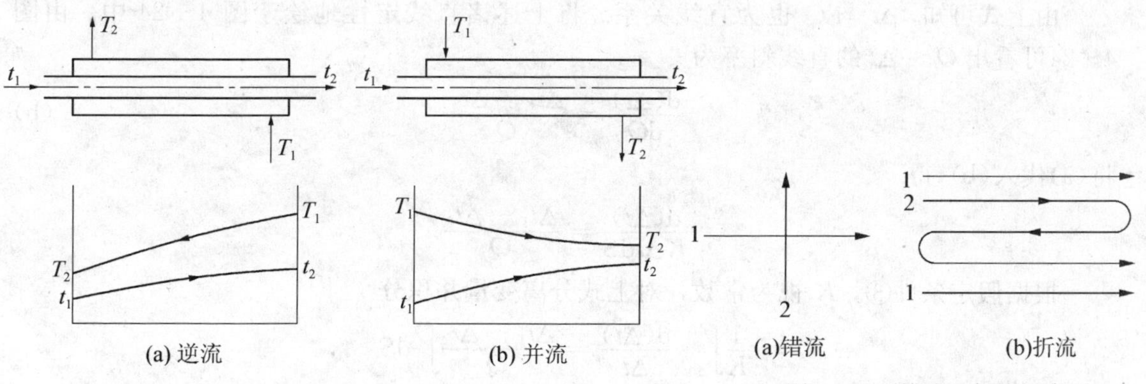

(a) 逆流　(b) 并流

图 4 - 22　两侧流体变温下的温度差变化

(a)错流　(b)折流

图 4 - 23　错流和折流示意图

②并流。参与热交换的冷、热两种流体在间壁两侧以相同的方向流动，称为并流，如图 4 - 22b 所示。

③错流。参与热交换的冷、热两种流体在间壁两侧以相互垂直的流向流动，称为错流，如图 4 - 23(a)所示。

④折流。如图 4 - 23b 所示，参与热交换的两种流体，其中一流体在间壁的一侧只沿一个方向流动，而另一流体在间壁的另一侧反复折流，称为简单折流。若两流体均作折流，或既有折流又有错流，则称为复杂折流。

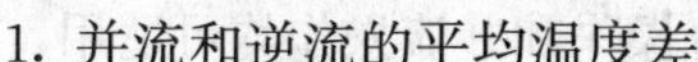

1. 并流和逆流的平均温度差

下面以逆流为例，推导计算平均温度差的通式。

如图 4 - 24 所示，表示冷、热流体在换热器内逆流流动时，温度差沿管长的变化情况。今取一微元段为研究对象，其传热面积为 dS 。在进行 dS 两侧流体的热量衡算时，假定：

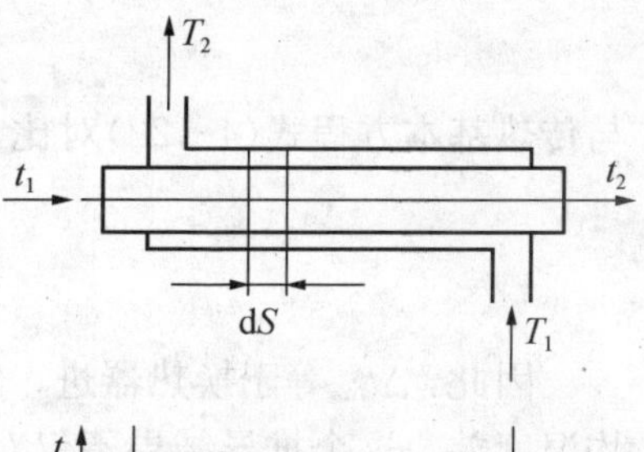

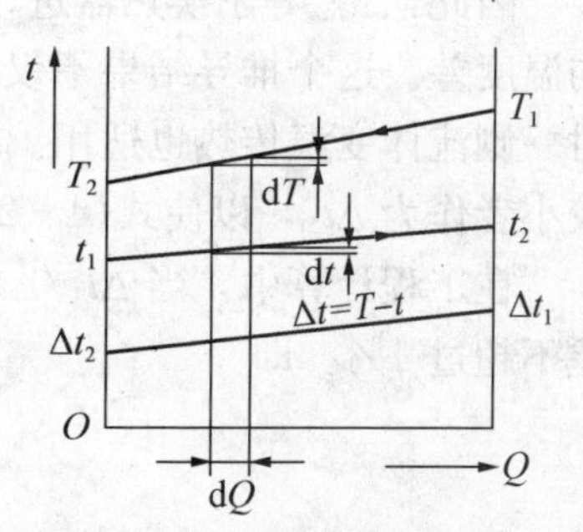

图 4 - 24　逆流时平均温度差的推导

①传热过程中热损失可忽略；

②两侧流体温度沿管长而变化，但壁面上任一点温度不随时间变化(稳态传热)；

③K 可视为常量，即 K 不随管长(传热面积)变化；

④两流体的比热容均为常量(可取进、出换热器温度的平均值)。

通过微元段 dS 的总传热速率可写为

$$dQ = K(T-t)dS = K\Delta t dS \tag{a}$$

微元段内 dS 热量衡算的微分式可写为

$$dQ = -W_h c_{ph} \Delta T = W_c c_{pc} \Delta t$$

根据假定条件②和④，可得

$$\frac{dT}{dQ}=\frac{1}{W_{h}c_{ph}}=常数, \quad \frac{dt}{dQ}=\frac{1}{W_{c}c_{pc}}=常数$$

可见，$Q\sim T$ 及 $Q\sim t$ 均为线性关系，可分别表示为

$$T=aQ+b, \quad t=a'Q+b'$$

上两式相减，可得 $$T-t=\Delta t=(a-a')Q+(b-b')$$

由上式可知，Δt 与 Q 也为直线关系。将上述诸直线定性地绘于图 4－24 中。由图 4－24可看出 $Q\sim\Delta t$ 的直线斜率为

$$\frac{d(\Delta t)}{dQ}=\frac{\Delta t_1-\Delta t_2}{Q} \tag{b}$$

将(a)代入(b)，得

$$\frac{d(\Delta t)}{K\Delta t dS}=\frac{\Delta t_1-\Delta t_2}{Q}$$

根据假定条件③，K 视为常数，对上式分离变量并积分

$$\frac{1}{K}\int_{\Delta t_2}^{\Delta t_1}\frac{d(\Delta t)}{\Delta t}=\frac{\Delta t_1-\Delta t_2}{Q}\int_0^S dS$$

得

$$\frac{1}{K}\ln\frac{\Delta t_1}{\Delta t_2}=\frac{\Delta t_1-\Delta t_2}{Q}S$$

移项得

$$Q=KS\frac{\Delta t_1-\Delta t_2}{\ln\frac{\Delta t_1}{\Delta t_2}}$$

与传热基本方程式(4－22)对比，可得

$$\Delta t_{m}=\frac{\Delta t_1-\Delta t_2}{\ln\frac{\Delta t_1}{\Delta t_2}} \tag{4-28}$$

因此，Δt_{m} 等于换热器进、出口处两端温度差 Δt_1 和 Δt_2 的对数平均值，称为对数平均温度差。这个推导结果不仅对两侧流体变温传热的逆流操作和并流操作均可适用，而且对一侧流体变温传热也适用。但计算时需注意，通常把温度差 Δt 中数值较大者作为 Δt_1，较小者作为 Δt_2，以使式(4－28)中分子和分母都为正数。

在工程计算中，当 $\Delta t_1/\Delta t_2\leqslant 2$ 时，可取算术平均温度差代替对数平均温度差，其误差不超过 4%。即

$$\Delta t_{m}=\frac{\Delta t_1+\Delta t_2}{2}$$

【例 4－5】 拟用一管壳式换热器加热原油，原油进口温度为 100 ℃，出口温度为 150 ℃；某反应物作为加热剂，进口温度为 250 ℃，出口温度为 180 ℃。试求：

(1)并流与逆流的平均温度差；

(2)若原油的流量为 1800 kg/h，比热容为 2 kJ/(kg·℃)，总传热系数 K 为 100 W/(m^2·℃)，求并流和逆流时所需传热面积；

(3)若要求加热剂出口温度降至 150 ℃，此时并流和逆流的 Δt_{m} 和所需传热面积，逆流时的加热剂量可减少多少(设加热剂的比热容和 K 不变)?

解 换热器内并流和逆流操作的温度变化如本例附图所示。

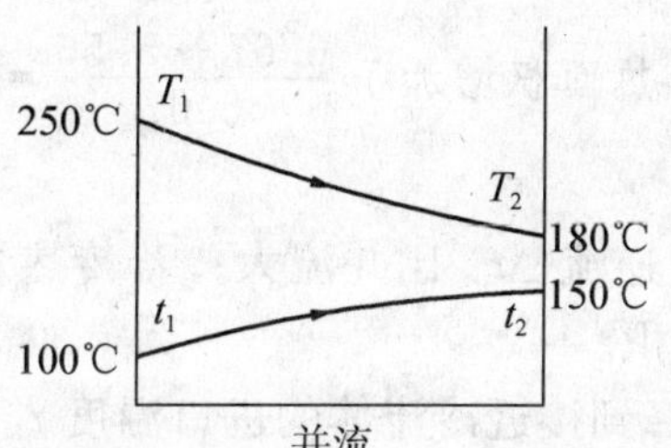

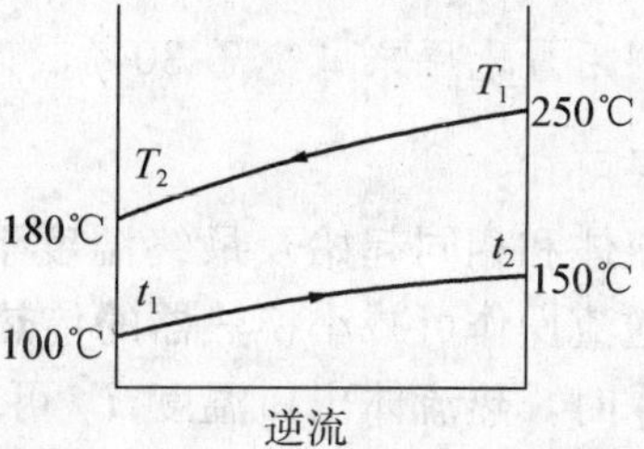

例 4-5 附图

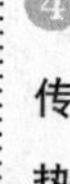

(1)并流时

$$\Delta t_1 = T_1 - t_1 = 250 - 100 = 150\,(℃),\qquad \Delta t_2 = T_2 - t_2 = 180 - 150 = 30\,(℃)$$

$$\Delta t_{m并} = \frac{150-30}{\ln\frac{150}{30}} = 74.6(℃)$$

逆流时

$$\Delta t_1 = T_1 - t_2 = 250 - 150 = 100(℃)$$

$$\Delta t_2 = T_2 - t_1 = 180 - 100 = 80(℃)$$

由于 $\frac{\Delta t_1}{\Delta t_2} = \frac{100}{80} = 1.25 \leqslant 2$，所以

$$\Delta t_{m逆} = \frac{100+80}{2} = 90(℃)$$

(2)已知 $W_h = 1800\ \mathrm{kg/h}$, $c_{ph} = 2\ \mathrm{kJ/(kg\cdot ℃)}$，热负荷为

$$Q = W_c c_{pc}(t_2 - t_1) = \frac{1800}{3600} \times 2 \times 10^3 \times (150-100) = 5 \times 10^4\ (\mathrm{W})$$

由于 $K = 100\ \mathrm{W/(m^2\cdot ℃)}$，因此

并流时传热面积为

$$S_并 = \frac{Q}{K\Delta t_{m并}} = \frac{5\times 10^4}{100 \times 74.6} = 6.7(\mathrm{m^2})$$

逆流时传热面积为

$$S_逆 = \frac{Q}{K\Delta t_{m逆}} = \frac{5\times 10^4}{100\times 90} = 5.56(\mathrm{m^2})$$

(3)并流时

$$\Delta t_1 = T_1 - t_1 = 250 - 100 = 150(℃)\qquad \Delta t_2 = T_2 - t_2 = 150 - 150 = 0$$

$$\Delta t_{m并} = 0,\quad S_并 = \infty$$

逆流时

$$\Delta t_1 = T_1 - t_2 = 250 - 150 = 100(℃)\qquad \Delta t_2 = T_2 - t_1 = 150 - 100 = 50(℃)$$

$$\Delta t_{m逆} = \frac{100+50}{2} = 75(℃)$$

$$S_逆 = \frac{Q}{K\Delta t_{m逆}} = \frac{5\times 10^4}{100\times 75} = 6.67(\mathrm{m^2})$$

因为 Q 不变，即 $Q = W_h c_{ph}(T_1 - T_2) = W'_h c_{ph}(T_1 - T'_2)$，故

$$\frac{W'_h}{W_h} = \frac{c_{ph}(T_1 - T_2)}{c_{ph}(T_1 - T'_2)} = \frac{250-180}{250-150} = \frac{70}{100} = 0.7$$

即逆流时加热剂用量比原来减少了30%，而传热面积增加了 $\frac{6.67-5.56}{6.67}=20\%$ 。

从本例结果可知：

①在相同流体和相同起始及最终温度下，逆流 Δt_m 比并流大；若传热量及 K 值相同条件下，采用逆流操作可减小换热器的传热面积。

②逆流操作时，热流体出口温度 T_2 可以降到接近冷流体的进口温度 t_1 。而并流时仅能降到接近冷流体出口温度 t_2 ，故逆流操作时可有效地利用加热介质，减少其供给量。同理，逆流操作时，冷流体出口温度 t_2 可以升高到接近热流体的进口温度 T_1 。而并流时仅能升高到接近热流体出口温度 T_2 ，故逆流操作时可有效地利用冷却介质，减少其供给量。因此，采用逆流操作可节省加热介质(或冷却介质)用量。

由于逆流操作有上述优点，所以工业生产中的换热器多采用逆流操作。

若某一流体超过某一温度(如冷流体分解或热流体聚合)将会引起物性变化时，为便于控制，宜采用并流操作。

2. 错流和折流时的平均温度差

对于错流和折流的平均温度差，可采用安德伍德(Underwood)和鲍曼(Bowman)提出的算图法。该法是先按逆流用式(4-28)计算出对数平均温度差 $\Delta t'_m$，然后再乘以考虑流动方向的校正系数。即

$$\Delta t_m = \varphi_{\Delta t} \cdot \Delta t'_m \tag{4-29}$$

式中，$\Delta t'_m$——按逆流计算的对数平均温度差,℃；

$\varphi_{\Delta t}$ ——温度差校正系数，量纲为1。

具体步骤如下：

①根据冷、热流体的进、出口温度，用式(4-28)计算出逆流条件下的对数平均温度差 $\Delta t'_m$；

②按下式计算 R 和 P 值，即

$$\text{横坐标} \quad P = \frac{\text{冷流体的温升}}{\text{两流体的最初温度差}} = \frac{t_2 - t_1}{T_1 - t_1}$$

$$\text{参变量} \quad R = \frac{\text{热流体的温降}}{\text{冷流体的温升}} = \frac{T_1 - T_2}{t_2 - t_1}$$

③根据 R 和 P 的值从图4-25相应图中查出温度差校正系数 $\varphi_{\Delta t}$ ；

④将纯逆流条件下的对数平均温度差乘以温度差校正系数 $\varphi_{\Delta t}$ ，即可求得错流或折流时的平均温度差 Δt_m。

图4-25为温度差校正系数图，其中(a)、(b)、(c)、(d)分别适用于单壳程、二壳程、三壳程及四壳程，每个单壳程内的管程可以是2、4、6或8程。图中(e)适用于错流。对于其他复杂流动的 $\varphi_{\Delta t}$，可从有关传热的手册或资料中查取。

由图4-25可看出，$\varphi_{\Delta t}$值恒小于1，这是由于各种复杂流动中同时存在逆流和并流的缘故，因此它们的 Δt_m 比纯逆流时为小。通常在换热器的设计中规定，$\varphi_{\Delta t}$值不应小于0.8，否则 Δt_m 值太小，经济上不合理。若 $\varphi_{\Delta t}$值小于0.8，则应考虑增加壳方程数，生产中一般采用将多台换热器串联使用，使传热过程接近于逆流。

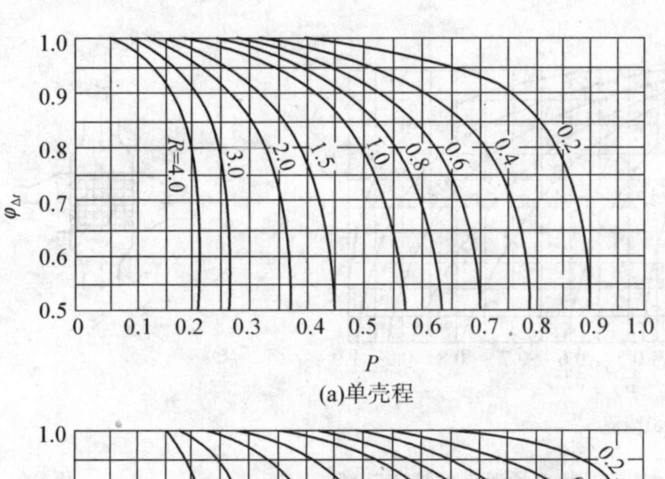

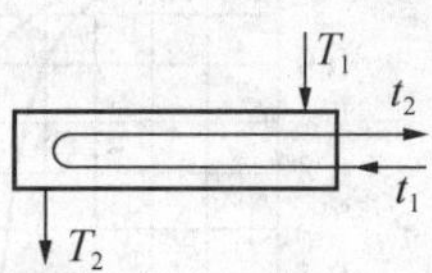

(a)单壳程

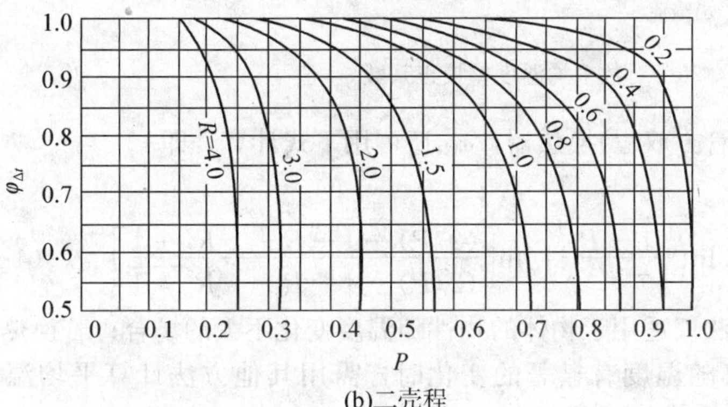

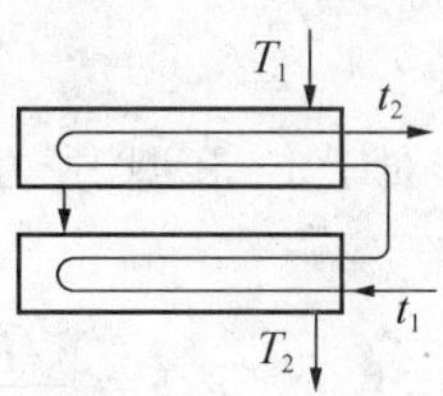

(b)二壳程

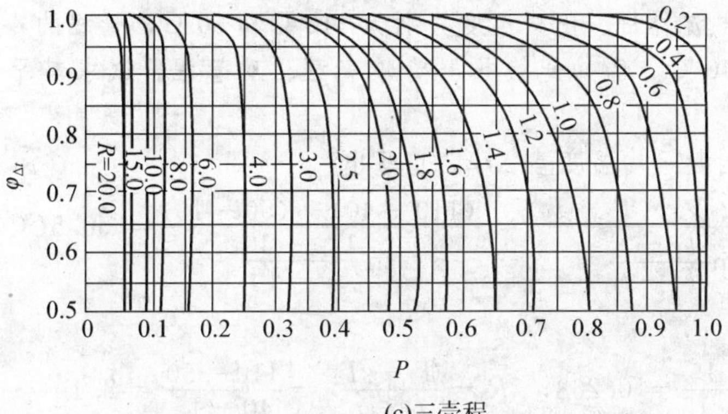

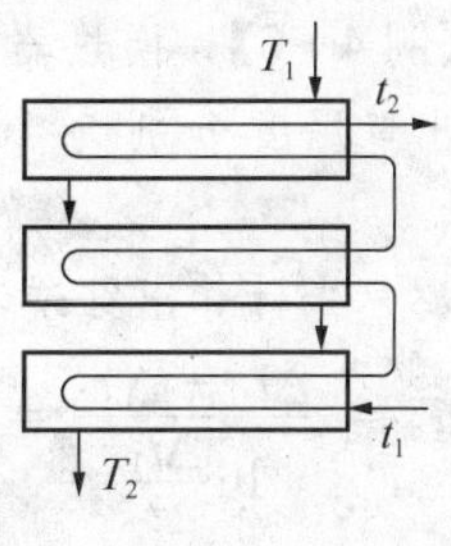

(c)三壳程

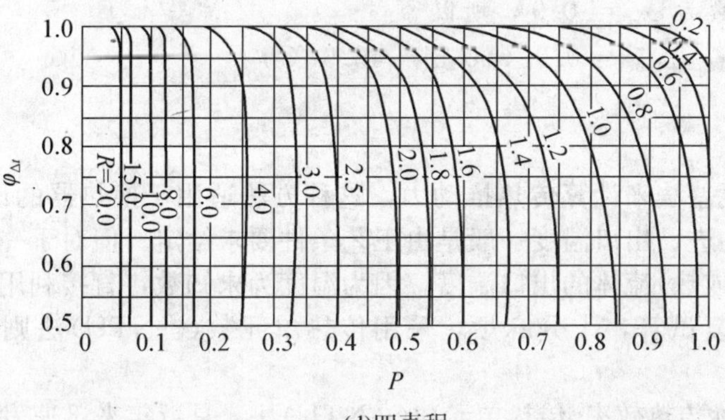

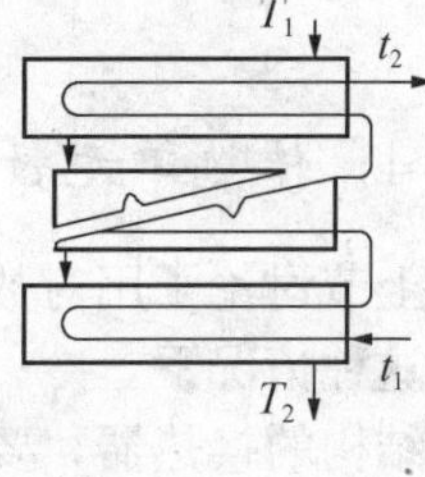

(d)四壳程

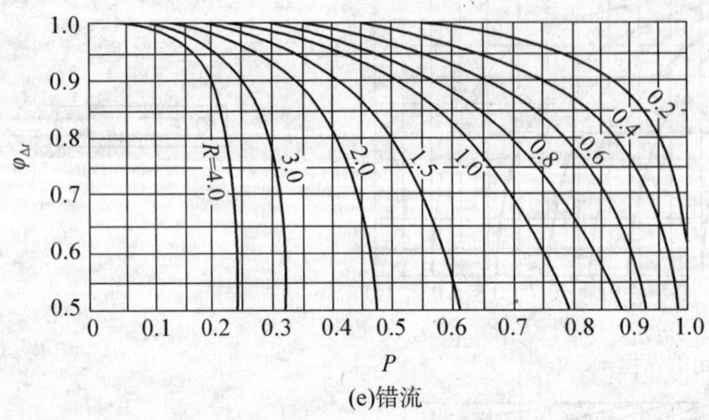

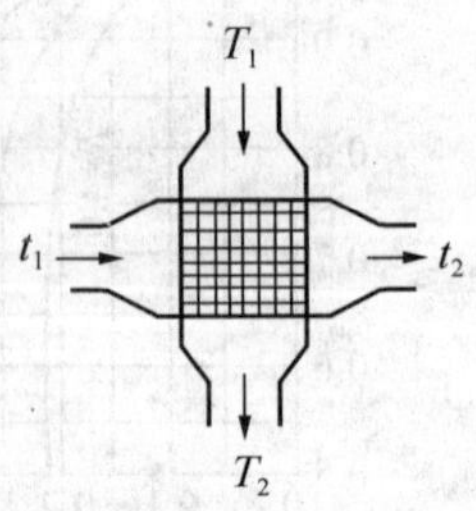

(e)错流

图 4-25　对数平均温度差校正系数 $\varphi_{\Delta t}$ 值

对于 1-2 型(壳方单程、管方双程)换热器，$\varphi_{\Delta t}$还可用下式计算，即

$$\varphi_{\Delta t}=\frac{\sqrt{R^2+1}}{R-1}\times\ln\left(\frac{1-P}{1-P\cdot R}\right)/\ln\left[\frac{(2/P)-1-R+\sqrt{R^2+1}}{(2/P)-1-R-\sqrt{R^2+1}}\right] \tag{4-30}$$

对数平均(推动力)温度差法仅适用于物体的物性随温度变化不大的场合；若换热器内流体温度变化较大，而物性又随温度有显著的变化时，需用其他方法计算平均温度差 Δt_m。

【例 4-6】 换热器壳程的热流体进、出口温度分别为 110 ℃和 50 ℃，管程的冷流体进、出口温度分别为 15 ℃和 40 ℃。已知此换热器为单壳程、双管程。试求其平均温度差。

解　先计算出纯逆流时的对数平均温度差 $\Delta t'_m$，可写出

$$\Delta t'_m=\frac{\Delta t_1-\Delta t_2}{\ln\dfrac{\Delta t_1}{\Delta t_2}}=\frac{(T_1-t_2)-(T_2-t_1)}{\ln\dfrac{T_1-t_2}{T_2-t_1}}=\frac{(110-40)-(50-15)}{\ln\dfrac{110-40}{50-15}}=50.5(℃)$$

计算 P、R 值，即

$$P=\frac{t_2-t_1}{T_1-t_1}=\frac{40-15}{110-15}=0.263,\quad R=\frac{T_1-T_2}{t_2-t_1}=\frac{110-50}{40-15}=2.4$$

由图 4-25a 查得温度差校正系数为 $\varphi_{\Delta t}=0.9$，所以

$$\Delta t_m=\varphi_{\Delta t}\cdot\Delta t'_m=0.9\times50.5=45.5(℃)$$

4.4.4　传热单元数法

上节讨论了用对数平均温度差法来计算传热推动力，这种方法适用于换热器的设计，因为这种情况下，冷、热流体的进、出口温度一般是由工艺条件要求给定。但对于一定尺寸和结构的换热器，要确定冷(或热)流体的出口温度，因为温度为未知数，直接利用对数平均温度差法求解，就必须反复试算，十分麻烦。采用传热单元数(ε-NTU)法则较为简便。

传热单元数(NTU)法，又称传热效率-传热单元数(ε-NTU)法，是近年来迅速发展的一种换热器计算方法。

4.4.4.1 传热效率 ε

换热器的传热效率ε定义为

$$\varepsilon=\frac{\text{实际的传热量}Q}{\text{最大可能的传热量}Q_{\max}}$$

无论哪种换热器，理论上，热流体能被冷却到的最低温度为冷流体的进口温度 t_1，而冷流体则至多能被加热到热流体的进口温度 T_1，因此冷、热流体的进口温度之差（T_1-t_1）便是换热器中可能达到的最大温度差。如果某一流体流经换热器的温度变化等于最大温度差（T_1-t_1），那么这一流体便可达到最大可能的传热量 $Q_{\max}$。当换热器的热损失可以忽略，若两流体均无相变时，其热量衡算方程式可写为

$$Q=W_{\mathrm{h}}c_{ph}(T_1-T_2)=W_{\mathrm{c}}c_{pc}(t_2-t_1)$$

由上式可看出，两流体中（$W\cdot c_p$）值较小的流体将具有较大的温度变化，故最大传热量可用下式表示，即

$$Q_{\max}=(Wc_p)_{\min}(T_1-t_1) \tag{4-31}$$

式中，（Wc_p）称为流体的热容量流率，下标 min 表示两流体中热容量流率较小者，并称此流体为最小值流体。

若热流体为最小值流体，则传热效率为

$$\varepsilon=\frac{W_{\mathrm{h}}c_{ph}(T_1-T_2)}{W_{\mathrm{h}}c_{ph}(T_1-t_1)}=\frac{T_1-T_2}{T_1-t_1} \tag{4-32}$$

若冷流体为最小值流体，则传热效率为

$$\varepsilon=\frac{W_{\mathrm{c}}c_{pc}(t_2-t_1)}{W_{\mathrm{c}}c_{pc}(T_1-t_1)}=\frac{t_2-t_1}{T_1-t_1} \tag{4-33}$$

可见，要计算传热效率，首先应找出哪种流体为最小值流体，才能用相应的公式计算。

应予指出，换热器的传热效率只是说明流体可用能量被利用的程度和作为传热计算的一种手段，并不能说明某一换热器在经济上的优劣。

若已知传热效率，就可确定换热器的传热量，即

$$Q=\varepsilon\cdot Q_{\max}=\varepsilon\cdot(Wc_{\mathrm{p}})_{\min}(T_1-t_1) \tag{4-34}$$

4.4.4.2 传热单元数 NTU

由换热器的热量衡算及总传热速率微分方程式写出

$$\mathrm{d}Q=-W_{\mathrm{h}}c_{ph}\mathrm{d}T=W_{\mathrm{c}}c_{pc}\mathrm{d}t=K(T-t)\mathrm{d}S$$

对于冷流体，上式可改写为

$$\frac{\mathrm{d}t}{T-t}=\frac{K\mathrm{d}S}{W_{\mathrm{c}}c_{pc}}$$

对上式积分可写为

$$\int_{t_1}^{t_2}\frac{\mathrm{d}t}{T-t}=\int_0^S\frac{K\mathrm{d}S}{W_{\mathrm{c}}c_{pc}}$$

若 K、c_{pc} 为常数，可简化为

$$\int_{t_1}^{t_2}\frac{\mathrm{d}t}{T-t}=\frac{KS}{W_{\mathrm{c}}c_{pc}}$$

设换热器的换热管直径为 d，长度为 L，管数为 n，那么

$$\int_{t_1}^{t_2}\frac{\mathrm{d}t}{T-t}=\frac{KS}{W_{\mathrm{c}}c_{pc}}=\frac{K(n\pi \mathrm{d}L)}{W_{\mathrm{c}}c_{pc}}$$

或写为

$$L=\frac{W_{\mathrm{c}}c_{pc}}{n\pi \mathrm{d}K}\int_{t_1}^{t_2}\frac{\mathrm{d}t}{T-t}$$

令 $H_c=\dfrac{W_c c_{pc}}{n\pi dK}$ 及 $(\mathrm{NTU})_c=\int_{t_1}^{t_2}\dfrac{dt}{T-t}$，又可写为

$$L=H_c(\mathrm{NTU})_c \tag{4-35}$$

式中，H_c ——基于冷流体的传热单元长度，m；

$(\mathrm{NTU})_c$——基于冷流体的传热单元数。

对于热流体，同理可写出

$$H_h=\frac{W_h c_{ph}}{n\pi dK} \quad 及 \quad (\mathrm{NTU})_h=\int_{T_2}^{T_1}\frac{dT}{T-t}$$

$$L=H_h(\mathrm{NTU})_h \tag{4-36}$$

式中，H_h ——基于热流体的传热单元长度，m；

$(\mathrm{NTU})_h$——基于热流体的传热单元数。

由此可知，换热器的长度(管子管径一定)等于传热单元数和传热单元长度的乘积。其中传热单元数反映传热推动力和传热所要求的温度变化。传热推动力愈大，所要求温度变化愈小，那么所需的传质单元数愈小。传热单元长度则表示为传热热阻和流体状况的函数。总传热系数 K 愈大，即热阻愈小，则传热单元长度愈小，所需传热面积愈小。

4.4.4.3 传热效率和传热单元数的关系

现以单程并流操作换热器为例，推导传热效率与传热单元数的关系。

总传热速率方程为 $Q=KS\Delta t_m$

并流操作时对数平均温度差为

$$\Delta t_m=\frac{(T_1-t_1)-(T_2-t_2)}{\ln\dfrac{T_1-t_1}{T_2-t_2}}$$

将上式代入总速率方程，并整理得

$$\frac{T_2-t_2}{T_1-t_1}=\exp\left[-KS\left(\frac{T_1-T_2}{Q}+\frac{t_2-t_1}{Q}\right)\right]$$

由热量衡算式

$$Q=W_h c_{ph}(T_1-T_2)=W_c c_{pc}(t_2-t_1)$$

代入上式得

$$\frac{T_2-t_2}{T_1-t_1}=\exp\left[-KS\left(1+\frac{W_c\,c_{pc}}{W_h\,c_{ph}}\right)\right] \tag{4-37}$$

若冷流体为最小值流体，令 $C_{min}=W_c c_{pc}$，$C_{max}=W_h c_{ph}$，$C_R=\dfrac{C_{min}}{C_{max}}$ 称为热容量流率比，则

$$\mathrm{NTU}=\frac{KS}{C_{min}}=\frac{KS}{W_c c_{pc}}$$

将上述关系式代入式(4-37)，得

$$\frac{T_2-t_2}{T_1-t_1}=\exp[-(\mathrm{NTU})(1+C_R)] \tag{4-38}$$

由于 $T_2=T_1-\dfrac{W_c c_{pc}}{W_h c_{ph}}(t_2-t_1)=T_1-C_R(t_2-t_1)$，故

$$\frac{T_2-t_2}{T_1-t_1}=\frac{T_1-C_R(t_2-t_1)-t_2}{T_1-t_1}$$

$$=\frac{(T_1-t_1)-C_R(t_2-t_1)-(t_2-t_1)}{T_1-t_1}$$

$$= 1 - (1 + C_R)\left(\frac{t_2 - t_1}{T_1 - t_1}\right) = 1 - \varepsilon(1 + C_R)$$

将上式代入式(4-38)，得

$$\varepsilon = \frac{1 - \exp[-(\text{NTU})(1 + C_R)]}{1 + C_R} \tag{4-39}$$

若热流体为最小值流体，则式(4-39)中 NTU 和 C_R 分别为

$$\text{NTU} = \frac{KS}{C_{min}} = \frac{KS}{W_h c_{ph}}, \quad C_R = \frac{C_{min}}{C_{max}} = \frac{W_h c_{ph}}{W_c c_{pc}}$$

同理，对于单程逆流操作换热器，可推导出传热效率和传热单元数的关系为

$$\varepsilon = \frac{1 - \exp[-(\text{NTU})(1 - C_R)]}{1 - C_R \cdot \exp[-(\text{NTU})(1 - C_R)]} \tag{4-40}$$

当两流体之一有相变时，$(Wc_p)_{max}$ 趋于无穷大，式(4-39)和式(4-40)均可简化为

$$\varepsilon = 1 - \exp[-(\text{NTU})] \tag{4-41}$$

当两流体的热容量流率 Wc_p 相等时，即 $C_R = 1$ 时，式(4-39)和式(4-40)可分别简化为

$$\varepsilon = \frac{1 - \exp[-2(\text{NTU})]}{2} \tag{4-42}$$

及

$$\varepsilon = \frac{\text{NTU}}{1 + \text{NTU}} \tag{4-43}$$

对于其他比较复杂的流动类型，也可推导出 ε 与 NTU 和 C_R 之间的函数关系式。为便于计算，将这些函数关系绘成算图，设计时可直接运用。图 4-26、图 4-27 及图4-28分别为并流、逆流和折流时的 ε-NTU 图，其他流动形式的图线可查阅有关文献。

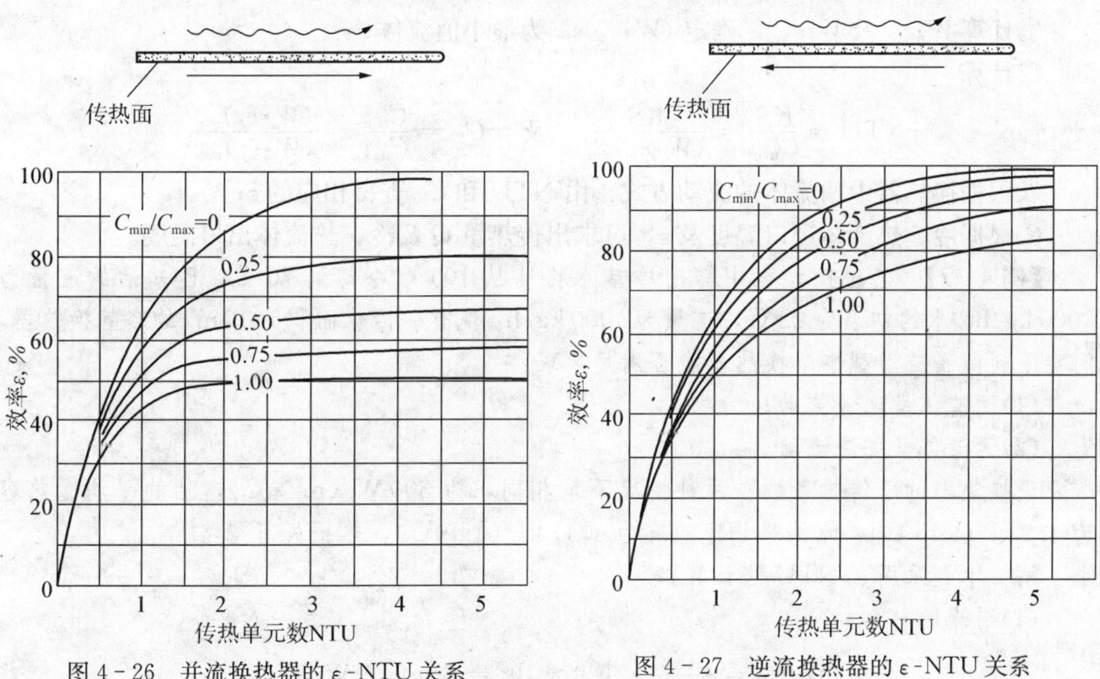

图 4-26　并流换热器的 ε-NTU 关系

图 4-27　逆流换热器的 ε-NTU 关系

一般来说，换热器的校核宜采用 ε-NTU 法，其具体步骤如下：

①根据换热器的工艺及操作条件，计算(或选取)总传热系数 K；

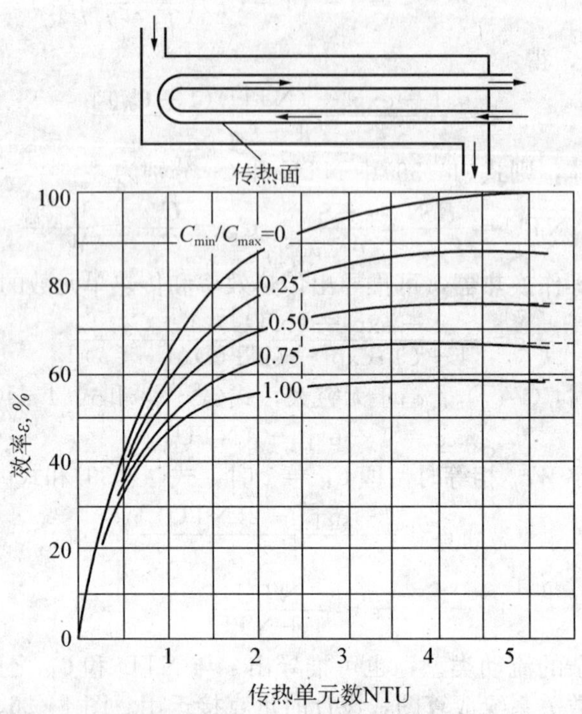

图 4-28　折流换热器的 ε-NTU 关系(单壳程，2、4、6 管程)

②计算 $W_h c_{ph}$ 及 $W_c c_{pc}$，确定 $(W \cdot c_p)_{min}$ 为最小值流体；

③计算

$$\mathrm{NTU} = \frac{KS}{C_{min}} = \frac{KS}{(W \cdot c_p)_{min}} \quad 及 \quad C_R = \frac{C_{min}}{C_{max}} = \frac{(W \cdot c_p)_{min}}{(W \cdot c_p)_{max}}$$

④根据换热器中两流体的流动方式，由 NTU 和 C_R 查得相应的 ε；

⑤根据冷、热流体进口温度及 ε，可求出传热量 Q 及冷、热流体出口温度。

【例 4-7】 某生产过程中需用冷却水将油从 105 ℃冷却到 70 ℃。已知油的流量为 6000 kg/h，水的初温为 22℃，流量为2000 kg/h。现有一传热面积为 10 m^2 的套管换热器，问在下列两种流动型态下换热器能否满足要求：

(1)两流体呈逆流流动；

(2)两流体呈并流流动。

设换热器的总传热系数在两种情况下均相同，为 300 W/(m^2·℃)，油的平均比热容为 1.9 kJ/(kg·℃)，水的平均比热容为 4.17 kJ/(kg·℃)，热损失可忽略。

解　本题采用 ε-NTU 法计算。

(1)逆流时

$$W_h c_{ph} = \frac{6000}{3600} \times 1.9 \times 10^3 = 3166.7(\mathrm{W/℃})$$

$$W_c c_{pc} = \frac{2000}{3600} \times 4.17 \times 10^3 = 2316.7(\mathrm{W/℃})$$

可见，冷却水为最小值流体。

$$C_R = \frac{C_{min}}{C_{max}} = \frac{W_c\ c_{pc}}{W_h\ c_{ph}} = \frac{2316.7}{3166.7} = 0.732$$

$$NTU = \frac{KS}{C_{min}} = \frac{KS}{W_c\ c_{pc}} = \frac{300 \times 10}{2316.7} = 1.295$$

查图 4-27，得

$$\varepsilon = 0.622$$

所以 $Q = \varepsilon \cdot (Wc_p)_{min}(T_1 - t_1) = 0.622 \times 2316.7 \times (105 - 22) = 1.196 \times 10^5 (W)$

$$T_2 = T_1 - \frac{Q}{W_h c_{ph}} = 105 - \frac{1.196 \times 10^5}{3166.7} = 67.2(℃) < 70(℃)$$

可见采用两流体逆流操作可满足将原油冷却到 70℃的要求。

(2)并流时

查图 4-26，得

$$\varepsilon = 0.526$$

所以 $Q = \varepsilon \cdot (Wc_p)_{min}(T_1 - t_1) = 0.526 \times 2316.7 \times (105 - 22) = 1.011 \times 10^5 (W)$

$$T_2 = T_1 - \frac{Q}{W_h c_{ph}} = 105 - \frac{1.011 \times 10^5}{3166.7} = 73.1(℃) > 70(℃)$$

可见采用两流体并流操作不能满足将原油冷却到 70℃的要求。

【例 4-8】 在一逆流操作的单壳程、双管程的管壳式换热器中，冷、热流体进行热交换。已知热流体的进、出口温度分别为 200℃和 93℃；冷流体的进、出口温度分别为 35℃和 85℃。当冷流体流量减少一半，热流体的流量及冷、热流体的进口温度不变时，试求两流体的出口温度和传热量减少的百分数。假设流体的物性及总传热系数不变，换热器的热损失可忽略。

解 本题采用 ε-NTU 法计算。

由于 $$T_1 - T_2 = 200 - 93 = 107(℃)$$

$$t_2 - t_1 = 85 - 35 = 50(℃)$$

从热量衡算方程 $W_h c_{ph}(T_1 - T_2) = W_c c_{pc}(t_2 - t_1)$ 对比可知

$$W_c c_{pc} > W_h c_{ph}$$

所以，热流体为最小值流体。

原操作条件下：

$$\varepsilon = \frac{T_1 - T_2}{T_1 - t_1} = \frac{200 - 93}{200 - 35} = \frac{107}{165} = 0.65$$

$$C_R = \frac{W_h c_{ph}}{W_c c_{pc}} = \frac{t_2 - t_1}{T_1 - T_2} = \frac{50}{107} = 0.47$$

查图 4-27，得

$$NTU = 1.62$$

由于 $$NTU = \frac{KS}{(W \cdot c_p)_{min}}$$

故得 $$KS = (NTU)(W \cdot c_p)_{min} = 1.62 W_h \cdot c_{ph}$$

冷却水流量减少一半后操作时，若热流体仍为最小值流体，那么

$$C'_R=\frac{W_h c_{ph}}{W'_c c_{pc}}=\frac{W_h c_{ph}}{\frac{1}{2}W_c c_{pc}}=2\times 0.47=0.94$$

$$(NTU)'=(NTU)=1.62$$

查图 4-27，得 $\varepsilon'=0.54$。由于

$$\varepsilon'=\frac{T_1-T'_2}{T_1-t_1}$$

所以 $$T'_2=T_1-\varepsilon'(T_1-t_1)=200-0.54\times(200-35)=110.9(℃)$$

$$C'_R=\frac{t'_2-t_1}{T_1-T'_2}=0.94$$

$$t'_2=C'_R(T_1-T'_2)+t_1=0.94\times(200-110.9)+35=118.8(℃)$$

因为 $$T_1-T'_2=200-110.9=89.1(℃)$$

$$t'_2-t_1=118.8-35=83.8(℃)$$

可见 $W'_c c_{pc}>W_h c_{ph}$，故原假定冷却水流量减少一半后操作时，热流体为最小值流体正确。

原操作条件下的传热量为 $Q=W_c c_{pc}(t_2-t_1)$

冷却水流量减少一半后的传热量为 $Q'=W'_c c_{pc}(t'_2-t_1)$

因此，传热量较少的百分数为

$$\frac{Q-Q'}{Q}\times 100\%=\frac{W_c c_{pc}(t_2-t_1)-W'_c c_{pc}(t'_2-t_1)}{W_c c_{pc}(t_2-t_1)}\times 100\%$$

$$=\frac{(t_2-t_1)-\frac{1}{2}(t'_2-t_1)}{(t_2-t_1)}\times 100\%$$

$$=\frac{50-\frac{1}{2}\times 83.8}{50}\times 100\%=16.2\%$$

4.4.5 总传热系数的计算

前面推导总传热速率方程式所引出的总传热系数 K 定义式为

$$K=\frac{1}{\frac{1}{\alpha_o dS_o}+\frac{b}{\lambda dS_m}+\frac{1}{\alpha_i dS_i}}$$

可见，总传热系数 K 是一个综合热传导和对流等复杂影响的比例系数。由于对流传热系数 α 本身的影响因素已相当复杂，那么总传热系数 K 的复杂程度就可想而知了。生产实践表明，它主要取决于流体的物性、传热过程的操作条件及换热器的类型等，因而 K 值的变化范围很大。K 值的大小往往决定着换热器传热效果的好坏，故它是评价换热器性能的一个重要技术经济指标。

目前，在换热器的传热计算中，总传热系数 K 的来源大体有以下三个方面。

1. 选用与工艺条件相仿、传热设备相似的操作经验数据

表 4-1 所列为某些情况下管壳式换热器的总传热系数 K 的经验值，可供设计计算时参考。总传热系数 K 值也可从有关手册所列出的经验值查得。由表 4-1 可看出，通常经验值的范围较大，设计时可根据实际情况选取中间的某一数值。若为降低操作费用，可选

较小的 K 值；若为降低设备费用，可选较大的 K 值。

2. 生产现场查定

对于已有的换热器，可以通过现场测定的有关数据，如设备的尺寸、流体的流量和温度等，然后由总传热速率方程式计算 K 值。显然，这样得到的总传热系数 K 值最为可靠，但其使用范围受到限制，只有与所测情况相一致的场合(包括换热器类型、尺寸、物料性质、流动状况等)才准确。

表 4-1　管壳式换热器的总传热系数 K 的经验值

冷　流　体	热　流　体	总传热系数 K，W/(m^2·℃)
水	水	850～1700
水	气体	17～280
水	有机溶剂	280～850
水	轻油	340～910
水	重油	60～280
有机溶剂	有机溶剂	115～340
水	水蒸气冷凝	1420～4250
气体	水蒸气冷凝	30～300
水	低沸点烃类冷凝	455～1140
水沸腾	水蒸气冷凝	2000～4250
轻油沸腾	水蒸气冷凝	455～1020

实测 K 值的意义，不仅可以为换热器的设计提供依据，而且可以分析了解所用换热器的性能，寻求提高设备传热能力的途径。

3. 用总传热系数计算式计算

在推导热交换总速率方程过程中，利用串联热阻叠加原理可写出

$$dQ=\frac{T-T_w+T_w-t_w+t_w-t}{\dfrac{1}{\alpha_o dS_o}+\dfrac{b}{\lambda dS_m}+\dfrac{1}{\alpha_i dS_i}}=\frac{T-t}{\dfrac{1}{\alpha_o dS_o}+\dfrac{b}{\lambda dS_m}+\dfrac{1}{\alpha_i dS_i}}$$

注意到冷、热流体通过管壳式换热器进行传热时，其传热面积是沿传热方向变化的，因此，总传热系数计算必须和所选择的传热面积相对应。若选管外壁面积为基准，可写为

$$\frac{dQ}{dS_o}=\frac{T-t}{\dfrac{1}{\alpha_o}+\dfrac{b dS_o}{\lambda dS_m}+\dfrac{dS_o}{\alpha_i dS_i}}$$

因为 $\dfrac{dS_o}{dS_m}=\dfrac{n\pi d_o L}{n\pi d_m L}=\dfrac{d_o}{d_m}$，$\dfrac{dS_o}{dS_i}=\dfrac{n\pi d_o L}{n\pi d_i L}=\dfrac{d_o}{d_i}$，所以

$$\frac{dQ}{dS_o}=\frac{T-t}{\dfrac{1}{\alpha_o}+\dfrac{b d_o}{\lambda d_m}+\dfrac{d_o}{\alpha_i d_i}}$$

与总速率方程微分式(4-21)对比，可得基于管外壁面积(即圆管外直径)的总传热系数计算式为

$$K_o = \frac{1}{\dfrac{1}{\alpha_o} + \dfrac{bd_o}{\lambda d_m} + \dfrac{d_o}{\alpha_i d_i}} \tag{4-44}$$

同理，可得基于管内壁面积(即圆管内直径)的总传热系数计算式为

$$K_i = \frac{1}{\dfrac{d_i}{\alpha_o d_o} + \dfrac{bd_i}{\lambda d_m} + \dfrac{1}{\alpha_i}} \tag{4-44a}$$

基于管内外壁平均传热面积(即圆管的平均直径)的总传热系数计算式为

$$K_m = \frac{1}{\dfrac{d_m}{\alpha_o d_o} + \dfrac{b}{\lambda} + \dfrac{d_m}{\alpha_i d_i}} \tag{4-44b}$$

由于管壁厚度很薄，圆管的平均直径可用算术平均值，即 $d_m = (d_o + d_i)/2$。

式(4-44)、式(4-44a)、式(4-44b)即为总传热系数的计算式。由于 K 应与所选的基准传热面相对应，故可将换热器总传热速率方程式，即式(4-22)改写为

$$Q = K_o S_o \Delta t_m = K_i S_i \Delta t_m = K_m S_m \Delta t_m \tag{4-45}$$

式中，K_i, K_o, K_m ——分别为基于管内表面积、外表面积、平均表面积的总传热系数，W/(m^2·℃)；

S_i, S_o, S_m ——分别为管内表面积、外表面积、平均表面积，m^2。

在我国生产的管壳式换热器系列标准规格中，通常用管外表面积表示该规格的传热面积，因此，热交换计算中常采用基于管外表面积的总传热系数 K_o。

应予指出，换热器经过操作运行一段时间后，内外管壁面上常会积存污垢，而对传热产生附加热阻，该热阻称为污垢热阻。通常污垢热阻比传热壁的热阻大得多，因而设计中应考虑污垢热阻的影响。

影响污垢热阻因素很多，如物料的性质、传热壁面的材料、操作条件、设备结构及其清洗周期等。污垢层的厚度及其导热系数难以准确地估计，因此通常选用一些经验值，某些常见流体的污垢热阻的经验值可查附录十。

设管壁内、外侧表面的污垢热阻分别为 R_{Si} 和 R_{So}，利用串联热阻叠加原理，式(4-44)可变为

$$K_o = \frac{1}{\dfrac{1}{\alpha_o} + R_{So} + \dfrac{bd_o}{\lambda d_m} + R_{Si}\dfrac{d_o}{d_i} + \dfrac{d_o}{\alpha_i d_i}} \tag{4-46}$$

或

$$\frac{1}{K_o} = \frac{1}{\alpha_o} + R_{So} + \frac{bd_o}{\lambda d_m} + R_{Si}\frac{d_o}{d_i} + \frac{d_o}{\alpha_i d_i} \tag{4-46a}$$

式中，R_{Si}，R_{So} ——分别表示管壁内、外侧表面的污垢热阻，(m^2·℃)/W。

式(4-46)表明，间壁两侧流体间传热总热阻等于两侧流体的对流传热热阻、污垢热阻及管壁导热热阻之和。

若传热面为平壁或薄管壁时，d_i、d_o、d_m 相等或近于相等，式(4-46a)可简化为

$$\frac{1}{K} = \frac{1}{\alpha_o} + R_{So} + \frac{b}{\lambda} + R_{Si} + \frac{1}{\alpha_i} \tag{4-47}$$

若管壁热阻和污垢热阻均可忽略，上式可进一步简化为

$$\frac{1}{K} = \frac{1}{\alpha_o} + \frac{1}{\alpha_i} \tag{4-48}$$

若 $\alpha_i \gg \alpha_o$，则有 $K \approx \alpha_o$；反之 $\alpha_i \ll \alpha_o$，则 $K \approx \alpha_i$。可见总传热系数 K 接近于对流传热系数 α 小的流体。当两侧流体的对流传热系数相差较大时，如需提高 K 值，关键在于设法提高对流传热系数较小一侧流体的 α。若 α_i 与 α_o 相差不大，则两侧流体的对流传热系数均应设法提高，这样才能有效提高 K 值。若污垢热阻为控制因素，则必须设法减慢污垢形成速率或及时清除污垢。

【例 4-9】 某管壳式换热器由 ϕ25 mm×2.5 mm 的钢管组成。水在管内流动，管内水侧对流传热系数为 3 450 W/(m² ·℃)；油在管外流动，管外油侧对流传热系数为 262 W/(m²·℃)。换热器使用一段时间后，管壁两侧均有污垢积存，水侧污垢热阻为 0.000 25 (m²·℃)/W，油侧污垢热阻为 0.000 172(m²·℃)/W，管壁导热系数为 45 W/(m·℃)。试求：(1)基于管外表面积的总传热系数；(2)产生污垢后，热阻增加的百分数。

解 (1)基于管外表面积的总传热系数为

$$K_o = \frac{1}{\dfrac{1}{\alpha_o} + R_{So} + \dfrac{bd_o}{\lambda d_m} + R_{Si}\dfrac{d_o}{d_i} + \dfrac{d_o}{\alpha_i d_i}}$$

$$= \frac{1}{\dfrac{1}{262} + 0.000\,172 + \dfrac{0.0025 \times 0.025}{45 \times 0.0225} + 0.000\,25 \times \dfrac{0.025}{0.02} + \dfrac{0.025}{3\,450 \times 0.02}}$$

$$= 211.6[\mathrm{W/(m^2 \cdot ℃)}]$$

(2)产生污垢后，热阻增加的百分数为

$$\frac{0.000\,172 + 0.000\,25 \times \dfrac{0.025}{0.02}}{\dfrac{1}{211.6} - (0.000\,172 + 0.000\,25 \times \dfrac{0.025}{0.02})} \times 100\% = 11.42\%$$

【例 4-10】 某空气冷却器由 ϕ25 mm×2.5 mm 的钢管组成。空气在管外流过，管外侧的对流传热系数为 75 W/(m² ·℃)；冷却水在管内流过，管内侧的对流传热系数为 4 250 W/(m² ·℃)。钢管的导热系数为 45 W/(m ·℃)，若管内、外污垢热阻可忽略。试求：

(1)总传热系数 K_o；

(2)若管外对流传热系数提高一倍，其他条件不变，总传热系数增加的百分数；

(3)若管内对流传热系数提高一倍，其他条件不变，总传热系数增加的百分数。

解 (1)总传热系数 K_o 为

$$K_o = \frac{1}{\dfrac{1}{\alpha_o} + \dfrac{bd_o}{\lambda d_m} + \dfrac{d_o}{\alpha_i d_i}} = \frac{1}{\dfrac{1}{75} + \dfrac{0.0025 \times 0.025}{45 \times 0.0225} + \dfrac{0.025}{4\,250 \times 0.02}} = 73.1[\mathrm{W/(m^2 \cdot ℃)}]$$

(2) α_o 提高一倍，总传热系数为

$$K_o = \frac{1}{\dfrac{1}{2 \times 75} + \dfrac{0.0025 \times 0.025}{45 \times 0.0225} + \dfrac{0.025}{4\,250 \times 0.02}} = 142.4[\mathrm{W/(m^2 \cdot ℃)}]$$

总传热系数增加的百分数为

$$\frac{142.4 - 73.1}{73.1} \times 100\% = 94.8\%$$

(3) α_i 提高一倍，总传热系数为

$$K_o=\frac{1}{\frac{1}{75}+\frac{0.0025\times0.025}{45\times0.0225}+\frac{0.025}{2\times4250\times0.02}}=73.84[W/(m^2\cdot℃)]$$

总传热系数增加的百分数为

$$\frac{73.84-73.1}{73.1}\times100\%=1.01\%$$

由计算结果可看出，空气的对流传热系数远小于水的对流传热系数，故总传热系数接近于空气的对流传热系数。为提高 K 值，应从对流传热系数小的一方流体（如将空气的流速增加一倍）入手，才能得到较显著的效果。

4.4.6 对流传热系数关联式

前面所定义的形式看似简单的对流传热速率方程式，实际上是将传热过程的复杂性和计算上的困难转移到了对流传热系数之中，所以对流传热系数的计算成为解决对流传热问题的关键。

目前，对于对流传热系数的计算有两条途径：

①对各类对流传热现象进行理论分析，建立描述对流传热现象的方程组，然后求解。尽管现尚不能用求出的理论解来解决复杂的实际问题，但它能揭示过程的本质，指出影响因素的主、次关系。有关这方面内容，可参看传热学或化工传递过程等专著的论述。

②采用量纲分析和实验相结合的方法，建立适用于相应条件下的关联式，应用关联式求解。本节重点讨论一些重要对流传热情况下的对流传热系数的关联式。

4.4.6.1 对流传热系数的影响因素

由对流传热过程机理分析可知，对流传热系数取决于热边界层的温度梯度。而温度梯度或热边界层的厚度与流体的物性、温度、流动状况以及壁面几何状况等众多因素有关。

1. 流体种类和相变化的情况

液体、气体和蒸汽的对流传热系数均不相同，牛顿型流体和非牛顿型流体也有区别。本书仅限于讨论牛顿型流体的对流传热系数。

流体有无相变化，对传热有不同的影响，下面将分别进行讨论。

2. 流体的物性

对 α 影响较大的流体物性有导热系数、粘度、比热容、密度及对自然对流影响较大的体积膨胀系数。对于同一种流体，这些物性又是温度的函数，其中某些物性还与压强有关。

①导热系数。对流传热的热阻主要由边界层内的导热热阻构成，因为即使流体呈湍流状态，湍流主体和缓冲层的传热热阻也较小，此时对流传热主要受层流内层热阻控制。当层流内层的温度梯度一定时，流体的导热系数愈大，对流传热系数也愈大。

②粘度。由流体流动规律可知，当流体在管内流动时，若管径和流速一定，流体的粘度愈大，Re 值愈小，即湍动程度低，故热边界层较厚，对流传热系数就愈小。

③比热容和密度。ρc_p 代表单位体积流体所具有的热容量。ρc_p 值愈大，则流体携带热量的能力愈强，故对流传热的强度愈强。

④体积膨胀系数。一般来说，体积膨胀系数 β 值愈大的流体，所产生的密度差别愈大，有利于自然对流。由于绝大部分传热过程为非定温流动，因此即使在强制对流的情况下，也会产生附加的自然对流的影响，因此 β 值对强制对流也有一定的影响。

3. 流体的温度

流体温度对对流传热的影响表现在流体温度与壁面温度之差 Δt 、流体物性随温度变化程度以及自然对流等方面的综合影响。因此在对流传热计算中必须修正温度对物性的影响。此外，由于流体内部温度分布不均匀，必然导致密度有差异，从而产生附加的自然流，这种影响又与热流方向及管子安放情况等有关。

4. 流体的运动状况

层流和湍流的传热机理有本质的区别。当流体呈层流时，流体沿壁面分层流动，即流体在热流方向上没有任何混杂运动，传热基本上依靠分子扩散作用的热传导来进行。当流体呈湍流时，湍流主体的传热为涡流作用引起的热对流，在壁面附近的层流内层仍为热传导。涡流致使管子中心温度分布均匀，层流内层的温度梯度增大。可见，湍流时的对流传热系数远比层流时大。

5. 流体的对流状况

自然对流和强制对流的流动原因不同，因而具有不同的流动和传热规律。

自然对流的原因是流体内部存在温度差，因而各部分的流体密度不同，引起流体质点相对位移。

强制对流是由于外力的作用，如泵、搅拌器等迫使流体流动。通常强制对流传热系数要比自然对流传热系数大几倍至几十倍。

6. 传热面的形状、大小和位置

传热面的形状(如管、板、环隙、翅片等)、传热面方位和布置(如水平或垂直旋转，管束的排列方式)及流道尺寸(如管径、管长、板高和进口效应)等都直接影响对流传热系数。这些影响因素比较复杂，但都将反映在 α 计算的关联式中。

由此可见，影响 α 的因素极为复杂，要建立一个通式来求各种条件下的 α 是相当困难的。目前常用量纲分析法，将众多的影响因素(物理量)组合成若干量纲为 1 的数群(准数)，然后再通过实验确定这些准数间的关系，可得到不同使用条件下的 α 计算关联式。有关量纲分析法的具体过程，可参考第一章中有关摩擦阻力系数 λ 的论述过程。

表 4-2 列出在传热过程中常涉及的量纲为 1 的数群(准数)的名称、符号和表示意义。

表 4-2　传热中常用准数的符号和意义

准数名称	符 号	准 数 式	意 义
努塞尔数(Nusself)	Nu	$\frac{\alpha l}{\lambda}$	表示对流传热系数的准数
雷诺数(Reynold)	Re	$\frac{lu\rho}{\mu}$	确定流动状态的准数
普兰特数(Prandtl)	Pr	$\frac{c_p\mu}{\lambda}$	表示物性影响的准数
格拉斯霍夫数(Grashof)	Gr	$\frac{\beta g\Delta t l^3\rho^2}{\mu^2}$	表示自然对流影响的准数

各准数中物理量的意义为

α ——对流传热系数，W/(m²·℃)；

l ——传热面的特征尺寸，可以是管内径或管外径，或平板高度等，m；

λ ——流体的导热系数，W/(m·℃)；

μ ——流体的粘度，Pa·s；

c_p ——流体的质量定压热容，kJ/(kg·℃)；

u ——流体的流速，m/s；

β ——流体的体积膨胀系数，1/℃；

Δt ——温度差，℃；

g ——重力加速度，m/s²。

各种情况下的对流传热的具体函数关系是通过实验来确定的，因此在利用关联式进行对流传热系数计算时需注意以下几点：

①应用范围。例如强制对流传热时，Re、Pr 等准数是否在关联式所允许的范围之内。

②特征尺寸。Nu、Re、Gr 准数中的 l 应如何选定，是管内径或管外径，或平板高度等。

③定性温度。Re、Pr、Gr 准数中有关流体的物性应按哪一个温度确定，是取流体进、出口温度的算术平均温度，或壁面平均温度或流体和壁面间的平均温度(即膜温)，都必须按照关联式的规定。

下面按流体在传热过程中有无相变发生，分别介绍一些常用的对流传热系数计算关联式。

4.4.6.2 流体在无相变时的对流传热系数

1. 流体在管内作强制对流

(1)流体在圆形直管内作强制湍流

(ⅰ)对于低粘度(约低于 2 倍常温水的粘度)流体，可应用迪特斯(Dittus)和贝尔特(Boelter)关联式，即

$$Nu = 0.023Re^{0.8}Pr^{n} \tag{4-49}$$

或

$$\alpha = 0.023\frac{\lambda}{d_i}\left(\frac{d_i u\rho}{\mu}\right)^{0.8}\left(\frac{c_p\mu}{\lambda}\right)^{n} \tag{4-49a}$$

式中，n 按热流方向不同而异。当流体被加热时，$n=0.4$；被冷却时，$n=0.3$。

①应用范围：$Re>10\,000$，$0.7<Pr<120$；管长与管径比 $\frac{L}{d_i}>60$。若 $\frac{L}{d_i}<60$ 时，可将由式(4-49)求的 α 值再乘以 $\left[1+\left(\frac{d_i}{L}\right)^{0.7}\right]$ 进行校正。

②特征尺寸：Nu、Re 准数中的 l 取管内径 d_i。

③定性温度：取流体进、出口温度的算术平均值。

(ⅱ)对于高粘度(大于 2 倍以上常温水的粘度)流体，可应用西德尔(Sieder)和塔特(Tate)关联式，即

$$Nu = 0.027Re^{0.8}Pr^{\frac{1}{3}}\left(\frac{\mu}{\mu_w}\right)^{0.14} \tag{4-50}$$

令 $\varphi_\mu=\left(\frac{\mu}{\mu_w}\right)^{0.14}$，上式写成为

$$Nu = 0.027Re^{0.8}Pr^{\frac{1}{3}}\varphi_{\mu} \tag{4-50a}$$

式中，φ_{μ} 项也是考虑热流方向的校正项；μ_w 为壁面温度下流体的粘度。

①应用范围：$Re>10\,000$，$0.7<Pr<16\,700$，$\frac{L}{d_i}>60$ 。

②特征尺寸：取管内径 d_i。

③定性温度：除 μ_w 取壁温外，其余均取流体进、出口温度的算术平均值。

应予指出，式(4-49)中的 Pr 准数之指数 n 以及式(4-50a)中的 φ_{μ} 项都是为了校正热流方向的影响而引入的。

当液体被加热时，层流内层温度高于流体主体温度，其粘度 μ 较主体低，使得层流内层厚度变薄，热阻减少，对流传热系数 α 增大。反之，液体被冷却时，使 α 减小。由于液体 $Pr>1$，$Pr^{0.4}>Pr^{0.3}$，所以液体被加热时取 $n=0.4$；被冷却时取 $n=0.3$。这样可使得式(4-49)的 α 计算值与实际相符。而气体被加热时，层流内层温度升高，其粘度 μ 会增大，使得层流内层厚度变厚，热阻增加，对流传热系数 α 减少。反之，气体被冷却时，使 α 增大。由于大多数气体 $Pr<1$，故 $Pr^{0.4}<Pr^{0.3}$，所以气体被加热时取 $n=0.4$；被冷却时取 $n=0.3$。

对于式(4-50)中校正项 φ_{μ}，可作完全相似的分析。一般来说，由于壁温是未知的，计算时往往需要用试差法。为避免试差，φ_{μ} 也可取为近似值。液体被加热时取 $\varphi_{\mu}=1.05$；被冷却时取 $\varphi_{\mu}=0.95$。对气体也用 φ_{μ} 项来校正热流方向对 α 的影响，但不论加热或冷却，均取 $\varphi_{\mu}=1.0$。

【例 4-11】 常压下，空气在管长为 3m，管径为 $\phi50\,\text{mm}\times2.5\,\text{mm}$ 的钢管内流动，流速为 15 m/s，温度由 150 ℃升至 250 ℃。试求管壁对空气的对流传热系数。

解 定性温度为 $t=\frac{150+250}{2}=200$ ℃，由附录二查得 200 ℃下空气的物性为

$$\rho=0.746\ \text{kg/m}^3, \qquad \mu=2.6\times10^{-5}\ \text{Pa}\cdot\text{s}$$

$$\lambda=0.0393\ \text{W/(m}\cdot℃) \qquad Pr=0.68$$

由于 $d=0.05-2\times0.0025=0.045\ (\text{m})$，$l/d=3/0.045=66.7>60$

$$Re=\frac{du\rho}{\mu}=\frac{0.045\times15\times0.746}{2.6\times10^{-5}}=1.94\times10^4>10^4\text{（湍流）}$$

所以可用式(4-49)计算 α，本题空气被加热，$n=0.4$，将上述数据代入求解，即

$$\alpha=0.023\frac{\lambda}{d_i}(Re)^{0.8}(Pr)^{0.4}=0.023\times\frac{0.0393}{0.045}\times(1.94\times10^4)^{0.8}\times(0.68)^{0.4}$$

$$=46.4[\text{W/(m}^2\cdot℃)]$$

(2)流体在圆形直管内作强制层流

只有在小管径、水平管、流体与壁面间温差较小、流体的 μ/ρ 值较大、流速较低的情况下才有严格的层流传热，在其他情况下往往伴有自然对流传热。

自然对流对强制层流的传热影响可忽略时，对流传热系数可用西德尔(Sieder)和塔特(Tate)关联式，即

$$Nu=1.86Re^{\frac{1}{3}}Pr^{\frac{1}{3}}\left(\frac{d_i}{L}\right)^{\frac{1}{3}}\left(\frac{\mu}{\mu_w}\right)^{0.14} \tag{4-51}$$

①应用范围：$Re<2300$，$0.6<Pr<6700$，$\left(Re\,Pr\,\dfrac{d_i}{L}\right)>10$。

②特征尺寸：取管内径 d_i。

③定性温度：除 μ_w 取壁温外，其余均取流体进、出口温度的算术平均值。

【例 4－12】 列管换热器的列管内径为 15 mm，长度为 2 m。管内有冷冻盐水（25%$CaCl_2$）流过，其流速为 0.4 m/s，温度自－5 ℃升至 15 ℃。假定管壁的平均温度为 20 ℃，试计算管壁与流体间的对流传热系数。

解 定性温度为(－5＋15)/2＝5 ℃，由有关手册查得 5 ℃25%$CaCl_2$ 的物性为

$$\rho=1230\ \text{kg/m}^3,\qquad \mu=4\times10^{-3}\ \text{Pa}\cdot\text{s}$$

$$\lambda=0.57\ \text{W/(m}\cdot{}^\circ\text{C)},\qquad c_p=2.85\ \text{kJ/(kg}\cdot{}^\circ\text{C)}$$

管壁平均温度为 20 ℃时 $\mu=2.5\times10^{-3}\ \text{Pa}\cdot\text{s}$

故有

$$Re=\frac{du\rho}{\mu}=\frac{0.015\times0.4\times1230}{4\times10^{-3}}=1845<2300\quad\text{（层流）}$$

及

$$Pr=\frac{c_p\mu}{\lambda}=\frac{2.85\times10^3\times4\times10^{-3}}{0.57}=20$$

$$\left(Re\,Pr\,\frac{d_i}{L}\right)=1845\times20\times\frac{0.015}{2}=276.8>10$$

在本题条件下，管径较小，管壁和流体间的温度差也较小，粘度较大和流速较低，因此自然对流的影响可忽略，可用式(4－51)计算，即

$$Nu=1.86Re^{\frac{1}{3}}Pr^{\frac{1}{3}}\left(\frac{d_i}{L}\right)^{\frac{1}{3}}\left(\frac{\mu}{\mu_w}\right)^{0.14}$$

$$=1.86\times\frac{0.57}{0.015}\times(276.8)^{1/3}\times\left(\frac{4\times10^{-3}}{2.5\times10^{-3}}\right)^{0.14}$$

$$=492[\text{W/(m}^2\cdot{}^\circ\text{C)}]$$

(3)流体在圆形直管内作过渡流

当 $Re=2300\sim10000$ 时，对流传热系数可先用湍流时的关联式计算出 α 值，然后乘以校正系数 φ，即

$$\alpha'=\varphi\alpha \tag{4-52}$$

式中，α'——流体在圆形直管内作过渡流的对流传热系数，$\text{W/(m}^2\cdot{}^\circ\text{C)}$；

φ——校正系数，$\varphi=1-\dfrac{6\times10^5}{Re^{1.8}}$。

(4)流体在弯管内作强制对流

流体在弯管内流动时，由于受离心力的作用，增大了流体的湍动程度，使对流传热系数较直管内的大，此时可用下式计算对流传热系数，即

$$\alpha'=\alpha\left(1+1.77\frac{d_i}{R}\right) \tag{4-53}$$

式中，α'——弯管中的对流传热系数，$\text{W/(m}^2\cdot{}^\circ\text{C)}$；

α——直管中的对流传热系数，$\text{W/(m}^2\cdot{}^\circ\text{C)}$；

R——管子的弯曲半径，m。

(5)流体在非圆形直管内作强制对流

此时，只要将管内径改用当量直径，则仍可采用上述各关联式。但有些资料中规定某些关联式需采用传热当量直径。如在套管换热器环形截面内传热，当量直径可写为

$$d'_e = 4 \times \frac{\text{流通截面积}}{\text{传热周边}} = \frac{4 \times \frac{\pi}{4}(d_1^2 - d_2^2)}{\pi d_2} = \frac{d_1^2 - d_2^2}{d_2}$$

式中，d_1 ——套管换热器外管内径，m；

d_2 ——套管换热器内管外径，m。

传热计算中，究竟采用哪个当量直径，由具体的关联式决定。但无论采用哪个当量直径均为一种近似的算法，故最好采用专用的关联式。例如，在套管环隙中以水和空气做实验，可得 α 的关联式为

$$\alpha = 0.02 \frac{\lambda}{d_e}\left(\frac{d_1}{d_2}\right)^{0.53} Re^{0.8} Pr^{0.8} \tag{4-54}$$

应用范围：Re=12 000～220 000，d_1/d_2=1.65～17。

特征尺寸：取当量直径 d_e。

定性温度：流体进、出口温度的算术平均值。

2. 流体在管外强制对流

(1)流体在管束外强制垂直流动

由第 1 章所介绍的边界层概念可知，流体在单根管外作强制垂直流动时，可能会发生边界层分离，使得管子前半周的速度分布和后半周的速度分布情况颇不相同，相应地在圆周表面不同位置处的局部对流传热系数也就不同。但在一般换热器计算中，需要的是沿整个圆周的平均对流传热系数，而且大量遇到的又是流体横向流过管束的换热器，此时，由于管束之间的相互影响，其流动与换热情况较流体垂直流过单根管外时的对流传热系数复杂得多。

通常换热器内管子的排列有正三角形、转角正三角形、正方形和转角正方形四种，如图 4-29 所示。流体在管束外流过时，根据管子排列方式不同，平均对流传热计算关联式分别为：

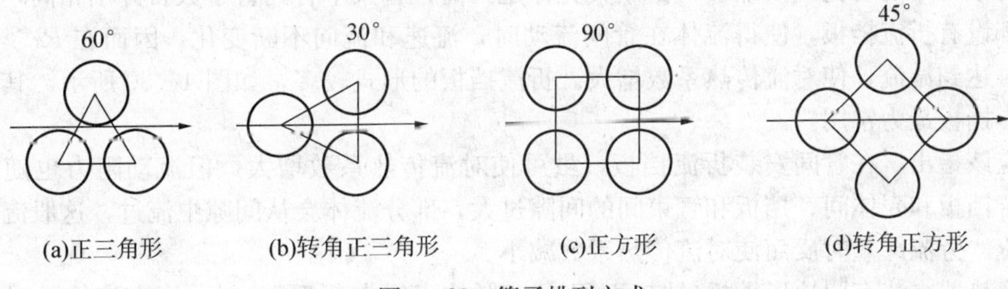

图 4-29　管子排列方式

对于图 4-29 中(b)、(d)排列

$$Nu = 0.33 Re^{0.6} Pr^{0.33} \tag{4-55}$$

对于图 4-29 中(a)、(c)排列

$$Nu = 0.26 Re^{0.6} Pr^{0.33} \tag{4-55a}$$

①应用范围：$Re>3000$。

②特征尺寸：管外径 d_o，流速取流体通过每排管子中最狭窄通道处的流速。

③定性温度：取流体进、出口温度的算术平均值。

必须指出的是，管束排数应为10，若不是10时，上述关联式的计算结果应乘以表4－3中所列的系数。

表4－3　式(4－55)的校正系数

排　数	1	2	3	4	5	6	7	8	9	10	12	15	18	25	35	75
(a)、(d)排列	0.68	0.75	0.83	0.89	0.92	0.95	0.97	0.98	0.99	1.0	1.01	1.02	1.03	1.04	1.05	1.06
(b)、(c)排列	0.64	0.80	0.83	0.90	0.92	0.94	0.96	0.98	0.99	1.0						

【例4－13】 常压空气在预热器内从20℃预热到40℃，预热器由一束长度为1.5m、直径为ϕ89mm×3.5mm、正三角形排列的直立钢管组成，空气在管外垂直流过，沿流动方向共有25排，每排25列管子，行间与列间管子的中心距均为110mm。空气通过管间最狭窄通道处的流速为10m/s。试求管壁对空气的平均对流传热系数。

解　定性温度为(20＋40)/2＝30(℃)。由附录二查得30℃空气的物性数据为

$$\rho=1.165\,\text{kg/m}^3,\qquad \mu=1.86\times10^{-5}\,\text{Pa·s}$$

$$\lambda=2.66\times10^{-2}\ \text{W/(m·℃)},\qquad Pr=0.701$$

故

$$Re=\frac{du\rho}{\mu}=\frac{0.089\times10\times1.165}{1.86\times10^{-5}}=5.575\times10^4>3000$$

空气垂直流过10排正三角形排列管束时的平均对流传热系数为

$$\alpha=0.33\frac{\lambda}{d_o}Re^{0.6}Pr^{0.33}=0.33\times\frac{0.0266}{0.089}\times55750^{0.6}\times0.701^{0.33}=62.15[\text{W/(m}^2\text{·℃)}]$$

空气流过25排管束时，由表4－3查得校正系数为1.04，因此

$$\alpha'=1.04\times62.15=64.6[\text{W/(m}^2\text{·℃)}]$$

(2)流体在换热器的管间流动

对于常用的管壳式换热器，由于其壳体是圆筒，管束中各列管子数目并不相同，而且一般都设有折流挡板，使得流体在管间流动时，流速和流向不断变化，因而在$Re>100$时即可达到湍流，使对流传热系数增大。折流挡板的形式较多，如图4－30所示，其中以圆缺形挡板最为常用。

应该指出，在管间安装折流挡板，虽可使对流传热系数增大，但流动阻力也随之增加。若挡板和壳体间、挡板和管束间的间隙过大，部分流体会从间隙中流过，这股流体称为旁流。旁流严重时反而使对流传热系数减小。

换热器内装有圆缺形挡板(缺口面积为25%的壳体内截面积)时，壳方流体的对流传热系数关联式如下：

$$Nu=0.36Re^{0.55}Pr^{\frac{1}{3}}\varphi_w \tag{4-56}$$

或

$$\alpha=0.36\left(\frac{\lambda}{d'_e}\right)\left(\frac{d'_e u_0\rho}{\mu}\right)^{0.55}\left(\frac{c_p\mu}{\lambda}\right)^{\frac{1}{3}}\left(\frac{\mu}{\mu_w}\right)^{0.14} \tag{4-56a}$$

①应用范围：$Re=2\times10^3\sim1\times10^6$。

②特征尺寸：传热当量直径 d'_e。

③定性温度：除 μ_w 取壁温外，其余均取流体进、出口温度的算术平均值。

传热当量直径 d'_e 可根据图 4-31 所示的管子排列情况分别用不同的公式进行计算。

管子为正方形排列

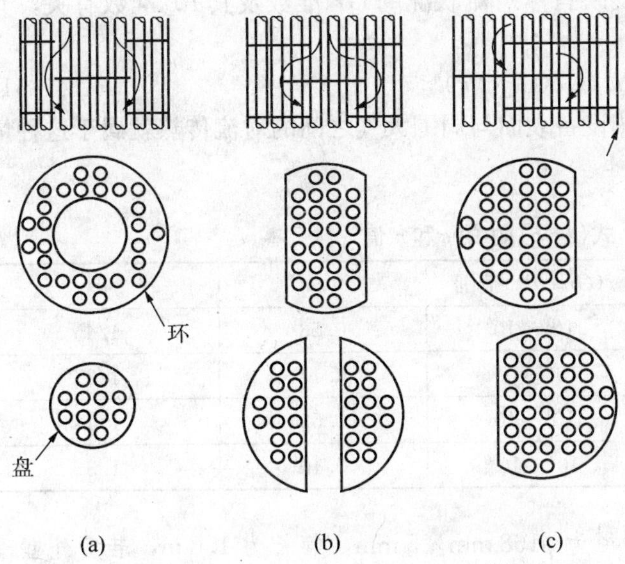

图 4-30　换热器的折流挡板

(a)环盘形；(b)弓形；(c)圆缺形

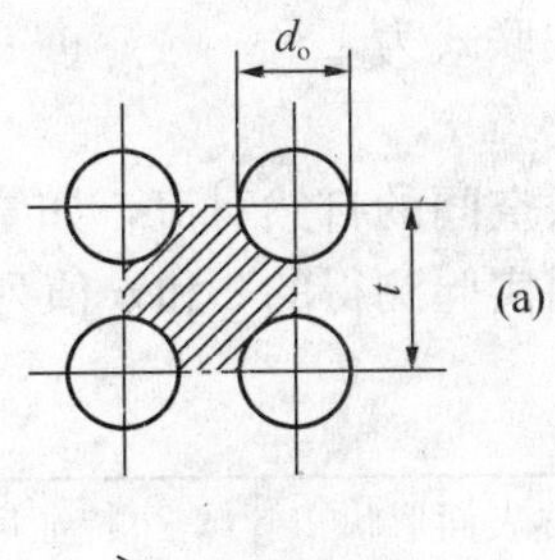

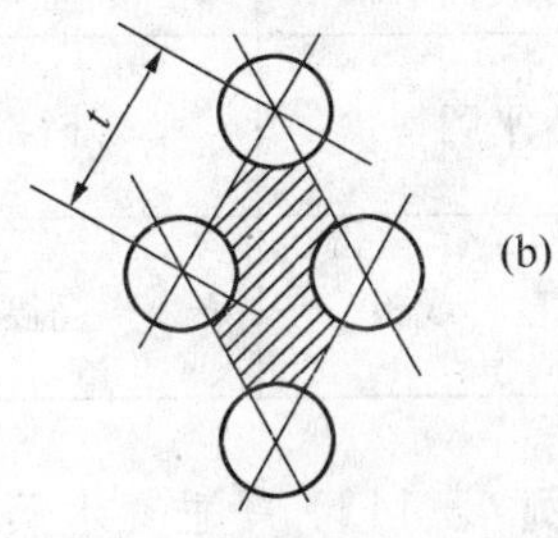

图 4-31　管间当量直径的推导

(a)正方形排列；(b)正三角形排列

$$d'_e = \frac{4\left(t^2 - \frac{\pi}{4}d_o^2\right)}{\pi d_o} \tag{4-57}$$

管子为正三角形排列

$$d'_e = \frac{4\left(\frac{\sqrt{3}}{2}t^2 - \frac{\pi}{4}d_o^2\right)}{\pi d_o} \tag{4-58}$$

式中，t——相邻两管的中心距，m；

d_o——管外径，m。

式(4-56)和式(4-56a)中的流速 u_0 根据流体流过管间最大截面积 A 计算，即

$$A = hD\left(1 - \frac{d_o}{t}\right) \tag{4-59}$$

式中，h——两挡板间的距离，m；

D——换热器的外壳内径，m。

上述诸式中，φ_w 可取近似值计算，即对气体无论被加热或被冷却均取 $\varphi_w = 1.0$；液体被加热时，$\varphi_w = 1.05$，液体被冷却时，$\varphi_w = 0.95$。

若换热器的管间没有安装挡板，管外流体沿管束平行流动，那么仍可用管内强制对流的关联式计算，但需注意将关联式中的管内径换为管间的当量直径。管间的当量直径为

$$d'_e = \frac{4\left(\frac{\pi}{4}D^2 - n\frac{\pi}{4}d_o^2\right)}{\pi D + n\pi d_o} = \frac{D^2 - nd_o^2}{D + nd_o} \tag{4-60}$$

式中，D——壳体内直径，m；

d_o——管子外径，m；

n——为管子数目。

3. 自然对流传热系数

自然对流时的对流传热系数仅与反映自然对流状况的 Gr 准数及其 Pr 准数有关，其准数关联式为

$$Nu = c(Gr \cdot Pr)^n \tag{4-61}$$

大空间的自然对流，如管道或传热设备表面与周围大气之间的对流传热就属于这种情况，由实验测得的 c 和 n 值列于表 4-4。

表 4-4　式(4-61)中的 c 和 n 值

加热表面形状	特征尺寸	$(Gr \cdot Pr)$范围	c	n
水平圆管	外径 d_o	$10^4 \sim 10^9$	0.53	1/4
		$10^9 \sim 10^{12}$	0.13	1/3
垂直管或板	高度 l	$10^4 \sim 10^9$	0.59	1/4
		$10^9 \sim 10^{12}$	0.10	1/3

【例 4-14】 一垂直水蒸气管，管径为 $\phi 168\,\text{mm} \times 5\,\text{mm}$，管长为 1.0 m，若管外壁温度为 110 ℃，周围空气温度为 20 ℃，试求该管因自然对流的散热量。

解　定性温度为 (110 + 20)/2 = 65 (℃)，由附录二查得 65 ℃空气的物性数据为

$$\rho = 1.05\,\text{kg/m}^3, \quad \mu = 2.04 \times 10^{-5}\,\text{Pa} \cdot \text{s}, \quad Pr = 0.695$$

$$\lambda = 2.93 \times 10^{-2}\ \text{W/(m} \cdot ℃), \quad \beta = \frac{1}{T} = \frac{1}{273+65} = 2.96 \times 10^{-3}\,\text{K}^{-1}$$

利用上述数据可求得

$$Gr = \frac{\beta g \Delta t l^3 \rho^2}{\mu^2} = \frac{2.96 \times 10^{-3} \times 9.81 \times (110-20) \times 1^3 \times 1.05^2}{(2.04 \times 10^{-5})^2} = 6.92 \times 10^9$$

$$GrPr = 6.92 \times 10^9 \times 0.695 = 4.81 \times 10^9$$

管外壁与周围空气间的对流传热系数关联式为

$$\alpha = c\frac{\lambda}{l}(Gr \cdot Pr)^n$$

由表 4-4 查得：$c = 0.10$，$n = 1/3$，所以

$$\alpha = 0.1 \times \frac{0.0293}{1}(4.81 \times 10^9)^{1/3} = 4.94[\text{W/(m}^2 \cdot ℃)]$$

散热量为

$$Q = \alpha S \Delta t = 4.94 \times (3.14 \times 0.168 \times 1) \times (110-20) = 235(\text{W})$$

4.4.6.3　流体在有相变时的对流传热系数

化工生产中，常用冷凝器和蒸发器等传热设备，流体在这些设备的传热过程中均会产生相变。一般来说，流体相变有蒸气冷凝和液体沸腾两种。

1. 蒸汽冷凝时的对流传热系数

蒸汽在壁面上的主要冷凝方式有膜状冷凝和滴状冷凝两种。

①膜状冷凝。若冷凝液能够润湿壁面，在壁面上形成一层连续的液膜，称为膜状冷凝，如图4-32a 和 b 所示。在壁面上一旦形成液膜后，蒸汽的冷凝只能在液膜表面上进行，即蒸汽冷凝时放出的潜热，必须通过液膜后才能传给冷壁面。由于蒸汽冷凝时有相的变化，一般热阻很小，因此这层冷凝液膜往往成为膜状冷凝的主要热阻。若冷凝液膜在重力作用下沿壁面向下流动，则所形成的液膜愈往下愈厚，故壁面愈高或水平管的管径愈大，整个壁面的平均对流传热系数也就愈小。

②滴状冷凝。若冷凝液不能够润湿壁面，由于表面张力的作用，冷凝液在壁面上形成许多液滴，并沿壁面落下，这种冷凝称为滴状冷凝，如图 4-32c 所示。在滴状冷凝时，由于壁面大部分面积直接暴露在蒸气中，供蒸汽冷凝，以及没有液膜阻碍热流，因此滴状冷凝对流传热系数要比膜状冷凝高几倍甚至几十倍。

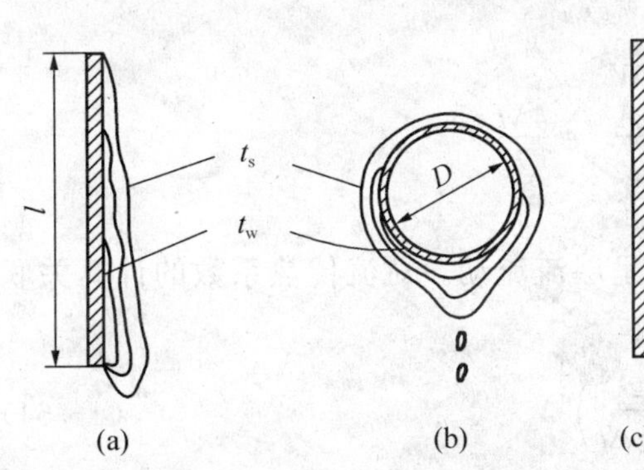

图 4-32 蒸汽冷凝方式
(a)、(b)膜状冷凝；(c)滴状冷凝

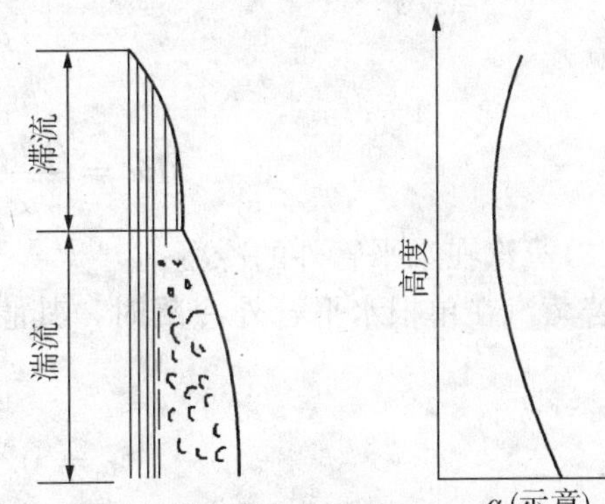

图 4-33 蒸气在垂直管外(或板上)膜状冷凝

工业上两种冷凝方式都可遇到，但大多是膜状冷凝，所以冷凝器的设计都按膜状冷凝来处理。下面仅介绍纯饱和蒸汽膜状冷凝时对流传热系数的计算关联式。

(1)蒸汽在垂直管外或垂直板侧的冷凝

如图 4-33 所示，蒸汽在垂直管外或垂直板侧的冷凝，液膜以层流状态从顶端向下流动，逐渐变厚，局部对流传热系数 α 减小。若壁面高度足够高且冷凝液量较大时，则壁面的下部冷凝液膜会变为湍流流动，此时局部 α 值反而会增大。液膜的流动类型也可用雷诺数判定。

液膜为层流($Re<1800$)时，对流传热系数的计算关联式为

$$\alpha=1.13\left(\frac{r\rho^2 g\lambda^3}{\mu l\Delta t}\right)^{\frac{1}{4}} \tag{4-62}$$

式中，r——饱和蒸汽的冷凝，kJ/kg；

ρ——冷凝液的密度，kg/m^3；

λ——冷凝液的导热系数，W/(m·℃)；

μ——冷凝液的粘度，Pa·s；

Δt——蒸汽饱和温度 t_s 和壁面温度 t_w 之差，即 $\Delta t=t_s-t_w$，℃。

定性温度：取膜温，即 $t_m=(t_s+t_w)/2$ 。

特征尺寸：l 取垂直管长或板高。

液膜为湍流($Re>1800$)时，对流传热系数的计算关联式为

$$\alpha = 0.0077\left(\frac{\rho^2 g\lambda^3}{\mu^2}\right)^{\frac{1}{3}} Re^{0.4} \tag{4-63}$$

式(4-63)的α值包括层流区域在内沿整个高度的平均α值。

由于冷凝液膜有层流和湍流之分，故在计算α时需先假定液膜的流型，求出α值后需要计算出Re值，看是否在所假定的流型范围。

用来判断膜层流型的Re准数通常表示为冷凝负荷M的函数。冷凝负荷是指在单位长度润湿周边上单位时间流过的冷凝液量，其单位为kg/(m·s)，即$M=W/b$。其中，W为冷凝液的质量流量(kg/s)，b为润湿周边(m)。

若膜状流动时液流的横截面积(即流通截面积)为A，那么当量直径为

$$d_e = \frac{4A}{b}$$

所以

$$Re = \frac{d_e u\rho}{\mu} = \frac{\frac{4A}{b}\frac{W}{A}}{\mu} = \frac{4M}{\mu}$$

(2)蒸汽在水平管外的冷凝

若蒸汽在单根水平管外冷凝时，其膜层通常呈层流流动。对流传热系数的计算关联式为

$$\alpha = 0.725\left(\frac{r\rho^2 g\lambda^3}{\mu d_o \Delta t}\right)^{\frac{1}{4}} \tag{4-64}$$

式中，特征尺寸为管外径d_o；定性温度及其余各量同式(4-62)。

若蒸汽在水平管束外冷凝时，对流传热系数的计算关联式为

$$\alpha = 0.725\left[\frac{r\rho^2 g\lambda^3}{n^{\frac{2}{3}}\mu d_o \Delta t}\right]^{\frac{1}{4}} \tag{4-65}$$

式中，n——水平管束在垂直列上的管数。

在列管式冷凝器中，若管束由互相平行的z列管子所组成，一般各列管子在垂直方向的排数不相同，若分别为$n_1, n_2, \cdots, n_z$，则平均管排数可由下式估算：

$$n_m = \frac{n_1 + n_2 + \cdots + n_z}{n_1^{0.75} + n_2^{0.75} + \cdots + n_z^{0.75}} \tag{4-66}$$

【例4-15】 温度为120℃的饱和水蒸气在单根管外冷凝。管外径为60mm，管长为1m。管外壁温度为100℃。试求：

(1)管子垂直放置时水蒸气冷凝的对流传热系数；

(2)管子水平放置时水蒸气冷凝的对流传热系数。

解 由附录五查得120℃的饱和水蒸气的汽化热为2205kJ/kg。

冷凝液膜的定性温度(120+100)/2=110(℃)下查得水的物性数据为

$\rho=951\ \text{kg/m}^3$，　$\mu=25.9\times10^{-5}\ \text{Pa·s}$，　$\lambda=68.5\times10^{-2}\ \text{W/(m·℃)}$

$\Delta t = t_s - t_w = 120-100=20(℃)$，　$l=1\text{m}$

(1)单根管子垂直放置时，假设液膜为层流，那么

$$\alpha = 1.13\left(\frac{r\rho^2 g\lambda^3}{\mu l \Delta t}\right)^{\frac{1}{4}} = 1.13\times\left(\frac{2205\times10^3\times951^2\times9.81\times0.685^3}{25.9\times10^{-5}\times1\times20}\right)^{\frac{1}{4}}$$

$$=6670[\text{W}/(\text{m}^2\cdot℃)]$$

核算流型

由对流传热速率方程式可计算出冷凝热量为

$$Q=\alpha S\Delta t=6670\times\pi\times0.06\times(120-100)=25130(\text{W})$$

故所需蒸汽冷凝量为 $$W=\frac{Q}{r}=\frac{25130}{2205\times10^3}=0.0114(\text{kg/s})$$

$$M=\frac{W}{b}=\frac{0.0114}{\pi\times0.06}=0.0605[\text{kg}/(\text{m}\cdot\text{s})]$$

$$Re=\frac{4M}{\mu}=\frac{4\times0.0605}{25.9\times10^{-5}}=934<1800 \quad （层流）$$

(2)单根管子水平放置时，对流传热系数计算式为

$$\alpha'=0.725\left(\frac{r\rho^2g\lambda^3}{\mu d_o\Delta t}\right)^{\frac{1}{4}}$$

所以 $$\frac{\alpha'}{\alpha}=\frac{0.725}{1.13}\left(\frac{l}{d_o}\right)^{\frac{1}{4}}=\frac{0.725}{1.13}\times\left(\frac{1}{0.06}\right)^{\frac{1}{4}}=1.3$$

$$\alpha'=1.3\alpha=1.3\times6670=8671[\text{W}/(\text{m}^2\cdot℃)]$$

核算流型

$$Re'=1.3Re=1.3\times934=1214<1800 \quad （层流）$$

(3)影响冷凝传热的因素

对于纯饱和水蒸气冷凝，由于气相内温度均匀，都是饱和温度 t_s，没有温度差，故热阻皆集中在冷凝液膜内。因此，冷凝液膜厚度及其流动状况是影响冷凝传热的关键因素。凡有利于减薄液膜厚度的因素都可提高冷凝传热系数。下面就这些因素作扼要说明。

①冷凝液膜两侧的温度差 Δt 。当液膜呈层流流动时，Δt 增大，则冷凝速率增加，因而液膜层厚度增厚，使冷凝对流传热系数降低。

②流体物性。由膜状冷凝传热系数关联式可知，液膜的密度、粘度及导热系数、蒸汽的冷凝热，都对冷凝传热系数有影响。

③蒸汽的流向和流速。蒸汽以一定速度运动时，和液膜间产生一定的摩擦力，若蒸汽和液膜同向流动，则摩擦力将使液膜加速，厚度减薄，使得 α 增大；若逆向流动，则 α 减小。但这种力若超过液膜重力，液膜会被蒸汽吹离壁面，此时随蒸气流速的增加，α 急剧增大。

④蒸汽中不凝性气体含量的影响。前面讨论的是纯净蒸汽冷凝，但工业蒸汽往往含有空气等微量气体，在连续冷凝操作中会越积累越多而在冷凝液膜表面形成一层气膜，其导热系数很小，使热阻增大，α 大大减小。例如，当蒸汽中不凝性气体含量为1%时，冷凝时的 α 可降低60%左右。因此，在换热器的蒸汽冷凝一侧应设置有排放口，以便操作过程中能定期排放不凝性气体。

⑤冷凝面的形状与布置。若冷凝壁面表面粗糙不平或有氧化层，则会使膜层加厚，增加膜层阻力，因而 α 降低。

若沿冷凝液流动方向积存的液体增多，液膜增厚，则会使 α 下降。故对垂直壁面(板

或管)，在壁面上开若干纵向沟槽，凝液由槽峰流到槽底，借重力顺槽下流。当凝液增多或壁面较长时，槽深也应相应加深。纵槽面的冷凝传热系数 α 可比光滑面提高约 4 倍。

对于水平布置的管束，凝液从上部各排管子流到下部管排，液膜变厚，使 α 变小。为了减薄下部管排上的液膜厚度，一般需减少垂直列上的管子数目，或把管子的排列旋转一定的角度，使冷凝液沿下一根管子的切向流过，如图 4-34 所示。

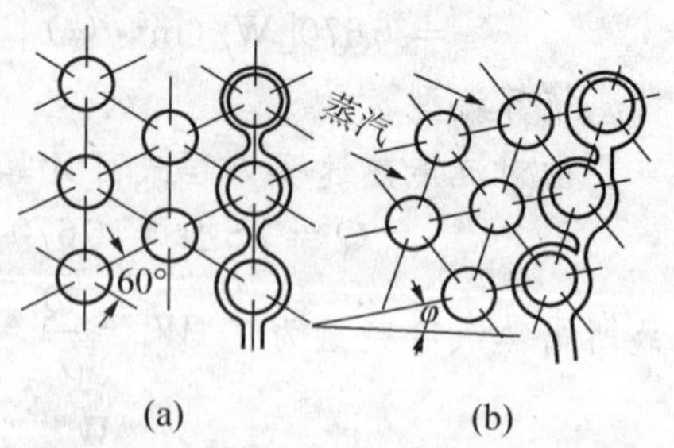

图 4-34　冷凝器中管子的旋转安装

2. 液体的沸腾

在液体的对流传热过程中，伴有由液相变为气相，即在液相内部产生气泡或气膜的过程，称为液体沸腾(又称沸腾传热)。如蒸汽锅炉、蒸发器中液体的沸腾汽化都属于沸腾传热过程。液体的沸腾有两种情况，一种是液体在管内流动过程中加热沸腾，称为管内沸腾；另一种是把加热面浸入大容器的液体中，液体被壁面加热而引起无强制对流的沸腾现象，称为大容器内沸腾或池内沸腾(pool boiling)。本节主要讨论在大容器内的沸腾。

(1)大容器内饱和液体沸腾现象及其沸腾曲线

液体加热沸腾的主要特征是在液体内部的加热壁面上不断有气泡生成、长大、脱离和浮升到液体表面。在一定压强下，若液体的饱和温度为 t_s，液体主体温度为 t_1，则 $\Delta t=t_1-t_s$ 称为液体过热度。过热度是液体中气泡存在和成长的条件，也是气泡形成的条件。过热度越大，则越容易生成气泡，生成气泡数量多。紧靠加热壁面处(壁面温度 t_w)的液体过热度最大，为 $\Delta t=t_w-t_s$，所以壁面上最容易生成气泡。壁面除了过热度最大外，还有汽化核心存在。加热壁面有许多粗糙不平的小坑和划痕等，这些地方残有微量气体，当它们被加热，就会膨胀生成气泡，成为汽化核心。$\Delta t=t_w-t_s$ 愈大，生成气泡越多，气泡内表面的液体继续汽化，气泡长大到某一直径后，当浮力大于壁面的附着力时就脱离壁面，向上浮升。在浮升过程中，周围过热液体继续对其加热，直径继续增大，可一直浮升到液体表面，冲破液面与气相混合，这就是饱和沸腾过程。

在沸腾传热过程中，由于气泡在加热面上不断生成、长大、脱离和浮升，远处温度较低的液体不断流向加热面，使靠近壁面的液体处于剧烈扰动状态，一方面是液体对流，另一方面是液体不断汽化。所以，对于同一种液体，沸腾传热系数 α 远大于无相变的 α 值。

图 4-35 所示为常压下水在大容器饱和沸腾时温度差 $\Delta t=t_w-t_s$ 与 α 和热通量 q 的关系曲线，称为沸腾曲线。

当加热壁面的过热度 Δt 较小($\Delta t \leqslant 5$ ℃)时，加热面上的液体轻微过热，使液体内产生自然对流，但没有气泡从液体中逸出液面，仅在液体表面发生蒸发，此阶段 α 和 q 都较低，如图4-35 中 AB 段所示。这一区域称为自然对流区。

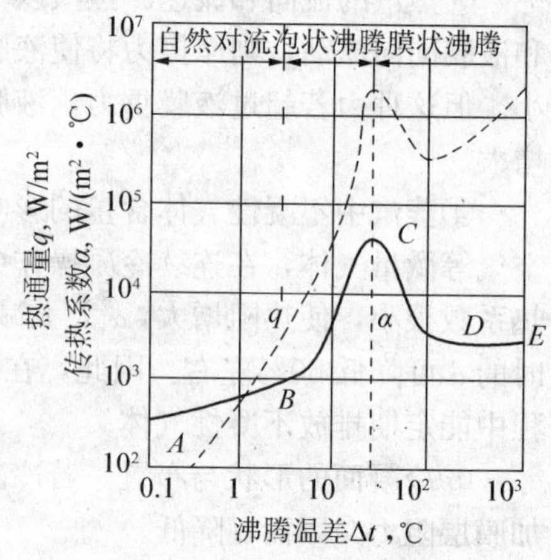

图 4-35　水的沸腾曲线

当加热壁面的过热度 Δt 逐渐升高(Δt=5～25℃)时，汽化核心数增多，气泡的生成速度、成长速度以及浮升速度都加快。气泡的激烈运动使液体受到剧烈的搅拌作用，因此 α 和 q 都急剧增大，如图 4－35 中 BC 段所示。这一区域称为泡核沸腾区或泡状沸腾区。

当加热壁面的过热度 Δt 继续增大(Δt＞25 ℃)时，气泡的生成多且快，迅速连成一片，形成一层不稳定的蒸气膜，覆盖在加热壁面上，使液体不能与加热壁面接触。由于气膜热阻大，使 α 和 q 都急剧下降到 D 点。D 点以后，加热壁面几乎全部被气膜所覆盖，开始形成稳定的气膜。以后随 Δt 再增大，α 基本不变，q 又上升(见虚线)，这是由于壁面温度 t_w 增大，辐射传热的影响显著增加所致，如4－35中 DE 段所示。实际上一般将 CDE 段称为膜状沸腾区域。

由泡状沸腾转变为膜状沸腾的转折点称为临界点。临界点的 Δt 称为临界温差 Δt_c；与该点对应的热通量称为临界热通量 q_c。其他液体在一定压强下的沸腾曲线与水的曲线有类似形状，仅临界点数值不同而已。

应当指出，由于泡核沸腾传热系数较膜状沸腾的大，在工业生产中总是设法控制在泡核沸腾下操作，因此确定不同液体在临界点下的参数具有实际意义。

(2)影响沸腾传热的因素

①液体物性。一般情况下，α 随液体的导热系数和密度的增加而增大，随液体的粘度和表面张力的增加而减小。液体的表面张力小，则容易润湿壁面，生成的气泡呈圆形，附着在壁面上的面积较小，容易脱离壁面，较小直径时就能脱离，对沸腾传热有利。

②温度差。前已述及，温度差 $\Delta t = t_w - t_s$ 是控制沸腾传热过程的重要因素。经整理众多实验结果表明，在双对数坐标图上，核状沸腾阶段的 α 与 Δt 近似呈直线关系，可用关系式 $\alpha = a(\Delta t)^n$ 表示，式中 a 与 n 由实验测定。对于不同液体和加热面材料，可测得不同的 a 与 n 值。

③操作压强。提高操作压强即提高液体的饱和温度，从而使液体的粘度和表面张力均下降，有利于气泡的生成和脱离壁面，强化了沸腾传热。在相同的 Δt 下，α 和 q 都更高。

④加热面状况。加热面清洁，没有油污时，α 值较高。壁面粗糙，汽化核心较多，故生成的气泡较多，可强化沸腾传热。此外，设备结构、加热面形状和材料性质以及液体深度都会对沸腾传热有影响。

(3)沸腾传热系数的计算

沸腾传热系数的计算通常采用莫斯廷斯基(Mostinski)公式，即

$$\alpha = 1.163Z(\Delta t)^{2.33} \tag{4-67}$$

式中，Δt——壁面过热度，$\Delta t = t_w - t_s$，℃。

以 $\Delta t = q/\alpha$ 代入上式，可得

$$\alpha = 1.05Z^{0.3}q^{0.7} \tag{4-68}$$

$$Z = \left[0.10\left(\frac{p_c}{9.81\times10^4}\right)^{0.69}(1.8R^{0.17}+4R^{1.2}+10R^{10})\right]^{3.33} \tag{4-69}$$

式中，Z——与操作压强及临界压强有关的参数，W/(m²·℃)；

R——对比压强，$R=\dfrac{p}{p_c}$，量纲为 1。

p ——为操作压强，Pa；

p_c ——临界压强，Pa。

式(4-68)或式(4-69)的应用条件为：$p_c > 3000Pa$，$R=0.01 \sim 0.9$，$q < q_c$。

临界热负荷 q_c 可按下式估算，即

$$q_c = 0.38 p_c R^{0.35}(1-R)^{0.9} \pi D_i L / S_o \tag{4-70}$$

式中，D_i ——管束直径，m；

L ——管长，m；

S_o ——管外壁总传热面积，m^2。

【例 4-16】 甲苯在卧式再沸器的管间沸腾。再沸器的规格：传热面积 S_o 为 45.7 m^2；管束直径为 0.4 m，由直径为 ϕ19 mm×2 mm、长为 4.5 m 的管子组成。操作条件为：再沸器的传热速率为 9.2×10^5 W，压强为 200 kPa(绝压)。已知操作压强下甲苯的沸点为 135 ℃、汽化热为 347 kJ/kg。甲苯的临界压强为 4218.3 kPa。试求甲苯的沸腾传热系数。

解 甲苯的沸腾传热系数为

$$\alpha = 1.05 Z^{0.3} q^{0.7}$$

已知 $q = \dfrac{Q}{S_o} = \dfrac{9.2\times10^5}{45.7} = 2.013\times10^4 (\text{W/m}^2)$， $R = \dfrac{p}{p_c} = \dfrac{200}{4318.3} = 0.047$

$$Z = \left[0.10\left(\frac{p_c}{9.81\times10^4}\right)^{0.69}(1.8R^{0.17}+4R^{1.2}+10R^{10})\right]^{3.33}$$

$$= \left[0.10\left(\frac{4218.3\times10^3}{9.81\times10^4}\right)^{0.69}(1.8\times0.047^{0.17}+4\times0.047^{1.2}+10\times0.047^{10})\right]^{3.33}$$

$$= 4.5$$

将上述数据代入，得

$$\alpha = 1.05\times4.5^{0.3}\times(2.013\times10^4)^{0.7} = 1698[\text{W/(m}^2\cdot℃)]$$

校核临界热负荷

$$q_c = 0.38 p_c R^{0.35}(1-R)^{0.9}\pi D_i L/s_o$$

$$= 0.38\times(4218.3\times10^3)\times0.047^{0.35}(1-0.047)^{0.9}\times3.14\times0.4\times4.5/45.7$$

$$= 6.51\times10^4 (\text{W/m}^2)$$

可见，$q < q_c$，p_c =4218.3 kPa>3000 kPa，R=0.047 在 0.01～0.9 范围内，所以甲苯的沸腾传热系数为 1698 W/(m^2·℃)。

4.4.7 壁温及其热损失的估算

4.4.7.1 壁温的估算

在上两节介绍的对流传热关联式中，如自然对流、强制对流的层流、冷凝、沸腾时 α 的计算都需要知道壁温。此外，选择换热器的类型和管子的材料也需知道壁温。但设计时一般只知道管内、外流体的平均温度 t_i 和 t_o，这时需要试差确定壁温。

首先在 t_i 和 t_o 之间假定一壁温 t_w 值(由于管壁热阻通常可忽略，故管内、外壁温度可视为相同)，用以计算两流体的对流传热系数 α_i 和 α_o；然后根据求出的 α_i 和 α_o 值及污垢热阻，用下列近似关系式核算所假定的 t_w 值是否正确，即

$$\frac{|t_o - t_w|}{\frac{1}{\alpha_o} + R_{So}} = \frac{|t_w - t_i|}{\frac{1}{\alpha_i} + R_{Si}} \tag{4-71}$$

式中，t_i，t_o，t_w——分别为管内、外流体和管壁的平均温度，℃；

α_i，α_o——分别为管内流体和管外流体的对流传热系数，W/(m^2·℃)；

R_{Si}，R_{So}——分别为管内和管外表面的污垢热阻，(m^2·℃)/W。

由式(4-71)计算出的 t_w 值应与原假定的 t_w 值基本相符，否则应重新假定壁温，重复上述步骤，直至基本相符为止。

值得一提的是，在前面讨论稳态传热的传热速率方程式中已指出，传热温度差与热阻成正比。若 $\alpha_i \gg \alpha_o$，那么 $\frac{1}{\alpha_i} + R_{Si}$ 很小，$|t_w - t_i|$ 也很小，故 $t_w \approx t_i$；若 $\alpha_o \gg \alpha_i$，那么 $\frac{1}{\alpha_o} + R_{So}$ 很小，$|t_o - t_w|$ 也很小，故 $t_w \approx t_o$。可见，壁温总是接近于 α 值大的一方流体温度(即热阻小的一方流体温度)。因此，在作 t_w 假定时，壁温 t_w 应接近于 α 值大的那个流体温度。

【例 4-17】 两流体在某一管壳式换热器内换热。已知管内、外流体的平均温度分别为130℃和85℃；管内、外流体的对流传热系数分别为 9400 W/(m^2·℃)及820 W/(m^2·℃)，管内、外流体的污垢热阻分别为0.0002(m^2·℃)/W及0.0005(m^2·℃)/W。试估算管壁的平均温度。假设管壁的导热热阻可忽略。

解 由式(4-71)进行估算，即

$$\frac{85 - t_w}{\frac{1}{820} + 0.0005} = \frac{t_w - 135}{\frac{1}{9400} + 0.0002}$$

$$\frac{85 - t_w}{0.00172} = \frac{t_w - 135}{0.00031}$$

解得

$$t_w \approx 127.4\ ℃$$

计算结果表明，管壁温度接近于 α 值大的一方流体温度(即热阻小的一方流体温度)。

4.4.7.2 热损失的估算

化工设备或管道无论怎样保温，只要其外壁面温度 t_w 高于周围空气的温度 t 时，那么就有温度差存在，就有传热推动力，因此设备或管道壁面要向周围空气传热，所传递的这一部分热量常称为热损失。

一般来说，由壁面向周围传热，其主要传热方式为辐射和对流传热联合作用。但当温度差 Δt 较小时，以对流(自然对流或强制对流)传热为主；当温度差 Δt 较大时，对流传热和辐射传热才同时存在。

1. 热损失估算

按对流和辐射传热兼并考虑，可用下式估算，即

$$Q = \alpha_T S_w (t_w - t) \tag{4-72}$$

式中，α_T——壁面与周围空气的对流-辐射联合传热系数，W/(m^2·℃)；

S_w——设备或管道外壁表面积，m^2；

t_w——设备或管道外壁面温度，℃；

t——环境(周围空气)温度,℃。

2. 对流-辐射联合传热系数 α_T 的估算(有保温层的管道、设备)

①空气为自然对流，且 $t_w < 150$ ℃时

在平壁保温层外

$$\alpha_T = 9.8 + 0.07(t_w - t) \tag{4-73}$$

在管壁或圆筒壁保温层外

$$\alpha_T = 9.4 + 0.052(t_w - t) \tag{4-74}$$

②空气沿粗糙壁面强制对流时

空气流速 $u \leqslant 5$ m/s

$$\alpha_T = 6.2 + 4.2u \tag{4-75}$$

空气流速 $u > 5$ m/s

$$\alpha_T = 7.8u^{0.78} \tag{4-76}$$

4.4.8 换热器的传热面积与管长

在传热过程计算中，换热器的传热面积可以用管内表面积、管外表面积或平均表面积。但在我国生产的管壳式换热器系列标准规格中，通常用管外表面积表示该规格的传热面积。管外表面积的计算式可写为

$$S_o = n\pi d_o L \tag{4-77}$$

式中，d_o——管子外径，m；

L——管子长度，m；

n——管子根数。

若已知管外表面积 S_o(m^2)，那么管长或管子数可分别按下列式子求出，即

$$L = \frac{S_o}{n\pi d_o} \tag{4-78}$$

或

$$n = \frac{S_o}{\pi d_o L} \tag{4-79}$$

4.4.9 计算示例

【例 4-18】 一单壳程单管程管壳式换热器，由多根 ϕ25 mm×2.5 mm 的钢管组成管束。管程走有机溶液，流速为 0.5 m/s、流量为 15 T/h、比热容为 1.76 kJ/(kg·℃)、密度为 858 kg/m^3，温度由20℃加热至50℃，壳程为130℃的饱和水蒸气冷凝。管程、壳程的对流传热系数分别为 700 W/(m^2·℃)和 10 000 W/(m^2·℃)，钢管的导热系数为 45 W/(m·℃)，若污垢的热阻忽略不计。试求：(1)总传热系数 K；(2)管子的根数及管长。

解 (1)热负荷

$$Q = W_c c_{pc}(t_2 - t_1) = \frac{15 \times 10^3}{3\,600} \times 1.76 \times 10^3 \times (50 - 20) = 2.2 \times 10^5\ (\text{W})$$

$$\Delta t_1 = 130 - 20 = 110\ (℃)$$

$$\Delta t_2 = 130 - 50 = 80\ (℃)$$

$T_1 = 130$ ℃ → $T_2 = 130$ ℃

$t_2 = 50$ ℃ ← $t_1 = 20$ ℃

由于 $\frac{\Delta t_1}{\Delta t_2} < 2$，故可采用算术平均推动力，即

$$\Delta t_m = \frac{\Delta t_1 + \Delta t_2}{2} = \frac{110 + 80}{2} = 95\,℃$$

以管外壁为基准的总传热系数为

$$K_o = \frac{1}{\frac{1}{\alpha_o} + \frac{bd_o}{\lambda d_m} + \frac{d_o}{\alpha_i d_i}} = \frac{1}{\frac{1}{10\,000} + \frac{0.002\,5 \times 0.025}{45 \times 0.022\,5} + \frac{0.025}{700 \times 0.02}} = 513[\text{W}/(\text{m}^2 \cdot ℃)]$$

(2)所需传热面积

$$S_o = \frac{Q}{K_o \Delta t_m} = \frac{2.2 \times 10^5}{513 \times 95} = 4.5(\text{m}^2)$$

所需换热管总流通面积：

$$A = \frac{V_s}{u} = \frac{W/\rho}{u} = \frac{15 \times 10^3}{3\,600 \times 858 \times 0.5} = 9.8 \times 10^{-3}(\text{m}^2)$$

所需换热管的根数，由于 $A = n\left(\frac{\pi}{4} d_i^2\right)$，故

$$n = \frac{4A}{\pi d_i^2} = \frac{4 \times 9.8 \times 10^{-3}}{3.14 \times 0.02^2} \approx 31(\text{根})$$

所以，所需换热管管长为

$$L = \frac{S_o}{n\pi d_o} = \frac{4.5}{31 \times 3.14 \times 0.025} = 1.85(\text{m})$$

【例 4-19】 用一台传热面积为 $3\,\text{m}^2$、由 $\phi\,25\,\text{mm} \times 2.5\,\text{mm}$ 的管子组成的单程管壳式换热器，以初温为10℃的水将机油由200℃冷却至100℃，水走管内，油走管间。已知水和机油的质量流量分别为 1 000 kg/h 和 1 200 kg/h，其比热容分别为 4.18 kJ/(kg·℃)和 2.0 kJ/(kg·℃)；水侧和油侧的对流传热系数分别为 2 000 W/(m^2·℃)和 250 W/(m^2·℃)，两流体呈逆流流动，忽略管壁和污垢热阻。

(1)计算说明该换热器是否适用？

(2)夏天当水的初温达到 30℃，而油的流量及冷却程度不变时，该换热器是否适用？如何解决？(假定总传热系数不变)

解 (1)由热量衡算方程写出

$$Q = W_h c_{ph}(T_1 - T_2) = W_c c_{pc}(t_2 - t_1)$$

代入已知数据，可解得

$$2\,000 \times 2 \times 10^3 \times (200 - 100) = 1\,000 \times 4.18 \times 10^3 (t_2 - 10)$$

$$t_2 = 67.4(℃)$$

热负荷 $\quad Q = 2000 \times 2 \times 10^3 \times (200 - 100) = 2.4 \times 10^5 (\text{kJ/h})$

$$\Delta t_m = \frac{\Delta t_1 - \Delta t_2}{\ln \frac{\Delta t_1}{\Delta t_2}} = \frac{(200 - 67.4) - (100 - 10)}{\ln \frac{200 - 67.4}{100 - 10}} = 110(℃)$$

由于管壁及污垢热阻可忽略，故总传热系数可写为

$$\frac{1}{K_o} = \frac{1}{\alpha_o} + \frac{d_o}{\alpha_i d_i}$$

代入已知数据，解得

$$\frac{1}{K_o} = \frac{1}{250} + \frac{25}{2\,000 \times 20} \rightarrow K_o = 216.2[\text{W}/(\text{m}^2 \cdot ℃)]$$

所需换热面积为

$$S_o = \frac{Q}{K_o \Delta t_m} = \frac{2.4 \times 10^8 / 3\,600}{216.2 \times 110} = 2.8(\text{m}^2)$$

$2.8\text{m}^2 < 3\text{m}^2$，可见此换热器适用。

$$(2)\ t_1' = 30℃, t_2' = \frac{Q}{w_c c_{pc}} + t_1' = \frac{240\,000}{4.18 \times 1\,000} + 30 = 87.4(℃)$$

冷却程度不变，平均温度差为

$$\Delta t'_m = \frac{\Delta t_1' - \Delta t_2'}{\ln \frac{\Delta t_1'}{\Delta t_2'}} = \frac{(200 - 87.4) - (100 - 30)}{\ln \frac{200 - 87.4}{100 - 30}} = 89.6(℃)$$

流量不变，总传热系数不变，即

$$K_o' = K_o = 216.2[\text{W}/(\text{m}^2 \cdot ℃)]$$

所需换热面积为

$$S_o' = \frac{Q}{K_o \Delta t'_m} = \frac{2.4 \times 10^8 / 3\,600}{216.2 \times 89.6} = 3.45(\text{m}^2)$$

$3.45\text{m}^2 > 3\text{m}^2$，可见此换热器夏天不适用。

可采用增大冷却水用量方法解决。因为冷却水用量增加，其出口温度将降低，使得传热推动力提高，对流传热系数增大，总传热系数增大。

【例 4-20】 在一逆流套管换热器中，冷、热流体进行热交换。两流体的进、出口温度分别为 $t_1 = 20℃$、$t_2 = 85℃$，$T_1 = 100℃$、$T_2 = 70℃$。当冷流体的流量增加一倍时，试求两流体的出口温度及其传热量的变化情况。假设两种情况下总传热系数可视为相同，换热器的热损失可忽略。

解 原操作条件下，传热速率方程式可写为

$$Q = W_h c_{ph}(T_1 - T_2) = W_c c_{pc}(t_2 - t_1) = KS\Delta t_m$$

代入已知数据并求解，其过程为

$$Q = W_h c_{ph}(100 - 70) = W_c c_{pc}(85 - 20) = KS\Delta t_m$$
$$= 30 W_h c_{ph} = 65 W_c c_{pc} = KS\Delta t_m$$

可写为

$$W_h c_{ph} = \frac{65}{30} W_c c_{pc} \quad ①$$

$$KS = \frac{65}{\Delta t_m} W_c c_{pc} \quad ②$$

$T_1 = 100℃$ → $T_2 = 70℃$

$t_1 = 85℃$ ← $t_2 = 20℃$

平均温度差为

$$\Delta t_m = \frac{\Delta t_1 - \Delta t_2}{\ln \frac{\Delta t_1}{\Delta t_2}} = \frac{50 - 15}{\ln \frac{70 - 20}{100 - 85}} = 29.1(℃)$$

冷流体流量增加一倍后，设冷流体的出口温度为 t_2'，热流体出口温度为 T_2'。那么

$$Q' = 2W_c c_{pc}(t_2' - t_1) = W_h c_{ph}(T_1 - T_2') = \frac{65}{30} W_c c_{pc}(T_1 - T_2') = K'S\Delta t'_m$$

故

$$2W_c c_{pc}(t_2' - t_1) = \frac{65}{30} W_c c_{pc}(T_1 - T_2')$$

$$T'_2 = 100 - \frac{60}{65}(t'_2 - t_1) \quad ③$$

$$K'S = \frac{2W_c c_{pc}(t'_2 - 20)}{\Delta t'_m} \quad ④$$

由于 K 不变，即 $K=K'$，对比②、④两式可得

$$\frac{65W_c c_{pc}}{\Delta t_m} = \frac{2W_c c_{pc}(t'_2 - 20)}{\Delta t'_m}$$

$$\Delta t'_m = \frac{2(T'_2 - 20)}{65}\Delta t_m$$

假定 $\frac{\Delta t'_1}{\Delta t'_2} < 2$，那么

$$\Delta t'_m = \frac{(T'_2 - 20) + (100 - t'_2)}{2}$$

$T_1 = 100$ ℃ → T'_2

t'_2 ← $t_1 = 20$ ℃

故
$$\frac{(T'_2 - 20) + (100 - t'_2)}{2} = \frac{2(t'_2 - 20)}{65}\Delta t_m$$

将式③及 Δt_m 代入，得

$$t'_2 = 63.1(℃),\quad T'_2 = 100 - \frac{60}{65}(63.1 - 20) = 60.2(℃)$$

$$\frac{\Delta t'_1}{\Delta t'_2} = \frac{60.1 - 20}{100 - 63.1} = 1.09 < 2 \quad (符合假定)$$

传热量变化为

$$\frac{Q'}{Q} = \frac{2W_c c_{pc}(63.1 - 20)}{W_c c_{pc}(85 - 20)} = 1.33$$

所以，冷流体流量增加一倍后其传热量为原来的 1.33 倍。

【例 4-21】 用 120 ℃的饱和水蒸气将流量为 36m^3/h 的某溶液在双程换热器中从 80 ℃加热至 95 ℃。若每程有直径为 ϕ 25 mm×2.5 mm 的管子 30 根，且以管外表面为基准的总传热系数 K=2800 W/(m^2·℃)，在定性温度下溶液的比热容为 4.2 kJ/(kg·℃)、密度为 1000 kg/m^3，蒸汽侧污垢热阻和管壁热阻可忽略不计。试求：

(1)换热器所需管长。

(2)当操作一年后，由于污垢累积，溶液侧的污垢系数为 0.00009(m^2·℃)/W，若维持溶液的原流量及进口温度，其出口温度为多少？又若必须保证原出口温度，可采取什么措施？

解 (1)据热量衡算方程式可算出热负荷为

$$Q = W_c c_{pc}(t_2 - t_1) = V_s \rho c_{pc}(t_2 - t_1) = \frac{36}{3600} \times 1000 \times 4.2 \times 10^3 (95 - 80) = 6.3 \times 10^5 (W)$$

平均温度差为

$$\Delta t_m = \frac{\Delta t_1 - \Delta t_2}{\ln\frac{\Delta t_1}{\Delta t_2}} = \frac{40 - 25}{\ln\frac{120 - 80}{120 - 95}} = 31.9(℃)$$

$T_1 = 120$ ℃ → $T_2 = 120$ ℃

$t_1 = 80$ ℃ ← $t_2 = 95$ ℃

利用总传热速率方程式，可求得所需传热面积为

$$S_o = \frac{Q}{K_o \Delta t_m} = \frac{6.3 \times 10^5}{2\,800 \times 31.9} = 7.05(\mathrm{m}^2)$$

由于 $S_o = 2 \times n\pi d_o L$，故换热器所需管长为

$$L = \frac{S_o}{2n\pi d_o} = \frac{7.05}{2 \times 30 \times 3.14 \times 0.025} = 1.5(\mathrm{m})$$

(2)操作一年后，由于污垢累积，总传热系数为

$$K'_o = \frac{1}{K} + R_{Si}\frac{d_o}{d_i} = \frac{1}{2\,800} + 0.000\,09 \times \frac{0.025}{0.02}$$

$$K'_o = 2\,129[\mathrm{W/(m^2 \cdot ℃)}]$$

传热推动力 $\Delta t'_m$ 为

$$\Delta t'_m = \frac{Q}{K'_o S_o} = \frac{V_s \rho c_{pc}(t'_2 - 80)}{K'_o S_o} = \frac{\Delta t_1 - \Delta t_2}{\ln\dfrac{\Delta t_1}{\Delta t_2}} = \frac{40 - (120 - t'_2)}{\ln\dfrac{120 - 80}{120 - t'_2}}$$

整理化简可得

$$V_s \rho c_{pc} \ln\frac{40}{120 - t'_2} = K'_o S_o$$

代入已知数据求得 $t'_2 = 92℃$

为保证出口温度，可采用调节蒸汽压力，即提高蒸汽温度的方法解决。

令将蒸汽的温度提高到 T'，那么

$$Q = 6.3 \times 10^5 = K'_o S_o \frac{(T' - 80) - (T' - 95)}{\ln\dfrac{T' - 80}{T' - 95}}$$

可解得 $T' \approx 130℃$

为此，将蒸汽压力调至 $p = 270.25 \times 10^3\,\mathrm{Pa}$(绝压)可解决。

4.5 间壁式换热器的强化途径

在化学工业生产中应用最多的热交换器是间壁式换热器。如何合理使用这些换热设备及利用所掌握的传热原理去强化其传热过程，具有重大的现实意义，因为它涉及增产节能和降低成本等问题。

所谓强化传热过程就是要使得热交换设备中冷、热两流体间的传热速率加快。由总传热速率方程式 $Q=KS\Delta t_m$ 分析可知，要使 Q 增大，无论是增大 K、Δt_m，还是 S，都能收到一定的效果，工艺设计和生产实践中大多是从这些方面进行传热过程的强化的。

4.5.1 传热过程的强化途径

1. 增大传热面积 S

增大传热面积 S 可以提高换热器的传热速率。但增大传热面积不能靠增大换热器的体积来实现。而是要从设备的结构入手，提高单位容积的传热面积。工业上往往通过改进传热面的结构来实现。目前已研制出并成功使用了多种高效能传热面，不仅使传热面得到充分的扩展，而且还使流体的流动和换热器的性能得到相应的改善。最常见的扩展表面是在管外表面加装翅片的翅片管，用于对流传热系数 α 较小的气体一侧的传热面。此外，还

有波纹管、螺旋槽管等，如图 4 - 36 所示。用于板翅式换热器的各种翅片结构如图 4 - 37 所示。

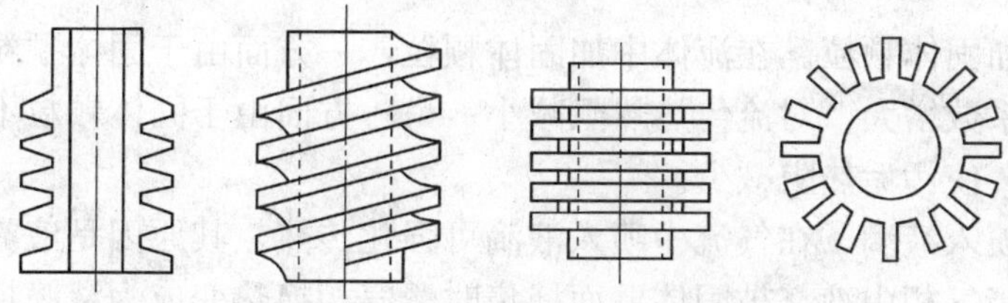

图 4 - 36　几种强化传热管

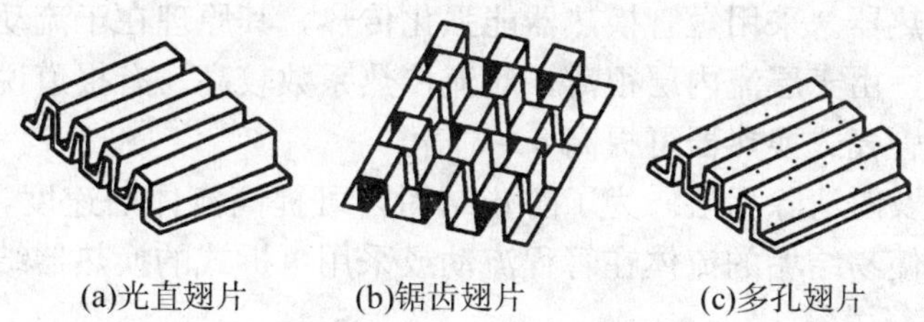

图 4 - 37　板翅式换热器的翅片

2. 提高平均温度差 Δt_m

提高平均温度差 Δt_m，可以提高换热器的传热速率。平均温度差的大小主要取决于两流体的温度条件和两流体在换热器中的流动形式。一般来说，物料的温度由生产工艺来决定，不能随意变动，而加热介质或冷却介质的温度由于所选介质不同，可以有很大的差异。例如，在化工中常用的加热介质是饱和水蒸气，若提高蒸汽的压强就可以提高蒸汽的温度，从而提高平均温度差。但需指出，提高介质的温度必须考虑到技术上的可行性和经济上的合理性。此外，当两侧流体为变温传热时，从设备结构上尽可能保证逆流或接近逆流操作，因为逆流操作与并流操作相比不仅 Δt_m 较大，而且有效能损失也较小。

3. 增大总传热系数 K

强化传热过程的最有效途径是增大总传热系数 K_o，总传热系数的计算公式为

$$K_o=\frac{1}{\dfrac{1}{\alpha_o}+R_{So}+\dfrac{bd_o}{\lambda d_m}+R_{Si}\dfrac{d_o}{d_i}+\dfrac{d_o}{\alpha_i d_i}}$$

由此可见，要提高 K 值，就必须设法减少各项的热阻。但因各项的热阻所占的比例不同，故应设法减少对 K 值影响较大的热阻。一般来说，在金属材料换热器中，金属材料壁面较薄且导热系数大，不会成为主要热阻；污垢热阻是一个可变因素，在换热器刚投入使用时，污垢热阻很小，不会成为主要矛盾，但随着使用时间的增加，污垢将逐渐增加，而变成影响传热的主要因素；对流传热热阻通常是传热过程的主要矛盾。若两流体的对流传热系数 α 相差较大时，增大较小的 α 值对提高 K 值、强化传热最为有效。

减少热阻的主要方法有：

①增大流体速度。增大流速，使流体的湍动程度加剧，可减少传热边界层中层流内层的厚度，提高对流传热系数，即减少对流传热的热阻。例如，在管壳式换热器中增加管程数和壳程挡板，可分别提高管程和壳程的流速。

②增强流体扰动。增强流体的扰动，可使层流内层减薄，使对流热阻减少。例如，在管壳式换热器中采用各种异形管或在管内加装麻花铁、螺旋圈或金属卷片等添加物，均可增强流体的扰动。

③在流体中加固体颗粒。在流体中加固体颗粒，一方面由于固体颗粒的扰动和搅拌作用，使对流传热系数增大，对流传热热阻减小；另一方面由于固体颗粒不断冲刷壁面，减少了污垢的形成，使污垢热阻减少。

④在气流中喷入液滴。在气流中喷入液滴可强化传热，其原因是液雾改善了气相放热强度低的缺点，当气相中液雾被固体壁面捕集时，气相换热变成为液膜换热，液膜表面蒸发传热强度极高，因而传热得到强化。

⑤采用短管换热器。采用短管换热器能强化传热，其原理在于流动入口段对传热的影响。在流动入口处，由于层流内层很薄，对流传热系数较高。有报道说，短管换热器的总传热系数较普通的管壳式换热器可提高 5～6 倍。

⑥防止结垢和及时清除垢层。为了防止结垢，可提高流体的速度，增强流体的扰动；为便于清洗垢层，使易结垢的流体在管程流动或采用可拆式的换热器结构，以便进行定期清洗和检修。

4.5.2 新型热交换器

为了强化传热效果，许多科技工作者在增大单位容积换热器的传热面积，增大流体的湍动程度，减少热边界层，以提高对流传热系数 α 等方面作了许多努力。目前已经设计出许多新型热交换器应用于化工生产中。

1. 螺旋板式换热器

螺旋板式换热器如图 4－38 所示。它是由两张平行薄钢板卷制而成，在其内部形成一对同心螺旋形通道，换热器中间设有隔板，将两螺旋形通道隔开。两板之间焊有定距柱以维持通道间距，在螺旋板两侧焊有盖板。冷、热流体分别由两螺旋形通道流过，通过薄钢板进行换热。

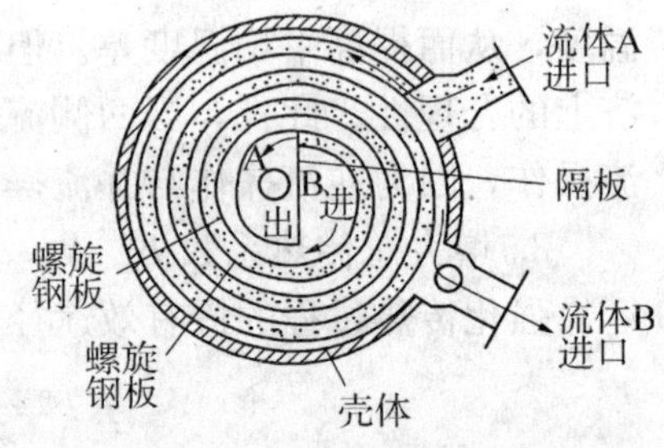

图 4－38 螺旋板式换热器

螺旋板式换热器的主要优点有：

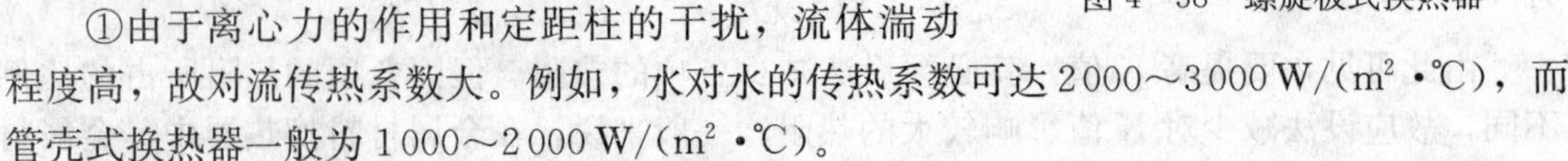
①由于离心力的作用和定距柱的干扰，流体湍动程度高，故对流传热系数大。例如，水对水的传热系数可达 2000～3000 W/(m^2·℃)，而管壳式换热器一般为 1000～2000 W/(m^2·℃)。

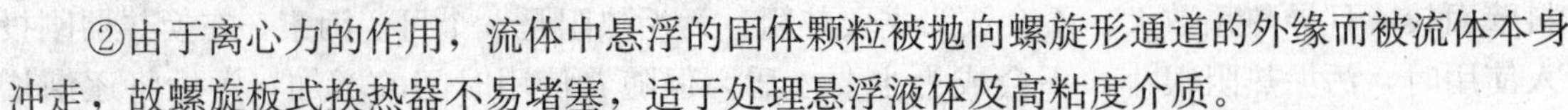
②由于离心力的作用，流体中悬浮的固体颗粒被抛向螺旋形通道的外缘而被流体本身冲走，故螺旋板式换热器不易堵塞，适于处理悬浮液体及高粘度介质。

③冷、热流体可作纯逆流流动，传热推动力大。

④结构紧凑，单位容积的传热面积为列管式的 3 倍。

螺旋板式换热器的缺点是：

①操作压强和温度不能太高，一般压强不超过 2MPa，温度不超过 300～400 ℃。

②因整个换热器被焊成一体，一旦损坏不易修复。

2. 板式换热器

板式换热器最初用于食品工业，后来逐渐推广到化工等其他工业部门，现已发展成为高效紧凑的换热设备。

板式换热器由一组长方形薄金属板平行排列，两相邻薄板的边缘之间衬以密封垫片(橡胶或压缩石棉等)并用夹紧装置组装于支架上，如图 4-39 所示。板式换热器板片四角有圆孔，形成流体通道，冷、热流体在板片两侧逆向流动，通过板片进行换热。板片厚度为 0.5～3 mm，通常压制成各种波纹形状，既增加刚度，又使流体分布均匀，加强湍动，提高传热系数。

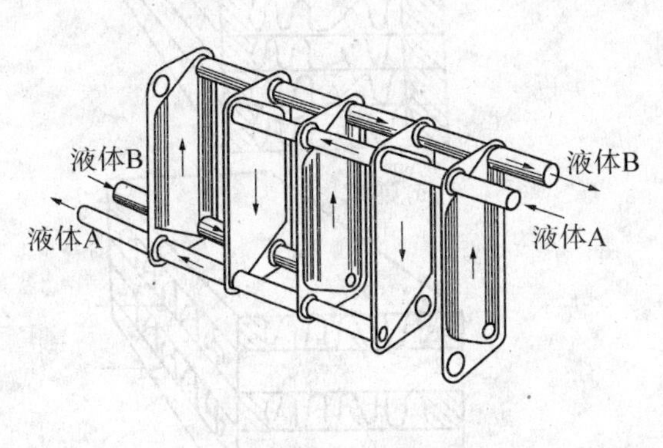

(a) 板式换热器流向

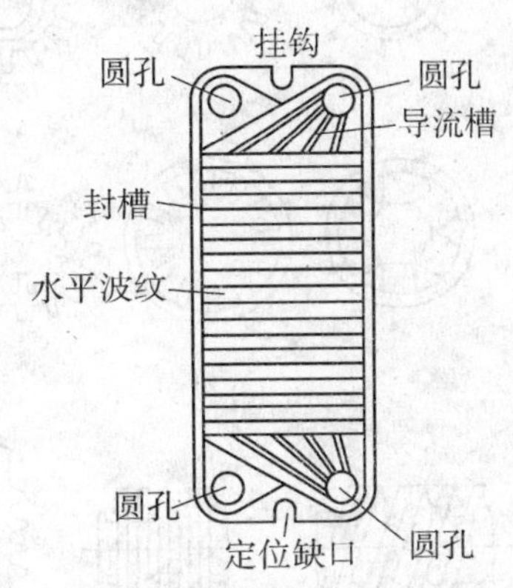

(b) 板式换热器的板片(水平波纹板)

图 4-39　板式换热器

板式换热器的主要优点有：

①由于流体在板片间流动湍动程度高，而且板片厚度又薄，故总传热系数 K 值大。例如，在板式换热器内，水对水的总传热系数可达 1500～4700 W/(m² ·℃)。

②板片间隙小(一般为 4～6 mm)、结构紧凑，单位容积所提供的传热面积为 250～1000m²；而管壳式换热器只有 40～150 m²。

③具有可拆结构，可根据需要调整板片数目以增减传热面积，故操作灵活，检修清洗方便。

板式换热器的缺点是：允许的操作压强和温度比较低，通常操作压强不超过 2 MPa，压强过高容易渗漏；操作温度受垫片材料的耐热性限制，一般不超过 250 ℃。

3. 翅片管式换热器

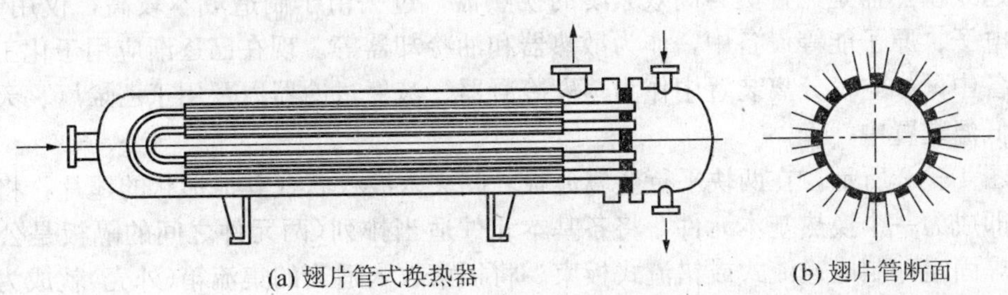
(a) 翅片管式换热器　　(b) 翅片管断面

图 4-40　翅片管式换热器

翅片管式换热器又称管翅式换热器，如图 4-40 所示。其结构特点是在换热器管的外表面或内表面装有许多翅片。常用的翅片有纵向和横向两类，图 4－41 所示是工业上广泛应用的几种翅片形式。翅片与管表面的连接应紧密无间，否则连接处的接触热阻很大，影响传热效果。常用的连接方法有热套、镶嵌、张力缠绕和焊接等。此外，翅片管也可采用整体轧制、整体铸造或机械加工等方法制造。

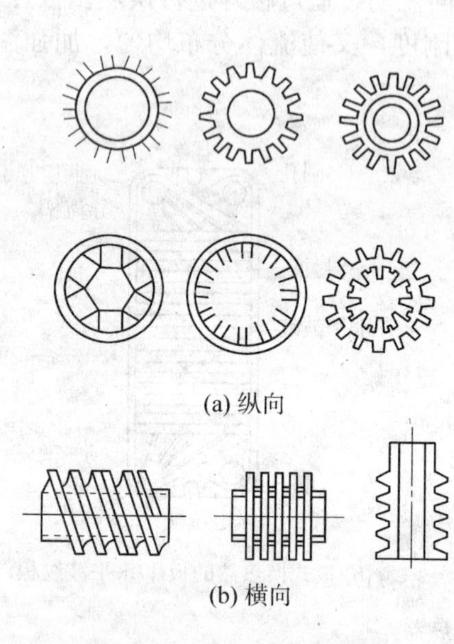

图 4－41　常见的翅片形式

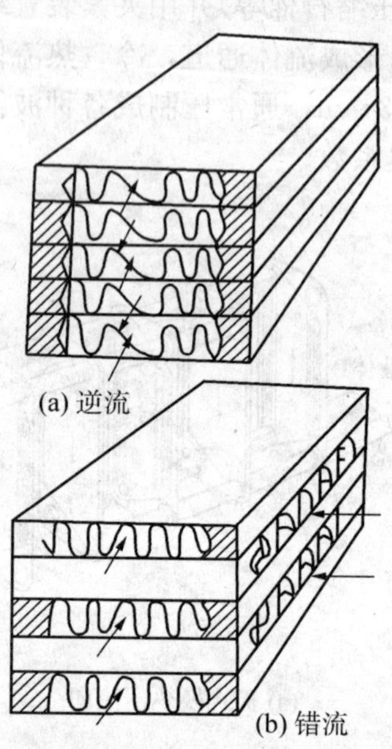

图 4－42　板翅式换热器的板束

化工生产中常遇到气体的加热和冷却问题。因为气体的对流传热系数很小，所以当与气体换热的另一流体是水蒸气冷凝或冷却水时，则气体侧热阻成为传热控制因素。此时要强化传热，就必须增加气体侧的对流传热系数。在换热管的气体侧设置翅片，既可增大气体侧的对流传热面积，又增强了气体湍动程度，减少气体侧的热阻，从而使气体对流传热系数提高。然而，加装翅片会使设备费用提高，但一般当两种流体的对流传热系数之比超过 3∶1 时，采用翅片管式换热器在经济上是合理的。翅片管式换热器作为空气冷却器，在工业上应用很广。用空气代替水，不仅可在缺水地区使用，在水源充足的地方，采用空冷也可取得较大的经济效益。

4. 板翅式换热器

板翅式换热器是一种更为高效紧凑的换热器，过去由于制造成本较高，仅用于宇航、飞机、电子、原子能等设备中，作为散热器和油冷却器等。现在已逐渐应用于化工和其他工业设备中，如空气分离装置中作为蒸发冷凝器、液氮过冷器以及用于乙烯厂、天然气液化厂的低温装置中。

如图 4－42 所示，在两块平行金属薄板之间夹入波纹状或其他形状的翅片，将两侧面封死，即成为一个换热基本元件，将各基本元件适当排列（两元件之间的隔板是公用的），并用钎焊固定，制成逆流式或错流式板束。将板束放入适当的集流箱（外壳）就成为板翅式换热器。

板翅式换热器的优点是：结构高度紧凑，单位容积可提供的传热面积高达2500～

4 370 m^2。所用翅片的形状可促进流体的湍动，故其总传热系数也很高。因翅片对隔板有支撑作用，板翅式换热器允许的操作压强也较高，可达 5 MPa。

板翅式换热器的缺点是：由于设备流道很小，易堵塞，而形成较大压强降；清洗困难，要求物料清洁；结构复杂，内漏后很难修复。

5. 热管式换热器

以热管为传热单元的热管式换热器是一种新型高效换热器，其结构如图 4－43 所示，它由壳体、热管和隔板组成。

热管作为主要的传热元件，是一种具有高导热性能的传热装置。它是一种真空容器，其基本组成部件为壳体、吸液芯和工作液。将壳体抽真空后充入适量的工作液，密闭壳体便构成一只热管。当热源对其一端供热时，工作液自热源吸收热量而蒸发汽化，携带潜热的蒸汽在压强差作用下，高速传输至壳体的另一端，向冷源放出潜热而凝结，冷凝液回至热端，再次沸腾汽化。如此反复循环，热量将不断从热端传至冷端。

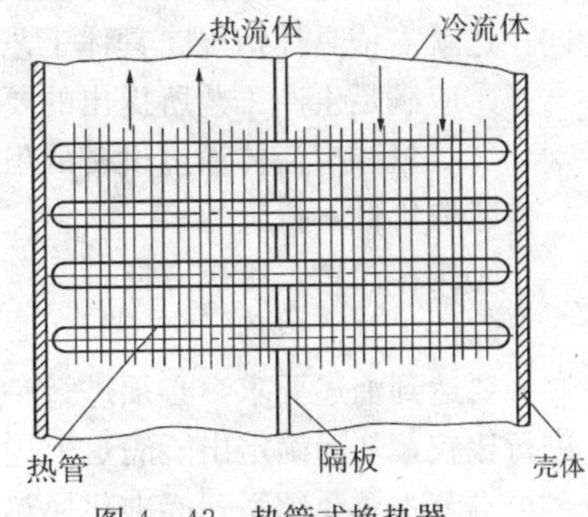

图 4－43　热管式换热器

热管按冷凝液循环方式分为吸液芯热管、重力热管和离心热管三种。吸液芯热管的冷凝液依靠毛细管的作用回到热端，这种热管可以在失重情况下工作；重力热管的冷凝液依靠重力流回热端，它的传热具有单向性，一般为垂直放置；离心热管是依靠离心力使冷凝液回到热端，通常用于旋转部件的冷却。

热管按工作液的工作温度分为深冷热管、低温热管、中温热管和高温热管四种。深冷热管在 200 K 以下工作，工作液有氮、氢、氖、氧、甲烷、乙烷等；低温热管在 200～550 K 范围内工作，工作液有氟利昂、氨、丙酮、乙醇、水等；中温热管在 550～750 K 范围内工作，工作液有导热姆 A、水银、铯、水及钾-钠混合液等；高温热管在 750 K 以上工作，工作液有液态金属钾、钠、锂、银等。

热管的传热特点是热管中的热量传递通过沸腾汽化、蒸汽流动和蒸汽冷凝三步进行，如图 4－44 所示。由于沸腾和冷凝的对流传热强度都很大，而蒸汽流动阻力损失又较小，因此热管两端温度差可以很小，即能在很小的温差下传递很大的热流量。因此，它特别适用于低温差传热及某些等温性要求较高的场合。热管换热器具有结构简单、使用寿命长、工作可靠、应用范围广等优点，可用于气-气、气-液和液-液之间的换热过程。

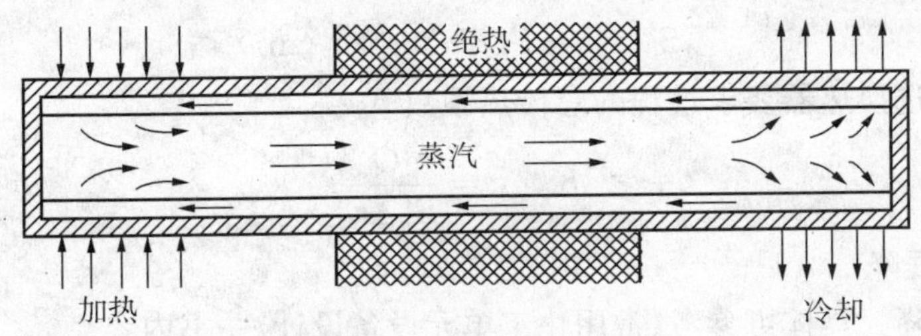

图 4－44　热管工作原理

4.6 管壳式换热器的选用及其设计

常用管壳式换热器的基本形式有固定管板式、U形管式和浮头式三种，它们均有系列标准化产品供选用。然而，自身有加工制造等条件的工厂，可根据其所处理的流体介质及生产工艺的要求，进行合理化的设计。

由于流体介质、温度、种类及其处理量不同，所要求换热器的形式、大小等各不相同，这就需依具体情况、具体工艺条件确定。选用或设计应遵循的原则有：

①应满足生产工艺所提出的要求；

②尽量减少流体通过设备的阻力，以降低操作运转费用；

③造价低，投资省；

④操作简单，维护方便；

⑤加工制造容易。

要达到上述要求，必须进行一系列计算，而且这一系列的计算往往需反复多次，才能进行比较，从而确定出能满足上述原则、相互兼顾的优化设计。

本节主要介绍系列标准化换热设备的选用。至于有关管壳式换热器的设计可参考《常用化工单元设备设计》一书的内容。

管壳式换热器选用的方法与步骤如下：

1. 测定或从有关手册查出冷、热流体介质的物性数据
2. 选定冷、热流体在换热器内的流动路径
3. 确定选用换热器的类型
4. 冷却(或加热)介质进、出口温度的确定
5. 根据传热任务要求计算热负荷及冷却(或加热)介质消耗量
6. 计算平均温度差，确定管程数
7. 凭经验数值初选总传热系数 K。
8. 初算传热面积 S_o。
9. 选型

①依所确定类型，据计算出的 S_o 从系列标准中选出合适的型号，并列出有关尺寸性能参数等；

②计算所选换热器的实际外表面积；

$$S_o' = n\pi d_o(l-0.1) \quad (\mathrm{m^2})$$

③计算用所选换热器要求过程的总传热系数 $K_{o(选)}$。

$$K_{o(选)} = \frac{Q}{S'_o \Delta t_m}$$

10. 校核压强降

①管程压强降。具体可参考《常用化工单元设备设计》一书内容。

$$\sum p_i = (\Delta p_1 + \Delta p_2)F_t N_s N_p$$

②壳程压强降。具体可参考《常用化工单元设备设计》一书内容。

$$\sum p_o = (\Delta p_1' + \Delta p_2')F_s N_s$$

11. 校核总传热系数

①选择适用的关联式求两边流体的 α_o 和 α_i；

②依流体介质选取污垢热阻 R_{Si} 和 R_{So}；

③利用下式求 $K_{o(计)}$：

$$\frac{1}{K_{o(计)}} = \frac{1}{\alpha_o} + R_{So} + \frac{bd_o}{\lambda d_m} + R_{Si}\frac{d_o}{d_i} + \frac{d_o}{\alpha_i d_i}$$

④校核。计算出 $K_{o(计)}$ 后与 $K_{o(选)}$ 比较，若能满足下述关系，则所选换热器合适，否则需另选 K_o 经验值，重复上述步骤。即

$$K_{o(计)} = (1.15 \sim 1.25)K_{o(选)}$$

【例 4-22】 某工厂在生产过程中，需将流量为 20 000 kg/h 的纯苯从 80 ℃冷却到 55 ℃。冷却介质采用 35 ℃的循环水。要求换热器的管程和壳程的压强降不大于 10 kPa，试选用合适型号规格的换热器。

解 (1)基本物性数据的查取

苯的定性温度为 $\frac{80+55}{2} = 67.5(℃)$

据设计经验，选择冷却水的出口温度为 43 ℃，那么

冷却水的定性温度为 $\frac{35+43}{2} = 39(℃)$

查得苯在定性温度下的物性数据如下：

$\rho = 828.6\ \mathrm{kg/m^3}$，　　$\mu = 0.352 \times 10^{-3}\ \mathrm{Pa \cdot s}$

$\lambda = 0.129\ \mathrm{W/(m \cdot ℃)}$，　　$c_p = 1.841\ \mathrm{kJ/(kg \cdot ℃)}$

查得水在定性温度下的物性数据如下：

$\rho = 992.3\ \mathrm{kg/m^3}$，　　$\mu = 0.67 \times 10^{-3}\ \mathrm{Pa \cdot s}$

$\lambda = 0.633\ \mathrm{W/(m \cdot ℃)}$，　　$c_p = 4.174\ \mathrm{kJ/(kg \cdot ℃)}$

(2)根据设计任务，热流体为苯，冷流体为水，为使苯通过壁面向周围空气散热，提高冷却效果，取苯走壳程，水走管程

(3)由于两流体温差小于 50 ℃，可选用固定管板式换热器

(4)冷却水的出口温度选为 43 ℃

(5)热负荷为

$$Q = W_h c_{ph}(T_1 - T_2) = \frac{20\,000}{3\,600} \times 1.841 \times 10^3 \times (80-55) = 2.56 \times 10^5 (\mathrm{W})$$

冷却水用量为

$$W_c = \frac{Q}{c_{pc}(t_2 - t_1)} = \frac{2.56 \times 10^5}{4.174 \times 10^3 \times (43-35)} = 7.67(\mathrm{kg/s})$$

(6)计算平均温度差及确定管程数

$$\Delta t'_m = \frac{\Delta t_2 - \Delta t_1}{\ln\frac{\Delta t_2}{\Delta t_1}} = \frac{(80-43)-(55-35)}{\ln\frac{80-43}{55-35}} = 27.6(℃)$$

计算 R 和 P 值

$$R=\frac{T_1-T_2}{t_2-t_1}=\frac{180-55}{43-35}=3.125,\quad P=\frac{t_2-t_1}{T_1-t_1}=\frac{43-35}{80-35}=0.178$$

根据R，P值，由温度校正系数图4-25a可读得，温度校正系数$\varphi_{\Delta t}=0.94$。因$\varphi_{\Delta t}>0.8$，可见用单壳程合适。因此平均温度差为

$$\Delta t=\varphi_{\Delta t}\Delta t'_{m}=0.94\times27.6=25.9(℃)$$

(7)参考表4-1选取总传热系数的经验值为$K_o=450\ W/(m^2\cdot ℃)$

(8)计算传热面积S_o

$$S_o=\frac{Q}{K_o\Delta t_m}=\frac{2.56\times10^5}{450\times25.9}=22(m^2)$$

(9)初选换热器型号

据计算出的S_o从附录十五固定管板式换热器系列标准中选出合适型号，初选换热器型号：G400Ⅱ-1.6-22。其主要参数如下：

外壳直径	400 mm	公称压力	1.6 MPa
公称面积	22 m²	管子尺寸	ϕ 25 mm×2.5 mm
管子数	102	管长	3 000 mm
管中心距	32 mm	管程数	2
管子排列方式	正三角形	管程流通面积	0.016 m²

所选换热器的实际外表面积：

$$S'_o=n\pi d_o(l-0.1)=102\times3.14\times0.025\times(3-0.1)=23.2(m^2)$$

采用此换热器所要求过程的总传热系数$K_{o(选)}$为

$$K_{o(选)}=\frac{Q}{S'_o\Delta t_m}=\frac{2.56\times10^5}{23.2\times25.9}=426[W/(m^2\cdot ℃)]$$

(10)校核压强降

①管程压强降

$$\sum p_i=(\Delta p_1+\Delta p_2)F_tN_sN_p$$

据上述结果可知，管程数$N_p=2$，串联壳程数$N_s=1$，对于ϕ 25 mm×2.5 mm的换热管，结构校正系数为$F_t=1.4$。

管程流速 $$u_i=\frac{V_s}{A_i}=\frac{7.67}{992.3\times0.016}=0.483(m/s)$$

$$Re_i=\frac{d_iu_i\rho}{\mu}=\frac{0.02\times0.483\times992.3}{0.67\times10^{-3}}=1.43\times10^4\quad(湍流)$$

对于碳钢管，取管壁粗糙度$\varepsilon=0.1$ mm，那么$\frac{\varepsilon}{d_i}=\frac{0.1}{20}=0.005$，从摩擦阻力系数图中查得$\lambda=0.037$。故直管段压强降$\Delta p_1$为

$$\Delta p_1=\lambda\frac{l}{d_i}\frac{\rho u_i^2}{2}=0.037\times\frac{3}{0.02}\times\frac{992.3\times0.483^2}{2}=642.4(Pa)$$

流体流过回弯管(进、出口阻力忽略不计)因摩擦所引起的压强降Δp_2为

$$\Delta p_2 = 3\left(\frac{\rho u_i^2}{2}\right) = 3 \times \frac{992.3 \times 0.483^2}{2} = 347.2(\mathrm{Pa})$$

所以

$$\sum p_i = (\Delta p_1 + \Delta p_2)F_t N_s N_p = (642.4 + 347.2) \times 1.4 \times 1 \times 2 = 2771\mathrm{Pa} < 10\,\mathrm{kPa}$$

②壳程压强降

$$\sum p_o = (\Delta p_1' + \Delta p_2')F_s N_s$$

对于液体，结垢校正系数 $F_s = 1.15$，壳程数 $N_s = 1$，流体流过管束的压力降为

$$\Delta p_1' = Ff_o n_c (N_B + 1)\frac{\rho u_o^2}{2}$$

管子正三角形排列　$F = 0.5$，$n_c = 1.1\sqrt{n} = 1.1\sqrt{102} = 11.1$

取折流板间距 $h = 0.15\mathrm{m}(D/5 < h < D)$，折流板块数为

$$N_B = \frac{L}{h} - 1 = \frac{3}{0.15} - 1 = 19$$

故壳程流速为

$$u_o = \frac{V_s}{h(D - n_c d_o)} = \frac{20000/(3600 \times 828.6)}{0.15 \times (0.4 - 11.1 \times 0.025)} = 0.364(\mathrm{m/s})$$

$$Re_o = \frac{d_o u_o \rho}{\mu} = \frac{0.025 \times 0.364 \times 828.6}{0.352 \times 10^{-3}} = 2.14 \times 10^4 > 500$$

当 $Re_o > 500$ 时，壳程流体的摩擦系数可依下式计算，即

$$f_o = 5.0 Re_o^{-0.228} = 5 \times (2.14 \times 10^4)^{-0.228} = 0.515$$

所以，流体流过管束的压强降为

$$\Delta p_1' = 0.5 \times 0.515 \times 11.1 \times (19 + 1) \times \frac{828.6 \times 0.364^2}{2} = 3138(\mathrm{Pa})$$

流体通过折流板缺口的压力降为

$$\Delta p_2' = N_B\left(3.5 - \frac{2h}{D}\right)\frac{\rho u_0^2}{2}$$

$$= 19 \times \left(3.5 - \frac{2 \times 0.15}{0.4}\right) \times \frac{828.6 \times 0.364^2}{2} = 2868(\mathrm{Pa})$$

$$\sum p_o = (3138 + 2868) \times 1.15 \times 1 = 6907\mathrm{Pa} < 10\,\mathrm{kPa}$$

计算结果表明，管程和壳程的压强降均能满足设计要求。

(11)校核总传热系数

①管程对流传热系数 α_i

$$Re_i = 1.43 \times 10^4 > 10000，管程中水被加热，n = 0.4$$

$$Pr_i = \frac{c_p \cdot \mu}{\lambda} = \frac{4.174 \times 10^3 \times 0.67 \times 10^{-3}}{0.633} = 4.42$$

$$\alpha_i = 0.023\frac{\lambda}{d_i}Re^{0.8}Pr^n$$

$$= 0.023 \times \frac{0.633}{0.02} \times (1.43 \times 10^4)^{0.8} \times 4.42^{0.4} = 2783[\mathrm{W/(m^2 \cdot ^\circ C)}]$$

②壳程对流传热系数 α_o

$$\alpha_o = 0.36\frac{\lambda}{d_e}\left(\frac{d_e u_o \rho}{\mu}\right)^{0.55}\left(\frac{c_p\mu}{\lambda}\right)^{\frac{1}{3}}\left(\frac{\mu}{\mu_w}\right)^{0.14}$$

管子三角形排列，则

$$d_e = \frac{4\left(\frac{\sqrt{3}t^2}{2} - \frac{\pi d_o^2}{4}\right)}{\pi d_o} = \frac{4\times[(\sqrt{3}\times 0.032^2)/2 - (\pi\times 0.025^2)/4]}{\pi\times 0.025} = 0.02(\mathrm{m})$$

壳程流体横过管束的最小流速为

$$u_o = \frac{V_s}{hD(1-\frac{d_o}{t})} = \frac{20000/(3600\times 828.6)}{0.15\times 0.4\times(1-\frac{0.025}{0.032})} = 0.512(\mathrm{m/s})$$

壳程中苯被冷却，取 $\left(\frac{\mu}{\mu_w}\right)^{0.14} = 0.95$，所以

$$\alpha_o = 0.36\times\left(\frac{0.129}{0.02}\right)\left(\frac{0.02\times 0.512\times 828.6}{0.352\times 10^{-3}}\right)^{0.55}\left(\frac{1.841\times 10^3\times 0.352\times 10^{-3}}{0.129}\right)^{\frac{1}{3}}\times 0.95$$
$$= 971.4[\mathrm{W/(m^2\cdot ℃)}]$$

③选取管内、外侧污垢热阻分别为

$$R_{Si} = 0.0002(\mathrm{m^2\cdot ℃})/\mathrm{W},\quad R_{So} = 1.72\times 10^{-4}[(\mathrm{m^2\cdot ℃})/\mathrm{W}]$$

管子的导热系数 $\lambda = 45\,\mathrm{W/(m\cdot ℃)}$

所以，总传热系数 $K_{o(计)}$ 为

$$\frac{1}{K_{o(计)}} = \frac{1}{971.4} + 0.000172 + \frac{0.0025\times 0.025}{45\times 0.0225} + 0.0002\times\frac{0.025}{0.02} + \frac{0.025}{2783\times 0.02}$$

$$K_{o(计)} = 509.6\,\mathrm{W/(m^2\cdot ℃)}$$

$$\frac{K_{o(计)}}{K_{o(选)}} = \frac{509.6}{426} = 1.196 \quad (在\ 1.15\sim 1.25\ 之间)$$

结果表明，所选换热器合适。选用型号为G400Ⅱ－1.6－22。

习 题

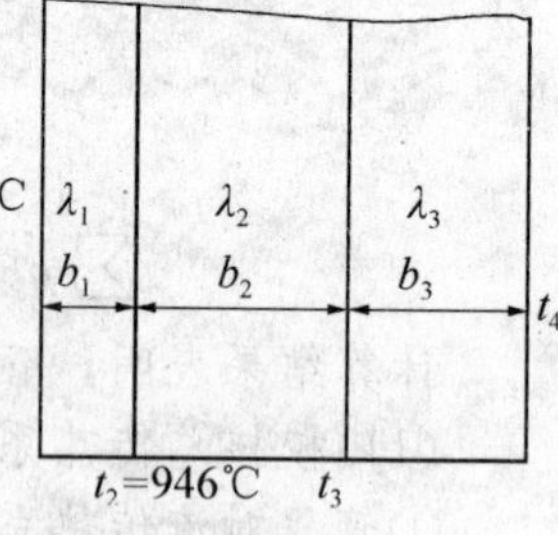

习题 1 附图

1. 有一燃烧炉，炉壁由三种材料组成，内层为耐火砖，中间为保温砖，最外层为建筑砖，如本题附图所示。已知

耐火砖 $\lambda_1 = 1.06\,\mathrm{W/(m\cdot ℃)}$ $\quad b_1 = 150\,\mathrm{mm}$

保温砖 $\lambda_2 = 0.15\,\mathrm{W/(m\cdot ℃)}$ $\quad b_2 = 310\,\mathrm{mm}$

建筑砖 $\lambda_3 = 0.69\,\mathrm{W/(m\cdot ℃)}$ $\quad b_3 = 240\,\mathrm{mm}$

今测得炉的内壁面温度为1000℃，耐火砖与保温砖之间界面的温度为946℃。试求：

(1)单位面积的热损失；

(2)保温砖与建筑砖界面的温度；

(3)建筑砖的外壁面温度。

2. 某平壁燃烧炉由一层100 mm厚的耐火砖和一层80 mm厚的普通砖砌成，其导热系数分别为1.0 W/(m·℃)及0.8 W/(m·℃)。操作稳定后，测得炉壁内表面温度为720

℃，外壁面温度为 120℃。为减小燃烧炉的热损失，在普通砖外表面增加一层厚度为 30 mm，导热系数为 0.03 W/(m·℃)的保温材料。待操作稳定后，又测得炉壁内表面温度为 800℃，外壁面温度为 80℃。设原来两层的导热系数不变，试求：

(1)加保温层后炉壁的热损失比原来减少的百分数；

(2)加保温层后各层接触面的温度及各层的温度差和热阻。

3. ϕ 50 mm×5 mm 的不锈钢管，导热系数 λ_1 为 16 W/(m·℃)，外包扎厚度 30 mm 的石棉，导热系数 λ_2 为 0.2 W/(m·℃)。若管内壁温度为 350℃，保温层外壁温度为 100℃，试求每米管长的热损失。

4. 为减少热损失，在外径 ϕ 150 mm 的饱和蒸汽管处覆盖厚度为 100 mm 的保温层，保温材料的导热系数 $\lambda = 0.103 + 0.000198t$ (式中 t 的单位为℃)。已知饱和蒸汽温度为 180℃，并测得保温层中央即厚度为 50 mm 处温度为 100℃。试求：

(1)由于热损失每米管长的蒸汽冷凝量为多少？

(2)保温层的外侧温度为多少？

5. 在外径为 140 mm 的蒸汽管道外包扎一层保温材料，以减少热损失。蒸汽管外壁温度为 180℃，保温层外壁温度不高于 40℃。保温材料的导热系数 λ 与温度 t 的关系为 $\lambda = 0.1 + 0.0002t$ (t 的单位为℃，λ 的单位为 W/(m·℃))。若要求每米管长的热损失 Q/L 不大于 200 W/m，试求保温层的厚度及保温层中的温度分布。

6. 有一蒸汽管外径 25 mm，管外包扎两层保温材料，每层厚度为 25 mm。外层与内层材料的导热系数之比 $\lambda_2/\lambda_1 = 5$，此时热损失为 Q。今将内、外两层材料互换位置，且设管外壁与外层保温层外表面的温度均不变，则热损失为 Q'，求 Q'/Q 并说明何种保温材料放在内层为好。

7. 在一台螺旋板式换热器中，热水流量为 2000 kg/h，冷水流量为 3000 kg/h，热水进口温度为 80℃，冷水进口温度为 10℃。若要求将冷水加热到 30℃，试求并流和逆流时的平均温度差。

8. 在下列各种管壳式换热器中，某种溶液在管内流动由 20℃加热到 50℃。加热介质在壳方流动，其进、出口温度分别为 100℃和 60℃。试求下面各种情况下的平均温度差：

(1)壳方和管方均为单程的换热器，设两流体呈逆流流动。

(2)壳方和管方分别为单程和四程的换热器；

(3)壳方和管方分别为二程和四程的换热器。

9. 空气质量流量为 2.5 kg/s，温度为 100℃，在常压下通过单程换热器进行冷却。冷却水质量流量为 2.4 kg/s，进口温度为 15℃，与空气作逆流流动。已知总传热系数 $K = 80$ W/(m^2·℃)，换热器传热面积为 20 m^2，试求：

(1)空气和冷却水出口温度；

(2)若换热器改为并流操作，所需传热面积为多少？空气比热容为 1.0 kJ/(kg·℃)，水的比热容为 4.187 kJ/(kg·℃)。

10. 在并流换热器中，用水冷却油，水的进、出口温度分别为 15℃和 40℃，油的进、出口温度分别为 150℃和 100℃。现因生产任务要求油的出口温度降至 80℃，假设油和水的流量、进口温度及物性均不变，若换热器的管长为 1m。试求此换热器的管长增至若干米才能满足要求。设换热器的热损失可忽略。

11. 在逆流操作的单程管壳式换热器中，热气体将2.5 kg/s的水从35℃加热到85℃。热气体温度由200℃降至93℃。水在管内流动。已知换热器的总传热系数为180 W/(m^2·℃)，水和气体的比热容分别为4.18 kJ/(kg·℃)和1.09 kJ/(kg·℃)。若水的流量减小一半，气体流量和两流体进口温度均不变。设两流体物性不变，热损失可忽略不计。试求：

(1)水和空气的出口温度,℃；

(2)传热量减小的百分数(注：分别用平均温度差法和ε-NTU法计算)。

12. 某管壳式换热器由ϕ19 mm×2 mm的钢管组成，水在列管内流动，油在管外列管环隙间流动。已知管内水侧的对流传热系数为3 490 W/(m^2·℃)，管外油侧对流传热系数为258 W/(m^2·℃)。换热器使用一段时间后，管壁两侧均有污垢形成，水侧污垢热阻为0.000 26(m^2·℃)/W，油侧污垢热阻为0.000 176(m^2·℃)/W，管壁导热系数为45 W/(m·℃)。试求：

(1)基于管外表面积的总传热系数；

(2)产生污垢后，热阻增加的百分数。

13. 某管壳式换热器管内流冷却水，管外为有机蒸气冷凝。在新使用时冷却水的进、出口温度分别为20℃与30℃。使用一段时间后，在冷却水的进口温度与流量相同的条件下，冷却水出口温度降为26℃。求此时的垢层热阻。已知换热器的传热面积为16.5 m^2，有机蒸气的冷凝温度为80℃，冷却水流量为2.5 kg/s。

14. 有一套管换热器，传热管为ϕ25 mm×2.5 mm的钢管。CO_2气体在管内流动，对流传热系数为40 W/(m^2·℃)；冷却水在传热管外流动，对流传热系数为3 000 W/(m^2·℃)。试求：

(1)总传热系数；

(2)若管内CO_2气体的对流传热系数增大一倍，总传热系数增加的百分数；

(3)若管外水的对流传热系数增大一倍，总传热系数增加的百分数。

取管内CO_2侧的污垢热阻R_{Si}=0.000 53(m^2·℃)/W，管外水侧污垢热阻为0.000 21(m^2·℃)/W。

15. 有一套管换热器，内管为ϕ38 mm×2.5 mm，外管为ϕ57 mm×3 mm的钢管，内管的传热管长为2 m。质量流量为2 530 kg/h的甲苯在环隙中流动，进口温度为72℃，出口温度为38℃。试求甲苯对内管外壁的对流传热系数。

16. 常压空气在管壳式换热器内由200℃冷却至120℃，空气以3 kg/s的流量在管外壳体中平行于管束流动。换热器外壳的内径为260 mm，内有ϕ25 mm×2.5 mm钢管38根。求空气对管壁的对流传热系数。

管壳式换热器管束环隙间的传热当量直径为：$d_e' = \dfrac{D^2 - nd_o^2}{nd_o}$($D$为壳体内直径，m；$d_o$为管子外径，m；$n$为管子数目)

17. 有一管壳式换热器，气态氨在管外冷凝，管内通冷却水，水温进口为20℃，出口为40℃。水的流速为0.3 m/s。已知管内径为20 mm，求水在管内的对流传热系数。

18. 油罐中装有水平蒸气管以加热罐内的重油，重油的平均温度为20℃，蒸气管外壁温度120℃，管外径为60 mm。已知定性温度70℃下重油的物性数据如下：

$\rho = 900\,kg/m^3$，$\mu = 1.8 Pa\cdot s$，$c_p = 1.88\,kJ/(kg\cdot ℃)$，$\lambda = 0.174\,W/(m\cdot ℃)$，$\beta = 3\times10^{-4}\,1/℃$

试求重油与管壁间的对流传热系数。

19. 温度为100℃的饱和水蒸气在单根管外冷凝。管外径为0.04 m，管长为2 m。管外壁温度为94℃。试求：

(1)管子垂直放置时每小时的水蒸气冷凝量；

(2)管子水平放置时每小时的水蒸气冷凝量又为多少？

20. 流量为720 kg/h的常压饱和水蒸气在直立的管壳式换热器外冷凝。换热器内列管直径为ϕ25 mm×2.5 mm，长为2 m。列管外壁面温度为94℃。试按冷凝要求估算换热器的管数(设管内侧传热可满足要求，换热器的热损失可忽略)。

21. 每小时将15 000 kg的某种水溶液在一个蒸汽加热的换热器内从20℃加热50℃，水溶液在ϕ25 mm×2 mm的钢管内流动，流速为2.5 m/s，水溶液的平均比热容为3.767 kJ/(kg·℃)，平均密度为1 100 kg/m^3。钢的导热系数为45 W/(m·℃)，133℃的饱和蒸汽在管外冷凝，换热器的传热面积为5 m^2(以内管壁面为基准)，试问：

(1)此换热器的总传热系数为多少？

(2)若蒸汽冷凝的对流传热系数为11 600 W/(m^2·℃)，污垢热阻可忽略不计，水溶液侧的对流传热系数为多大？

22. 有一管壳式换热器，由ϕ25 mm×2.5 mm、长为2m的26根钢管组成。用120℃饱水蒸气加热某冷液体，该液体走管内，进口温度为25℃，比热容为1.76 kJ/(kg·℃)，流量为18 600 kg/h。管外蒸汽的冷凝传热系数为1.1×10^4 W/(m^2·℃)，管内对流传热热阻为管外蒸汽冷凝传热热阻的6倍。求冷液体的出口温度。(设换热器的热损失、管壁及污垢热阻均可略去不计)。

23. 一定量的空气在蒸汽加热器中从20℃加热80℃。空气在换热器的管内呈湍流流动。绝压为180 kPa的饱和水蒸气在管外冷凝。现因生产要求空气流量增加20%，而空气的进、出口温度不变。试问应采取什么措施才能完成任务。作出定量计算。假设管壁和污垢热阻均可忽略。

24. 实验测定管壳式换热器的总传热系数时，水在换热器的列管内作湍流流动，管外为饱和水蒸气冷凝。列管由ϕ25 mm×2.5 mm的钢管组成。当水的流速为1 m/s时，测得基于管外表面积的总传热系数K_o为2 115 W/(m^2·℃)；若其他条件不变，而水的速度变为1.5 m/s时，测得K_o为2 660 W/(m^2·℃)。试求蒸汽的冷凝传热系数。假设污垢热阻可忽略。

25. 有一套管式换热器，内管为ϕ 57 mm×3 mm，外管为ϕ 114 mm×4 mm。内管中有流量为4 000 kg/h的苯被加热，进口温度为50℃，出口温度为80℃。套管的环隙中有绝对压强为200 kPa的饱和水蒸气冷凝放热，冷凝的对流传热系数为1.0×10^4 W/(m^2·℃)。已知内管的内表面污垢热阻为0.000 4(m^2·℃)/W，管壁热阻及管外侧污垢热阻可忽略不计。试求：

(1)加热水蒸气用量；

(2)管壁对苯的对流传热系数；

(3)完成上述处理量所需套管的有效长度；

(4)由于某种原因，加热水蒸气的绝对压强降至140 kPa。这时，苯出口温度有何变化？应为多少度(设苯的对流传热系数数值不变，平均温度差可用算术平均值计算)

思 考 题

1. 传热按机理分，有哪几种方式？

2. 什么叫热阻？试说明在多层壁的热传导中应用热阻的优点。

3. 在两层平壁的热传导中，有一层温度差较大，另一层较小，哪一层热阻大？热阻大的原因是什么？

4. 输送水蒸气的圆管外包覆两层厚度相同、导热系数不同的保温材料。若改变两层保温材料的先后次序，其保温效果是否改变？若被保温的不是圆管而是平壁，保温材料的先后次序对保温效果是否有影响？

5. 何谓间壁式热交换？常见列管式换热器有几种？它们的结构及其热补偿方法有何不同？

6. 在列管式换热器中设置折流板和隔板各有什么作用？

7. 导热系数的定义是什么？总传热系数与对流传热系数有何不同？

8. 影响对流传热系数的因素有哪些？

9. 传热效率的定义是什么？应如何进行计算？

10. 水的对流传热系数一般比空气的大，为什么？

11. 为什么一般情况下，逆流总是优于并流？并流适用于哪些情况？

12. 为什么有相变的对流传热系数大于无相变的对流传热系数？

13. 温度差Δt对饱和蒸汽冷凝及沸腾的α各有什么影响？

14. 流体在换热器内的流动路径应如何确定？其主要依据是什么？

15. 在换热器设计计算时为什么要使得温度差校正系数$\varphi_{\Delta t}$大于0.8？

16. 换热设备的壁温应如何进行估算？

17. 强化传热的实质是什么？如何强化间壁式热交换设备的传热过程？

18. 在换热器中，用饱和蒸汽在换热管外冷凝，加热管内流动的空气，总传热系数接近哪种流体的对流传热系数？壁温接近哪种流体的温度？忽略污垢和管壁热阻，要想增大总传热系数，应设法增大哪个流体的对流传热系数？

5 蒸 发

5.1 概述

将含有不挥发溶质(如盐类)的溶液加热沸腾，使其中的挥发性溶剂部分汽化从而将溶液浓缩的过程称为蒸发。蒸发操作广泛应用于化工、制药、食品等许多工业生产中。

工业生产中蒸发操作的主要目的是：

①将稀溶液增浓直接制取液体产品，或将溶液增浓至饱和状态下再进行冷却结晶制取固体产品。如稀烧碱溶液(电解液)的浓缩、榨糖水溶液的浓缩以及各种果汁、牛奶的浓缩等。

②纯净溶剂的制取，此时蒸出的溶剂是产品，如海水蒸发脱盐制取淡水。

③同时制备浓溶液和回收溶剂，如中药生产中酒精浸出液的蒸发。

必须指出的是，尽管蒸发操作的目的是物质的分离，但其过程的实质是热量传递而不是质量传递，溶剂汽化的速率取决于传热速率，因此，蒸发操作应属热量传递过程。但蒸发操作为含有不挥发溶质的溶液的沸腾传热，它又不同于一般的换热过程。

(1)浓缩液在沸腾汽化过程中常在加热表面上析出溶质而形成垢层，使传热过程恶化。因此，对于蒸发器的结构设计，应设法防止或减少垢层生成，且要使得加热面便于清理。

(2)溶液的性质往往对蒸发器的结构设计提出特殊的要求。例如，当溶质是热敏性物质时，在高温下停留时间过长会引起变质，需设法减少溶液在蒸发器内的停留时间。某些溶液增浓后粘度增加较大而使沸腾传热的条件恶化，对此类溶液的蒸发应设计特殊结构的蒸发器。

(3)溶剂汽化需大量汽化热，故蒸发操作是大量耗热的过程，节能是蒸发操作应认真考虑的重要问题。由于蒸发操作是高温位的蒸汽向低温位转化，较低温位的二次蒸汽的利用在很大程度上决定了蒸发操作的经济性。

工业上被蒸发的溶液多为水溶液，热源是加热蒸汽，故本章的讨论仅限于水溶液的蒸发。原则上，水溶液蒸发的基本原理和设备对其他液体的蒸发也是适用的。

5.2 蒸发设备

蒸发设备主要包括蒸发器、冷凝器和除沫器等。工业上需要蒸发的物料有多种，它们的物性各不相同，为了适应不同物料的加工要求，形成了多种形式的蒸发设备。

5.2.1 蒸发器

蒸发器有多种结构形式，它们均由加热室、流动(或循环)通道和汽液分离室这三部分组成。加热器中通常用饱和水蒸气加热，从溶液中蒸发出来的二次蒸汽在分离室中与溶液分离后引出。蒸发器顶部设有除沫器，用以分离被气流夹带的液滴。二次蒸汽进入冷凝器直接冷凝后排出。

蒸发操作有单效蒸发和多效蒸发两种方式。若对所产生的二次蒸汽不再利用，而是直接送往冷凝器被除去，为单效蒸发；若把在较高压力的蒸发器内所产生的二次蒸汽送入另一压力较低的蒸发器中作为加热蒸汽，如此类推，把多个操作压力大小不同，并按顺序排列的蒸发器串联起来，可组成多效蒸发。

图 5－1 为典型的蒸发器示意图。料液经预热后进入蒸发器，蒸发器的下部是由许多加热管组成的加热室，在管外用加热蒸汽加热管内溶液，并使之沸腾汽化，经浓缩后的溶液(完成液)从蒸发器底部排出。蒸发器上部为蒸发室，汽化产生的蒸汽在蒸发室及其顶部的除沫器中将其中挟带的液沫分离后送往冷凝器冷凝。蒸发操作可以是连续的也可以是间歇的，但在大多数情况下，蒸发操作是在稳定和连续的条件下进行的。

蒸发设备大体上分为循环型(非膜型)与非循环型(单程型)两大类。下面介绍几种典型蒸发器的结构特点。

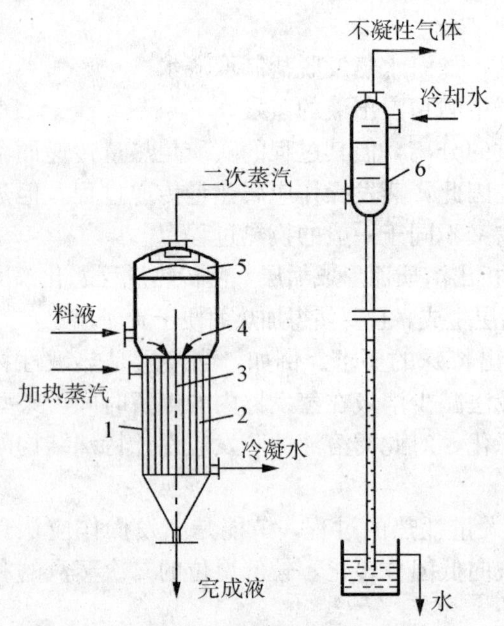

图 5－1　蒸发装置示意图

1—加热室；2—加热管；3—中央循环管；4—蒸发室；5—除沫器；6—冷凝器

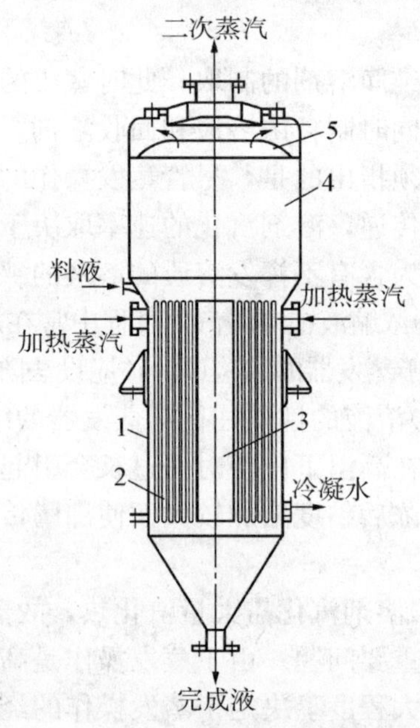

图 5－2　中央循环管式蒸发器

1—外壳；2—加热室；3—中央循环管；4—蒸发室；5—除沫器

1. 循环型蒸发器

循环型蒸发器的基本特点是：溶液在蒸发器内作连续的循环运动。溶液每经过加热管一次，即蒸发出一部分水分，经多次循环加热后，被浓缩到指定要求。

常用的循环型蒸发器有以下几种类型：中央循环管式蒸发器、悬筐式蒸发器、外热式蒸发器、列文式蒸发器和强制循环型蒸发器等。

(1)中央循环管式蒸发器

中央循环管式蒸发器也称标准式蒸发器，是目前应用较为广泛的蒸发设备。其结构是：加热室是一个由直立的加热管束组成的列管式换热器，管束中心有一根直径较大的管称为中央循环管，如图 5 - 2 所示。操作时，液体由中央循环管下降，由加热管上升作循环流动。蒸发出的二次蒸汽和合成液分别从蒸发器顶部和底部排出。循环管的截面积一般为管束总截面积的 40%～100%，管束直径为 25～75mm，管长与管径比为 20～40。溶液的循环速度在 0.1～0.5 m/s 以下。

中央循环管式蒸发器具有结构紧凑、制造方便和操作可靠等优点。缺点是其循环速度较低，设备的清洗和检修也不够方便。

(2)悬筐式蒸发器

悬筐式蒸发器的结构与中央循环管式蒸发器相似，其加热室像个悬筐，悬挂在壳体的下部，并可由顶部取出，便于清洗和更换，如图 5 - 3 所示。蒸发器中溶液的循环是沿加热室与壳体间的环隙通道下降，而沿加热管束上升，形成自然循环。一般环形截面积为加热管截面积的 100%～150%，循环速度比标准式蒸发器大，为 1.0～1.5 m/s。

悬筐式蒸发器适用于蒸发易结垢或有晶体析出的溶液。其缺点是结构复杂，单位传热面需要的设备材料量较大。

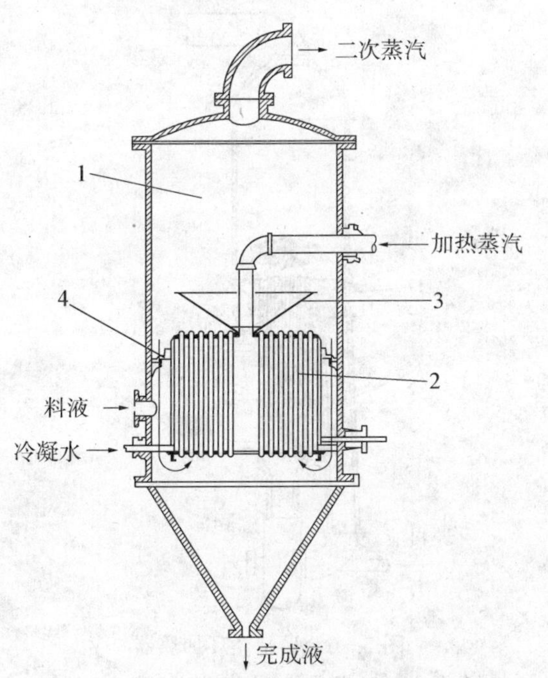

图 5 - 3　悬筐式蒸发器

1—加热蒸汽管；2—加热室；3—除沫器；4—液沫回流管

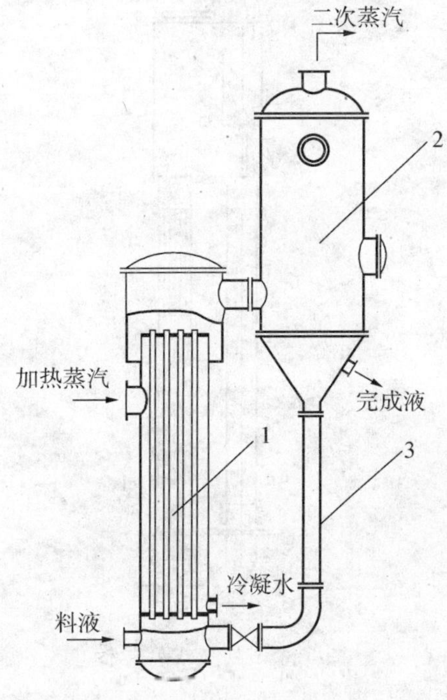

图 5 - 4　外热式蒸发器

1—加热室；2—蒸发室；3—循环管

(3)外热式蒸发器

外热式蒸发器的结构如图 5 - 4 所示。其特点是加热室与分离室分开，便于清洗和更换。这种结构有利于降低蒸发器的总高度，所以可以采用较长的加热管(管长与管径之比为50～100)。并且，因循环管内的溶液不被加热，故溶液的循环速度大，可达 1.5 m/s。

(4)列文式蒸发器

图 5 - 5 所示为列文式蒸发器示意图，其主要特点是加热室在液层深处，其上部增设

直管段作为沸腾室。加热室中的溶液由于受到附加液柱的作用，沸点升高使溶液不在加热室中沸腾。当溶液上升到沸腾室时，压强降低，开始沸腾。这种蒸发器的循环管不被加热，使溶液循环的推动力较大，循环管的高度一般为7～8 m，其截面积约为加热管总截面积的200%～350%，故循环管内的流动阻力较小，循环速度可达2～3 m/s。

列文式蒸发器的优点是循环速度大，传热效果较好，由于溶液在加热管中部沸腾，可避免在加热管中析出晶体，故适用于处理有晶体析出或易结垢的溶液。其缺点是设备庞大，需要厂房高。此外，由于液层静压强高，故需要加热蒸汽的压强较高。

(5)强制循环型蒸发器

强制循环型蒸发器的结构如图5-6所示。与上述几种自然循环蒸发器不同，强制循环蒸发器是在外热式蒸发器的循环管上设置循环泵，使溶液沿一定方向以较高速度循环流动，增大了传热系数。循环速度可达1.8～5 m/s。

这种蒸发器的优点是传热系数大，对于粘度较大或易结垢、结晶的物料，适应性较好，但其动力消耗较大。

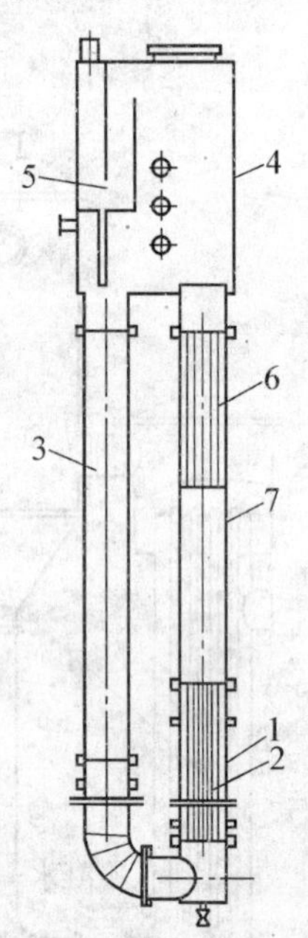

图5-5 列文式蒸发器

1—加热室；2—加热管；3—循环管；4—蒸发室；5—除沫器；6—挡板；7—沸腾室

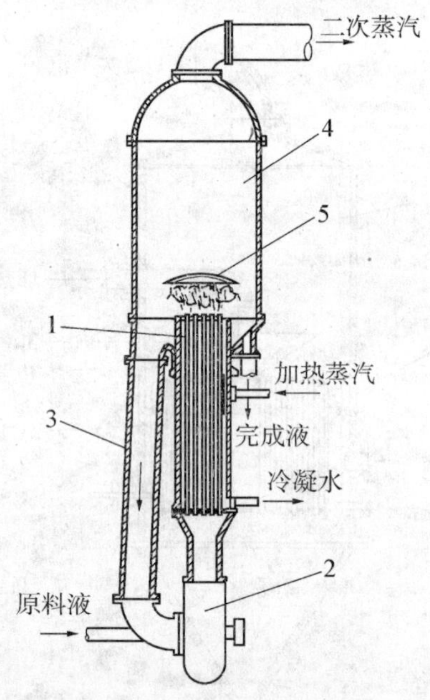

图5-6 强制循环加热器

1—加热管；2—循环泵；3—循环管；4—蒸发室；5—除沫器

2. 单程型蒸发器

单程型蒸发器的基本特点是，溶液以膜状形式通过加热管，经过一次蒸发即可达到所需要的浓度，因此溶液在蒸发器内的停留时间短，适用于热敏性物料的蒸发。

根据蒸发器内液体流动方向及成膜原因的不同，单程型蒸发器有升膜型蒸发器、降膜型蒸发器、升一降膜式蒸发器和刮板式蒸发器等类型。

(1)升膜式蒸发器

升膜式蒸发器的结构如图5-7所示。其加热室由垂直长管组成，管长3～10 m，直径25～50 mm。管长和管径比为100～150。原料液经预热后由蒸发器底部进入，在加热管内，溶液受热沸腾后迅速汽化，所生成的二次蒸汽在管内以高速上升，带动液体沿管内壁呈膜状向上流动。溶液自蒸发器底部上升至顶部的过程中逐渐被增浓，进入分离室后，完成液与二次蒸汽分离，由分离室底部排出。此类蒸发器需要妥善地设计和操作，使加热管内上升的二次蒸汽具有较高的速度，从而获得较高的传热系数，使溶液一次通过加热管即达到规定的浓度要求。在常压下，加热管出口处的二次蒸汽速度以保持 20～50 m/s 为宜。

升膜式蒸发器适用于处理蒸发量较大(即稀溶液)、热敏性及易起泡沫的溶液，但不适宜用于处理粘度大于 0.05 Pa·s、易结晶和结垢的溶液。

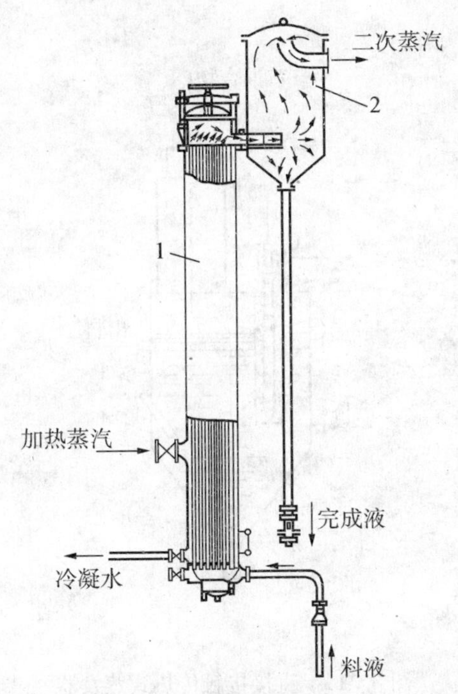

图 5-7　升膜式蒸发器

1—蒸发器；2—分离室

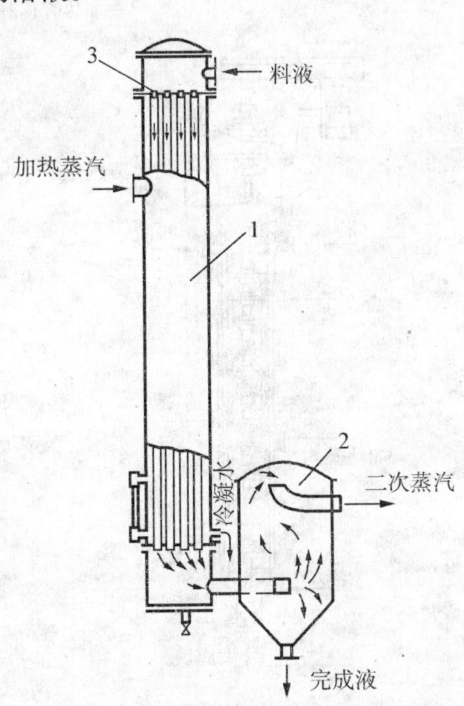

图 5-8　降膜式蒸发器

1—蒸发器；2—分离室；3—布膜器

(2)降膜式蒸发器

降膜式蒸发器如图 5-8 所示。原料液由加热室的顶部加入，经液体布膜器分布后，在重力作用下沿管内壁呈膜状向下流动，在下流的过程中被蒸发浓缩。气液混合物由加热管底部进入分离室，经气液分离后，完成液由分离器底部排出。

为使溶液在加热管内壁均匀成膜，在每根加热管的顶部均需设置液体布膜器。布膜器的形式有多种，图 5-9 为较常用的三种。图 5-9a 有螺旋型沟槽圆柱体作为导流管，液体沿沟槽旋转下流分布在整个管内壁上；图 5-9b 的导流管下部为圆锥体，锥体底部向下内凹，以免沿锥体斜面流下的液体再向中央聚集；图 5-9c 中，液体是通过齿缝沿加热管内壁成膜状下降。

降膜式蒸发器适用于处理浓度较高的溶液及粘度较大的物料(0.05～0.45 Pa·s)，但不适宜处理易结晶的溶液，此时形成均匀的液膜较为困难，传热系数较小。

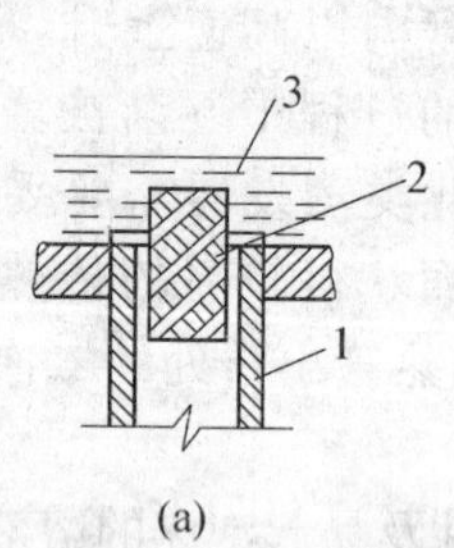

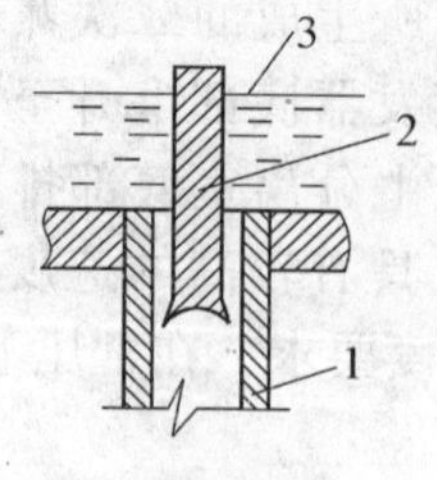

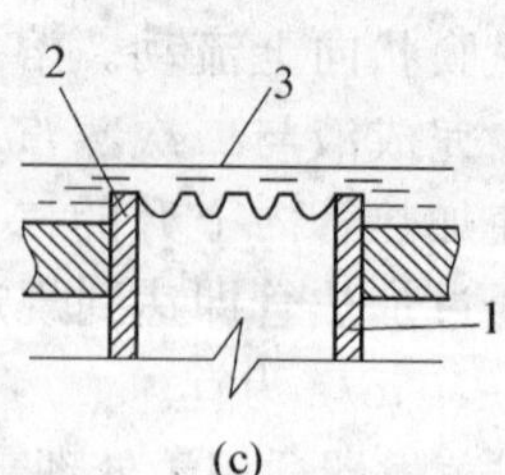

图 5－9　降膜蒸发器的布膜器

1—加热管；2—导流管；3—旋液分配头

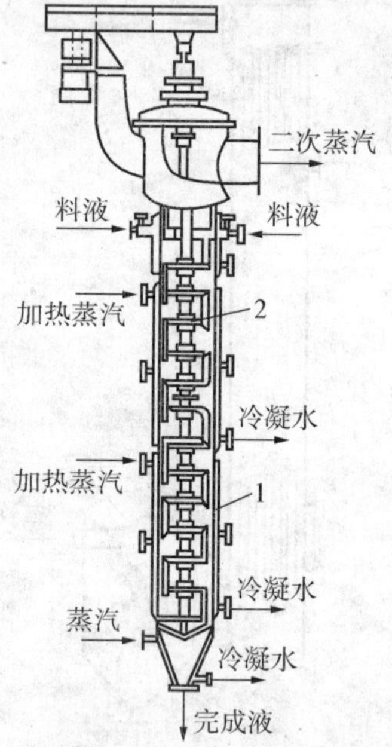

图 5－10　旋转刮片式蒸发器

1—夹套；2—刮板

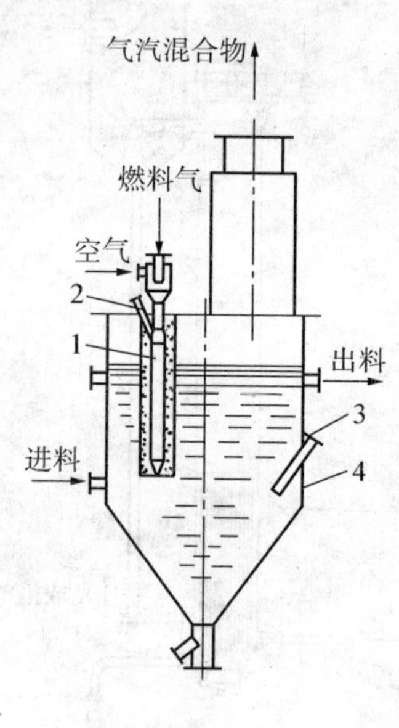

图 5－11　直接接触传热式蒸发器

1—燃烧室；2—点火管；

3—测温管；4—外壳

(3)旋转刮板式蒸发器

图 5－10 为旋转刮板式蒸发器示意图。蒸发器的加热管是一根较粗的直立圆管，中、下部设有两个夹套进行加热，圆管中心装有旋转刮板，刮板借旋转离心力紧压于液膜表面。

原料液自顶部进入蒸发器后，在刮板的搅动下分布于加热管壁，并形成旋转下降的薄膜。汽化的二次蒸汽在加热管上端无夹套部分被旋转刮板除去液沫，然后由上部抽出并加以冷凝，完成液由蒸发器底部排出。

旋转刮板式蒸发器是借外力强制原料液成膜状流动，可适用于高粘度、易结晶、结垢的浓溶液的蒸发。在某些场合下，可将溶液蒸干，而由底部直接获得粉末状固体产物。但其缺点是结构复杂，制造要求高，加热面不大，且需消耗一定的动力。

3. 直接接触传热的蒸发器

除上述间壁式传热的蒸发器外，在生产中有时还应用直接接触传热的蒸发器，如浸没燃烧蒸发器，其结构如图 5-11 所示。它是将烧料(通常是煤气或重油)与空气混合后燃烧产生的高温烟气直接喷入被蒸发的溶液中，高温烟气与溶液直接接触，使得溶液迅速沸腾汽化。蒸发出的水分与烟气一起由蒸发器的顶部直接排出。

通常这种蒸发器的燃烧室在溶液中的深度为 200～600 mm，燃烧室内高温烟气的温度可达 1 000 ℃以上，但由于气液直接接触时传热速度快，气体离开液面时只比溶液温度高出 2～4 ℃。燃烧室的喷嘴因在高温下使用，较易损坏，故应选用耐高温和耐腐蚀的材料制作，结构上应考虑便于更换。

浸没燃烧蒸发器的优点是结构简单、传热效率高，特别适用于处理易结晶、结垢或有腐蚀性的物料的蒸发。目前，在废酸处理和硫酸铵盐溶液的蒸发中，已广泛采用此种蒸发器。其缺点是不能用于处理被烟气污染的物料，而且它的二次蒸汽也很难再利用。

5.2.2 蒸发辅助设备

蒸发器的辅助设备主要有除沫器、冷凝器、疏水器和真空装置等。

1. 除沫器

蒸发所产生的二次蒸汽中，往往夹带着大量大小不同的液滴，需进一步分离以防止有用产品的损失或冷凝液被污染，因此需在蒸发器的顶部或外部设置除沫器。除沫器可分为蒸发室内除沫器和室外除沫器两种形式。

用在蒸发器内的除沫器有直接装在蒸发室上部的惯性式除沫器、折流式除沫器、金属丝网除沫器、离心式除沫器等，如图 5-12a～d 所示。

惯性式除沫器是利用改变蒸汽的速度与方向，使被夹带的密度较大的液滴由于惯性作用附着在器壁上，靠重力流回蒸发器内，而蒸汽则由于改变了流动方向，而与液滴分离。

折流式除沫器与惯性式的作用原理相同，是使二次蒸汽通过许多曲折通道，液滴在通道的垂直壁面及曲折处聚集后，顺壁流下，得以分离。

金属丝网除沫器是使气流通过多层金属丝网，使液滴附着在丝网表面上而被除去。在雾沫量不很大的情况下，可达到 99%的除雾效率。

离心式除沫器是使气流通过径向排列的螺旋状叶片做旋转运动，由于惯性离心力作用液滴被甩到器壁而流下，从而达到气液分离的目的。

用于装在蒸发器外部的除沫器有冲击式除沫器、旋风分离器、离心式分离器等，如图 5-12e～g 所示。

2. 冷凝器

蒸汽冷凝器的作用是用冷却水将二次蒸汽冷凝。冷凝器的结构有间接式和直接式两种，间接式冷凝器即用间壁式换热器将蒸汽冷凝，冷凝液可作为产品回收。如果二次蒸汽不需要回收，则可采用直接接触式冷凝器，直接通冷却水与二次蒸汽直接接触进行热交换，将蒸汽冷凝后排走。这种冷凝器也称为混合式冷凝器，其冷凝效果好，结构简单，造价低，因此被广泛采用。

图 5-13 为逆流高位混合式冷凝器，顶部用冷却水喷淋，使之与二次蒸汽直接接触将其冷凝。这种冷凝器一般均在负压下操作，为将混合冷凝后的水排出，冷凝器的安装必须足够高，冷凝器底部所连接的长管称为大气腿。

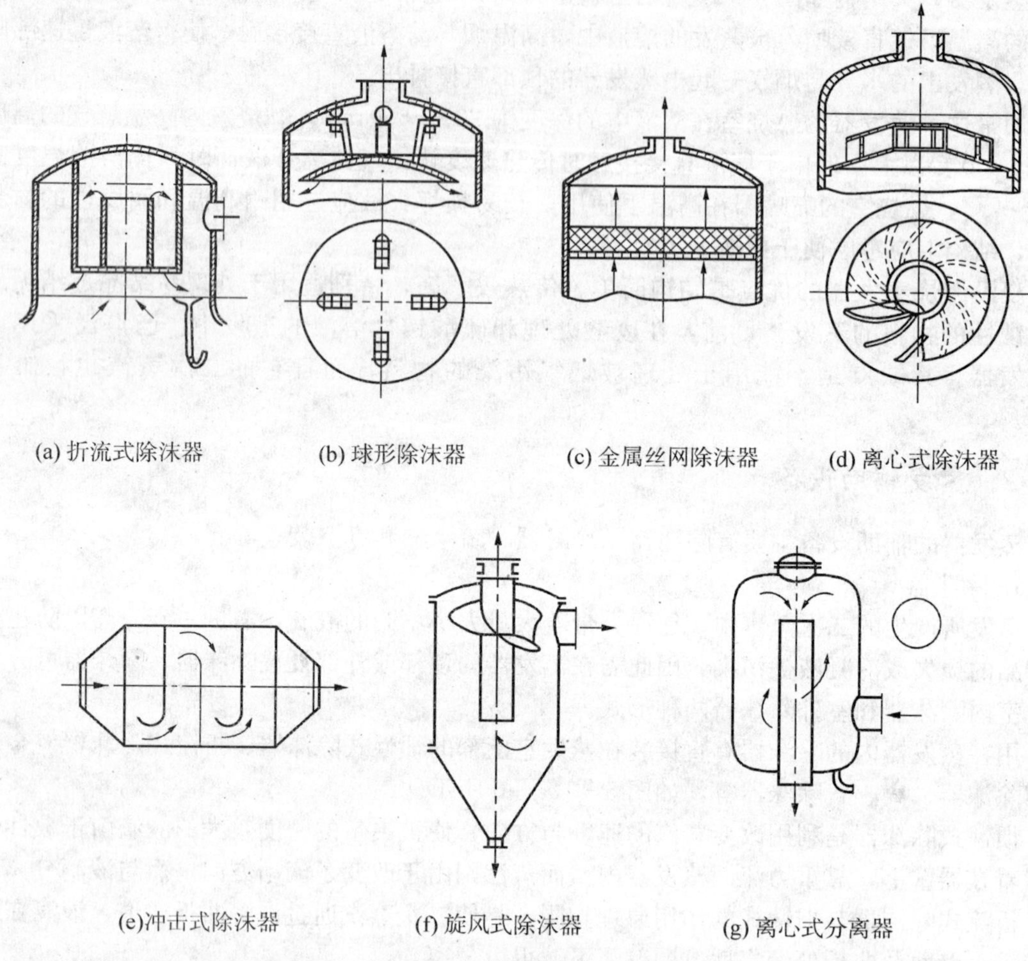

(a) 折流式除沫器　(b) 球形除沫器　(c) 金属丝网除沫器　(d) 离心式除沫器

(e)冲击式除沫器　(f) 旋风式除沫器　(g) 离心式分离器

图 5-12　除沫器的主要形式

3. 疏水器

蒸发器的加热室与其他蒸汽加热设备一样，均需附设疏水器。疏水器的作用是将冷凝水及时排除，且能防止加热蒸汽由排出管逃逸而造成浪费。此外，疏水器的结构应便于排除不凝性气体。

工业上使用的疏水器有多种不同结构，按其启闭的作用原理大致分机械式、热膨胀式和热动力式等类型。热动力式疏水器的体积小、造价低，其应用广泛。

图 5-14 所示为目前常用的一种热动力式疏水器。温度较低的冷凝水在加热蒸汽压强的推动下流入图中的通道 1，将阀片顶开，由排水孔 2 流出。当冷凝液趋于排尽，排出液夹带的蒸气较多，温度升高，促使阀片上方的背压升高。同时，蒸汽加速流过阀片与底座之间的环隙造成减压，阀片由于自重及上、下压差的作用而自动落下，切断进出口之间的通道。经某短时间后，因为疏水器向周围环境散热，阀片上方背压室内的蒸汽部分冷凝，背压下降，阀片重新开启，实现周期性地排水。

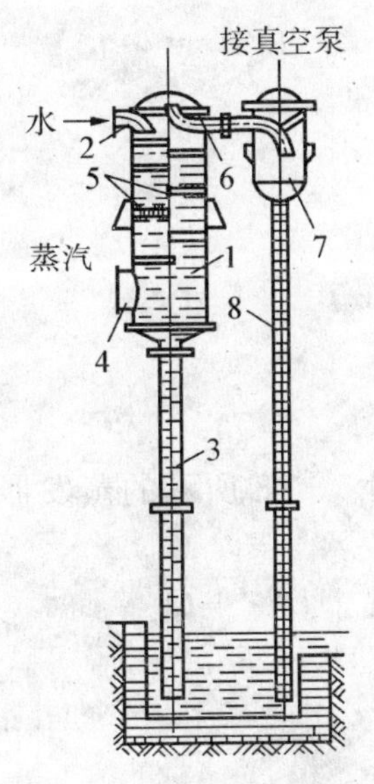

图 5 - 13 逆流高位冷凝器

1—外壳；2—进水口；3，8—气压管；4—蒸气进口；5—淋水板；6—不凝性气体导管；7—分离器

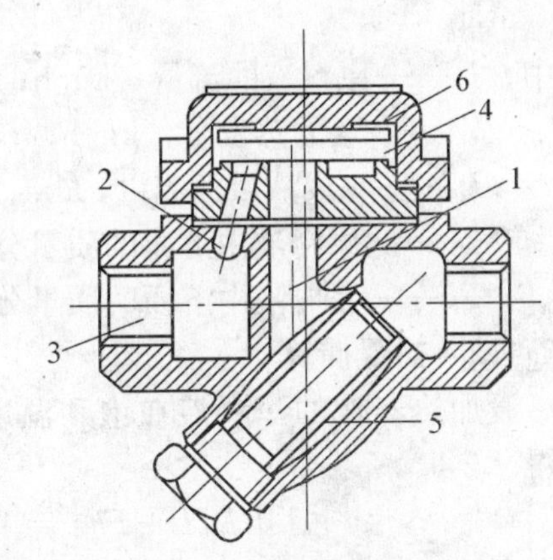

图 5 - 14 热动力式疏水器

1—冷凝水入口；2—冷凝水出口；3—排出管；4—变压室；5—滤网；6—阀片

4. 真空装置

当蒸发器采用减压操作时，无论采用哪一种冷凝器，均需在冷凝器后安装真空装置，将冷凝液中的不凝性气体抽出，从而维持蒸发器所需的真空度。常用的真空装置有喷射泵、往复式真空泵及水环式真空泵等。

5.3 蒸发过程的计算

蒸发过程的计算基础主要是物料衡算、热量衡算和传热速率方程的具体运用。下面就单效蒸发和多效蒸发分别进行说明。

5.3.1 单效蒸发计算

对于单效蒸发通常给定的生产任务和操作条件有：原料液的进料量、温度和浓度，完成液的浓度，加热蒸汽的压强和冷凝器的操作压强，要求确定：

①水的蒸发量或完成液的量；

②加热蒸汽的消耗量；

③蒸发器的传热面积。

5.3.1.1 物料衡算

如图 5 - 15 所示的连续稳态单效蒸发过程，由于溶质在蒸发过程中不挥发，单位时间进入和离开蒸发器的数量应相等，即

$$Fx_0 = (F - W)x_1 = Lx_1$$

由上式可得水的蒸发量及完成液的质量分数分别为

$$W = F\left(1 - \frac{x_0}{x_1}\right) \tag{5-1}$$

$$x_1 = \frac{Fx_0}{F-W} \tag{5-2}$$

式中，F——原料液的流量，kg/h；

W——水的蒸发量，kg/h；

L——完成液量的流量，$L=F-W$，kg/h；

x_0——原料液中溶质的质量分数；

x_1——完成液中溶质的质量分数。

5.3.1.2 热量衡算

设加热蒸汽的冷凝液在饱和温度下排出，对如图 5-15 所示的蒸发器作热量衡算，可得

$$DH + Fh_0 = WH' + (F-W)h_1 + Dh_w + Q_L \tag{5-3}$$

或
$$Q = D(H-h_w) = WH' + (F-W)h_1 - Fh_0 + Q_L \tag{5-3a}$$

式中，Q——蒸发器的热负荷或传热速率，kJ/h；

D——加热蒸汽消耗量，kg/h；

H——加热蒸汽的焓，kJ/kg；

h_0——原料液的焓，kJ/kg；

h_w——冷凝水的焓，kJ/kg；

h_1——完成液的焓，kJ/kg；

H'——二次蒸汽的焓，kJ/kg；

Q_L——蒸发器的热损失，kJ/h。

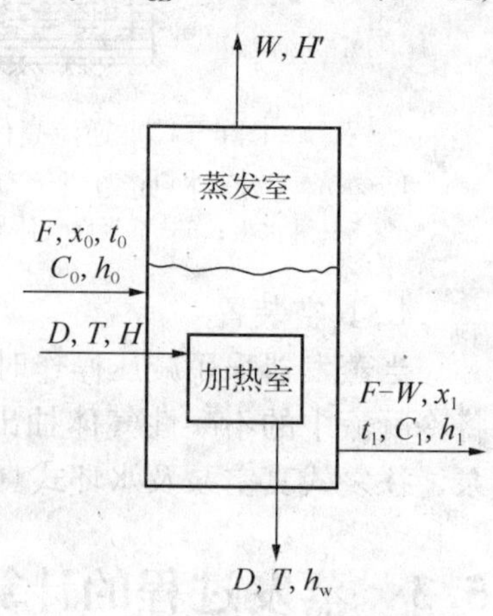

图 5-15 单效蒸发的物料衡算和热量衡算

由式(5-3)或式(5-3a)可知，若各物流的焓值已知及热损失给定，则可求出加热蒸汽量 D 以及蒸汽的热负荷 Q。

因为溶液的焓值是其浓度和温度的函数。对于不同种类的溶液，其焓值与浓度和温度的函数关系存有很大的差异。所以，在应用式(5-3)或式(5-3a)计算 D 时，可按如下两种不同情况考虑。

1. 可忽略溶液稀释热的情况

大多数溶液属于这种情况。例如，许多无机盐的水溶液在中等浓度时，其稀释的热效应均较小。对于这种溶液，其焓值可由比热容近似计算。若以 0℃的溶液为基准，则

$$h_0 = c_0 t_0 \tag{5-4}$$

$$h_1 = c_1 t_1 \tag{5-4a}$$

将上两式代入式(5-3a)得

$$Q = D(H-h_w) = WH' + (F-W)c_1 t_1 - Fc_0 t_0 + Q_L \tag{5-3b}$$

式中，t_0——原料液的温度，℃；

t_1——完成液的温度，℃；

c_0——原料液的比热容，kJ/(kg·℃)；

c_1——完成液的比热容，kJ/(kg·℃)。

当溶液溶解的热效应不大时，其比热容可近似按线性加合原则，由水的比热容和溶质的比热容加合计算，写为

$$c_0 = c_w(1-x_0) + c_B x_0 \tag{5-5}$$

$$c_0 = c_w(1-x_1) + c_B x_1 \tag{5-5a}$$

式中，c_w——水的比热容，kJ/(kg·℃)；

c_B——溶质的比热容，kJ/(kg·℃)。

又将式(5-5)与式(5-5a)联立求解消去 c_B 并代入式(5-2)中，可得

$$(F-W)c_1 = Fc_0 - Wc_w$$

再将上式代入式(5-3b)中，整理可得

$$\begin{aligned} D(H-h_w) &= WH' + (Fc_0 - Wc_w)t_1 - Fc_0 t_0 + Q_L \\ &= W(H' - c_w t_1) + Fc_0(t_1 - t_0) + Q_L \end{aligned} \tag{5-6}$$

因假定加热蒸汽的冷凝水在饱和温度下排出，故上式中的 $(H-h_w)$ 即为加热蒸汽的汽化潜热，可写为

$$H - h_w = H - c_w T = r$$

式(5-6)中二次蒸汽的焓 H' 取决于蒸发室内溶液的沸点和压强。由于溶液中存有溶质，溶液的沸点高于相同压强下水的沸点，因此溶液沸腾汽化出来的蒸汽相对于水来说不是饱和蒸汽而是过热蒸汽。故 H' 可由下式求出：

$$H' = H'_s + c_w(t_1 - T')$$

式中，H'_s——蒸发器操作压强为 p' 时饱和蒸汽的焓，kJ/kg；

T'——操作压强为 p' 时饱和蒸汽的温度,℃。

作为近似，H' 也可取温度为 t_1 的饱和水蒸气的焓。由于 $c_w t_1$ 为在水中 t_1 下的焓，故式(5-6)中的 $(H' - c_w t_1)$ 为水在 t_1 下的汽化热 r'，即

$$H' - c_w t_1 \approx r'$$

式中，r——加热蒸汽的汽化潜热，kJ/kg；

r'——二次蒸汽在 t_1 下的汽化潜热，kJ/kg。

这样一来，式(5-6)可改写为

$$D = \frac{Wr' + Fc_0(t_1 - t_0) + Q_L}{r} \tag{5-7}$$

由式(5-7)可见，加热蒸汽放出的热量用于：①原料液由 t_0 升温到沸点 t_1；②使水在 t_1 下汽化成二次蒸汽；③热损失。

若原料液在沸点下进入蒸发器且可忽略热损失，由式(5-7)可得单位蒸汽消耗量 e 为

$$e = \frac{D}{W} = \frac{r}{r'} \tag{5-8}$$

一般水的汽化潜热随压强变化不大，即 $r \approx r'$，故 $D \approx W$ 或 $e=1$。也就是说采用单效蒸发，理论上每蒸发 1 kg 水约需 1 kg 加热蒸汽。但实际上，由于溶液的热效应和热损失等因素，e 值约为 1.1 或更大。

【例 5-1】 在稳态连续操作的单效蒸发器中，将 2 500 kg/h 的某种无机盐溶液由 10%(质量分数，下同)，浓缩至 30%。蒸发器的操作压强为 40 kPa(绝压)，相应的溶液沸点为 80℃。加热蒸汽的压强为 200 kPa(绝压)。已知原料液的比热容为 3.77 kJ/(kg·℃)，蒸发器的热损失为 12 500 W。设溶液的稀释热可以忽略，试求：(1)水的蒸发量；(2)原料液分别为 30℃、80℃和 120℃时的单位蒸汽消耗量。

解 (1)水的蒸发量为

$$W=F\left(1-\frac{x_0}{x_1}\right)=2\,500\times\left(1-\frac{0.1}{0.3}\right)=1\,667(\text{kg/h})$$

(2)单位蒸汽消耗量

由附录五查得压强为200 kPa 加热蒸汽和温度为80℃的饱和水蒸气的汽化潜热分别为2 205 kJ/kg 和 2 308 kJ/kg。

①原料液温度为30℃时，蒸汽的消耗量为

$$\begin{aligned}D&=\frac{Wr'+Fc_0(t_1-t_0)+Q_L}{r}\\&=\frac{1\,667\times2\,308+2\,500\times3.77\times(80-30)+12\,500\times3\,600/1\,000}{2\,205}\\&=1\,979(\text{kg/h})\end{aligned}$$

单位蒸汽消耗量

$$e=\frac{D}{W}=\frac{1\,979}{1\,667}=1.19$$

②原料液温度为80℃时，蒸汽的消耗量为

$$D=\frac{1\,667\times2\,308+12\,500\times3\,600/1\,000}{2\,205}=1\,765(\text{kg/h})$$

单位蒸汽消耗量

$$e=\frac{D}{W}=\frac{1\,765}{1\,667}=1.06$$

③原料液温度为120℃时，蒸汽的消耗量为

$$D=\frac{1\,667\times2\,308+2\,500\times3.77(80-120)+12\,500\times3\,600/1\,000}{2\,205}=1\,594(\text{kg/h})$$

单位蒸汽消耗量

$$e=\frac{D}{W}=\frac{1\,594}{1\,667}=0.96$$

2. 溶液稀释热不可忽略的情况

有些溶液(如 $CaCl_2$、NaOH 等)在稀释时其放热效应非常显著。因而在蒸发时，作为溶液稀释的逆过程，除了提供水分蒸发所需的汽化潜热外，还需提供与稀释热效应相等的浓缩热。溶液浓度越大，这种影响更为显著。对于这类溶液，其焓值不能按上述简单的比热容加合方法计算，需由专门的焓浓图查得。

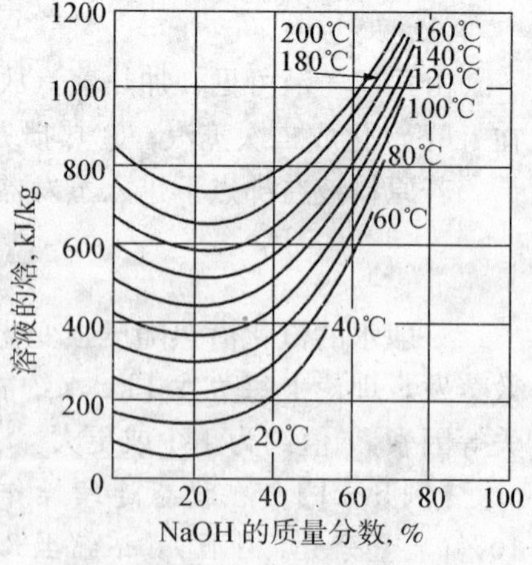

图 5-16 氢氧化钠的焓浓图

一般溶液的焓浓图由实验测定。图 5-16 所示为以0℃为基准温度的 NaOH 水溶液的焓浓图。由图可见，当有明显的稀释热时，溶液的焓是浓度的高度非线性函数。对于这类稀释热不能忽略的溶液，加热蒸汽的消耗量应直接按式(5-3a)计算，即

$$D=\frac{WH'+(F-W)h_1-Fh_0+Q_L}{r} \tag{5-3b}$$

【例5-2】 在一连续操作的单效蒸发器中，将2500 kg/h的NaOH水溶液由20%（质量分数，下同），浓缩至50%。已知原料液温度为60℃，蒸发在减压下操作，蒸发器内的操作真空度为53 kPa(绝压)。已知在此真空下50%的NaOH水溶液的平均沸点为120℃。加热蒸汽的压强为400 kPa(绝压)，冷凝水在饱和温度下排出。设蒸发器的热损失为12 000 W，求(1)水蒸发量；(2)单位加热蒸汽消耗量。

解 (1)水蒸发量

$$W=F\left(1-\frac{x_0}{x_1}\right)=2\,500\times\left(1-\frac{0.2}{0.5}\right)=1\,500(\text{kg/h})$$

(2)加热蒸汽消耗量

由于NaOH水溶液的稀释热不能忽略，加热蒸汽消耗量需用式(5-3b)计算，即

$$D=\frac{WH'+(F-W)h_1-Fh_0+Q_L}{r}$$

由图5-16查得60℃时20%的NaOH水溶液的焓 h_0 =220 kJ/kg，120℃时50%的NaOH水溶液的焓 h_1 =610 kJ/kg。

由附录五查得压强为400 kPa加热蒸汽的冷凝热 r=2140 kJ/kg；温度为120℃的饱和水蒸气的焓 H' =2708.9 kJ/kg。将上述数据代入求解可得加热蒸汽消耗量为

$$D=\frac{1\,500\times2\,708.9+(2\,500-1\,500)\times610-2\,500\times220+12\,000\times3\,600/1\,000}{2\,140}$$

$$=2\,461(\text{kg/h})$$

$$e=\frac{D}{W}=\frac{2\,461}{1\,500}=1.64$$

本例的单位蒸汽消耗量大，这是因为NaOH水溶液的浓缩热较大，一部分加热蒸汽被用于浓缩时溶液的吸热所致。

5.3.1.3 传热速率方程式

蒸发器的传热速率方程式与热交换设备的传热速率方程式形式上相同，即

$$Q=KS\Delta t_m \tag{5-9}$$

式中，Q——蒸发器的热负荷，W；

K——蒸发器的总传热系数，W/(m²·℃)；

S——蒸发器的传热面积，m²；

Δt_m——传热的平均温度差，℃。

蒸发器的热负荷 Q 可通过对加热器作热量衡算求得。当忽略加热器的热损失，那么 Q 为加热蒸汽冷凝放出的热量，可写为

$$Q=D(H-h_w)=Dr \tag{5-10}$$

下面主要讨论蒸发器的 Δt_m 和 K 的计算。

1. 传热的平均温度差

蒸发器加热室的一侧为蒸汽冷凝，另一侧为溶液沸腾，其传热的平均温度差为

$$\Delta t_m=T-t_1 \tag{5-11}$$

式中，T——加热蒸汽的温度，℃；

t_1——操作条件下溶液的沸点,℃。

在蒸发过程的计算中，一般给定的条件是加热蒸汽的压强(或温度 T)和冷凝器内的操作压强。由给定冷凝器内的操作压强，则可定出二次蒸汽的温度，但它并不就是操作条件下溶液的沸点 t_1。下面主要讨论溶液的沸点 t_1 的确定。

溶液中由于含有不挥发的溶质，在相同条件下，其蒸汽压比纯水的低，所以溶液的沸点要比纯水的高，两者之差称为因溶液蒸汽压下降而引起的沸点升高。如常压下 20%的 NaOH 水溶液的沸点为 108.06 ℃，而水的沸点为 100 ℃，此时溶液的沸点升高 8.06 ℃。一般稀溶液和有机溶液的沸点升高值较小，而无机盐溶液的沸点升高值较大，有时高达数十度。

沸点升高对蒸发操作的有效温度差不利，例如，用 120 ℃的饱和水蒸气分别加热质量分率为 20%的 NaOH 水溶液和纯水，并使之沸腾，有效温度差分别为

20%的 NaOH 水溶液　　$120-108.06=11.94$(℃)

纯水　　$120-100=20$(℃)

可见，由于沸点升高现象，使相同条件下蒸发溶液时的有效温度差减少 8.06 ℃，正好与溶液沸点升高值相等，故沸点升高又称为温度差损失。

通常蒸发器内溶液的沸点升高(或温度差损失)由如下三部分组成，即

$$\Delta=\Delta'+\Delta''+\Delta''' \tag{5-12}$$

式中，Δ——温度差损失,℃；

Δ'——由于溶质的存在引起的沸点升高,℃；

Δ''——由于液柱静压强引起的沸点升高,℃；

Δ'''——由于管路流动阻力引起的沸点升高,℃。

(1)由于溶质的存在引起的沸点升高 Δ'

溶液的沸点升高主要与溶液类别、组成及操作压强有关，一般由实验测定。常压下某些无机盐水溶液的沸点升高与组成的关系见附录十一。

蒸发操作常常在加压或减压下进行，故必须求出各种组成的溶液在不同压强下的沸点。当缺乏实验数据时，可用如下经验式近似估算溶液的沸点升高，即

$$\Delta'=f\Delta_a' \tag{5-13}$$

式中，Δ'——操作压强下由于溶质的存在引起的沸点升高,℃；

Δ_a'——常压下(101.3 kPa)由于溶质的存在引起的沸点升高,℃。

f——校正系数，其经验计算式为

$$f=\frac{0.0162(T'+273)^2}{r_s'} \tag{5-14}$$

式中，T'——操作压强下水的沸点,℃；

r_s'——操作压强下水的汽化热，kJ/kg。

Δ'值也可用杜林规则(Duhring's rule)估算。杜林规则表明，溶液的沸点和相同压强下标准溶液沸点呈线性关系。由于容易获得纯水在各种压强下的沸点，故一般选用纯水为标准溶液。根据杜林规则，以某种溶液的沸点为纵坐标，以同压强下的水的沸点为横坐标作图，可得一直线，直线的斜率为

$$k=\frac{t_A'-t_A}{t_w'-t_w} \tag{5-15}$$

式中，k——杜林直线斜率，量纲为1；

t'_A，t'_w——分别为压强 p' 下溶液的沸点和纯水的沸点，℃；

t_A，t_w——分别为压强 p 下溶液的沸点和纯水的沸点，℃。

或可将直线方程写为

$$t_A = kt_w + m \tag{5-16}$$

故只要已知溶液在两个不同压强下的沸点，就可求得杜林直线的斜率，从而可求出任何压强下溶液的沸点。

图 5-17 为 NaOH 水溶液杜林线图。图中每一条直线代表某一浓度下该溶液在不同压强下的沸点。由图 5-17 可知，当溶液的浓度较低时，各浓度下杜林直线的斜率几乎平行，这表明在任何压强下，NaOH 水溶液的沸点升高基本上是相同的。

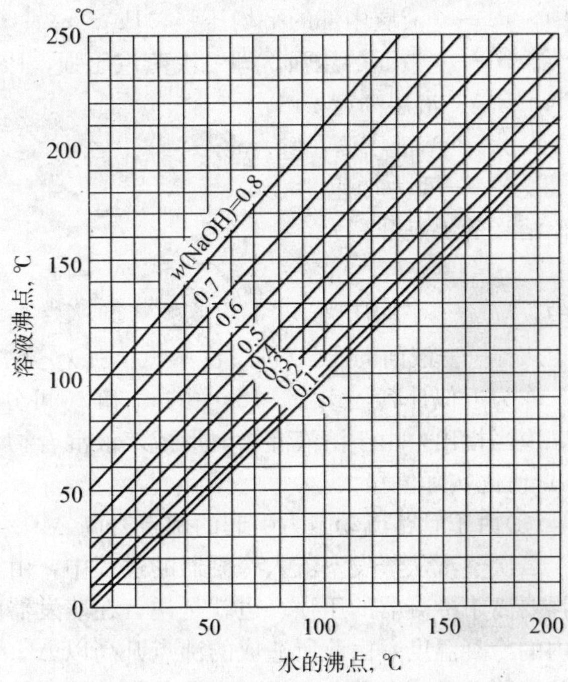

图 5-17　氢氧化钠水溶液的杜林线图

【例 5-3】 采用中央循环管蒸发器，对 NaOH 稀溶液进行浓缩。已知分离室内的操作压强为 50 kPa(绝压)，完成液中 NaOH 的质量分数为 20%。试求操作条件下溶液的沸点升高及沸点。

解　(1)用经验式(5-13)求解

由附录五查得水的有关数据为：

常压(101.3 kPa)下，沸点为100℃；50 kPa(绝压)压强下，沸点为81.2℃，汽化热为2304.5 kJ/kg。

由附录十一查得压强在 101.3 kPa 下 20%NaOH 溶液的沸点为 108.06℃，故常压下该溶液的沸点升高为

$$\Delta_a' = 108.06 - 100 = 8.06(℃)$$

压强为 50 kPa 下溶液的沸点升高为

$$\Delta' = f\Delta_a' = \frac{0.0162(T'+273)^2}{r_s'}\Delta_a' = \frac{0.0162(81.2+273)^2}{2304.5} \times 8.06 = 7.11(℃)$$

此时溶液的沸点为

$$t_A = 81.2 + 7.11 = 88.31(℃)$$

(2)用杜林规则

已知 50 kPa 压强下水的沸点为 81.2℃，在图 5-17 的横坐标上可定出温度为 81.2℃ 的点，由此点向上作垂线交于质量分数为 20% 的杜林线，再由该交点对应于纵坐标查得温度为 88℃，此温度即为 20%NaOH 溶液在 50 kPa 压强下的沸点。故沸点升高为

$$\Delta' = 88 - 81.2 = 6.8(℃)$$

计算表明，两种方法所求结果差别不大。

(2)由液柱静压强引起的沸点升高 Δ''

某些蒸发器的加热管内积有一定高度的液层，液层内各截面上的压强大于液体表面压强，因此液层内溶液的沸点高于液面的沸点。液层内部沸点与液面的沸点之差即为液柱静压强引起的沸点升高 Δ''。为简便计，以液层中部点处的压强代表整个液层的平均压强 p_m 及其相应的沸点 t_{am} 为准，根据流体静力学方程，中部的平均压强为

$$p_m = p' + \frac{\rho g L}{2} \tag{5-17}$$

式中，p_m——液层中部的平均压强，Pa；

p'——液面的压强，即二次蒸汽压强，Pa；

L——液层高度，m；

ρ——溶液密度，kg/m^3；

g——重力加速度，m/s^2。

溶液的沸点升高为

$$\Delta'' = t_{am} - t_A \tag{5-18}$$

式中，t_{am}——平均压强 p_m 下溶液的沸点，℃；

t_A——液面的压强(即二次蒸汽压强)p'下溶液的沸点，℃。

作为近似计算，式(5-18)中的 t_{am} 和 t_A 可分别用相应压强下水的沸点代替。

应当指出，由于溶液沸腾时形成气液混合物，其密度大为减小，因此按上述公式求出的 Δ'' 值比实际值稍大。

(3)由于管路流动阻力引起的沸点升高 Δ'''

二次蒸汽从蒸发室流入冷凝器的过程中，由于管路阻力，其压强下降，故蒸发器内的压强要高于冷凝器的压强。也就是说，在蒸发器内压强下的二次蒸汽的冷凝温度高于冷凝器内的冷凝温度，由此所造成的沸点升高以 Δ''' 表示。Δ''' 与二次蒸汽在管路中的流速、物性及管路的尺寸有关，但很难定量分析，一般取经验值为 1～1.5℃。对于多效蒸发，效间的沸点升高通常取 1℃。

需要指出，在蒸发的计算中，溶液的沸点是基本数据。溶液的温度差损失不仅是计算沸点所必需的，而且对选择加热蒸汽的压强(或其他加热介质的种类和温度)也是很重要的。例如，若温度差损失很大时，沸点就很高，因而必须相应地提高加热蒸汽的压强，以保证具有必要的传热温度差。

【例 5-4】 某垂直长管蒸发器用以增浓 NaOH 水溶液，蒸发器内的液面高度约 3m。已知完成液的浓度为 50%(质量分数)，密度为 1 500 kg/m^3，加热用饱和蒸汽的压强为 300 kPa(表压)，冷凝器的真空度为 53 kPa。求传热温度差。

解 由附录五查得水蒸气的饱和温度为

表压为 300 kPa 下 $T = 143.5$℃

绝对压强为 48.3 kPa(101.3－53＝48.3 kPa)下 $t_w = 80.1$℃

蒸发器内液体充分混合，器内溶液浓度即为完成液浓度。据经验，二次蒸汽从蒸发室流到冷凝器由于流动阻力存在所引起的沸点升高取为 Δ'''＝1℃，那么蒸发室内溶液沸点为(80.1＋1)＝81.1℃。由图 5-17 杜林线图查得水的沸点为 81.1℃时 50%NaOH 溶液的沸点为 120℃。故溶液的沸点升高为

$$\Delta' = 120 - 80.1 = 39.9(℃)$$

由于液面高度为 3 m，液层中部的平均压强 p_m 为

$$p_m = p' + \frac{\rho g L}{2} = 48.3 \times 10^3 + \frac{1\,500 \times 9.81 \times 3}{2} = 70.4 \times 10^3 (\text{Pa})$$

在此压强下水的沸点可查得为 90 ℃，故因液柱静压强引起的沸点升高为

$\Delta'' = 90 - 80.1 = 9.9(℃)$（$t_{am}$ 和 t_A 分别用相应压强下水的沸点代替计算）

温度差损失为

$$\Delta = \Delta' + \Delta'' + \Delta''' = 39.9 + 9.9 + 1 = 50.8(℃)$$

有效传热温度差为

$$\Delta t_m = T - t_1 = 143.5 - (80.1 + 50.8) = 12.6(℃)$$

2. 总传热系数

蒸发器的总传热系数 K 与传热过程中的计算公式相同，即

$$K = \frac{1}{\frac{1}{\alpha_o} + R_{So} + \frac{b}{\lambda}\frac{d_o}{d_o} + R_{Si}\frac{d_o}{\alpha_i d_i} + \frac{d_o}{\alpha_i d_i}} \tag{5-19}$$

式中，α_i，α_o——分别为管内和管外流体的对流传热系数，W/(m^2·℃)；

R_{Si},R_{So}——分别为管内和管外的垢层热阻，(m^2·℃)/W；

d_i,d_o,d_m——分别表示管子的内径、外径及平均直径，m；

b——管壁厚度，m；

λ——管材的导热系数，W/(m·℃)。

但管内溶液沸腾传热系数影响因素较多，如蒸发器的形式、结构、料液在管内的流动方式、物料的性质以及蒸发的操作条件等。由于管内溶液沸腾传热的复杂性，现有的计算关联式的准确性较差。下面介绍几种常用的蒸发器管内沸腾传热系数的经验关联式，可供设计计算时参考。

(1)自然循环蒸发器

当溶液在加热管进口处的速度较低(短管 0.2 m/s 左右、长管 0.4～0.9 m/s)时，可用下式计算：

$$\alpha_i = 0.008\frac{\lambda_L}{d_i}\left(\frac{d_i u_m \rho_L}{\mu_L}\right)^{0.8}\left(\frac{c_{pL}\mu_L}{\lambda_L}\right)^{0.6}\left(\frac{\sigma_w}{\sigma_L}\right)^{0.38} \tag{5-20}$$

式中，α_i——管内液体的沸腾传热系数，W/(m^2·℃)；

d_i——加热管内径，m；

u_m——平均流速，即加热管进、出口处液体流速的对数平均值，m/s；

μ_L——液体粘度，Pa. s；

λ_L——液体的导热系数，W/(m·℃)；

ρ_L——液体的密度，kg/m^3；

c_{pL}——液体的质量定压热容，kJ/(kg·℃)；

σ_w——水的表面张力，N/m；

σ_L——溶液的表面张力，N/m。

式(5-20)适用于中央循环管式蒸发器的常压操作，当压力过高或真空度较高时，则

误差较大。

(2)强制循环蒸发器

由于在强制循环蒸发器中加热管内液体无沸腾区，故可用无相变时管内强制湍流对流传热系数关联式，即

$$\alpha_i = 0.023\frac{\lambda_L}{d_i}Re_L^{0.8}Pr_L^{0.4} \tag{5-21}$$

实验表明，式(5-21)的 α_i 计算值比实验值约低25%。

(3)升膜蒸发器

在热负荷较低(表面蒸发)时

$$\alpha_i = (1.3+128d_i)\frac{\lambda_L}{d_i}\cdot Re_L^{0.23}\cdot Re_V^{0.34}\cdot\left(\frac{\rho_L}{\rho_V}\right)^{0.25}Pr_L^{0.9}\left(\frac{\mu_V}{\mu_L}\right) \tag{5-22}$$

式中，Pr_L——料液在平均沸点下的普兰德数，$Pr_L=\frac{c_{pL}\mu_L}{\lambda_L}$，量纲为1；

Re_L——液膜雷诺数，$Re_L=\frac{d_i u_L\rho_L}{\mu_L}=\frac{4W}{n\pi d_i\mu_L}$，量纲为1；

Re_V——气膜雷诺数，$Re_V=\frac{d_i u_V\rho_V}{\mu_V}=\frac{d_i q}{r\mu_V}$，量纲为1；

其中 W——单位时间内溶液通过沸腾管的总质量，kg/s；

q——热通量，W/m^2；

u_L——液体的表观流速，m/s；

u_V——气体的表观流速，m/s；

d_i——管内径，m。

在热负荷较高(核状沸腾)时

$$\alpha_i = 0.225\varphi_s\frac{\lambda_L}{d_i}\cdot Re_V^{0.69}\cdot Pr_L^{0.69}\left(\frac{\rho_L}{\rho_V}-1\right)^{0.23}\left(\frac{pd_i}{\sigma_L}\right)^{0.31} \tag{5-23}$$

式中，φ_s——沸腾管材质的校正系数，钢、铜为1，不锈钢、铬、镍为0.7，磨光表面为0.4；

p——绝对压强，Pa。

式(5-22)是在小于或等于25.4 mm的管内的减压条件下获得的结果，其误差为±20%。式(5-23)适用于常压和减压沸腾情况，其误差为±20%。

(4)降膜蒸发器

当 $\frac{M}{\mu_L}\leqslant 0.61\left(\frac{\mu_L^4 g}{\rho_L\sigma^3}\right)^{-\frac{1}{11}}$ 时

$$\alpha_i = 1.163\left(\frac{\lambda_L^3 g\rho_L^2}{3\mu_L^2}\right)^{\frac{1}{3}}\left(\frac{M}{\mu_L}\right)^{-\frac{1}{3}} \tag{5-24}$$

当 $0.61\left(\frac{\mu_L^4 g}{\rho_L\sigma^3}\right)^{-\frac{1}{11}}<\frac{M}{\mu_L}\leqslant 1450\left(\frac{c_{pL}\mu_L}{\lambda_L}\right)^{-1.06}$ 时

$$\alpha_i = 0.705\left(\frac{\lambda_L^3 g\rho_L^2}{\mu_L^2}\right)^{\frac{1}{3}}\left(\frac{M}{\mu_L}\right)^{-0.24} \tag{5-25}$$

当 $\frac{M}{\mu_L}>1450\left(\frac{c_{pL}\mu_L}{\lambda_L}\right)^{-1.06}$ 时

$$\alpha_i = 7.69\times10^{-3}\left(\frac{\lambda_L^3 g\rho_L^2}{\mu_L^2}\right)^{\frac{1}{3}}\left(\frac{c_{pL}\mu_L}{\lambda_L}\right)^{0.65}\left(\frac{M}{\mu_L}\right)^{0.4} \tag{5-26}$$

式中，M——单位时间内流过单位管子周边的溶液质量，即 $M=\frac{W}{n\pi d_i}$，kg/(m·s)；其中 n 为蒸发器中加热管根数。

由于 α_i 的关联式计算结果往往与实际偏差较大，工业设计时，总传热系 K 值大多根据实测或经验值选定。表 5-1 列出了一些蒸发器 K 值的经验数据范围，可供设计时参考。

表 5-1　常用蒸发器总传热系数 K 的经验值

蒸发器形式	总传热系数 K，W/(m²·K)
垂直短管型：中央循环管式、悬筐式	800～2 500
垂直长管型：自然循环型	1 000～3 000
强制循环型	2 000～10 000
旋转刮膜式：液体粘度　1mPa·s	2 000
100mPa·s	1 500
10 000 mPa·s	600

3. 传热面积

在蒸发器的热负荷 Q、传热的有效温度差 Δt_m 及总传热系数 K 确定后，蒸发器的传热面积为

$$S=\frac{Q}{K\Delta t_m} \tag{5-9a}$$

【例 5-5】　用一连续操作的单效标准蒸发器，将质量分数为 10% 的 Na_2SO_4 水溶液浓缩至 30%，进料量为 2 500 kg/h，沸点进料。加热介质为 300 kPa(绝压)的饱和水蒸气，冷凝器的操作压强为 50 kPa(绝压)。在操作条件下，蒸发器的总传热系数 $K=1\,000$ W/(m²·℃)，溶液的平均密度为 1 206 kg/m³。冷凝水在饱和温度下排出，热损失为12 000 W，估计蒸发器中液面高度为 2 m。试求：

(1)水的蒸发量；

(2)加热蒸汽用量；

(3)蒸发器所需的传热面积。

解　(1)水的蒸发量为

$$W=F\left(1-\frac{x_0}{x_1}\right)=2\,500\times\left(1-\frac{0.2}{0.5}\right)=1\,500(\text{kg/h})$$

(2)加热蒸汽用量

因沸点进料，式(5-7)可写为

$$D=\frac{Wr'+Q_L}{r}$$

其中，r 为加热蒸汽的汽化热，由附录五可查得在 300 kPa(绝压)下 $r=2\,168$ kJ/kg，

$T=133.3$℃。r' 为溶液沸点下二次蒸汽的汽化热，需先计算出溶液沸点才能查出。

已知冷凝器的操作压强为 50 kPa(绝压)，在这压强下水蒸气的冷凝温度 $t_w=81.2$℃。若取二次蒸汽从蒸发室流入冷凝器过程中因流动阻力引起的沸点升高 $\Delta'''=1$℃，那么蒸发室内二次蒸汽的冷凝温度为(81.2+1)=82.2℃，相应的操作压强为 $p'=52$ kPa 及其汽化热 $r'_s=2\,304$ kJ/kg。

由附录十一查得常压下(101.3 kPa)质量分数为 30% 的 Na_2SO_4 水溶液的沸点为 103.1 ℃，故

$$\Delta'_a = 103.1 - 100 = 3.1(℃)$$

压强为 $p' = 52$ kPa 下的沸点升高为

$$\Delta' = f\Delta_a{}' = \frac{0.016\,2(T'+273)^2}{r'_s}\Delta_a = \frac{0.016\,2(82.2+273)^2}{2304}\times 3.1 = 2.75(℃)$$

故液面上溶液的沸点为

$$t_A = 82.2 + 2.75 = 85(℃)$$

液层的平均压强为

$$p_m = p' + \frac{\rho g L}{2} = 52\times 10^3 + \frac{1\,206\times 9.81\times 2}{2} = 63.8\times 10^3(\text{Pa})$$

由附录五查得在 63.8 kPa 下水蒸气的温度为 87.2℃，故因液柱静压强引起的沸点升高为

$$\Delta'' = 87.2 - 85 = 2.2(℃)$$

温度差损失为

$$\Delta = \Delta' + \Delta'' + \Delta''' = 2.75 + 2.2 + 1 = 6(℃)$$

溶液的平均沸点为

$$t_1 = 81.2 + 6 = 87.2(℃)$$

作为近似计算，r' 可取 t_A 温度下水蒸气的汽化热，也可取 t_1 温度下的值 $r'=2\,294$ kJ/kg。所以

$$D = \frac{Wr' + Q_L}{r} = \frac{1\,500\times 2\,294 + 12\,000\times 3\,600/1\,000}{2\,168} = 1\,607(\text{kg/h})$$

(3)蒸发器所需的传热面积

传热的有效温度差为

$$\Delta t_m = 133.3 - 87.2 = 46.1(℃)$$

所以

$$S = \frac{Q}{K\Delta t_m} = \frac{Dr}{K\Delta t_m} = \frac{1\,607\times 2\,168\times 10^3}{3\,600\times 1\,000\times 46.1} = 21(\text{m}^2)$$

5.3.2 多效蒸发

5.3.2.1 操作流程

蒸发装置的操作费用主要是汽化大量溶剂(水)所需消耗的热量。通常将每 kg 加热蒸气所能蒸发的水量称为蒸汽的经济性，它是蒸发操作是否经济的重要标志。在图 5-1 所示的单效蒸发中，单位蒸汽消耗量大于 1，即每蒸发 1 kg 水需消耗 1 kg 以上的加热蒸气。故此，对于大规模的工业蒸发过程，如果采用单效操作显然需消耗大量的加热蒸汽，这在

经济上是不合理的。所以，工业上多采用多效蒸发操作。

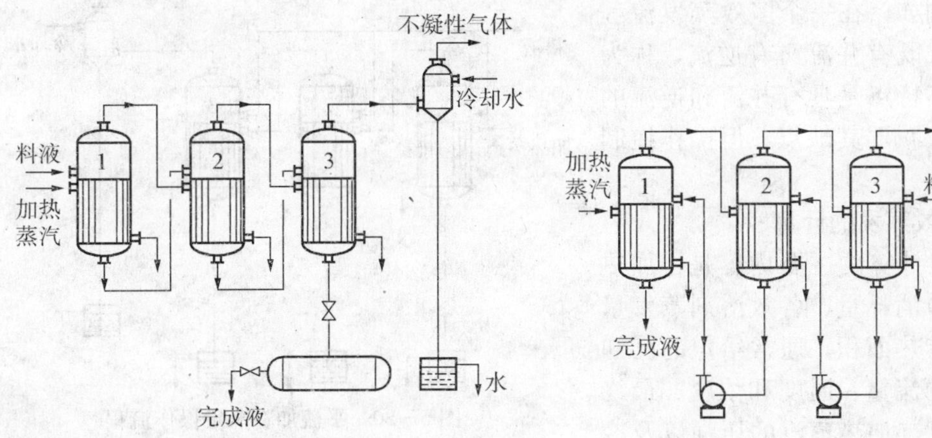

图 5－18　并流加料蒸发操作流程

图 5－19　逆流加料蒸发操作流程

在多效蒸发中，各效的操作压强依次降低，各效加热蒸汽温度及溶液的沸点亦依次降低。因此，只有当提供的新鲜加热蒸汽的压强较高或末效采用真空的条件下，多效蒸发才是可行的。以三效蒸发为例(参见图 5－18)，若第一效的加热蒸汽为低压蒸汽(如常压)，显然末效(第三效)应在真空下操作，才能使各效间维持一定的压强差及温度差；反之，若末效在常压下操作，则要求第一效的加热蒸汽有较高的压强。

蒸发的操作流程指的是多效蒸发中蒸发器的数目及其组合排列方式、物料和蒸汽的流向以及附属设备的安排等。

多效蒸发的操作流程根据加热蒸汽与料液的流向不同，可分为并流、逆流和平流三种基本操作流程。下面以三效为例作简要说明。

1. 并流流程

并流流程是工业上最常见的典型流程，如图 5－18 所示。此时，溶液与蒸汽的流动方向相同，均由第一效顺序流至末效。由于前效压强较后效高，料液可借此压强差自动地流向后一效而无需泵送。同时，当前一效溶液流入温度和压强较低的后一效时，会产生自蒸发(闪蒸)，因而可多产生一部分二次蒸汽。此法的操作简便，工艺条件稳定。但由于溶液的浓度会逐效增高，以至于末效浓度高、温度低、粘度大、传热系数下降，往往需要较前几效更大的传热面积。因此，对于随浓度的增加其粘度变化很大的料液不宜采用并流操作。

2. 逆流流程

逆流流程如图 5－19 所示。由图可以看出，溶液与蒸汽的流动方向相反，各效溶液的浓度和温度对液体粘度的影响大致相抵消，各效的传热系数大致相同。但由于溶液在各效的流动是由低压流向高压，由低温流向高温，故必须用泵输送。

逆流流程适合于粘度随温度和浓度变化较大的溶液，但不适用于处理热敏性物料。

3. 平流流程

平流流程是指原料液平行加入各效，完成液也分别自各效排出。蒸汽的流向仍由第一效流向末效。如图 5－20 所示为平流加料的三效流程。这种流程适用于有结晶析出的物料。例如，某些无机盐溶液的蒸发，由于过程中析出结晶而不便于在效间输送，故宜采用此法。平流流程也可用于同时浓缩两种以上的水溶液的体系。

此外，工业生产中有时还有一些其他的流程。例如，在一个多效蒸发流程中，加料方式既有并流又有逆流，称为错流流程。其特点是具有并流和逆流的优点而避免或减弱其缺点，但操作控制比较复杂。

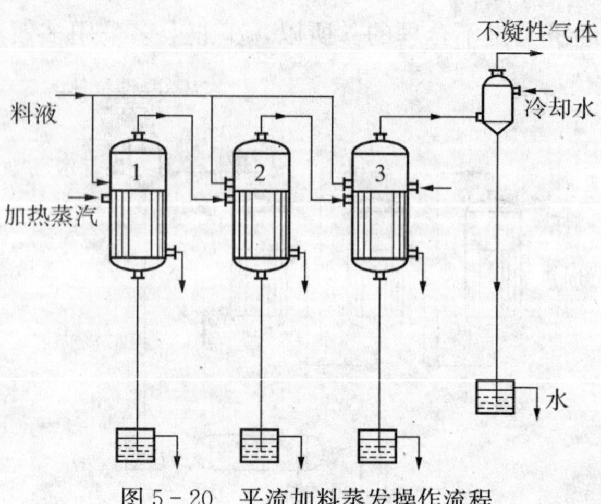

图 5-20　平流加料蒸发操作流程

5.3.2.2　多效蒸发的计算

多效蒸发计算的主要内容是：加热蒸汽(生蒸汽)消耗量、各效溶剂蒸发量及其各效的传热面积。通常给定的已知条件是料液的流量、温度和浓度、最终完成液的浓度、加热蒸汽的压强以及冷凝器的压强等。

多效蒸发计算的依据仍然是物料衡算、热量衡算和传热速率三个基本方程式。然而，由于在多效蒸发中，随着效数的增加，变量的个数增多，而且基本方程组的非线性，使得其计算过程远比单效蒸发复杂。目前已提出了多种多效蒸发的求解方法，读者可参阅有关专著。下面仅介绍一种常用的试差法。

1. 计算基础

今以图 5-21 所示的并流 n 效蒸发为例进行讨论。

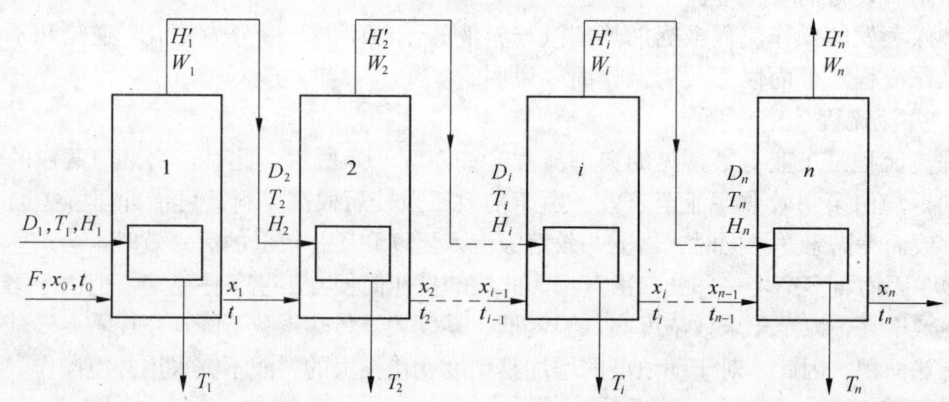

图 5-21　n 效并流蒸发流程图

图中及以下公式中主要符号的意义：

F ——原料处理量，kg/h；

x_0 ——原料液中溶质的质量分数，量纲为 1；

t_0 ——原料液的温度，℃；

h_0 ——原料液的焓，kJ/kg；

D_1 ——加热蒸汽(生蒸汽)的消耗量，kg/h；

p_1 ——加热蒸汽(生蒸汽)的压强，Pa；

T_1 ——加热蒸汽(生蒸汽)的温度,℃;

H_1 ——加热蒸汽(生蒸汽)的焓, kJ/kg;

W ——总蒸发量, kg/h;

W_i ——第 i 效的蒸发量, kg/h, ($i=1,2,\cdots,n$);

t_i ——第 i 效溶液的沸点,℃, ($i=1,2,\cdots,n$);

h_i ——第 i 效溶液的焓, kJ/kg, ($i=1,2,\cdots,n$);

H'_i ——第 i 效的二次蒸汽的焓, kJ/kg, ($i=1,2,\cdots,n$);

p'_i ——第 i 效的二次蒸汽的压强, Pa, ($i=1,2,\cdots,n$);

A_i ——第 i 效蒸发器的传热面积, m^2, ($i=1,2,\cdots,n$)。

(1)物料衡算方程

对图 5-21 所示的整个蒸发系统作溶质的物料衡算,可得

$$F \cdot x_0=(F-W)\,x_n \tag{5-27}$$

或写成

$$W=F\left(1-\frac{x_0}{x_n}\right) \tag{5-27a}$$

由于

$$W=W_1+W_2+\cdots+W_n \tag{5-28}$$

故对任一效 i 作溶质的物料衡算,可得

$$F \cdot x_0=(F-W_1-W_2-\cdots-W_i)x_i \quad (i=1,2,\cdots,n) \tag{5-29}$$

由上式可得任一效 i 中料液的质量分数为

$$x_i=\frac{F \cdot x_0}{F-W_1-W_2-\cdots-W_i} \quad (i=1,2,\cdots,n) \tag{5-30}$$

在以上各式中,总蒸发量 W 可由已知量求出,但各效的蒸发量 W_i 和各效的质量分数 x_i 均为未知量,需要与热量衡算方程式联立求解。

(2)热量衡算方程式

参见图 5-21 对每一效作热量衡算。假定加热蒸汽的冷凝液在饱和温度下排出,且蒸发器的热损失可忽略,则有

第 1 效:

$$F \cdot h_0+D_1(H_1-h_w)=(F-W_1)h_1+W_1 \cdot H'_1 \tag{5-31}$$

对于溶液的稀释热可以忽略的情况,采用与单效蒸发的热量衡算相同的推导方法,可将式(5-31)写为

$$D_1=\frac{W_1 r'_1+Fc_0(t_1-t_0)}{r_1} \tag{5-32}$$

及

$$Q_1=D_1 \cdot r_1 \tag{5-33}$$

式中, r'_1 ——第 1 效二次蒸汽的汽化热, kJ/kg;

r_1 ——加热蒸汽(生蒸汽)的汽化热, kJ/kg。

第 2 效(无额外蒸汽引出时):

$$W_1=\frac{W_2 r'_2+(Fc_0-W_1 \cdot c_w)(t_2-t_1)}{r_2} \tag{5-34}$$

及

$$Q_2=W_1 \cdot r'_1 \tag{5-35}$$

$$r_2=r'_1 \tag{5-36}$$

$$\vdots$$

第 i 效(无额外蒸汽引出时):

$$W_{i-1}=\frac{W_i r'_i}{r_i}+\frac{(Fc_0-W_1\cdot c_w-W_2\cdot c_w-\cdots-W_{i-1}\cdot c_w)(t_i-t_{i-1})}{r_i} \tag{5-37}$$

及

$$Q_i=W_{i-1}\cdot r'_{i-1} \tag{5-38}$$

$$r_i=r'_{i-1} \tag{5-39}$$

在上述热量衡算中，若需考虑溶液的稀释热和蒸发器的热损失等，可在式(5-37)中引入热利用系数 η_i，即

$$W_{i-1}=\eta_i\left[\frac{W_i r'_i}{r_i}+\frac{(Fc_0-W_1\cdot c_w-W_2\cdot c_w-\cdots-W_{i-1}\cdot c_w)(t_i-t_{i-1})}{r_i}\right] \tag{5-37a}$$

η_i 值根据经验选取，一般为0.96～0.98。溶液的稀释热愈大，η_i 愈小。NaOH溶液的 η_i 可按下列经验式计算，即

$$\eta_i=0.98-0.7\Delta x_i \tag{5-40}$$

式中，Δx_i ——第 i 效蒸发器中溶液含量(质量分数)的变化，量纲为1。

(3)传热速率方程式

任一效 i 的传热速率方程可写为

$$Q=K_iS_i\Delta t_i \quad (i=1,2,\cdots,n) \tag{5-41}$$

式中，Q——第 i 效的传热速率，W；

K_i ——第 i 效的总传热系数，W/(m^2·℃)；

S_i ——第 i 效的传热面积，m^2；

Δt_i ——第 i 效的有效温度差,℃。

(1)各效有效温度差 Δt_i 与总有效温度差 $\sum\Delta t_m$

多效蒸发装置中，前效二次蒸汽经管路送至后效作为加热蒸汽，由于管道流动阻力而使二次蒸汽的压强稍有下降，蒸汽温度相应下降，这种由管路阻力损失而引起的温度差损失为 Δ'''。前已述及，由于 Δ''' 的计算相当繁琐，一般可取0.5～1.5℃，则第 i 效加热蒸汽的温度为

$$T_i=T_{i-1}-\Delta'''_i \tag{5-42}$$

故蒸发器的有效传热温差为

$$\Delta t_i=T_i-t_{wi}$$

故

$$\Delta t_i=T_{i-1}-\Delta'''_i-t_{wi} \tag{5-43}$$

溶液的沸点可写为

$$t_{wi}=T_i+\Delta'_i+\Delta''_i$$

所以

$$\Delta t_i=T_{i-1}-T_i-(\Delta'_i+\Delta''+\Delta'''_i)=T_{i-1}-T_i-\Delta_i \tag{5-44}$$

式中，T_i ——第 i 效的二次蒸汽温度,℃；

Δ_i ——第 i 效的总温差损失($\Delta_i=\Delta'_i+\Delta''_i+\Delta'''_i$),℃。

因此，多效蒸发的总有效温度差可写为

$$\sum_{i=1}^{n}\Delta t_m=\Delta t_1+\Delta t_2+\cdots+\Delta t_n=T-T_n-\sum_{i=1}^{n}\Delta_i \tag{5-45}$$

式中，T——第一效加热蒸汽温度,℃；

T_n ——末效加热蒸汽温度,℃。

(2)有效温差的分配

当多效蒸发的总蒸发量、加热蒸汽和冷凝器中的压强均给定的条件下，各效有效温度差之间的关系受传热速率方程所制约，不能任意规定。以三效蒸发为例，各效有效温差可写出为

$$\Delta t_1 = \frac{Q_1}{K_1 S_1}, \quad \Delta t_2 = \frac{Q_2}{K_2 S_2}, \quad \Delta t_3 = \frac{Q_3}{K_3 S_3} \tag{5-46}$$

或写为

$$\Delta t_1 : \Delta t_2 : \Delta t_3 = \frac{Q_1}{K_1 S_1} : \frac{Q_2}{K_2 S_2} : \frac{Q_3}{K_3 S_3} \tag{5-47}$$

由此可知，若各效的总传热系数 K 已知(或给定)，各效有效温度差之间的关系(也就是说总有效温度差在各效的分配)取决于各效的传热面积。在进行蒸发设计时，可以按照各效传热面积相等的原则，也可按照各效传热面积之和为最小的原则进行有效温度差的分配。通常为了制造和安装的方便，常采用各效的传热面积相等原则，即 $S_1 = S_2 = \cdots = S_i = \cdots = S_n$ ，故此上式可写为

$$\Delta t_1 : \Delta t_2 : \Delta t_3 = \frac{Q_1}{K_1 S} : \frac{Q_2}{K_2 S} : \frac{Q_3}{K_3 S} \tag{5-47a}$$

3. 计算方法与步骤

若规定各效蒸发器的传热面积相等，试差法求解的步骤大体如下：

(1)计算总蒸发量 W

总蒸发量 W 可由式(5－27a)求出。

(2)设定各效蒸发量 W_i 的初值

各效蒸发量 $W_i (i = 1,2,\cdots,n)$ 的初值一般按各效蒸发量相等的原则初步设定，即

$$W_1 = W_2 = \cdots = W_n \tag{5-48}$$

若并流操作，因有自蒸发现象，凭经验各效蒸发量之比可假定为

$$W_1 : W_2 : W_3 : W_4 = 1 : 1.1 : 1.2 : 1.3 \tag{5-49}$$

由上述方法设定了各效蒸发水量的初值后，可按式(5－30)求出各效完成液的浓度 $x_i (i = 1,2,\cdots,n)$ 。

(3)设定各效操作压强的初值

一般加热蒸汽压强 p_1 和末效冷凝器的压强 p_n 是给定的，作为初值，其他各效压强可按等压强降来设定。即取相邻两效间的压强降为

$$\Delta p = \frac{p_1 - p_n}{n} \tag{5-50}$$

式中，p_1 ——加热蒸汽压强，Pa；

p_n ——末效冷凝器的压强，Pa；

n ——效数。

所以，任一效 i 的压强为

$$p'_i = p_i - i\Delta p \quad (i = 1,2,\cdots,n) \tag{5-51}$$

(4)确定各效溶液的沸点及其有效温度差

根据步骤(3)假设的各效压强值和步骤(2)求出的各效溶液的浓度值，确定各效的温度差

损失 Δ_i 和溶液的沸点 $t_i(i=1,2,\cdots,n)$，然后可由式(5-45)求出总有效温度差 $\sum\Delta t_m$。

(5)求加热蒸汽量和各效蒸发量

联立求解热量衡算式(5-32)至式(5-39)，求出加热蒸汽用量 D_i 和各效蒸发量 $W_i(i=1,2,\cdots,n)$。

(6)求各效的传热面积

由式(5-41)计算各效的传热面积 $S_i(i=1,2,\cdots,n)$。

(7)核算计算结果

对比计算的 W_i 值与初设值是否相等，各效的传热面积 S_i 是否相等，若不相等，应重设初值，方法如下：

①以当前的 W_i 计算值作为下一次计算的初值；

②重新分配各效的有效温度差；以三效蒸发为例，设 $\Delta t_i'$ 表示各效传热面积相等的温度差，则由式(5-41)写出

$$\Delta t_1'=\frac{Q_1}{K_1S},\quad \Delta t_2'=\frac{Q_2}{K_2S},\quad \Delta t_3'=\frac{Q_3}{K_3S} \tag{5-52}$$

式(5-46)与式(5-52)比较得

$$\Delta t_1'=\frac{S_1\Delta t_1}{S},\quad \Delta t_2'=\frac{S_2\Delta t_2}{S},\quad \Delta t_3'=\frac{S_3\Delta t_3}{S} \tag{5-53}$$

故总有效温度差为

$$\sum_{i=1}^{n}\Delta t_m=\Delta t_1'+\Delta t_2'+\Delta t_3'=\frac{S_1\Delta t_1+S_2\Delta t_2+S_3\Delta t_3}{S}$$

那么，其平均传热面积为

$$S=\frac{S_1\Delta t_1+S_2\Delta t_2+S_3\Delta t_3}{\sum\limits_{i=1}^{n}\Delta t_m} \tag{5-54}$$

因此，对于 n 效蒸发，其平均传热面积

$$S=\frac{\sum\limits_{i=1}^{n}S_i\Delta t_i}{\sum\Delta t_m} \tag{5-54a}$$

这样一来，利用式(5-54)或式(5-54a)可计算调整后的平均传热面积 S，然后，将其代入式(5-53)就可求出重新分配后的温度差。根据重新分配后的温度差，重复步骤(2)～(6)的计算，直至各效蒸发量的计算值与上一次所设的值相等，各效的传热面积相等为止。

【例 5-6】 设计一连续操作的两效并流蒸发装置，将质量分数为 0.1 的 NaOH 水溶液浓缩至 0.5。已知原料液量为 10 000 kg/h，沸点加料。加热蒸汽压强为 500 kPa(绝压)，冷凝器操作压强为 15 kPa(绝压)。两效的总传热系数分别为 1 170 W/(m² ·℃)和 700 W/(m² ·℃)，原料液的比热容为 3.77 kJ/(kg ·℃)，两效中溶液的平均密度分别为 1 120 kg/m³ 和 1 460 kg/m³，估计蒸发器中溶液的液面高度为 1.2 m，各效冷凝液均在饱和温度下排出。试求：

(1)总蒸发量和各效蒸发量；

(2)加热蒸汽用量；

(3)各效蒸发器所需传热面积(要求各效传热面积相等)。

解 (1)总蒸发量可由式(5-27a)求出

$$W=F(1-\frac{x_0}{x_n})=10\,000\times(1-\frac{0.1}{0.5})=8\,000(\mathrm{kg/h})$$

(2)各效的蒸发量的初值及其溶液的质量分数　由于并流进料，可假设

$$W_1:W_2=1:1.1$$

而 $W=W_1+W_2=8\,000$，可解得

$$W_1=\frac{8\,000}{2.1}=3\,810(\mathrm{kg/h})$$

$$W_2=8\,000\times1.1=4190(\mathrm{kg/h})$$

那么，利用式(5-30)可求出各效溶液的质量分数

$$x_1=\frac{F\cdot x_0}{F-W_1}=\frac{10\,000\times0.1}{10\,000-3810}=0.162$$

$$x_2=0.5$$

(3)设各效压强的初值，求各效溶液的沸点

$$\Delta p=\frac{(p_1-p_n)}{n}=\frac{500-15}{2}=242.5(\mathrm{kPa})$$

故

$$p'_1=500-1\times242.5=257.5(\mathrm{kPa})$$

$$p'_2=500-2\times242.5=15(\mathrm{kPa})$$

第1效：

①由 $p'_1=257.5\,\mathrm{kPa}$ 查附录五水蒸气表得二次蒸汽的冷凝温度 $T'_1=127.2$℃。再由此二次蒸汽的冷凝温度和第1效溶液的质量分数 $x_1=0.162$ 查图5-17得液面上溶液的沸点为136℃，故由于溶质存在的沸点升高为

$$\Delta'_1=136-127.2=8.8(℃)$$

②液层平均压强为

$$p_{\mathrm{m1}}=250+\frac{1\,120\times9.81\times1.2}{2\times1\,000}=257(\mathrm{kPa})$$

在此压强下查得水的沸点为128.1℃，故由于液柱静压强引起的沸点升高为

$$\Delta''_1=128.1-127.2=0.9(℃)$$

③取由于流动阻力引起的沸点升高为

$$\Delta'''_1=1(℃)$$

所以，第1效中溶液的沸点为

$$t_1=T'_1+\Delta_1=127.2+8.8+0.9+1=137.9(℃)$$

由水蒸气表查得压强为500 kPa(绝压)的加热蒸汽温度 $T=151.7$℃，故第1效有效传热温度差为

$$\Delta t_1=T-t_1=151.7-137.9=13.8(℃)$$

第2效：

①由 $p'_2=15\,\mathrm{kPa}$ 查水蒸气表得二次蒸汽的冷凝温度 $T'_2=53.5$℃。再由此二次蒸汽的冷凝温度和第2效溶液的质量分数 $x_2=0.5$ 查图5-17得液面上溶液的沸点为92℃，故由于溶质存在的沸点升高为

$$\Delta_2' = 92 - 53.5 = 38.5(℃)$$

②液层平均压强为

$$p_{m2} = 15 + \frac{1\,460 \times 9.81 \times 1.2}{2 \times 1\,000} = 23.6(kPa)$$

在此压强下查得水的沸点为62.4℃，故由于液柱静压强引起的沸点升高为

$$\Delta''_2 = 62.4 - 53.5 = 8.9(℃)$$

③取由于流动阻力引起的沸点升高为

$$\Delta'''_2 = 1℃$$

所以，第 2 效中溶液的沸点为

$$t_2 = T'_2 + \Delta_2 = 53.5 + 38.5 + 8.9 + 1 = 101.9(℃)$$

流入第 2 效二次蒸汽的温度 $T'_1 = 127.2$ ℃，故第 2 效有效传热温度差为

$$\Delta t_2 = T'_1 - t_2 = 127.2 - 101.9 = 25.3(℃)$$

(4)求加热蒸气用量及各效蒸发量

第 1 效：

由于沸点进料，故 $t_0 = t_1$；

热利用系数取

$$\eta_1 = 0.98 - 0.7\Delta x_1 = 0.98 - 0.7 \times (0.162 - 0.1) = 0.937$$

由水蒸气表查得，压强为 500 kPa(绝压)加热蒸汽的汽化热 $r_1 = 2\,113$ kJ/kg；$t_1 = 137.9$ ℃的二次蒸汽的汽化热为 $r'_1 = 2\,145$ kJ/kg。

将上述数据代入式(5-32)，并考虑热利用系数 η_1 可得

$$W_1 = \eta_1 D_1 \frac{r_1}{r'_1} = 0.937 \times \frac{2113}{2145} D_1 = 0.923 D_1 \tag{a}$$

第 2 效：

热利用系数取

$$\eta_2 = 0.98 - 0.7\Delta x_2 = 0.98 - 0.7 \times (0.5 - 0.162) = 0.743$$

$$r_2 \approx r'_1 = 2145\,kJ/kg$$

由水蒸气表查得 $t_2 = 101.9$ ℃的二次蒸汽的汽化热为 $r'_2 = 2\,260$ kJ/kg。

将上述数据代入式(5-37a)，可得

$$W_2 = \eta_2 \left[\frac{W_1 r_2}{r'_2} + \frac{(Fc_0 - W_1 \cdot c_w)(t_1 - t_2)}{r'_2} \right]$$

$$= 0.743 \left[\frac{W_1 2\,145}{2\,260} + \frac{(10\,000 \times 3.77 - 4.187 W_1)(137.9 - 101.9)}{2\,260} \right]$$

$$= 0.656 W_1 + 446.2 \tag{b}$$

由于

$$W_1 + W_2 = 8\,000 \tag{c}$$

式(a)、(b)和(c)联立求解，得

$$W_1 = 4\,561\,kg/h, \quad W_2 = 3\,439\,kg/h, \quad D_1 = 4\,941\,kg/h$$

(5)各效的传热面积分别为

$$S_1 = \frac{Q_1}{K_1 \Delta t_1} = \frac{D_1 r}{K_1 \Delta t_1} = \frac{4\,941 \times 2\,113 \times 10^3}{1\,170 \times 13.8 \times 3\,600} = 179.6(m^2)$$

$$S_2=\frac{Q_2}{K_2\Delta t_2}=\frac{W_1 r_1'}{K_2\Delta t_2}=\frac{4\,561\times2\,145\times10^3}{700\times25.3\times3\,600}=153.5(\mathrm{m}^2)$$

可见，由于 $S_1\neq S_2$，且 W_1 及 W_2 与初设值也相差较大，故应按下一步骤所述方法调整温度差和蒸发量。

(6)温度差的重新分配

先利用式(5-54)求出平均传热面积为

$$S=\frac{S_1\Delta t_1+S_2\Delta t_2}{\sum_{i=1}^{n}\Delta t_{\mathrm{m}}}=\frac{179.6\times13.8+153.5\times25.3}{13.8+25.3}=162.7(\mathrm{m}^2)$$

再由式(5-53)计算出重新分配后各效的有效温度差，即

$$\Delta t_1'=\frac{S_1\Delta t_1}{S}=\frac{179.6\times13.8}{162.7}=15.2(℃)$$

$$\Delta t_2'=\frac{S_2\Delta t_2}{S}=\frac{153.5\times25.3}{162.7}=23.9(℃)$$

各效蒸发量取上次计算值作为本次计算的初值，即

$$W_1=4\,561\,\mathrm{kg/h},\quad W_2=3\,439\,\mathrm{kg/h}$$

这样一来，重复步骤(2)～(6)进行计算。

(7)求各效溶液的质量分数

$$x_1=\frac{F\cdot x_0}{F-W_1}=\frac{10\,000\times0.1}{10\,000-4\,625}=0.186$$

$$x_2=0.5$$

(8)求各效溶液的沸点

第1效：

因冷凝器压强和完成液浓度均未改变，故第2效中各种温度差损失及溶液的沸点与上一次结果相同，即

$$\Delta_2=\Delta'_2+\Delta''_2+\Delta'''_2=38.5+8.9+1=48.4(℃)$$

$$t_2=T_2'+\Delta_2=53.5+48.4=101.9(℃)$$

由步骤(6)重新分配的第2效有效温度差为 $\Delta t_2'=23.9$ ℃，可得第2效加热蒸气的冷凝温度为

$$T_2'=t_2+\Delta t_2'=101.9+23.9=125.8(℃)$$

第2效：

由于第1效二次蒸汽的冷凝温度为第2效加热蒸气的冷凝温度，即 $T_1'=125.8$ ℃，其相应压强为240 kPa，与上次初设值相比变化不大。据 $T_1'=125.8$ ℃和 $x_1=0.186$ 由图5-17查得第1效液面上溶液的沸点为134.5℃，所以由于溶质存在的沸点升高为

$$\Delta'_1=134.5-125.8=8.7(℃)$$

考虑到液柱静压强引起的沸点升高 Δ''_1 及由于流动阻力引起的沸点升高 Δ'''_1 变化不大，可取上次的计算值，即

$$\Delta''_1=0.9℃,\quad \Delta'''_1=1(℃)$$

故

$$\Delta_1=8.7+0.9+1=10.6\,(℃)$$

因此，第1效中溶液的沸点为

$$t_1 = T'_1 + \Delta_1 = 125.8 + 10.6 = 136.4\ ℃$$

(9)求加热蒸汽用量及各效蒸发量

查得温度为 136.4 ℃的水蒸气的冷凝热为 2 163 kJ/kg。

第 1 效：

$$\eta_1 = 0.98 - 0.7\Delta x_1 = 0.98 - 0.7 \times (0.186 - 0.1) = 0.92$$

$$W_1 = \eta_1 D_1 \frac{r_1}{r'_1} = 0.92 \times \frac{2\,113}{2\,163} D_1 = 0.899 D_1 \qquad \text{(d)}$$

第 2 效：

$$\eta_2 = 0.98 - 0.7\Delta x_2 = 0.98 - 0.7 \times (0.5 - 0.186) = 0.76$$

$$W_2 = 0.76\left[\frac{W_1 2\,163}{2\,260} + \frac{(10\,000 \times 3.77 - 4.187 W_1)(136.4 - 101.9)}{2\,260}\right]$$

$$= 0.679 W_1 + 436.1 \qquad \text{(e)}$$

$$W_1 + W_2 = 8\,000 \qquad \text{(f)}$$

式(d)、(e)和(f)联立求解，得

$$W_1 = 4\,505\ \text{kg/h}, \quad W_2 = 3\,495\ \text{kg/h}, \quad D_1 = 5\,011\ \text{kg/h}$$

(10)各效的传热面积

$$S_1 = \frac{Q_1}{K_1 \Delta t_1} = \frac{D_1 r}{K_1 \Delta t_1} = \frac{5\,011 \times 2\,113 \times 10^3}{1170 \times 15.2 \times 3\,600} = 165(\text{m}^2)$$

$$S_2 = \frac{Q_2}{K_2 \Delta t_2} = \frac{W_1 r'_1}{K_2 \Delta t_2} = \frac{4\,505 \times 2\,163 \times 10^3}{700 \times 23.9 \times 3\,600} = 163(\text{m}^2)$$

计算结果与本次初设值基本一致，故取平均传热面积为 $A = 165\ \text{m}^2$。所以，计算结果为

$$W_1 = 4505\ \text{kg/h}, \quad W_2 = 3495\ \text{kg/h}, \quad D_1 = 5011\ \text{kg/h}, A = 165\text{m}^2$$

5.4 蒸发操作的优化

蒸发装置设备费用的大小直接与传热面积有关，通常将蒸发装置(包括冷凝器、泵等辅助设备)的总投资折算为单位传热面积的设备费用来表示。对于给定的蒸发任务(蒸发量一定)，所需的传热面积小说明设备的生产强度高，所需的设备费用少。蒸发器的生产强度通常是指单位传热面的蒸发量，写为

$$U = \frac{W}{S} \qquad (5-55)$$

式中，U ——蒸发器的生产强度，kg/m^2；

W ——各效水分蒸发量的总和，kg/h；

S ——各效传热面积之和，m^2。

假定料液预热至沸点进料，并忽略蒸发器的热损失，则蒸发器的传热速率为

$$Q = Wr' = KS\Delta t_m$$

可改写为

$$U = \frac{K\Delta t_m}{r'}$$

式中，r'——在溶液沸点下的二次蒸汽的汽化潜热，kJ/kg。

可见，要提高蒸发设备的生产强度 U 的基本途径是设法提高蒸发器的传热温度差 Δt_m 和总传热系数 K。

1. 提高蒸发器的总传热系数 K

由式(5-19)可知，总传热系数 K 取决于两侧对流传热系数和污垢热阻。通常，蒸汽冷凝的对流传热系数 α_o 比溶液沸腾传热系数 α_i 大，也就是说在总传热系数热阻中，蒸汽冷凝侧的热阻较小，但在蒸发器的操作中，需要及时排除蒸汽中的不凝性气体，否则其热阻将大大增大，使得总传热系数下降。

管内溶液侧的沸腾传热系数 α_i 是影响总传热系数的主要因素。影响 α_i 的因素有很多，如溶液的性质、蒸发器的类型及操作条件等。因此需注意根据具体的蒸发任务，选择适宜的蒸发器形式及其操作条件。

管内溶液侧的污垢热阻往往是影响总传热系数的重要因素。特别当蒸发易结垢和有结晶析出的溶液时，极易在传热面上形成垢层，使 K 值急剧下降。为了减小垢层热阻，需注意定期清洗。此外，亦可采用减小垢层热阻的其他措施。例如，选用适宜的蒸发器形式(如强制循环或列文蒸发器等)，在溶液中加入晶种或微量阻垢剂等等。

2. 增大传热温度差 Δt_m

提高加热蒸汽的温度或降低溶液的沸点均可提高传热温度差 Δt_m。但加热蒸汽压强的提高通常受锅炉额定压强的限制，因此在大多数情况下，需要采用真空蒸发以降低溶液的沸点。

采用真空蒸发降低了溶液的沸点，除可提高传热温度差外，还可使热敏性物质免遭破坏，并可利用工厂中低温位的水蒸气作为热源。但是溶液的沸点的降低使粘度增加，而使得总传热系数 K 有所下降。此外，为维持真空操作需添加真空设备费用和一定的动力费用。

3. 多效蒸发的适宜效数

采用多效蒸发的目的是为了充分利用热能。通过二次蒸汽的再利用，减少生蒸汽的消耗量，提高加热蒸汽的经济性。表 5-2 列出多效蒸发时单位蒸汽消耗量的理论值与实际值。

表 5-2　不同效数蒸发过程的单位蒸汽消耗量

效　　数	单效	双效	三效	四效	五效
理论单位蒸汽消耗量，kg 蒸汽/kg 水	1	0.5	0.33	0.25	0.2
实际单位蒸汽消耗量，kg 蒸汽/kg 水	1.1	0.57	0.4	0.3	0.27

由表 5-2 可知，效数越多，单位蒸汽的消耗量越少，相应的操作费用降低。但随着效数的增加，其温度差损失加大，生产强度明显减小。因为当加热蒸汽和冷凝器压强已定，蒸发装置的总传热温度差 Δt_m 随之而定。采用多效蒸发，只不过是将此温度差按某种规律分配于各效而已，即各效温度差会远小于 Δt_m，即使不考虑溶液的沸点升高所带来的不利影响，多效蒸发的生产强度也远小于单效。因此，多效蒸发是以牺牲设备生产强度来提高加热蒸汽的经济性的。此外，效数增加，设备投资费用将成倍提高。因此，必须对设

备费与操作费进行权衡以决定适宜的效数。

在蒸发操作中，为保证传热的正常进行，每效蒸发器的有效温度差应不小于5～7℃。溶液的沸点升高大，采用的效数少。通常，对于电解质溶液，采用2～3效，对于非电解质溶液，可取4～6效。

需要指出，在真空蒸发中，还应合理决定操作压强的问题。提高冷凝器真空度虽提高了传热温度差，减少了蒸发器的传热面积，但真空泵的动力消耗增大。故此，同样要权衡设备费与操作费两个方面。总的原则是作多种方案并进行比较，以设备费与操作费之和最少为最优方案。

习　题

1. 用一单效蒸发器将1000 kg/h的NaCl水溶液由质量分数0.05浓缩至0.30，加热蒸汽的压强为118 kPa(绝压)，蒸发器的操作压强为19.6 kPa(绝压)，溶液的平均沸点为75℃。已知进料温度为30℃，NaCl的比热容为0.95 kJ/(kg·℃)，若浓缩热与热损失忽略，试求浓缩液量及加热蒸汽消耗量。

2. 在稳态连续操作的单效蒸发器中，将2000 kg/h的NaOH水溶液由15%(质量百分数)浓缩至25%(质量百分数)。已知加热蒸汽的压强为392 kPa(绝压)，蒸发器室内的操作压强为101.3 kPa(绝压)，溶液的平均沸点为113℃。加热蒸汽的压强为392 kPa(绝压)。试计算如下两种进料状况下所需的加热蒸汽消耗量以及单位蒸汽消耗量：(1)进料温度为20℃；(2)沸点进料。

3. 用一单效蒸发器浓缩氯化钙水溶液，操作压强为101.3 kPa(绝压)。已知蒸发器内氯化钙水溶液的质量百分数为40.8%，其密度为1340 kg/m³，若蒸发时的液面高度为1 m，试求此时溶液的沸点。已知常压下40.8%的氯化钙水溶液的沸点为120℃。

4. 完成液的质量百分数为30%的氯化钙水溶液，在绝压为60 kPa的蒸发器内进行单效蒸发操作。室内溶液的液面高度为2 m，溶液的密度为1280 kg/m³，加热室用表压强为0.1 MPa的饱和蒸汽加热，求传热的有效温度差。

5. 在单效蒸发器中，每小时将5000 kg的氢氧化钠水溶液从10%(质量百分数，下同)浓缩至30%，原料液的温度为50℃，蒸发室的真空度为67 kPa，加热蒸汽的表压强为50 kPa。蒸发器的总传热系数为2500 W/(m²·℃)。热损失为加热蒸汽放热量的5%。试求蒸发器的传热面积S和加热蒸汽的经济性D/W。

6. 设计一连续操作的三效并流蒸发装置，将质量分数为0.05的NaOH水溶液浓缩至0.5。已知原料液量为90000 kg/h，加料温度为20℃，加热蒸汽温度为170℃，冷凝器内的操作压强为7.38 kPa(绝压)。试计算每效蒸发器所需的加热面积(要求各效传热面积相等)及其加热蒸汽用量。

假定：各效因液柱静压强引起的沸点升高分别为1℃、2℃、4℃，因二次蒸汽流动阻力所引起的沸点升高均为1℃，各效的总传热系数分别为2500 W/(m²·℃)、1800 W/(m²·℃)、1000 W/(m²·℃)，各效均无额外蒸汽引出，热损失可忽略不计。

思考题

1. 蒸发操作不同于一般换热过程的主要内容有哪些?

2. 欲设计多效蒸发装置将 NaOH 水溶液自质量分数 0.10 浓缩到 0.60，宜采用何种流程方式? 料液温度为 30℃。

3. 在上题的条件下，可供使用的加热蒸汽压强为 400 kPa(绝压)，末效蒸发器内真空度为 80 kPa。为提高加热蒸汽的经济性，拟采用 5 效蒸发装置，是否适宜?

4. 多效蒸发的效数受哪些限制?

5. 多效蒸发中，“最后一效的操作压强，是由后面的冷凝器的冷凝能力确定的。”这种说法是否正确? 冷凝器后使用的真空泵的目的是什么?

6. 提高蒸发器生产强度的途径有哪些?

附录

一、常用单位的换算

1. 一些物理量在三种单位制中的单位和量纲

物理量名称	单位名称	SI制		物理制(C. G. S制)		工程单位	
		单位符号	量纲	单位符号	量纲	单位符号	量纲
长度	米	m	L	cm	L	m	L
时间	秒	s	T	s	T	s	T
质量	千克	kg	M	g	M	kgf·s^2/m	FT^2L^{-1}
重量(或力)	牛顿	N或 kg·m·s^{-2}	MLT^{-2}	g·cm/s^{-2} 或dyn	MLT^{-2}	kgf	F
速度	米/秒	m/s	LT^{-1}	cm/s	LT^{-1}	m/s	LT^{-1}
加速度	米/秒^2	m/s^2	LT^{-2}	cm/s^2	LT^{-2}	m/s^2	LT^{-2}
密度	千克/米^3	kg/m^3	ML^{-3}	g/cm^3	ML^{-3}	kgf·s^2/m^4	FT^2L^{-4}
重度	千克/(米^2·秒^2)	kg·m^{-2}·s^{-2}	$ML^{-2}T^{-2}$	g/(m^2·s^2)	$ML^{-2}T^{-2}$	kgf/m^3	FL^{-3}
压力,压强	千克/(米·秒^2)或牛顿/米^2	Pa(N/m^2)	$ML^{-1}T^{-2}$	g/(cm·s^2)或dyn/cm^2	$ML^{-1}T^{-2}$	kgf/m^2	FL^{-2}
功或能	千克米^2/秒^{2}或焦耳	J(N·m)	ML^2T^{-2}	gcm^2/s^2 或erg	ML^2T^{-2}	kgf·m	FL
功率	瓦特	W(J/s)	ML^2T^{-3}	gcm^2/s^3 或erg/s	ML^2T^{-3}	kgf·m/s	FLT^{-1}
粘度	帕斯卡·秒	Pa·s(kg·m^{-1}·s^{-1})	$ML^{-1}T^{-1}$	g/(cm·s)或P	$ML^{-1}T^{-1}$	kgf·s/m^2	FLT^{-2}
运动粘度	米^2/秒	m^2/s	L^2T^{-1}	cm^2/s或St	L^2T^{-1}	m^2/s	L^2T^{-1}
表面张力	牛顿/米	N/m (kg·s^{-2})	MT^{-2}	dyn/cm	MT^{-2}	kgf/m	FL^{-1}
扩散系数	米^2/秒	m^2/s	L^2T^{-1}	m^2/s	L^2T^{-1}	m^2/s	L^2T^{-1}

2. 单位换算

(1)质量

kg	t(吨)	lb(磅)
1	0.001	2.20462
1000	1	2204.62
0.4536	4.536×10^{-4}	1

(2)长度

m	in(英寸)	ft(英尺)	yd(码)
1	39.3701	3.2808	1.09361
0.025400	1	0.073333	0.02778
0.30480	12	1	0.33333
0.9144	36	3	1

(3)力

N	[千克](力)	[磅](力)	dyn
1	0.102	0.2248	1×10^{3}
9.80665	1	2.2046	9.80665×10^{5}
4.448	0.4536	1	4.448×10^{3}
1×10^{-5}	1.02×10^{-6}	2.248×10^{-6}	1

(4)压强

Pa	bar	[千克(力)/厘米^2]	[大气压](atm)	mmH_2O	mmHg	[磅/英寸^2]
1	1×10^{-5}	1.02×10^{-5}	0.99×10^{-5}	0.102	0.0075	14.5×10^{-5}
1×10^{5}	1	1.02	0.9869	10197	750.1	14.5
98.07×10^{3}	0.9807	1	0.9678	1×10^{4}	735.56	14.2
1.01325×10^{5}	1.013	1.0332	1	1.0332×10^{4}	760	14.697
9.807	98.07	0.0001	0.9678×10^{-4}	1	0.0736	1.423×10^{-3}
133.32	1.333×10^{-3}	0.136×10^{-2}	0.00132	13.6	1	0.01934
6894.8	0.06895	0.0703	0.068	703	51.71	1

(5)动力粘度(简称粘度)

Pa·s	[泊](P)	[厘泊](cP)	[磅/(英尺·秒)]	[千克(力)·秒/米^2]
1	10	1×10^{3}	0.672	0.102
1×10^{-1}	1	1×10^{2}	0.06720	0.0102
1×10^{-3}	0.01	4	6.720×10^{-4}	0.102×10^{-3}
1.4881	14.881	1488.1	1	0.1519
9.81	98.1	9810	6.59	1

注：1cP=0.01P=0.01dyn·s/cm^2=0.001Pa·s=1mPa·s。

(6)运动粘度

m^2/s	cm^2/s	[英尺^2/秒]
1	1×10^{4}	10.76
10^{-4}	1	1.076×10^{-3}
92.9×10^{-3}	929	1

注：cm^2/s 又称斯托克斯，简称沲，以 St 表示，沲的百分之一为厘沲，以 cSt 表示。

(7)功、能和热

J(即 N·m)	[千克(力)·米]	kW·h	[英制马力·时]	[千卡]	[英热单位]	[英尺·磅(力)]
1	0.102	2.778×10^{-7}	3.725×10^{-7}	2.39×10^{-4}	9.485×10^{-4}	0.7377
9.8067	1	2.724×10^{-6}	3.653×10^{-6}	2.342×10^{-3}	9.296×10^{-3}	7.233
3.6×10^{6}	3.671×10^{5}	1	1.3410	860.0	3413	2655×10^{3}
2.685×10^{6}	273.8×10^{3}	0.7457	1	641.33	2544	1980×10^{3}
4.1868×10^{3}	426.9	1.1622×10^{-3}	1.5576×10^{-3}	1	3.963	3087
1.055×10^{3}	107.58	2.930×10^{-4}	3.926×10^{-4}	0.2520	1	778.1
1.3558	0.1383	0.3766×10^{-6}	0.5051×10^{-6}	3.239×10^{-4}	1.285×10^{-3}	1

(8)功率

W	[千克(力)·米/秒]	[英尺·磅(力)/秒]	[英制马力]	[千卡/秒]	[英热单位/秒]
1	0.10197	0.7376	1.341×10^{-3}	0.2389×10^{-3}	0.9486×10^{-3}
9.8067	1	7.23314	0.01315	0.2342×10^{-2}	0.9293×10^{-2}
1.3558	0.13825	1	0.0018182	0.3238×10^{-3}	0.12851×10^{-2}
745.69	76.0375	550	1	0.17803	0.70675
4186.8	426.85	3087.44	5.6135	1	3.9683
1055	107.58	778.168	1.4148	0.251996	1

注：1kW=1000W=1000J/s=1000N·m/s。

(9)比热容

kJ(kg·℃)	[千卡/(千克·℃)]	[英热单位/(磅·F)]
1	0.2389	0.2389
4.1868	1	1

(10)导热系数

W/(m·℃)	J/(cm·s·℃)	[卡/(厘米·秒·℃)]	[千卡/(米·时·℃)]	[英热单位/(英尺·时·℉)]
1	1×10^{-3}	2.389×10^{-3}	0.8598	0.578
1×10^{2}	1	0.2389	86.0	57.79
418.6	4.186	1	360	241.9
1.163	0.0116	0.2778×10^{-2}	1	0.6720
1.73	0.01730	0.4134×10^{-2}	1.488	1

(11)传热系数

W/(m²·℃)	[千卡/(米²·时·℃)]	[卡/(厘米²·秒·℃)]	[英热单位/(英尺²·时·℉)]
1	0.86	2.389×10^{-5}	0.176
1.163	1	2.778×10^{-5}	0.2048
4.186×10^{4}	3.6×10^{4}	1	7374
5.678	4.882	1.356×10^{-4}	1

(12)温度

$$T(℃)=[T(°F)-32]\times\frac{5}{9},\quad T(°F)=T(℃)\times\frac{9}{5}+32,\quad T(K)=273.3+T(℃),$$

$$T(°R)=460+T(°F),\quad T(K)=T(°R)\times\frac{5}{9}$$

(13)温度差

$$1℃=\frac{9}{5}\times°F,\quad 1K=\frac{9}{5}\times°R$$

(14)气体常数

$R=8\,315\,J/(kmol\cdot K)=848$〔千克·米^2/(千摩尔·°K)〕

$=82.06$〔大气压·厘米^2/(克摩尔·°K)〕

$=1.987$〔千卡/(千摩尔·°K)〕

(15)扩散系数

m^2/s	cm^2/s	m^2/h	[英尺^2/时]	[英寸^2/秒]
1	10^4	3 600	3.875×10^4	1 550
10^{-4}	1	0.360	3.875	0.155 0
2.778×10^{-4}	2.778	1	10.764	0.430 6
$0.258\,1\times10^{-4}$	0.258 1	0.092 90	1	0.040
$6.045\,2\times10^{-4}$	6.452	2.323	25.0	1

二、干空气的物理性质(101.33 kPa)

温度 t ℃	密度 ρ kg/m^3	比热容 c kJ/(kg·℃)	导热系数 $\lambda\times10^2$，W/(m·℃)	粘度 $\mu\times10^5$，Pa·s	普兰特 准数 Pr
−50	1.584	1.013	2.035	1.46	0.728
−40	1.515	1.013	2.117	1.52	0.728
−30	1.453	1.013	2.198	1.57	0.723
−20	1.395	1.009	2.279	1.62	0.716
−10	1.342	1.009	2.360	1.67	0.712
0	1.293	1.005	2.442	1.72	0.707
10	1.247	1.005	2.512	1.77	0.705
20	1.205	1.005	2.593	1.81	0.703
30	1.165	1.005	2.675	1.86	0.701
40	1.128	1.005	2.756	1.91	0.699
50	1.093	1.005	2.826	1.96	0.698
60	1.060	1.005	2.896	2.01	0.696
70	1.029	1.009	2.966	2.06	0.694
80	1.000	1.009	3.047	2.11	0.692
90	0.972	1.009	3.128	2.15	0.690

续表

温度 t ℃	密度 ρ kg/m³	比热容 c kJ/(kg·℃)	导热系数 $\lambda\times10^2$，W/(m·℃)	粘度 $\mu\times10^5$，Pa·s	普兰特准数 Pr
100	0.946	1.009	3.210	2.19	0.688
120	0.898	1.009	3.338	2.29	0.686
140	0.854	1.013	3.489	2.37	0.684
160	0.815	1.017	3.640	2.45	0.682
180	0.779	1.022	3.780	2.53	0.681
200	0.746	1.026	3.931	2.60	0.680
250	0.674	1.038	4.288	2.74	0.677
300	0.615	1.048	4.605	2.97	0.674
350	0.566	1.059	4.908	3.14	0.676
400	0.524	1.068	4.210	3.31	0.678
500	0.456	1.093	5.745	3.62	0.687
600	0.404	1.114	6.222	3.91	0.699
700	0.362	1.135	6.711	4.18	0.706
800	0.329	1.156	7.176	4.43	0.713
900	0.301	1.172	7.630	4.67	0.717
1000	0.277	1.185	8.041	4.90	0.719
1100	0.257	1.197	8.502	5.12	0.722
1200	0.239	1.206	9.153	5.35	0.724

三、某些气体的重要物理性质

名称	分子式	密度(0℃，101.33 kPa) kg/m³	比热容 kJ/(kg·℃)	粘度 $\mu\times10^5$ Pa·s	沸点(101.33 kPa) ℃	汽化热 kJ/kg	临界点		导热系数 W/(m·℃)
							温度 ℃	压强 kPa	
空气	—	1.293	1.009	1.73	−195	197	−140.7	3768.4	0.0244
氧	O_2	1.429	0.653	2.03	−132.98	213	−118.82	5036.6	0.0240
氮	N_2	1.251	0.745	1.70	−195.78	199.2	−147.13	3392.5	0.0228
氢	H_2	0.0899	10.13	0.842	−252.75	454.2	−239.9	1296.6	0.163
氦	He	0.1785	3.18	1.88	−268.95	19.5	−267.96	228.94	0.144
氩	Ar	1.7820	0.322	2.09	−185.87	163	−122.44	4862.4	0.0173
氯	Cl_2	3.217	0.355	1.29 (16℃)	−33.8	305	+144.0	7708.9	0.0072
氨	NH_3	0.771	0.67	0.918	−33.4	1373	+132.4	11295	0.0215
一氧化碳	CO	1.250	0.754	1.66	−191.48	211	−140.2	3497.9	0.0226
二氧化碳	CO_2	1.976	0.653	1.37	−78.2	574	+31.1	7384.8	0.0137
二氧化硫	SO_2	2.927	0.502	1.17	−10.8	394	+157.5	7879.1	0.0077
二氧化氮	NO_2	—	0.615	—	+21.2	712	+158.2	10130	0.0400
硫化氢	H_2S	1.539	0.804	1.166	−60.2	548	+100.4	19136	0.0131
甲烷	CH_4	0.717	1.70	1.03	−161.58	511	−82.15	4619.3	0.0300
乙烷	C_2H_6	1.357	1.44	0.850	−88.50	486	+32.1	4948.5	0.0180

续表

名称	分子式	密度(0℃,101.33 kPa) kg/m³	比热容 kJ/(kg·℃)	粘度 $\mu\times10^5$ Pa·s	沸点(101.33 kPa) ℃	汽化热 kJ/kg	临界点 温度 ℃	临界点 压强 kPa	导热系数 W/(m·℃)
丙烷	C_3H_8	2.020	1.65	0.795 (18℃)	−42.1	427	+95.6	4355.9	0.0148
正丁烷	C_4H_{10}	2.673	1.73	0.810	−0.5	386	+152	3798.8	0.0135
正戊烷	C_5H_{12}	—	1.57	0.874	−36.08	151	+197.1	3342.9	0.0128
乙烯	C_2H_4	1.261	1.222	0.985	+103.7	481	+9.7	5135.9	0.0164
丙烯	C_3H_6	0.914	1.436	0.835 (20℃)	−47.7	440	+91.4	4599.0	—
乙炔	C_2H_2	1.171	1.352	0.935	−86.66 (升华)	829	+35.7	6240.0	0.0184
氯甲烷	CH_3Cl	2.308	0.582	0.989	−24.1	406	+148	6685.8	0.0085
苯	C_6H_6	—	1.139	0.72	+80.2	394	+288.5	4832.0	0.0088

四、某些液体的重要物理性质

名称	分子式	密度(20℃) kg/m³	沸点(101.33 kPa)	汽化热 kJ/kg	比热容 kJ/(kg·℃)	粘度(20℃) mPa·s	导热系数(20℃) W/(m·℃)	体积膨胀系数 $\beta\times10^4$ (20℃),1/℃	表面张力 $\sigma\times10^3$ (20℃) N/m
水	H_2O	998	100	2258	4.183	1.005	0.599	1.82	72.8
氯化钠盐水(25%)	—	1186(25℃)	107	—	3.39	2.3	0.57(30℃)	(4.4)	—
氯化钙盐水(25%)	—	1228	107	—	2.89	2.5	0.57	(3.4)	—
硫酸	H_2SO_4	1831	340 (分解)	—	1.47 (98%)	—	0.38	5.7	—
硝酸	HNO_3	1513	86	481.1	—	1.17 (10℃)	—	—	—
盐酸(30%)	HCl	1149	—	—	2.55	2 (31.5%)	0.42	—	—
二硫化碳	CS_2	1262	46.3	352	1.005	0.38	0.16	12.1	32
戊烷	C_5H_{12}	626	36.07	357.4	2.24 (15.6℃)	0.229	0.113	15.9	16.2
己烷	C_6H_{14}	659	68.74	335.1	2.31 (15.6℃)	0.313	0.119	—	18.2
庚烷	C_7H_{16}	684	98.43	316.5	2.21 (15.6℃)	0.411	0.123	—	20.1
辛烷	C_8H_{18}	763	125.67	306.4	2.19 (15.6℃)	0.540	0.131	—	21.8
三氯甲烷	$CHCl_3$	1489	61.2	253.7	0.992	0.58	0.138 (30℃)	12.6	28.5 (10℃)
四氯化碳	CCl_4	1594	76.8	195	0.850	1.0	0.12	—	26.8
二氯乙烷−1,2	$C_2H_4Cl_2$	1253	83.6	324	1.260	0.83	0.14 (50℃)	—	30.8
苯	C_6H_6	879	80.10	393.9	1.704	0.737	0.148	12.4	28.6
甲苯	C_7H_8	867	110.63	363	1.70	0.675	0.138	10.9	27.9

续表

名称	分子式	密度 (20℃) kg/m³	沸点 (101.33 kPa)	汽化热 kJ/kg	比热容 kJ/(kg·℃)	粘度 (20℃) mPa·s	导热系数 (20℃) W/(m·℃)	体积膨胀系数 $\beta\times10^4$ (20℃),1/℃	表面张力 $\sigma\times10^3$ (20℃) N/m
邻二甲苯	C_8H_{16}	880	144.42	347	1.74	0.811	0.142	—	30.2
间二甲苯	C_8H_{11}	861	139.10	343	1.70	0.611	0.167	10.1	29.0
对二甲苯	C_8H_{10}	861	138.35	340	1.704	0.643	0.129	—	28.0
苯乙烯	C_8H_8	911 (15.6℃)	145.2	(352)	1.733	0.72	—	—	—
氯苯	C_6H_5Cl	1106	131.8	325	1.298	0.85	0.14 (30℃)	—	32
硝基苯	$C_6H_5NO_2$	1203	210.9	396	1.47	2.1	0.15	—	41
苯胺	$C_6H_5NH_2$	1022	184.4	448	2.07	4.3	0.17	8.5	42.9
酚	C_6H_5OH	1050 (50℃)	181.8 (熔点 40.9)	514	—	3.4 (50.℃)	—	—	—
萘	$C_{10}H_8$	1145 (固体)	217.9 (熔点 80.2)	314	1.80 (100℃)	0.59 (100℃)	—	—	—
甲醇	CH_3OH	791	64.7	1101	2.48	0.6	0.212	12.2	22.6
乙醇	C_2H_5OH	789	78.3	846	2.39	1.15	0.172	11.6	22.8
乙醇(95%)	C_2H_5OH	804	78.2	—	—	1.4	—	—	—
乙二醇	$C_2H_4(OH)_2$	1113	197.6	780	2.35	23	—	—	47.7
甘油	$C_3H_5(OH)_3$	1261	290 (分解)	—	—	1499	0.59	5.3	63
乙醚	$(C_2H_5)_2O$	714	34.6	360	2.34	0.24	0.14	16.3	18
乙醛	CH_3CHO	783 (18℃)	20.2	574	1.9	1.3 (18℃)	—	—	21.2
糠醛	$C_5H_4O_2$	1168	161.7	452	1.6	1.15 (50℃)	—	—	43.5
丙酮	CH_3COCH_3	792	56.2	523	2.35	0.32	0.17	—	23.7
甲酸	HCOOH	1220	100.7	494	2.17	1.9	0.26	—	27.8
醋酸	CH_3COOH	1049	118.1	406	1.99	1.3	0.17	10.7	23.9
醋酸乙酯	$CH_3COOC_2H_5$	901	77.1	368	1.92	0.48	0.14 (10℃)	—	—
煤油	—	780~820	—	—	—	3	0.15	10.0	—
汽油	—	680~800	—	—	—	0.7~0.8	0.19 (30℃)	12.5	—

五、水和蒸汽的物理性质

1. 水的物理性质

温度 ℃	饱和蒸汽压 kPa	密度 kg/m³	焓 kJ/kg	比热容 kJ/(kg·℃)	导热系数 $\lambda\times10^2$ W/(m·℃)	粘度 $\mu\times10^5$ Pa·s	体积膨胀系数 $\beta\times10^4$ 1/℃	表面张力 $\sigma\times10^5$ N/m	普兰特数 Pr
0	0.6082	999.9	0	4.212	55.13	179.21	−0.63	75.6	13.66
10	1.2262	999.7	42.04	4.191	57.45	130.77	+0.70	74.1	9.52
20	2.3346	998.2	83.90	4.183	59.89	100.50	1.82	72.6	7.01
30	4.2474	995.7	125.69	4.174	61.76	80.07	3.21	71.2	5.42
40	7.3766	992.2	167.51	4.174	63.38	65.60	3.87	69.6	4.32

续表

温度 ℃	饱和蒸汽压 kPa	密度 kg/m^3	焓 kJ/kg	比热容 kJ/(kg·℃)	导热系数 $\lambda\times10^2$ W/(m·℃)	粘度 $\mu\times10^5$ Pa·s	体积膨胀系数 $\beta\times10^4$ 1/℃	表面张力 $\sigma\times10^5$ N/m	普兰特数 Pr
50	12.34	988.1	209.30	4.174	64.78	54.94	4.49	67.7	3.54
60	19.923	983.2	251.12	4.178	65.94	46.88	5.11	66.2	2.98
70	31.164	977.8	292.99	4.187	66.76	40.61	5.70	64.3	2.54
80	47.379	971.8	334.94	4.195	67.45	35.65	6.32	62.6	2.22
90	70.136	965.3	376.98	4.208	68.04	31.65	6.95	60.7	1.96
100	101.33	958.4	419.10	4.220	68.27	28.38	7.52	58.8	1.76
110	143.31	951.0	461.34	4.238	68.50	25.89	8.08	56.9	1.61
120	198.64	943.1	503.67	4.260	68.62	23.73	8.64	54.8	1.47
130	270.25	934.8	546.38	4.266	68.62	21.77	9.17	52.8	1.36
140	361.47	926.1	589.08	4.287	68.50	20.10	9.27	50.7	1.26
150	476.24	917.0	632.20	4.312	68.38	18.63	10.3	48.6	1.18
160	618.28	907.4	675.33	4.346	68.27	17.36	10.7	46.6	1.11
170	792.59	897.3	719.29	4.379	67.92	16.28	11.3	45.3	1.05
180	1003.5	886.9	763.25	4.417	97.45	15.30	11.9	42.3	1.00
190	1255.6	876.0	807.63	4.460	66.99	14.42	12.6	40.0	0.96
200	1554.77	863.0	852.43	4.505	66.29	13.63	13.3	37.7	0.93
210	1917.72	852.8	897.65	4.555	65.48	13.04	14.1	35.4	0.91
220	2320.88	840.3	943.70	4.614	64.55	12.46	14.8	33.1	0.89
230	2798.59	827.3	990.18	4.681	63.73	11.97	15.9	31	0.88
240	3347.91	813.6	1037.49	4.756	62.80	11.47	16.8	28.5	0.87
250	3977.67	799.0	1085.64	4.844	61.76	10.98	18.1	26.2	0.86
260	4693.75	784.0	1135.04	5.949	60.48	10.59	19.7	23.8	0.87
270	5503.99	767.9	1185.28	5.070	59.96	10.20	21.6	21.5	0.88
280	6417.24	750.7	1236.28	5.229	57.45	9.81	23.7	19.1	0.89
290	7443.29	732.3	1289.95	5.485	55.82	9.42	26.2	16.9	0.93
300	8592.94	712.5	1344.80	5.736	53.96	9.12	29.2	14.4	0.97
310	9877.6	691.1	1402.16	6.071	52.34	8.83	32.9	12.1	1.02
320	11300.3	667.1	1462.03	6.573	50.59	8.3	38.2	9.81	1.11
330	12879.6	640.2	1526.19	7.243	48.73	8.14	43.3	7.67	1.22
340	14615.8	610.1	1594.75	8.164	45.71	7.75	53.4	5.67	1.38
350	16538.5	574.4	1671.37	9.504	43.03	7.26	66.8	3.81	1.60
360	18667.1	528.0	1761.39	13.984	39.54	6.67	109	2.02	2.36
370	21040.9	450.5	1892.43	40.319	33.73	5.69	264	0.471	6.80

附录

2. 水在不同温度下的粘度

温度 ℃	粘度 mPa·s	温度 ℃	粘度 mPa·s	温度 ℃	粘度 mPa·s
0	1.7921	33	0.7523	67	0.4233
1	1.7313	34	0.7371	68	0.4174
2	1.6728	35	0.7225	69	0.4117
3	1.6191	36	0.7085	70	0.4061
4	1.5674	37	0.6947	71	0.4006
5	1.5188	38	0.6814	72	0.3952
6	1.4728	39	0.6685	73	0.3900
7	1.4284	40	0.6560	74	0.3849
8	1.3860	41	0.6439	75	0.3799
9	1.3462	42	0.6321	76	0.3750
10	1.3077	43	0.6207	77	0.3702
11	1.2713	44	0.6097	78	0.3655
12	1.2363	45	0.5988	79	0.3610
13	1.2028	46	0.5883	80	0.3565
14	1.1709	47	0.5782	81	0.3521
15	1.1403	48	0.5683	82	0.3478
16	1.1111	49	0.5588	83	0.3436
17	1.0828	50	0.5494	84	0.3395
18	1.0559	51	0.5404	85	0.3355
19	1.0299	52	0.5315	86	0.3315
20	1.0050	53	0.5229	87	0.3276
20.2	1.0000	54	0.5146	88	0.3239
21	0.9810	55	0.5064	89	0.3202
22	0.9579	56	0.4985	90	0.3165
23	0.9359	57	0.4907	91	0.3130
24	0.9142	58	0.4832	92	0.3095
25	0.8973	59	0.4759	93	0.3060
26	0.8737	60	0.4688	94	0.3027
27	0.8545	61	0.4618	95	0.2994
28	0.8360	62	0.4550	96	0.2966
29	0.8180	63	0.4483	97	0.2930
30	0.8007	64	0.4418	98	0.2899
31	0.7840	65	0.4355	99	0.2868
32	0.7679	66	0.4293	100	0.2838

3. 饱和水蒸气表(以温度为准)

温度 ℃	绝对压强		蒸汽的密度 kg/m³	焓				汽化热	
	(千克(力)/厘米²)	kPa		液体		蒸汽		[千卡/千克]	kJ/kg
				[千卡/千克]	kJ/kg	[千卡/千克]	kJ/kg		
0	0.0062	0.6082	0.00484	0	0	595	2491.1	595	2491.1
5	0.0089	0.8730	0.00680	5.0	20.94	597.3	2500.8	592.3	2479.89
10	0.0125	1.2262	0.00940	10.0	41.87	599.6	2510.4	589.6	2468.5
15	0.0174	1.7068	0.01283	15.0	62.80	602.0	2520.5	587.0	2457.7
20	0.0238	2.3346	0.01719	20.0	83.74	604.3	2530.0	584.3	2446.3
25	0.0323	3.1684	0.02304	25.0	104.67	606.6	2539.7	581.6	2435.0
30	0.0433	4.2474	0.03036	30.0	125.60	608.9	2549.3	578.9	2423.7
35	0.0573	5.6207	0.03960	35.0	146.54	611.2	2559.0	576.2	2412.4
40	0.0752	7.3766	0.05114	40.0	167.47	613.5	2568.6	573.5	2401.1
45	0.0977	9.5837	0.06543	45.0	188.41	615.7	2577.8	570.7	2389.4
50	0.1258	12.340	0.0830	50.0	209.34	618.0	2587.4	568.0	2378.1
55	0.1605	15.743	0.1043	55.0	230.27	620.2	2596.7	565.2	2366.4
60	0.2031	19.923	0.1301	60.0	251.21	622.5	2606.3	562.0	2355.1
65	0.2550	25.014	0.1611	65.0	272.14	624.7	2615.5	559.7	2343.4
70	0.3177	31.164	0.1979	70.0	293.08	626.8	2624.3	556.8	2331.2
75	0.393	38.551	0.2416	75.0	314.01	629.0	2633.5	554.0	2319.5
80	0.483	47.379	0.2929	80.0	334.94	631.1	2642.3	551.2	2307.8
85	0.590	57.875	0.3531	85.0	355.88	633.2	2651.1	548.2	2295.2
90	0.715	70.136	0.4229	90.0	376.81	635.3	2659.9	545.3	2283.1
95	0.862	84.556	0.5039	95.0	397.75	637.4	2668.7	542.4	2270.9
100	1.033	101.33	0.5970	100.0	418.68	639.4	2677.0	539.4	2258.4
105	1.232	120.85	0.7036	105.1	440.03	641.3	2685.0	536.3	2245.4
110	1.461	143.31	0.8254	110.1	460.97	643.3	2693.4	533.1	2232.0
115	1.724	169.11	0.9635	115.2	482.32	645.2	2701.3	530.0	2219.0
120	2.025	198.64	1.1199	120.3	503.67	647.0	2708.9	526.7	2205.2
125	2.367	232.19	1.296	125.4	525.02	648.8	2716.4	523.5	2191.8
130	2.755	270.25	1.494	130.5	546.38	650.6	2723.9	520.1	2177.6
135	3.192	313.11	1.715	135.6	567.73	652.3	2731.0	516.7	2163.3
140	3.685	361.47	1.963	140.7	589.08	653.9	2737.7	513.2	2148.7
145	4.238	415.72	2.238	145.9	610.85	655.5	2744.4	509.7	2134.0
150	4.855	476.24	2.543	151.0	632.21	657.0	2750.7	506.0	2118.5
160	6.303	618.28	3.252	161.4	675.75	659.9	2762.9	498.5	2087.1
170	8.080	792.59	4.113	171.8	719.29	662.4	2773.3	490.6	2054.0
180	10.23	1003.5	5.145	182.3	763.25	664.6	2782.5	482.3	2019.3
190	12.80	1255.6	6.378	192.9	807.64	666.4	2790.1	473.5	1982.4
200	15.85	1554.77	7.840	203.5	852.01	667.7	2795.5	464.2	1943.5
210	19.55	1917.72	9.567	214.3	897.23	668.6	2799.3	454.4	1902.5
220	23.66	2320.88	11.60	225.1	942.45	669.0	2801.0	443.9	1858.5

附录

续表

温度 ℃	绝对压强 (千克(力)/厘米²)	绝对压强 kPa	蒸汽的密度 kg/m³	焓 液体 [千卡/千克]	焓 液体 kJ/kg	焓 蒸汽 [千卡/千克]	焓 蒸汽 kJ/kg	汽化热 [千卡/千克]	汽化热 kJ/kg
230	28.53	2798.59	13.98	236.1	988.50	668.8	2800.1	432.7	1811.6
240	34.13	3347.91	16.76	247.1	1034.56	668.0	2796.8	420.8	1761.8
250	40.55	3977.67	20.01	258.3	1081.45	664.0	2790.1	408.1	1708.6
260	47.85	4693.75	23.82	269.6	1128.76	664.2	2780.9	394.5	1651.7
270	56.11	5503.99	28.27	281.1	1176.91	661.2	2768.3	380.1	1591.4
280	65.42	6412.24	33.47	292.7	1225.48	657.3	2752.0	364.6	1526.5
290	75.88	7443.29	39.60	304.4	1274.46	652.6	2732.3	348.1	1457.4
300	87.6	8542.94	46.93	316.6	1325.54	646.8	2708.0	330.2	1382.5
310	100.7	9877.96	55.59	324.3	1378.71	640.1	2680.0	310.8	1301.3
320	115.2	11300.3	65.95	343.0	1436.07	632.5	2648.2	289.5	1212.1
330	131.3	12879.6	78.53	357.5	1446.78	623.5	2610.5	266.6	1116.2
340	149.0	14615.8	93.98	373.3	1562.93	613.5	2568.6	240.2	1005.7
350	168.6	16538.5	113.2	390.8	1636.20	601.1	2516.7	210.3	880.5
360	190.3	18667.1	139.6	413.0	1729.15	583.4	2442.6	170.3	713.0
370	214.5	21040.9	171.0	451.0	1888.25	549.8	2301.9	98.2	411.1
374	225	22070.9	322.6	501.1	2098.0	501.1	2098.0	0	0

4. 饱和水蒸气表(以用 kPa 为单位的压强为基准)

绝对压强 kPa	温度 ℃	蒸汽的密度 kg/m³	焓,kJ/kg 液体	焓,kJ/kg 蒸汽	汽化热 kJ/kg
1.0	6.3	0.00773	26.48	2503.1	2476.8
1.5	12.5	0.01133	52.26	2515.3	2463.0
2.0	17.0	0.01486	71.21	2524.2	2452.9
2.5	20.9	0.01836	87.45	2531.8	2444.3
3.0	23.5	0.02179	98.38	2536.8	2438.4
3.5	26.1	0.02523	109.30	2541.8	2432.5
4.0	28.7	0.02867	120.23	2546.8	2426.6
4.5	30.8	0.03205	129.00	2550.9	2421.9
5.0	32.4	0.03537	135.69	2554.0	2418.3
6.0	35.6	0.04200	149.06	2560.1	2411.0
7.0	38.8	0.04864	162.44	2566.3	2403.8
8.0	41.3	0.05514	172.73	2571.0	2398.2
9.0	43.3	0.06156	181.16	2574.8	2393.6
10.0	45.3	0.06798	189.59	2578.5	2388.9
15.0	53.5	0.09956	224.03	2594.0	2370.0
20.0	60.1	0.13068	251.51	2606.4	2854.9

续表

绝对压强 kPa	温度 ℃	蒸汽的密度 kg/m³	焓，kJ/kg		汽化热 kJ/kg
			液体	蒸汽	
30.0	66.5	0.19093	288.77	2622.4	2333.7
40.0	75.0	0.24975	315.93	2634.1	2312.2
50.0	81.2	0.30799	339.80	2644.3	2304.5
60.0	85.6	0.36514	358.21	2652.1	2393.9
70.0	89.9	0.42229	376.61	2659.8	2283.2
80.0	93.2	0.47807	390.08	2665.3	2275.3
90.0	96.4	0.53384	403.49	2670.8	2267.4
100.0	99.6	0.58961	416.90	2676.3	2259.5
120.0	104.5	0.69868	437.51	2684.3	2246.8
140.0	109.2	0.80758	457.67	2692.1	2234.4
160.0	113.0	0.82981	473.88	2698.1	2224.2
180.0	116.6	1.0209	489.32	2703.7	2214.3
200.0	120.2	1.1273	493.71	2709.2	2204.6
250.0	127.2	1.3904	534.39	2719.7	2185.4
300.0	133.3	1.6501	560.38	2728.5	2168.1
350.0	138.8	1.9074	583.76	2736.1	2152.3
400.0	143.4	2.1618	603.61	2742.1	2138.5
450.0	147.7	2.4152	622.42	2747.8	2125.4
500.0	151.7	2.6673	639.59	2752.8	2113.2
600.0	158.7	3.1686	670.22	2761.4	2091.1
700	164.7	3.6657	696.27	2767.8	2071.5
800	170.4	4.1614	720.96	2773.7	2052.7
900	175.1	4.6525	741.82	2778.1	2036.2
1×10^3	179.9	5.1432	762.68	2782.5	2019.7
1.1×10^3	180.2	5.6339	780.34	2785.5	2005.1
1.2×10^3	187.8	6.1241	797.92	2788.5	1990.6
1.3×10^3	191.5	6.6141	814.25	2790.9	1976.7
1.4×10^3	194.8	7.1038	829.06	2792.4	1963.7
1.5×10^3	198.2	7.5935	843.86	2794.5	1950.7
1.6×10^3	201.3	8.0814	857.77	2796.0	1938.2
1.7×10^3	204.1	8.5674	870.58	2797.1	1926.5
1.8×10^3	206.9	9.0533	883.39	2798.1	1914.8
1.9×10^3	209.8	9.5392	896.21	2799.2	1903.0
2×10^3	212.2	10.0338	907.32	2799.7	1892.4
3×10^3	233.7	15.0075	1005.4	2798.9	1793.5
4×10^3	250.3	20.0969	1082.9	2789.8	1706.8
5×10^3	263.8	25.3663	1146.9	2776.2	1629.2
6×10^3	275.4	30.8494	1203.2	2759.5	1556.3

续表

绝对压强 kPa	温度 ℃	蒸汽的密度 kg/m^3	焓，kJ/kg		汽化热 kJ/kg
			液体	蒸汽	
7×10^3	285.7	36.5744	1253.2	2740.8	1487.6
8×10^3	294.8	42.5768	1299.2	2720.5	1403.7
9×10^3	303.2	48.8945	1343.5	2699.1	1356.6
10×10^3	310.9	55.5407	1384.0	2677.1	1293.1
12×10^3	324.5	70.3075	1463.4	2631.2	1167.7
14×10^3	336.5	87.3020	1567.9	2583.2	1043.4
16×10^3	347.2	107.8010	1615.8	2531.1	915.4
18×10^3	356.9	134.4813	1699.8	2466.0	766.1
20×10^3	365.6	176.5961	1817.8	2364.2	544.9

六、某些液体的导热系数

液 体	温度 ℃	导热系数 W/(m·℃)	液 体	温度 ℃	导热系数 W/(m·℃)
醋酸 100%	20	0.171	苯	30	0.159
50%	20	0.35		60	0.151
丙酮	30	0.177	正丁醇	30	0.168
	75	0.161		75	0.164
丙烯醇	25～30	0.180	异丁醇	10	0.157
氨	25～30	0.50	氯化钙盐水 30%	30	0.55
氨水溶液	20	0.45	15%	30	0.59
	60	0.50	二硫化碳	30	0.161
正戊烷	30	0.163	硫	75	0.152
	100	0.154	四氯化碳	0	0.185
异戊烷	30	0.152		68	0.163
	75	0.151	氨苯	10	0.144
苯胺	0～20	0.173	三氯甲烷	30	0.138
乙酸乙酯	20	0.175	三元醇 100%	20	0.284
乙醇 100%	20	0.182	80%	20	0.327
80%	20	0.237	60%	20	0.381
60%	20	0.305	40%	20	0.448
40%	20	0.388	20%	20	0.481
20%	20	0.486	100%	100	0.284
100%	50	0.151	正庚烷	30	0.140
乙苯	30	0.149		60	0.137
	60	0.142	正已烷	30	0.138
乙醚	30	0.133		60	0.135
	75	0.135	正庚醇	30	0.163
汽油	30	0.135		75	0.157
正已醇	30	0.164	氯甲烷	—15	0.192
	75	0.156		30	0.154
煤油	20	0.149	硝基苯	30	0.164

续表

液体	温度 ℃	导热系数 W/(m·℃)	液体	温度 ℃	导热系数 W/(m·℃)
	75	0.140		100	0.152
盐酸 12.5%	32	0.52	硝基甲苯	30	0.216
25%	32	0.48		60	0.208
38%	32	0.44	正辛烷	60	0.14
水银	28	0.36		0	0.138～0.156
甲醇 100%	20	0.215	石油	20	0.180
80%	20	0.267	蓖麻油	0	0.173
60%	20	0.329		20	0.168
40%	20	0.405	橄榄油	100	0.164
20%	20	0.492	正戊烷	30	0.135
100%	50	0.197		75	0.128
氯化钾 15%	32	0.58	硫酸 90%	30	0.36
30%	32	0.56	60%	30	0.43
氢氧化钾 21%	32	0.58	30%	30	0.52
42%	32	0.55	二氧化硫	15	0.22
硫酸钾 10%	32	0.60		30	0.192
正丙醇	30	0.171	甲苯	30	0.149
	75	0.164		75	0.145
异丙醇	30	0.157	松节油	15	0.128
	60	0.155	二甲苯 邻位	20	0.155
氯化钠水 25%	30	0.57	对位	20	0.155
12.5%	30	0.59			

附录图1还示出几常种用液体的导热系数与温度的关系。

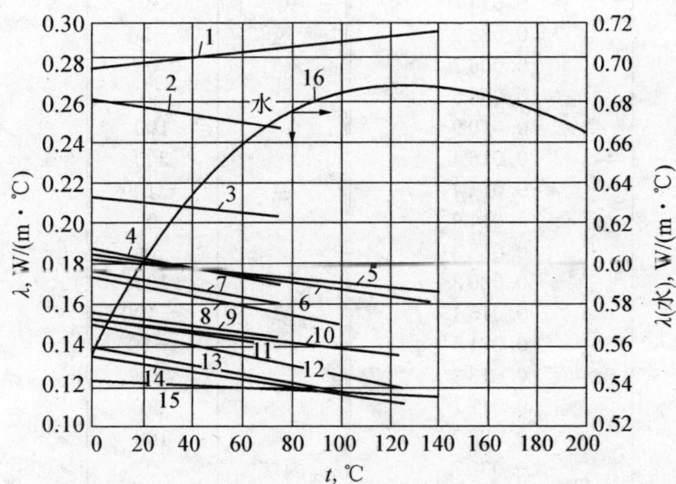

附录图1　液体的导热系数

1—无水甘油；2—蚁酸；3—甲醇；4—乙醇；5—蓖麻油；6—苯胺；7—醋酸；8—丙酮；9—丁醇
10—硝基苯；11—异丙醇；12—苯；13—甲苯；14—二甲苯；15—凡士林油；16—水(用右边的坐标)

七、某些气体和蒸汽的导热系数

下表所列出的极限温度数值是实验范围的数值。若外推到其他温度时，建议将所列出的数据按 $\lg\lambda$ 对 $\lg T$(λ 为导热系数，W/(m·℃)；T 为温度，K)作图，或者假定 Pr 准数与温度(或压强，在适当范围内)无关。

物质	温度,℃	导热系数，W/(m·℃)	物质	温度,℃	导热系数，W/(m·℃)
丙酮	0	0.0098	二氧化碳	100	0.0230
	46	0.0128		200	0.0313
	100	0.0171		300	0.0396
	184	0.0254	二硫化物	0	0.0069
空气	0	0.0242		−73	0.0073
	100	0.0317	一氧化碳	−189	0.0071
	200	0.0391		−179	0.0080
	300	0.0459		−60	0.0234
氨	−60	0.0164	四氯化碳	46	0.0071
	0	0.0222		100	0.0090
	50	0.0272		184	0.0112
	100	0.0320	氯	0	0.0074
苯	0	0.0090	三氯甲烷	0	0.0066
	46	0.0126		46	0.0080
	100	0.0178		100	0.0100
	184	0.0263		184	0.0133
	212	0.0305	硫化氢	0	0.0132
正丁烷	0	0.0135	水银	200	0.0341
	100	0.0234	甲烷	−100	0.0173
异丁烷	0	0.0138		−50	0.0251
	100	0.0241		0	0.0302
二氧化碳	−50	0.0118		50	0.0372
	0	0.0147	甲醇	0	0.0144
	100	0.0222	氢	−50	0.0144
氯甲烷	0	0.0067		0	0.0173
	46	0.0085		50	0.0199
	100	0.0109		100	0.0223
	212	0.0164		300	0.0308
烷	−70	0.0114	氮	−100	0.0164
	−34	0.0149		0	0.0242
	0	0.0183		50	0.0277
	100	0.0303		100	0.0312
乙醇	20	0.0154	氧	−100	0.0164
	100	0.0215		−50	0.0206
乙醚	0	0.0133		0	0.0246
	46	0.0171		50	0.0284
	100	0.0227		100	0.0321
	184	0.0327	丙烷	0	0.0151
	212	0.0362		100	0.0261
乙烯	−17	0.0111	二氧化硫	0	0.0087
	0	0.0175		100	0.0119
	50	0.0267	水蒸气	46	0.0208
	100	0.0279		100	0.0237

续表

物质	温度,℃	导热系数，W/(m·℃)	物质	温度,℃	导热系数，W/(m·℃)
正庚烷	200	0.0194		200	0.0324
	100	0.0178		300	0.0429
正己烷	0	0.0125		400	0.0545
	20	0.0138		50	0.0763
氢	−100	0.0113			

八、某些固体材料的重要物理性质

(1)金属

名　称	密度，kg/m³	导热系数，W/(m·℃)	比热容，kJ/(kg·℃)
钢	7850	45.4	0.46
不锈钢	7900	17.4	0.50
铸　铁	7220	62.8	0.50
铜	8800	383.8	0.406
青铜	8000	64.0	0.381
黄铜	8600	85.5	0.38
铝	2670	203.5	0.92
镍	9000	58.2	0.46
铅	11400	34.9	0.130

(2)塑料

名　称	密度，kg/m³	导热系数，W/(m·℃)	比热容，kJ/(kg·℃)
酚　醛	1250～1300	0.13～0.26	1.3～1.7
脲　醛	1400～1500	0.30	1.3～1.7
聚氯乙烯	1380～1400	0.16	1.84
聚苯乙烯	1050～1070	0.08	1.34
低压聚乙烯	940	0.29	2.55
高压聚乙烯	920	0.26	2.22
有机玻璃	1180～1190	0.14～0.20	

(3)建筑材料、绝热材料、耐酸材料及其他

名　称	密度，kg/m³	导热系数，W/(m·℃)	比热容，kJ/(kg·℃)
干　砂	1500～1700	0.45～0.48	0.75(20～20℃)
粘　土	1600～1800	0.47～0.53	
锅炉炉渣	700～1100	0.19～0.30	
粘土砖	1600～1900	0.47～0.67	0.92
耐火砖	1840	1.05(800～1100℃)	0.96～1.00
绝缘砖(多孔)	600～1400	0.16～0.37	
混凝土	2000～2400	1.3～1.55	0.84
松　木	500～600	0.07～0.10	2.7(0～100℃)
软　木	100～300	0.041～0.064	0.96
石棉板	770	0.11	0.816
石棉水泥板	1600～1900	0.35	
玻璃	2500	0.74	0.67

续表

名　称	密度，kg/m³	导热系数，W/(m·℃)	比热容，kJ/(kg·℃)
耐酸陶瓷制品	2200～2300	0.9～1.0	0.75～0.80
耐酸砖和板	2100～2400	—	—
耐酸搪瓷	2300～2700	0.99～1.04	0.84～1.26
橡　胶	1200	0.16	1.38
冰	900	2.3	2.11

九、流体物性共线图

1. 液体的粘度和密度

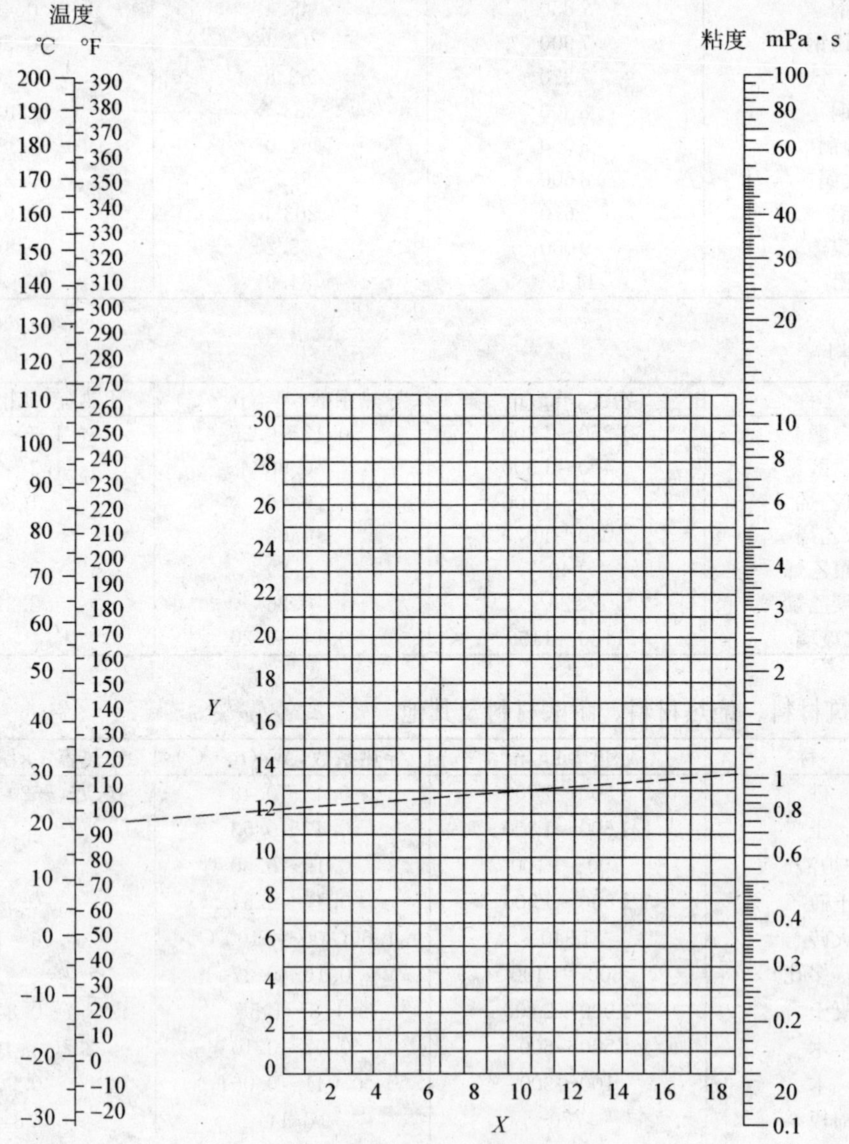

附录图 2　液体粘度共线图

液体粘度共线图的坐标值及液体的密度列于下表中：

序号	液　　体	X	Y	密度(20℃)，kg/m^3
1	乙醛	15.2	14.8	783(18℃)
2	醋酸　100%	12.1	14.2	1 049*
3	70%	9.5	17.0	1 069
4	醋酸酐	12.7	12.8	1 083
5	丙酮　100%	14.5	7.2	792
6	35%	7.9	15.0	948
7	丙烯醇	10.2	14.3	854
8	氨　100%	12.6	2.0	817(−79℃)
9	26%	10.1	13.9	904
10	醋酸戊酯	11.8	12.5	879
11	戊醇	7.5	18.4	817
12	苯胺	8.1	18.7	1 022
13	苯甲醚	12.3	13.5	990
14	三氯化砷	13.9	14.5	2 163
15	苯	12.5	10.9	880
16	氯化钙盐水　25%	6.6	15.9	1 228
17	氧化钠盐水　25%	10.2	16.6	1 186(25℃)
18	溴	14.2	13.2	3 119
19	溴甲苯	20	15.9	1 410
20	乙酸丁酯	12.3	11.0	882
21	丁醇	8.6	17.2	810
22	丁酸	12.1	15.3	964
23	二氧化碳	11.6	0.3	1 101(−37℃)
24	二硫化碳	16.1	7.5	1 263
25	四氯化碳	12.7	13.1	1 595
26	氯苯	12.3	12.4	1 107
27	三氯甲烷	14.4	10.2	1 489
28	氯磺酸	11.2	18.1	1 787(25℃)
29	氯甲苯(邻位)	13.0	13.3	1 082
30	氯甲苯(间位)	13.3	12.5	1 072
31	氯甲苯(对位)	13.3	12.5	1 070
32	甲酚(间位)	2.5	20.8	1 034
33	环己醇	2.9	24.3	962
34	二溴乙烷	12.7	15.8	2 495
35	二氯乙烷	13.2	12.2	1 256
36	二氯甲烷	14.6	8.9	1 336

续表

序号	液体	X	Y	密度(20℃)，kg/m^3
37	草酸乙酯	11.0	16.4	1079
38	草酸二甲酯	12.3	15.8	1148(54℃)
39	联苯	12.0	18.3	992(73℃)
40	草酸二丙酯	10.3	17.7	1038(0℃)
41	乙酸乙酯	13.7	9.1	901
42	乙醇 100%	10.5	13.8	789
43	95%	9.8	14.3	804
44	40%	6.5	16.6	935
45	乙苯	13.2	11.5	867
46	溴乙烷	14.5	8.1	1431
47	氯乙烷	14.8	6.0	917(6℃)
48	乙醚	14.5	5.3	708(25℃)
49	甲酸乙酯	14.2	8.4	923
50	碘乙烷	14.7	10.3	1933
51	乙二醇	6.0	23.6	1113
52	甲酸	10.7	15.8	1220
53	氟里昂－11(CCl_2F)	14.4	9.0	1494(17℃)
54	氟里昂－12(CCl_2F_2)	16.8	5.6	1486(20℃)
55	氟里昂－21($CHCl_2F$)	15.7	7.5	1426(0℃)
56	氟里昂－22($CHClF_2$)	17.2	4.7	3870(0℃)
57	氟里昂－113($CHCl_2F-CClF_2$)	12.5	11.4	1576
58	甘油 100%	2.0	30.0	1261
59	50%	6.9	19.6	1126
60	庚烷	14.1	8.4	684
61	已烷	14.7	7.0	659
62	盐酸 31.5%	13.0	16.6	1157
63	异丁醇	7.1	18.0	779(26℃)
64	异丁醇	12.2	14.4	949
65	异丙醇	8.2	16.0	789
66	煤油	10.2	16.9	780～820
67	粗亚麻仁油	7.5	27.2	930～938(15℃)
68	水银	18.4	16.4	13546
69	甲醇 100%	12.4	10.5	792
70	90%	12.3	11.8	820
71	40%	7.8	15.5	935
72	乙酸甲酯	14.2	8.2	924

续表

序号	液　体	X	Y	密度，(20 ℃) kg/m^3
73	氯甲烷	15.0	3.8	952(0 ℃)
74	丁酮	13.9	8.6	805
75	萘	7.9	18.1	1 145
76	硝酸　95%	12.8	13.8	1 493
77	60%	10.8	17.0	1 367
78	硝基苯	10.6	16.2	1 205(15 ℃)
79	硝基甲苯	11.0	17.0	1 160
80	辛烷	13.7	10.0	703
81	辛醇	6.6	21.1	827
82	五氯乙烷	10.9	17.3	1 671(25 ℃)
83	戊烷	14.9	5.2	630(18 ℃)
84	硝	6.9	20.8	1 071(25 ℃)
85	三溴化磷	13.8	16.7	2 852(15 ℃)
86	三氯化磷	16.2	10.9	1 574
87	丙酸	12.8	13.8	992
88	丙醇	9.1	16.5	804
89	溴丙烷	14.5	9.6	1 353
90	氯丙烷	14.4	7.5	890
91	碘丙烷	14.1	11.6	1 749
92	钠	16.4	13.9	970
93	氢氧化钠　50%	3.2	25.8	1 525
94	四氯化锡	13.5	12.8	2 226
95	二氧化硫	15.2	7.1	1 434(0 ℃)
96	硫酸　110%	7.2	27.4	1 980
97	98%	7.0	24.8	1 836
98	60%	10.2	21.3	1 498
99	二氯二氧化硫	15.2	12.4	1 667
100	四氯乙烷	11.9	15.7	1 600
101	四氯乙烯	14.2	12.7	1 624(15 ℃)
102	四氯化钛	14.4	12.3	1 726
103	甲苯	13.7	10.4	886
104	三氯乙烯	14.8	10.5	1 436
105	松节油	11.5	14.9	961～867
106	醋酸乙烯	14.0	8.8	932
107	水	10.2	13.0	998

注：醋酸的密度不能用加和方法计算。

2. 101.33 kPa 压强下气体的粘度

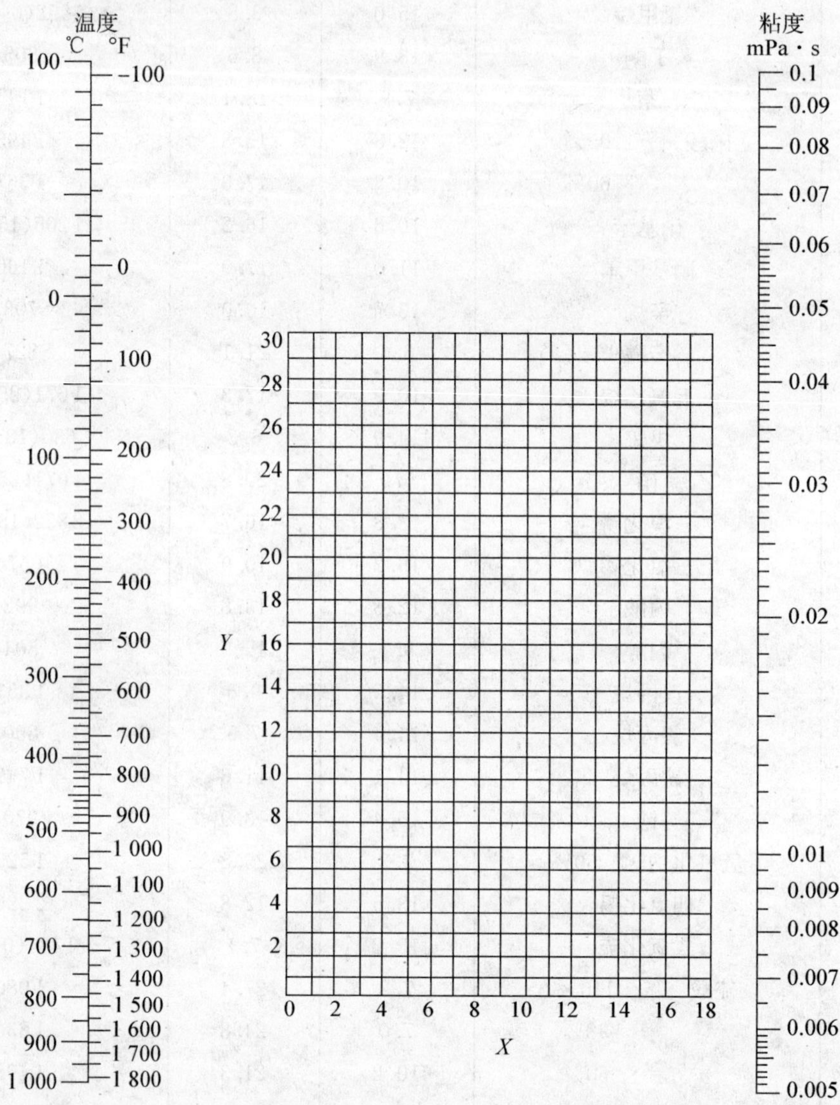

附录图 3　气体粘度共线图

气体粘度共线图的坐标值列于下表中：

序号	气　体	X	Y	序号	气　体	X	Y
1	醋酸	7.7	14.3	29	氟里昂－113($CCl_2F-CClF_2$)	11.3	14.0
2	丙酮	8.9	13.0	30	氦	10.9	20.5
3	乙炔	9.8	14.9	31	己烷	8.6	11.8
4	空气	11.0	20.0	32	氢	11.2	12.4
5	氨	8.4	16.0	33	$3H_2+1N_2$	11.2	17.2
6	氧	10.5	22.4	34	溴化氢	8.8	20.9
7	苯	8.5	13.2	35	氯化氢	8.8	18.7
8	溴	8.9	19.2	36	氰化氢	9.8	14.9
9	丁烯(butene)	9.2	13.7	37	碘化氢	9.0	21.3
10	丁烯(butylene)	8.9	13.0	38	硫化氢	8.6	18.0
11	二氧化碳	9.5	18.7	39	碘	9.0	18.4
12	二硫化碳	8.0	16.0	40	水银	5.3	22.9
13	一氧化碳	11.0	20.0	41	甲烷	9.9	15.5
14	氯	9.0	18.4	42	甲醇	8.5	15.6
15	三氯甲烷	8.9	15.7	43	一氧化氮	10.9	20.5
16	氰	9.2	15.2	44	氮	10.6	20.0
17	环己烷	9.2	12.0	45	五硝酰氯	8.0	17.6
18	乙烷	9.1	14.5	46	一氧化二氮	8.8	19.0
19	乙酸乙酯	8.5	13.2	47	氧	11.0	21.3
20	乙醇	9.2	14.2	48	戊烷	7.0	12.8
21	氯乙烷	8.5	15.6	49	丙烷	9.7	12.9
22	乙醚	8.9	13.0	50	丙醇	8.4	13.4
23	乙烯	9.5	15.1	51	丙烯	9.0	13.8
24	氟	7.3	23.8	52	二氧化硫	9.6	17.0
25	氟里昂－11(CCl_3F)	10.6	15.1	53	甲苯	8.6	12.4
26	氟里昂－12(CCl_2F_2)	11.1	16.0	54	2,3,3-三甲(基)丁烷	9.5	10.5
27	氟里昂－21($CHCl_2F$)	10.8	15.3	55	水	8.0	16.0
28	氟里昂－22($CHClF_2$)	10.1	17.0	56	氙	9.3	23.0

附录

3. 液体的比热容

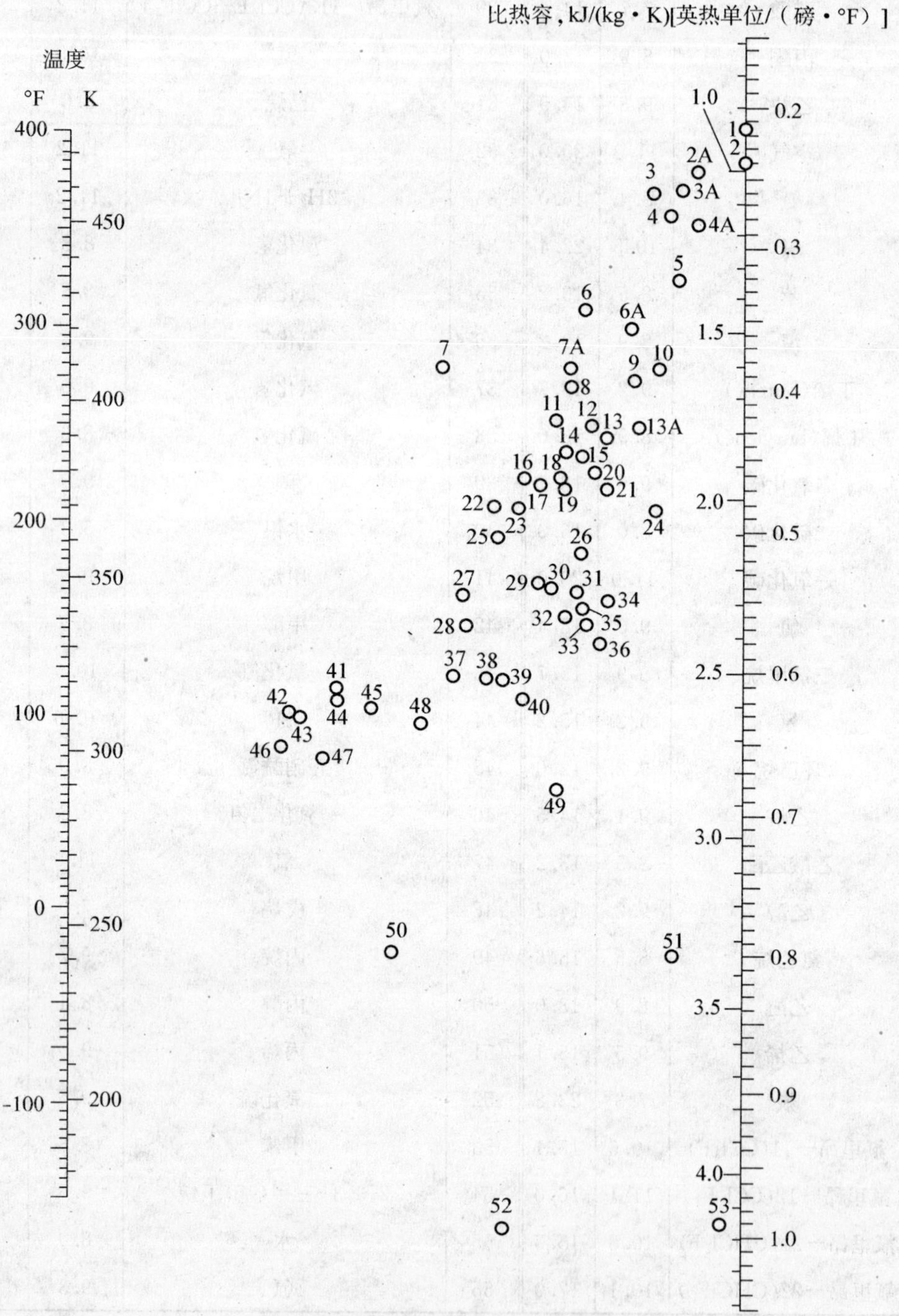

附录图4 液体比热容共线图

液体比热容共线图的编号列于下表中：

号数	液　体	范围，℃	号数	液　体	范围，℃
29	醋酸　100%	0～80	7	碘乙烷	0～100
32	丙酮	20～50	39	乙二醇	−40～200
52	氨	−70～50	2A	氟里昂−11(CCl_3F)	−20～70
37	戊醇	−50～25	6	氟里昂−12(CCl_2F_2)	−40～15
26	乙酸戊酯	0～100	4A	氟里昂−21($CHCl_2F$)	−20～70
30	苯胺	0～130	7A	氟里昂−22($CHClF_2$)	−20～60
23	苯	10～80	3A	氟里昂−113($CCl_2F-CClF_2$)	−20～70
27	苯甲醇	−20～30	38	三元醇	−40～20
10	苯甲基氧	−30～30	28	庚烷	0～60
49	$CaCl_2$　25%	−40～20	35	己烷	−80～20
51	NaCl 盐水　25%	−40～20	48	盐酸　30%	20～100
44	丁醇	0～100	41	异戊醇	10～100
2	二硫化碳	−100～25	43	异丁醇	0～100
3	四氯化碳	10～60	47	异丙醇	−20～50
8	氯苯	0～100	31	异丙醚	−80～20
4	三氯甲烷	0～50	40	甲醇	−40～20
21	葵烷	−80～25	13A	氯甲烷	−80～20
6A	二氯乙烷	−30～60	14	萘	90～200
5	二氯甲烷	−40～50	12	硝基苯	0～100
15	联苯	80～120	34	壬烷	−50～125
22	二苯甲烷	80～100	33	辛烷	−50～25
16	二苯醚	0～200	3	过氯乙烯	−30～140
16	道舍姆 A(DowthermA)	0～200	45	丙醇	−20～100
24	乙酸乙酯	−50～25	20	吡啶	−51～25
42	乙醇　100%	30～80	9	硫酸　98%	10～45
46	95%	20～80	11	二氧化硫	−20～100
50	50%	20～80	23	甲苯	0～60
25	乙苯	0～100	53	水	−10～200
1	溴乙烷	5～25	18	二甲苯(邻位)	0～100
13	氯乙烷	−80～40	19	二甲苯(间位)	0～100
36	乙醚	−100～25	17	二甲苯(对位)	0～100

附录

4. 101. 33 kPa 压强下气体的比热容

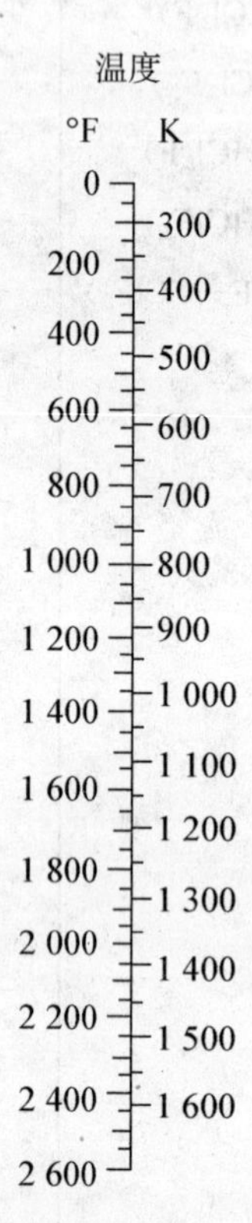

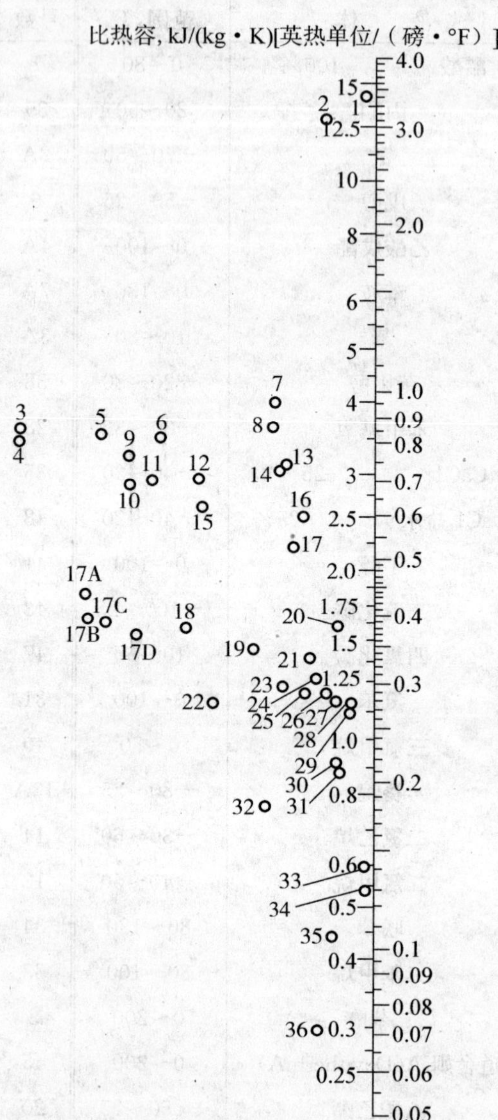

附录图 5　气体比热容共线图

气体的热容共线图的编号列于下表中：

号数	气体	范围，K
10	乙炔	273～473
15	乙炔	473～673
16	乙炔	673～1673
27	空气	273～1673
12	氨	273～873
14	氨	873～1673
18	二氧化碳	273～673
24	二氧化碳	673～1673
26	二氧化碳	273～1673
32	氯	273～473
34	氯	473～1673
3	乙烷	273～473
9	乙烷	473～873
8	乙烷	873～1673
4	乙烯	273～473
11	乙烯	473～873
13	乙烯	873～1673
17B	氟里昂－11(CCl_2F)	273～423
17C	氟里昂－21($CHCl_2F$)	273～423
17A	氟里昂－22($CHClF_2$)	278～423
17D	氟里昂－113($CCl_2F-CClF_2$)	273～423
1	氢	273～873
2	氢	873～1673
35	溴化氢	273～1673
30	氯化氢	273～1673
20	氟化氢	273～1673
36	碘化氢	273～1673
19	硫化氢	273～973
21	硫化氢	973～1673
5	甲烷	273～573
6	甲烷	573～973
7	甲烷	973～1673
25	一氧化氮	273～973
28	一氧化氮	973～1673
26	氮	273～1673
23	氧	273～773
29	氧	773～1673
33	硫	573～1673
22	二氧化硫	273～673
31	二氧化硫	673～1673
17	水	273～1673

5. 汽化热（蒸发潜热）

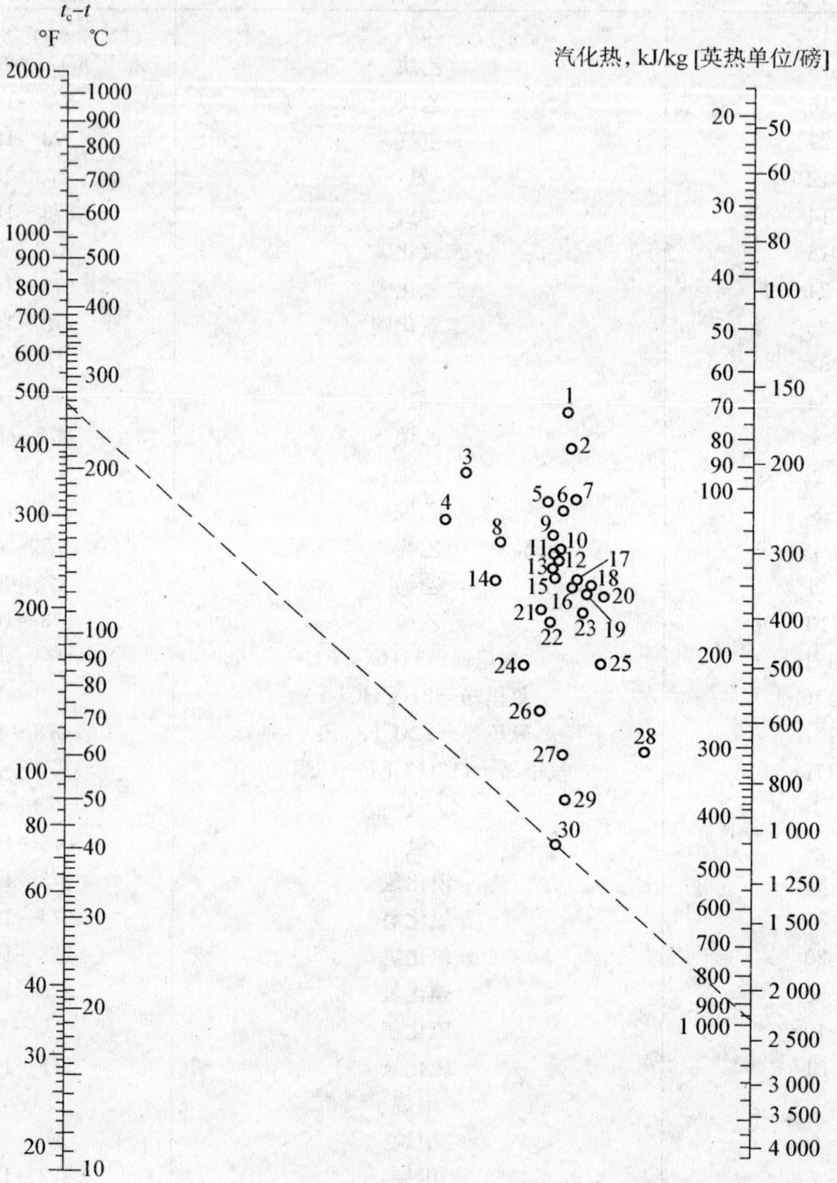

附录图 6　汽化热共线图

汽化热共线图的编号列于下表中：

号　数	化合物	范围(t_c-t),℃	临界温度(t_c-t),℃
18	醋酸	100～321	321
22	丙酮	120～210	235
29	氨	50～200	133
13	苯	10～400	289
16	丁烷	90～200	153
21	二氧化碳	10～100	31
4	二硫化碳	140～275	273
2	四氯化碳	30～250	283
7	三氯甲烷	140～275	263
8	二氯甲烷	150～250	216
3	联苯	175～400	527
25	乙烷	25～150	32
26	乙醇	20～140	243
28	乙醇	140～300	243
17	氯乙烷	100～250	187
13	乙醚	10～400	194
2	氟里昂－11(CCl_2F)	70～250	198
2	氟里昂－12(CCl_2F_2)	40～200	111
5	氟里昂－21($CHCl_2F$)	70～250	178
6	氟里昂－22($CHClF_2$)	50～170	96
1	氟里昂－113($CCl_2F-CClF_2$)	90～250	214
10	庚烷	20～300	267
11	己烷	50～225	235
15	异丁烷	80～200	134
27	甲醇	40～250	240
20	氯甲烷	70～250	143
19	一氧化二氮	25～150	36
9	辛烷	30～300	296
12	戊烷	20～200	197
23	丙烷	40～200	96
24	丙醇	20～200	264
14	二氧化硫	90～160	157
30	水	100～500	374

【例】 求100℃水蒸气的汽化热。

解 从表中查出水的编号为30，临界温度 t_c 为374℃，故

$$t_c-t=374-100=274(℃)$$

在温度标尺上找出相应于274℃的点，将该点与编号30的点相连，延长与汽化热标尺相交，由此读出100℃时水的汽化热为2 257 kJ/kg。

6. 液体的表面张力

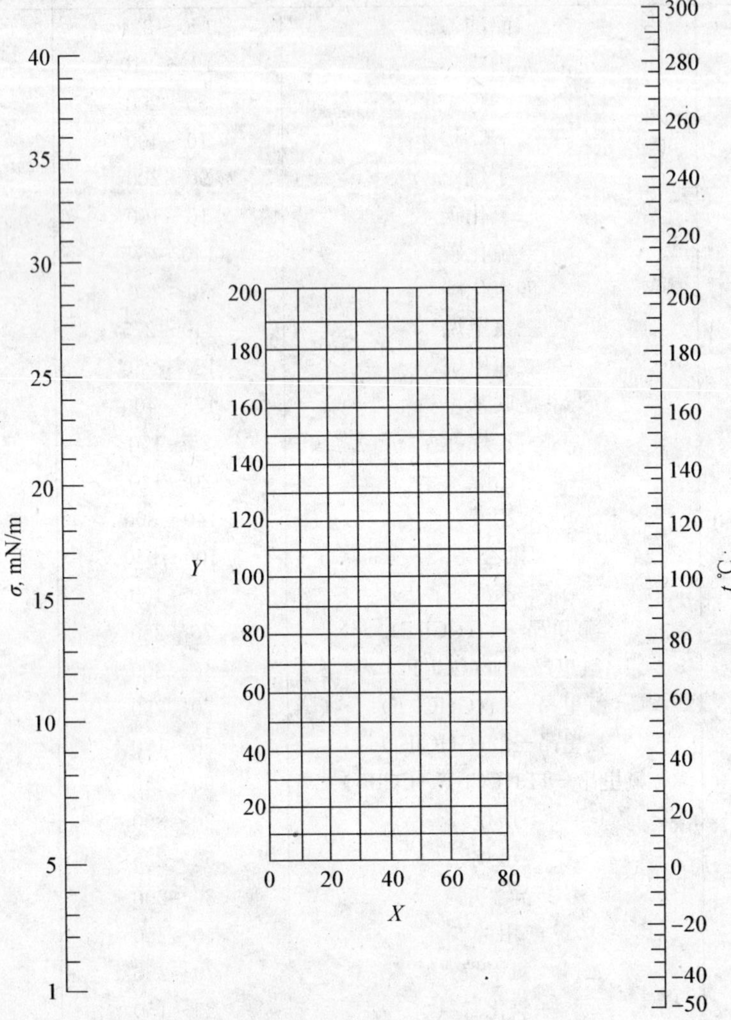

附录图 7　液体的表面张力

液体表面张力共线图坐标值列于下表中：

序号	液体名称	X	Y	序号	液体名称	X	Y
1	环氧乙烷	42	83	10	乙醛	33	78
2	乙苯	22	118	11	乙醛肟	23.5	127
3	乙胺	11.2	83	12	乙酰胺	17	192.5
4	乙硫醇	35	81	13	乙酰醋酸乙酯	21	132
5	乙醇	10	97	14	二乙醇缩乙醛	19	88
6	乙醚	27.5	64	15	间二甲苯	20.5	118
7	对二甲苯	19	117	16	苯乙酮	18	16.3
8	二甲胺	16	66	17	苯乙醚	20	134.2
9	二甲醚	44	37	18	苯二乙胺	17	142.6

续表

序号	液体名称	X	Y	序号	液体名称	X	Y
19	1,2二氯乙烯	32	122	61	苯二甲胺	20	149
20	二硫化碳	35.8	117.2	62	苯甲醚	24.4	138.9
21	丁酮	23.6	97	63	苯甲酸乙酯	14.8	151
22	丁醇	9.6	107.5	64	苯胺	22.9	171.8
23	异丁醇	5	103	65	苯(基)甲胺	25	156
24	丁酸	14.5	115	66	苯酯	20	168
25	异丁酸	14.8	107.4	67	苯骈吡啶	19.5	183
26	丁酸乙酯	17.5	102	68	氯	56.2	63.5
27	丁(异)酸乙酯	20.9	93.7	69	氰化亚氯	62.5	0.5
28	丁酸甲甲酯	25	88	70	草酸乙二酯	20.5	130.8
29	丁(异)酸甲酯	24	93.8	71	氯	45.5	59.2
30	三乙胺	20.1	83.9	72	氯仿	32	101.3
31	三甲胺	21	57.6	73	对氯甲苯	18.7	134
32	1,3,5二甲苯	17	119.8	74	氯甲烷	45.8	53.2
33	三苯甲烷	12.5	182.7	75	氯苯	23.5	132.5
34	三氯乙醛	30	113	76	对氯溴苯	14	162
35	三聚乙醛	22.3	103.8	77	氯甲苯(吡啶)	34	138.2
36	已烷	22.7	72.2	78	氰化乙烷(丙腈)	23	108.6
37	六氢吡啶	24.7	120	79	氰化丙烷(丁腈)	20.3	113
38	甲苯	24	113	80	氰化甲烷(乙腈)	33.5	111
39	甲胺	42	58	81	氰化苯(苯腈)	19.5	159
40	间甲酸	13	161.2	82	氰化氢	30.6	66
41	对甲酸	11.5	160.5	83	硫酸二乙酯	19.5	139.5
42	邻甲酸	20	161	84	硫酸二甲酯	23.5	158
43	甲醇	17	93	85	硝基乙烷	25.4	126.1
44	甲酸甲酯	38.5	88	86	硝基甲烷	30	139
45	甲酸乙酯	30.5	88.8	87	萘	22.5	165
46	甲酸丙酯	24	97	88	溴乙烷	31.6	90.2
47	丙胺	25.5	87.2	89	溴苯	23.5	145.5
48	对异丙基甲苯	12.8	121.2	90	碘乙烷	28	113.2
49	丙酯	28	91	91	茴香	13	158.1
50	异丙醇	12	111.5	92	醋酸	17.1	116.5
51	丙醇	8.2	105.2	93	醋酸甲酯	34	90
52	丙酸	17	112	94	醋酸乙酯	27.5	92.4
53	丙酸乙酯	22.6	97	95	醋酸丙酯	23	97
54	丙酸甲酯	29	95	96	醋酸异戊酯	16	97.2
55	二乙(基)酮	20	101	97	醋酸异丁酯	16.4	130.1
56	异戊醇	6	106.8	98	醋酸酐	25	129
57	四氯化碳	26	104.5	99	噻吩	35	121
58	辛烷	17.7	90	100	环已烷	42	86.7
59	亚硝酰氯	38.5	93				
60	苯	30	110				

十、壁面污垢的热阻(污垢系数)[$(m^2 \cdot ℃)/W$]

(1)冷却水

加热流体的温度,℃	115 以下		115～205	
水的温度,℃	25 以下		25 以上	
水的流速,m/s	1 以下	1 以上	1 以下	1 以上
海水	0.8598×10^{-4}	0.8598×10^{-4}	1.7197×10^{-4}	1.7197×10^{-4}
自来水、井水、湖水、软化锅炉水	1.7197×10^{-4}	1.7197×10^{-4}	3.4394×10^{-4}	3.4394×10^{-4}
蒸馏水	0.8598×10^{-4}	0.8598×10^{-4}	0.8598×10^{-4}	0.8598×10^{-4}
硬水	5.1590×10^{-4}	5.1590×10^{-4}	8.598×10^{-4}	8.598×10^{-4}
河水	5.1590×10^{-4}	3.4394×10^{-4}	6.8788×10^{-4}	5.1590×10^{-4}

(2)工业用气体

气体名称	热　阻
有机化合物	0.8598×10^{-4}
水蒸气	0.8598×10^{-4}
空　气	3.4394×10^{-4}
溶剂蒸气	1.7197×10^{-4}
天然气	1.7197×10^{-4}
焦炉气	1.7197×10^{-4}

(3)工业用液体

液体名称	热　阻
有机化合物	1.7197×10^{-4}
盐　水	1.7197×10^{-4}
熔　盐	0.8598×10^{-4}
植物油	5.1590×10^{-4}

(4)石油分馏物

馏出物名称	热　阻
原　油	$3.4394\times10^{-4}\sim12.098\times10^{-4}$
汽　油	1.7197×10^{-4}
石脑油	1.7197×10^{-4}
煤　油	1.7197×10^{-4}
柴　油	$3.4394\times10^{-4}\sim5.1590\times10^{-4}$
重　油	8.598×10^{-4}
沥青油	17.197×10^{-4}

十一、无机盐水溶液的沸点

1. 无机盐水溶液在 101.33 kPa 压强下的沸点

温度，℃ / 水溶液	101	102	103	104	105	107	110	115	120	125	140	160	180	200	220	240	260	280	300	340
	溶液的质量分数，%																			
$CaCl_2$	5.66	10.31	14.16	17.36	20.00	24.24	29.33	35.68	40.83	45.80	57.89	68.94	75.86							
KOH	4.49	8.51	11.97	14.82	17.01	20.88	25.65	31.97	36.51	40.23	48.05	54.89	60.41	64.91	68.73	72.46	75.76	78.95	81.63	86.18
KCl	8.42	14.31	18.96	23.02	26.57	32.02		（近于108.5℃）												
K_2CO_3	10.31	18.37	24.24	28.57	32.24	37.69	43.97	50.86	56.04	60.40	66.94		（近于133.5℃）							
KNO_3	13.19	23.66	32.23	39.20	45.10	54.65	65.34	79.53												
$MgCl_2$	4.67	8.42	11.66	14.31	16.59	20.32	24.41	29.48	33.07	36.02	38.61									
$MgSO_4$	14.31	22.78	28.31	32.23	35.32	42.86		（近于108℃）												
$NaOH$	4.12	7.40	10.15	12.51	14.53	18.32	23.08	26.21	33.77	37.58	48.32	60.13	69.97	77.53	84.03	88.89	93.02	95.92	98.47	（近于314℃）
$NaCl$	6.19	11.03	14.67	17.69	20.32	25.09	28.92													
$NaNO_3$	8.26	15.61	21.87	27.53	32.43	40.47	49.87	60.94	68.94											
Na_2SO_4	15.26	24.81	30.73	31.83		（近于103.2℃）														
Na_2CO_3	9.42	17.22	23.72	29.18	33.86															
$CuSO_4$	26.95	39.98	40.83	44.47	45.12		（近于104.2℃）													
$ZnSO_4$	20.00	31.22	37.89	42.92	46.15															
NH_4NO_2	9.09	16.66	23.08	29.08	34.21	42.53	51.92	63.24	71.11	87.09	93.20	96.00	97.61	98.84	100					
NH_4Cl	6.10	11.35	15.96	19.80	22.89	28.37	35.98	46.95												
$(NH_4)_2SO_4$	13.34	23.14	30.65	36.71	41.79	49.73	49.77	53.55		（近于108.5℃）										

注：括号内的温度指饱和溶液的沸点。

2.101.33kPa 压强下溶液的沸点升高与浓度的关系

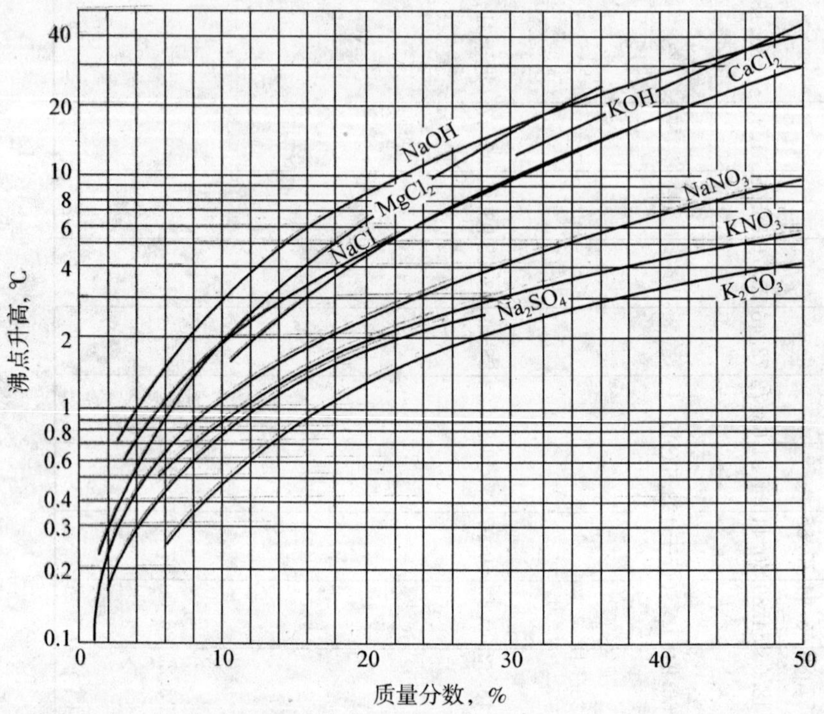

附录图 8　溶液的沸点升高与深度的关系

十二、管子规格(摘录)

(1)低压流体输送用焊接钢管规格(GB3091—93，GB3092—93)

公称直径		外径,mm	垫厚,mm		公称直径		外径,mm	垫厚，mm	
mm	in		普通管	加厚管	mm	in		普通管	加厚管
6	$\frac{1}{2}$	10.0	2.00	2.50	1.40	$1\frac{1}{2}$	48.0	3.50	4.25
8	$\frac{1}{4}$	13.5	2.25	2.75	50	2	60.0	3.50	4.50
10	$\frac{2}{4}$	17.0	2.25	2.75	65	$2\frac{1}{2}$	75.5	3.75	4.50
15	$\frac{3}{2}$	21.3	2.75	3.25	80	3	88.5	4.00	4.75
20	$\frac{3}{4}$	26.8	2.75	3.50	100	4	114.0	4.00	5.00
25	1	33.5	3.25	4.00	125	5	140.0	4.50	5.50
32	$1\frac{1}{4}$	42.3	3.25	4.00	150	6	165.0	4.50	5.50

注：1. 本标准适用于输送水、煤气、空气、油和取暖蒸汽等一般较低压力的流体。

2. 表中的公称直径系近似内径的名义尺寸，不表示外径减去两个壁厚所得的内径。

3. 钢管分镀锌钢管(GB3001—93)和不镀锌钢管(GB3092—93)，后者简称黑管。

(2)普通无缝钢管

①热轧无缝钢管(摘自 GB8163—87)

外径 mm	壁厚，mm		外径，mm	壁厚，mm		外径，mm	壁厚，mm	
	从	到		从	到		从	到
32	2.5	8	76	3.0	19	219	5.0	50
38	2.5	8	89	3.5	(24)	273	6.5	50
42	2.5	10	108	4.0	28	325	7.5	75
45	2.5	10	114	4.0	28	377	9.0	75
50	2.5	10	127	4.0	30	425	9.0	75
57	3.0	13	133	4.0	32	450	9.0	75
60	3.0	14	140	4.5	36	530	9.0	75
63.5	3.0	14	159	4.5	36	630	9.0	(24)
68	3.0	15	168	5.0	(45)			

注：壁厚系列有 2.5mm，3mm，3.5mm，4mm，4.5mm，5mm，5.5mm，6mm，6.5mm，7mm，7.5mm，8mm，8.5mm，9mm，9.5mm，10mm，11mm，12mm，13mm，14mm，15mm，16mm，17mm，18mm，19mm，20mm 等；括号内尺寸不推荐使用。

②冷拔无缝钢管(摘自 GB8163—88)

外径 mm	壁厚，mm		外径，mm	壁厚，mm		外径，mm	壁厚，mm	
	从	到		从	到		从	到
6	0.25	2.0	20	0.25	6.0	40	0.40	9.0
7	0.25	2.5	22	0.40	6.0	42	1.0	9.0
8	0.25	2.5	25	0.40	7.0	44.5	1.0	9.0
9	0.25	2.8	27	0.40	7.0	45	1.0	10.0
10	0.25	3.5	28	0.40	7.0	48	1.0	10.0
11	0.25	3.5	29	0.40	7.5	50	1.0	12
12	0.25	4.0	30	0.40	8.0	51	1.0	12
14	0.25	4.0	32	0.40	8.0	53	1.0	12
16	0.25	5.0	34	0.40	8.0	54	1.0	12
18	0.25	5.0	36	0.40	8.0	56	1.0	12
19	0.25	6.0	38	0.40	9.0			

注：壁厚有 0.25，0.30，0.40，0.50，0.60，0.80，1.0，1.2，1.4，1.5，1.6，1.8，2.0，2.2，2.5，2.8，3.0，3.2，3.5，4.0，4.5，5.0，5.5，6.0，6.5，7.0，7.5，8.5，8.5，9，9.5，10，11，12mm。

③热交换器用普通无缝钢管(摘自 GB9948—88)

外径，mm	壁厚，mm	外径，mm	壁厚，mm
19	2，2.5	57	4，5.6
25	2，2.5，3	89	6，8，10，12
38	3，3.5，4		

附录

十三、泵规格(摘录)

(1)IS 型单级单吸离心泵性能表(摘录)

型号	转速 n r/min	流量 m³/h	流量 L/s	扬程 H m	效率 η %	功率，kW 轴功率	功率，kW 电机功率	必需气蚀余量(NPSH) m	质量(泵/底座) kg
IS50—32—125	2900	7.5	2.08	22	47	0.96	2.2	2.0	32/46
		12.5	3.47	20	60	1.13		2.0	
		15	4.17	18.5	60	1.26		2.5	
IS50—32—160	2900	7.5	2.08	34.3	44	1.59	3	2.0	50/46
		12.5	3.47	32	54	2.02		2.0	
		15	4.17	29.6	56	2.16		2.5	
IS50—32—200	2900	7.5	2.08	82	38	2.82	5.5	2.0	52/66
		12.5	3.47	80	48	3.54		2.0	
		15	4.17	78.5	51	3.95		2.5	
IS50—32—250	2900	7.5	2.08	21.8	23.5	5.87	11	2.0	88/110
		12.5	3.47	20	38	7.16		2.0	
		15	4.17	18.5	41	7.83		2.5	
IS65—50—125	2900	7.5	4.17	35	58	1.54	3	2.0	50/41
		12.5	6.94	32	69	1.97		2.0	
		15	8.33	30	68	2.22		3.0	
IS65—50—160	2900	15	4.17	53	54	2.65	5.5	2.0	51/66
		25	6.94	50	65	3.35		2.0	
		30	8.33	47	66	3.71		2.5	
IS65—40—200	2900	15	4.17	53	49	4.42	7.5	2.0	62/66
		25	6.94	50	60	5.67		2.0	
		30	8.33	47	61	6.29		2.5	
IS65—40—250	2900	15	4.17	82	37	9.05	15	2.0	82/110
		25	6.94	80	50	10.89		2.0	
		30	8.33	78	53	12.02		2.5	
IS65—40—315	2900	15	4.17	127	28	18.5	30	2.5	152/110
		25	6.94	125	40	21.3		2.5	
		30	8.33	123	44	22.8		3.0	
IS80—65—125	2900	30	8.33	22.5	64	2.87	5.5	3.0	44/46
		50	13.9	20	75	3.63		3.0	
		60	16.7	18	74	3.98		3.5	
IS80—65—160	2900	30	8.33	36	61	4.82	7.5	2.5	48/66
		50	13.9	32	73	5.97		2.5	
		60	16.7	29	72	6.59		3.0	
IS80—50—200	2900	30	8.33	53	55	7.87	15	2.5	64/124
		50	13.9	50	69	9.87		2.5	
		60	16.7	47	71	10.8		3.0	
IS80—50—250	2900	30	8.33	84	52	13.2	22	2.5	90/110
		50	13.9	80	63	17.3		2.5	
		60	16.7	75	64	19.2		3.0	
IS80—50—315	2900	30	8.33	128	41	25.5	37	2.5	125/160
		50	13.9	125	54	31.5		2.5	
		60	16.7	123	57	35.3		3.0	

续表

型　号	转速 n r/min	流　量		扬程 H m	效率 η %	功率，kW		必需气蚀余量（NPSH） m	质量（泵/底座） kg
		m^3/h	L/s			轴功率	电机功率		
IS100—80—125	2900	60	16.7	24	67	5.86	11	4.0	49/64
		100	27.8	20	78	7.00		4.5	
		120	33.3	16.5	74	7.28		5.0	
IS100—80—160	2900	60	16.7	36	70	8.42	15	3.5	69/110
		100	27.8	32	78	11.2		4.0	
		120	33.3	28	75	12.2		5.0	
IS100—65—200	2900	60	16.7	54	65	13.6	22	3.0	81/110
		100	27.8	50	76	17.9		3.6	
		120	33.3	47	77	19.9		4.8	
IS100—65—250	2900	60	16.7	87	61	23.4	37	3.5	90/160
		100	27.8	80	72	30.0		3.8	
		120	33.3	74.5	73	33.3		4.8	
IS100—65—315	2900	60	16.7	133	55	39.6	75	3.0	180/295
		100	27.8	125	66	51.6		3.6	
		120	33.3	118	67	57.5		4.2	
IS125—100—200	2900	120	33.5	57.5	67	28.0	45	4.5	108/160
		200	55.6	50	81	33.6		4.5	
		240	66.7	44.5	80	36.4		5.0	
IS125—100—250	2900	120	33.3	87	66	43.0	75	3.8	166/295
		200	55.6	80	78	55.9		4.2	
		240	66.7	72	75	62.8		5.0	
IS125—100—315	2900	120	33.3	132.5	60	72.1	110	4.0	189/330
		200	55.6	125	75	90.8		4.5	
		240	66.7	120	77	101.9		5.0	
IS125—100—400	1450	60	16.7	52	53	16.1	30	2.5	205/233
		100	27.8	50	65	21.0		2.5	
		120	33.3	48.5	67	23.6		3.0	
IS150—125—250	1450	120	33.3	22.5	71	10.4	18.5	3.0	188/158
		200	55.6	20	81	13.5		3.0	
		240	66.7	17.5	78	14.7		3.5	
IS150—125—315	1450	120	33.3	34	79	15.9	30	2.5	192/233
		200	55.6	32	79	22.1		2.5	
		240	66.7	29	80	23.7		3.0	
IS150—125—400	1450	120	33.3	53	62	27.9	45	2.0	223/233
		200	55.6	50	75	36.3		2.8	
		240	66.7	46	74	40.6		3.5	
IS200—150—250	1450	240	66.7				37		203/233
		400	111.1	20	82	26.6			
		460	127.8						
IS200—150—315	1450	240	66.7	37	30	34.6	55	3.0	262/295
		400	111.1	32	82	42.5		3.5	
		460	127.8	28.5	80	44.6		4.0	
IS200—150—400	1450	240	66.7	55	74	48.6	90	3.0	295/298
		400	111.1	50	81	67.2		3.8	
		460	127.8	48	76	74.2		4.5	

附录

（2）Y 形离心油泵性能表

型号	流量 m^3/h	扬程 m	转速 r/min	功率，kW		效率 %	气蚀余量，m	泵壳许用应力，Pa	结构形式	备注
				轴	电机					
50Y－60	12.5	60	2 950	5.95	11	35	2.3	1 570/2 550	单级悬臂	泵壳许用应力内的分子表示第Ⅰ类材料相应的许用应力数；分母表示Ⅱ、Ⅲ类材料相应的许用应力数
50Y－60A	11.2	49	2 950	4.27	8			1 570/2 550	单级悬臂	
50Y－60B	9.9	38	2 950	2.93	5.5	35		1 570/2 550	单级悬臂	
50Y－60×2	12.5	120	2 950	11.7	15	35	2.3	2 158/3 138	两级悬臂	
50Y－60×2A	11.7	105	2 950	9.55	15			2 158/3 138	两级悬臂	
50Y－60×2B	10.8	90	2 950	7.65	11	55	2.6	2 158/3 138	两级悬臂	
65Y－60×2C	9.9	75	2 950	5.9	8			2 158/3 138	两级悬臂	
65Y－60	25	60	2 950	7.5	11			1 570/2 550	单级悬臂	
65Y－60A	22.5	49	2 950	5.5	8			1 570/2 550	单级悬臂	
65Y－60B	19.8	38	2 950	3.75	5.5			1 570/2 550	单级悬臂	
65Y－100	25	100	2 950	17.0	32	40	2.6	1 570/2 550	单级悬臂	
65Y－100A	23	85	2 950	13.3	20			1 570/2 550	单级悬臂	
65Y－100B	21	70	2 950	10.0	15			1 570/2 550	单级悬臂	
65Y－100×2	25	200	2 950	34	55	40	2.6	2 942/3 923	两级悬臂	
65Y－100×2A	23.3	175	2 950	27.8	40			2 942/3 923	两级悬臂	
65Y－100×2B	21.6	150	2 950	22.0	32			2 942/3 923	两级悬臂	
65Y－100×2C	19.8	125	2 950	16.8	20			2 942/3 923	两级悬臂	
80Y－60	50	60	2 950	12.8	15	64	3.0	1 570/2 550	单级悬臂	
80Y－60A	45	49	2 950	9.4	11			1 570/2 550	单级悬臂	
80Y－60B	39.5	38	2 950	6.5	8			1 570/2 550	单级悬臂	
80Y－100	50	100	2 950	22.7	32	60	3.0	1 961/2 942	单级悬臂	
80Y－100A	45	85	2 950	18.0	25			1 961/2 942	单级悬臂	
80Y－100B	39.5	70	2 950	12.6	20			1 961/2 942	单级悬臂	
80Y－100×2	50	200	2 950	45.4	75	60	3.0	2 942/3 923	单级悬臂	
80Y－100×2A	46.6	175	2 950	37.0	55	60	3.0	2 942/3 923	两级悬臂	
80Y－100×2B	43.2	150	2 950	29.5	40			2 942/3 923	两级悬臂	
80Y－100×2C	39.6	125	2 950	22.7	32			2 942/3 923	两级悬臂	

注：与介质接触的且受温度影响的零件，根据介质的性质需要采用不同的材料，所以分为三种材料，但泵的结构相同。第Ⅰ类材料不耐硫腐蚀，操作温度在－20～200℃之间；第Ⅱ类材料不耐硫腐蚀，温度在－45～400℃之间；第Ⅲ类材料耐硫腐蚀，温度在－45～200℃之间。

(3)F型耐腐蚀泵性能表

泵型号	流量		扬程	转速	功率，kW		效率	允许吸上真空度，m	叶轮外径
	m^3/h	L/s	m	r/min	轴	电机	%		mm
25F－16	3.6	1.0	16.0	2960	0.38	0.8	41	6	130
25F－16A	3.27	0.91	12.5	2960	0.27	0.8	41	6	118
40F－26	7.20	2.0	25.5	2960	1.14	2.2	44	6	148
40F－26A	6.55	1.82	20.5	2960	0.83	1.1	44	6	135
50F－40	14.4	4.0	40	2960	3.41	5.5	46	6	190
50F－40A	13.10	3.64	32.5	2960	2.54	4.0	46	6	178
50F－16	14.4	4.0	15.7	2960	0.96	1.5	64	6	123
50F－16A	13.1	3.64	12.0	2960	0.70	1.1	62	6	112
65F－16	28.8	8.0	15.7	2960	1.71	4.0	71	6	122
65F－16A	36.2	1.28	12.0	2960	1.24	2.2	69	6	112
100F－92	100.8	28.0	92.0	2960	37.1	55.0	68	4	274
100F－92A	94.3	26.2	80.0	2960	34.0	40.0	68	4	256
100F－92B	88.6	24.6	70.5	2960	25.4	40.0	67	4	241
150F－56	190.8	33.0	55.5	1480	40.1	55.0	72	4	425
150F－56A	178.2	49.5	48.0	1480	33.0	40.0	72	4	397
150F－56B	167.8	46.5	42.5	1480	27.3	40.0	71	4	374
150F－22	190.8	53.0	22.0	1480	14.3	30.0	80	4	284
150F－22A	173.5	48.2	17.5	1480	10.6	17.0	78	4	257

十四、4－72－11型离心通风机规格(摘录)

机号	转速 r/min	全压系数	全压		流量系数	流量 m^3/h	效率 %	所需功率 kW
			mmH_2O	Pa*				
6C	2240	0.411	248	2432.1	0.220	15800	91	14.1
	2000	0.411	198	1941.8	0.220	14100	91	10.0
	1800	0.411	160	1569.1	0.220	12700	91	7.3
	1250	0.411	77	755.1	0.220	8800	91	2.53
	1000	0.411	49	480.5	0.220	7030	91	1.39
	800	0.411	30	294.2	0.220	5610	91	0.73
8C	1800	0.411	285	2795	0.220	29900	91	30.8
	1250	0.411	137	1343.6	0.220	20800	91	10.3
	1000	0.411	88	863.0	0.220	16600	91	5.52
	630	0.411	35	343.2	0.220	10480	91	1.51
10C	1250	0.434	227	2226.2	0.2218	41300	94.3	32.7
	1000	0.434	145	1422.0	0.2218	32700	94.3	16.5
	800	0.434	93	912.1	0.2218	26130	94.3	8.5
	500	0.434	36	353.1	0.2218	16390	94.3	2.3
6D	1450	0.411	104	1020	0.220	10200	91	4
	960	0.411	45	411.3	0.220	6720	91	1.32

续表

机号	转速 r/min	全压系数	全压 mmH$_2$O	全压 Pa*	流量系数	流量 m^3/h	效率 %	所需功率 kW
8D	1450 730	0.44 0.44	200 50	1961.4 490.4	0.184 0.184	20130 10150	89.5 89.5	14.2 2.06
16B	900	0.434	300	2942.1	0.2218	121000	94.3	127
20B	710	0.434	290	2844.0	0.2218	186300	94.3	190

注：*为了执行国务院1984年2月27日颁发的"关于在我国统一实行法定计量单位的命令"，作者在原有的4—72—11型离心通风机规格中加入以Pa表示的全风压是由mmH$_2$O换算的。

附录

十五、管壳式换热器系列标准(摘录)

(1)固定管板式(代号G)

公称直径 mm	管程数 N_p	换热管数量 n	换热器面积 S_o，m^2，公称值/计算值；换热管长 L，mm：1500	2000	3000	6000	管程通道截面积，m^2（碳钢管 ϕ25mm×2.5mm / 不锈耐酸钢管 ϕ25mm×2mm）	管程流速为0.5m/s时的流量 Q，m^3/h（碳钢管 ϕ25mm×2.5mm / 不锈耐酸钢管 ϕ25mm×2mm）	公称压力 MPa
159	Ⅰ	13	1/1.43	2/1.94	3/2.96	—	0.0041/0.0045	7.35/8.10	2.5
273	Ⅰ	38	4/4.18	5/5.66	8/8.66	16/17.6	0.0119/0.0132	21.5/23.7	
	Ⅱ	32	3/3.52	4/4.76	7/7.30	14/14.8	0.0050/0.0055	9.05/9.98	
400	Ⅰ	109	12/12.0	16/16.3	25/24.8	50/50.5	0.0342/0.0378	61.6/68.0	1.6
	Ⅱ	102	10/11.2	15/15.2	22/23.2	45/47.2	0.0160/0.0177	28.8/31.8	
	Ⅳ	86	10/9.46	12/12.8	20/19.6	40/39.8	0.0068/0.0074	12.2/13.4	
500	Ⅰ	177	—	—	40/40.4	80/82.0	0.0556/0.0613	100.1/110.4	2.5
	Ⅱ	168	—	—	40/38.3	80/77.9	0.0264/0.0291	47.5/52.4	
	Ⅳ	152	—	—	35/34.6	70/70.5	0.0119/0.0132	21.5/23.7	
600	Ⅰ	269	—	—	60/61.2	125/124.5	0.0845/0.0932	152.1/167.7	1.0
	Ⅱ	254	—	—	55/58.0	120/118	0.0399/0.0440	71.8/79.2	1.6
	Ⅳ	242	—	—	55/55.0	110/112	0.0190/0.0210	34.2/37.7	2.5

续表

公称直径 mm	管程数 N_p	换热管数量 n	换热器面积 S_o，m^2，公称值/计算值 换热管长 L，mm 1500	2000	3000	6000	管程通道截面积，m^2	管程流速为0.5m/s时的流量 Q，m^3/h	公称压力 MPa
							碳钢管 ϕ25mm×2.5mm / 不锈耐酸钢管 ϕ25mm×2mm		
800	Ⅰ	501	—	—	110/114	230/232	0.1574/0.1735	283.3/312.3	0.6
	Ⅱ	488	—	—	110/111	225/227	0.0767/0.0845	138.0/152.1	1.0
	Ⅳ	456	—	—	100/104	210/212	0.0358/0.0395	64.5/71.1	1.6
	Ⅵ	444	—	—	100/101	200/206	0.0232/0.0258	41.8/46.1	2.5
1000	Ⅰ	801	—	—	180/183	370/371	0.2516/0.2774	453.0/499.4	0.6
	Ⅱ	770	—	—	175/176	350/356	0.1210/0.1333	217.7/240	1.0
	Ⅳ	758	—	—	170/173	350/352	0.0595/0.0656	107.2/118.1	1.6
	Ⅵ	750	—	—	170/171	350/348	0.0393/0.0433	70.7/77.9	2.5

说明：1. 表中换热面积按下式计算

$$S_o=\pi d_o(L-0.1)n$$

式中，S_o——计算换热面积，m^2；L——换热管长，m；d_o——换热管外径，m；n——换热管数目。

2. 通道截面积按各程平均值计算。

3. 管内流速 0.5m/s 为 20℃的水在 ϕ25mm×2.5mm 的管内达到湍流状态时的速度。

4. 换热管排列方式为正三角形，管间距 $t=32$mm。

(2)浮头式(代号 F)

①F_A 系列

公称直径，mm	325	400	500	600	700	800
公称压力，MPa	4.0	4.0	1.6 2.5 4.0	1.6 2.5 4.0	1.6 2.5 4.0	2.5
公称面积，m^2	10	25	80	130	185	245
管长，m	3	3	6	6	6	6
管子尺寸，mm	ϕ19×2	ϕ19×2	ϕ19×2	ϕ19×2	ϕ19×2	ϕ19×2
管子总数	76	138	228(224)*	372(368)	528(528)	700(696)
管程数	2	2	2(4)*	2(4)	2(4)	2(4)
管子排列方法	△**	△	△	△	△	△

注：* 括号内的数据为四管程的。

** △表示管子为正三角形排列，管子中心距为 25mm。

②F_B 系列

公称直径，mm	325	400	500	600	700	800
公称压力，MPa	4.0	4.0	1.6 2.5 4.0	1.6 2.5 4.0	1.6 2.5 4.0	1.0 1.6 2.5
公称面积，m^2	10	25	65	95	135	180
管长，m	3	3	6	6	6	6
管子尺寸，mm	ϕ25×2.5	ϕ25×2.5	ϕ25×2.5	ϕ25×2.5	ϕ25×2.5	ϕ25×2.5
管子总数	36	72	124(120)*	208(192)	292(292)	388(384)
管程数	2	2	2(4)*	2(4)	2(4)*	2(4)
管子排列方法	◇**	◇	◇	◇	◇	◇

公称直径，mm	900	1100
公称压力，MPa	1.0 1.6 2.5	1.0 1.6
公称面积，m^2	225	365
管长，m	60	6
管子尺寸/mm	ϕ25×2.5	ϕ25×2.5
管子总数	512(508)	(748)
管程数	2	4
管子排列方法	◇	◇

注：* 括号内的数据为四管程的。

** ◇表示管子为正方形斜转 45°排列，管子中心距为 32mm。

(3)冷凝器规格

序号	D_g mm	公称压力 MPa	管程数	壳程数	管长 m	管径 m	管束图型号	公称换热面积 m^2	计算换热面积 m^2	规格型号	设备质量 kg
1	400	2.5	2	1	3	19	A	25	23.7	FL_A400－25－25－2	1 300
						25	B	15	16.5	FL_B400－15－25－2	1 250
2	500	2.5	2	1	3	19	A	40	39.0	FL_A500－40－25－2	2 000
						25	B	30	32.0	FL_B500－30－25－2	2 000
3	500	2.5	2	1	6	19	A	80	79.0	FL_A500－80－25－2	3 100
						25	B	65	65.0	FL_B500－65－25－2	3 100
4	500	2.5	4	1	6	19	A	80	79.0	FL_A500－80－25－4	3 100
						25	B	65	65.5	FL_B500－65－25－4	3 100
5	600	1.6	2	1	6	19	A	130	131	FL_A600－130－16－2	4 100
						25	B	95	97.0	FL_B600－95－16－2	4 000
6	600	1.6	4	1	6	19	A	130	131	FL_A600－130－16－4	4 100
						25	B	95	97.0	FL_B600－95－16－4	4 000

续表

序号	D_g mm	公称压力 MPa	管程数	壳程数	管长 m	管径 m	管束图型号	公称换热面积 m^2	计算换热面积 m^2	规格型号	设备质量 kg
7	600	2.5	2	1	6	19	A	130	131	FL_A600—130—25—2	4 500
						25	B	95	97.0	FL_B600—95—25—2	43 50
8	600	2.5	4	1	6	19	A	130	131	FL_A600—130—25—4	4 500
						25	B	95	97.0	FL_B600—95—25—4	4 350
9	700	1.6	2	1	6	19	A	185	187	FL_A700—185—16—2	5 500
						25	B	135	135	FL_B700—135—16—2	5 250
10	700	1.6	4	1	6	19	A	185	187	FL_A700—185—16—4	5 500
						25	B	135	135	FL_B700—135—16—4	5 250
11	700	2.5	2	1	6	19	A	185	187	FL_A700—185—25—2	5 800
						25	B	135	135	FL_B700—135—25—2	5 550
12	700	2.5	4	1	6	19	A	185	187	FL_A700—185—25—4	5 800
						25	B	135	135	FL_B800—135—25—4	5 550
13	800	1.6	2	1	6	19	A	245	246	FL_A800—240—16—2	7 100
						25	B	180	182	FL_B800—185—16—2	6 850
14	800	1.6	4	1	6	19	A	245	246	FL_A800—245—16—4	7 100
						25	B	180	182	FL_B800—180—16—4	6 850
15	800	2.5	2	1	6	19	A	245	246	FL_A800—245—25—2	7 800
						25	B	180	182	FL_B800—180—25—2	7 550
16	800	2.5	4	1	6	19	A	245	246	FL_A800—245—25—4	7 800
						25	B	180	182	FL_B800—180—25—4	7 550
17	900	1.6	4	1	6	19	A	325	325	FL_A900—325—16—4	8 500
						25	B	225	224	FL_B900—225—16—4	7 900
18	900	2.5	4	1	6	19	A	325	325	FL_A900—325—25—4	8 900
						25	B	225	224	FL_B900—225—25—4	8 300
19	1 000	1.6	4	1	6	19	A	410	412	FL_A1000—410—16—4	10 500
						25	B	285	285	FL_B1000—285—16—4	10 050
20	1 100	1.6	4	1	6	19	A	500	502	FL_A1100—500—16—4	12 800
						25	B	365	366	FL_B1100—365—16—4	12 300
21	1 200	1.6	4	1	6	19	A	600	604	FL_A1200—600—16—4	14 900
						25	B	430	430	FL_B1200—430—16—4	13 700
22	800	1.0	4	1	6	25	B	180	182	FL_B800—180—10—2	6 600
23	800	1.0	4	1	6	25	B	180	182	FL_B800—180—10—4	6 600
24	900	1.0	4	1	6	25	B	225	224	FL_B900—225—10—4	7 500
25	1 000	1.0	4	1	6	25	B	285	285	FL_B1000—285—10—4Ⅲ	9 400
26	1 100	1.0	4	1	6	25	B	365	366	FL_B1100—365—10—4Ⅲ	11 900
27	1 200	1.0	4	1	6	25	B	430	430	FL_B1200—430—10—4Ⅲ	13 500

参考文献

[1] 柴诚敬，张国亮．化工流体流动与传热[M]．北京：化学工业出版社，2007.
[2] 钟泰，陈迁乔等．化工原理[M]．北京：国防工业出版社，2007.
[3] 夏清，陈常贵．化工原理(上)[M]．天津：天津大学出版社，2005.
[4] 李功样，陈兰英等．常用化工单元设备设计[M]．广州：华南理工大学出版社，2009.
[5] 姚玉英，黄凤廉等．化工原理(上)[M]．天津：天津大学出版社，2003.
[6] 何潮洪，窦梅等．化工原理习题精解(上)[M]．北京：科学出版社，2003.
[7] 匡国柱等．化工单元过程及设备课程设计[M]．北京：化学工业出版社，2002.
[8] 陈敏恒，从德滋等．化工原理(上)[M]．北京：化学工业出版社，2000.
[9] 涂伟萍等．化工过程及设备设计[M]．北京：化学工业出版社，2000.
[10] 董大勤等．压力容器与化工设备实用手册[M]．北京：化学工业出版社，2000.
[11] F. A. 霍兰德著．化工流体流动[M]．王绍亭，李功样译．西安：西安交通大学出版社，1985.
[12] 兰州石油机械研究所主编．换热器(上册)[M]．北京：中国石化出版社，1992.
[13] 中华人民共和国国家标准．GB—89 钢制管壳式换热器[S]．国家技术监督局发布，1989.
[14] 化学工程手册编委会．化学工程手册(第 7、8 篇)[M]．北京：化学工业出版社，1989.
[15] 化工设备设计全书编委会．换热器设计[M]．上海：上海科学技术出版社，1988.
[16] E. U. 施林德尔主编．热交换器设计手册(第三卷)[M]．马庆芳等译．北京：机械工业出版社，1988.
[17] McCabe，W L. Unit Operations of Chemical Engineering[M]. 5th. New York：McGraw Hill，Inc.，1993.
[18] 王绍亭，陈涛等．化工传递过程基础[M]．北京：化学工业出版社，1987.
[19] (日)水科笃郎，荻野文丸．输送现象[M]．东京：产业图书株式会社，1981.
[20] Foust. Alan Shivers Principles of Unit Operations[M]. 2nd ed. New York：John Wiley & Sons，1980.